全国电力行业"十四五"规划教材

建筑工程
计量与计价

（第二版）

主　编　张欣

副主编　马　锋　吴光翠

参　编　吴传文　李梦瑶　龚小亚

　　　　赵坤弘　高懿凤　刘　怡

中国电力出版社
CHINA ELECTRIC POWER PRESS

内 容 提 要

本书为全国电力行业"十四五"规划教材。全书分为十九章，主要内容包括建设工程造价构成、建设工程造价计价依据，工程量计算规定与建筑面积计算、土石方工程，地基处理与桩基工程，砌筑工程，混凝土及钢筋混凝土工程，金属结构工程，木结构，屋面及防水工程，保温、隔热、防腐工程，楼地面装饰工程，墙、柱面装饰与隔断、幕墙工程，天棚工程，门窗工程，油漆、涂料、裱糊工程，其他装饰工程，措施项目。本书以最新《建设工程工程量清单计价规范》（GB 50500—2013）、《房屋建筑与装饰工程工程量计算规范》（GB 50854—2013）、《四川省建设工程工程量清单计价定额》（2020 定额）等及其他相关计价文件为主要依据，并结合造价师考试内容进行编写。本书重点突出，内容丰富，实操案例丰富，并配套仿真模拟训练，同时附有练习题，既有理论阐述，又有方法和实例，实用性强。

本书可作为普通高等院校工程管理、工程造价及土木工程专业的教材，也可作为高职高专学校、函授和自学辅导用书，还可供相关专业人员学习参考。

图书在版编目（CIP）数据

建筑工程计量与计价/张欣主编．—2 版．—北京：中国电力出版社，2022.8
全国电力行业"十四五"规划教材
ISBN 978 - 7 - 5198 - 6815 - 4

Ⅰ．①建…　Ⅱ．①张…　Ⅲ．①建筑工程—计量—教材②建筑造价—教材　Ⅳ．①TU723.3

中国版本图书馆 CIP 数据核字（2022）第 118255 号

出版发行：中国电力出版社
地　　　址：北京市东城区北京站西街 19 号（邮政编码 100005）
网　　　址：http://www.cepp.sgcc.com.cn
责任编辑：霍文婵（010 - 63412545）马玲科
责任校对：黄　蓓　朱丽芳　马　宁
装帧设计：张俊霞
责任印制：吴　迪

印　　　刷：望都天宇星书刊印刷有限公司
版　　　次：2015 年 9 月第一版　2022 年 8 月第二版
印　　　次：2022 年 8 月北京第十次印刷
开　　　本：787 毫米×1092 毫米　16 开本
印　　　张：22.25
字　　　数：554 千字
定　　　价：68.00 元

 前 言

本书拓展资源

　　本书自 2015 年 9 月出版以来，作为工程造价、工程管理等专业的主干课教材，使用效果较好，得到广大师生的好评，发行量逐年增长，社会效益良好。针对书中相关规范、定额的迭代，注册造价师考试内容的更新等，本书在第一版的基础上做了大量修订工作，使得本书更加适应当前教学和考试需求，紧跟时代发展，更好地为广大读者服务。

　　本书与《四川省建设工程工程量清单计价定额》（2020 定额）和《房屋建筑与装饰工程工程量清单计算规范》（GB 50854—2013）配套使用，较详细、系统地介绍了工程量清单的计价方法、技巧与操作能力的训练，以及定额的构成、使用和换算等。本书内容简明扼要、重视实例教学，书中配有大量的造价师考试案例，附有习题，配套丰富的数字资源，便于学生全面、系统地掌握工程造价基础理论知识和实际应用知识。

　　本书由西南科技大学张欣担任主编，西南科技大学马锋和绵阳城市学院吴光翠担任副主编。本书具体编写分工为：第一章、第二章、第八章由西南科技大学张欣编写；第三章由中车株洲电力机车有限公司赵坤弘编写；第四章、第十三章、第十四章由西南科技大学马锋编写；第五章、第六章由西南科技大学李梦瑶和四川省造价总站刘怡编写；第七章由西南科技大学龚小亚、张欣和四川省造价总站刘怡编写；第九～十二章由西南科技大学吴传文编写；第十五～十七章由绵阳城市学院吴光翠编写；第十八章、第十九章由西南科技大学龚小亚、张欣和宜宾职业技术学院高懿凤编写。

　　我国工程造价行业还处于发展阶段，会不断产生新技术、新工艺、新要求、新规范，因此教材建设也要保持动态化，限于编者水平，书中难免会有不妥之处，恳请广大师生和读者批评指正。

编 者

2022 年 6 月

第一版前言

为了贯彻落实住房和城乡建设部最新颁布的《建设工程工程量清单计价规范》(GB 50500—2013)、《房屋建筑与装饰工程工程量计算规范》(GB 50854—2013),帮助学生理论联系实际,培养学生的实践应用能力,使广大工程造价专业人员尽快提高业务水平和综合应用相关知识的能力,根据普通高等教育和高职高专类院校的教学计划,我们编写了这本实用性很强的教材。

本书编者根据多年的教学和从事工程造价实际工作的经验,在总结以往教材编写经验的基础上,采用最新的建筑工程计量与计价文件资料,结合执业资格考试进行编写。本书在介绍理论知识的同时,将基础理论与工程实践紧密结合。常用清单项目部分均有案例,突出工程量清单的编制和工程量清单报价的应用,并按照编制建筑工程造价文件的实际操作程序进行编写,使学生通过学习能得到仿真模拟训练,提高学生的学习兴趣和解决实际问题的能力。

本书以《建设工程工程量清单计价规范》(GB 50500—2013)、《房屋建筑与装饰工程工程量计算规范》(GB 50854—2013)、2015 年《四川省建设工程工程量清单计价定额》《建筑工程建筑面积计算规范》(GB/T 50353—2013),以及其他相关计价文件为主要依据进行编写,编写体系简明扼要、重点突出,编写内容丰富、翔实,既有理论阐述,又有方法和实例,实用性强。

本书由西南科技大学张欣担任主编,西南科技大学马锋、刘怡担任副主编。其中,第一、二、三、八章由西南科技大学张欣编写,第四、十三、十四章由西南科技大学马锋编写,第五~七章由西南科技大学刘怡编写,第九~十二章由西南科技大学吴传文编写,第十五~十七章由西南科技大学城市学院吴光翠编写,第十八、十九章由宜宾职业技术学院高懿凤编写。本书由西南科技大学苏有文副教授主审。

在本书编写过程中,我们广泛参阅了国内外的教材和专著,借鉴了同行的其他教学研究成果,限于篇幅,仅在书末列出部分参考文献,在此,对这些文献的作者表示衷心的感谢和诚挚的谢意。

限于编者的学识水平,书中难免存在疏漏和不妥之处,欢迎读者批评指正。

编 者
2015 年 6 月

目　录

207

第九章

金属结构工程

222

第十章

木结构

229

第十一章

屋面及防水工程

第一章

概论

学习摘要

　　建筑工程计量与计价是正确确定单位工程造价的重要工作。通过本章的学习，读者应了解基本建设程序及基本建设经济文件，熟悉建筑工程计量与计价的发展趋势，掌握建筑工程计量与计价的原理、特点、依据等内容。

第一节　基本建设及基本建设经济文件

一、基本建设相关知识

（一）基本建设的概念

基本建设是指国民经济各部门实现新的固定资产生产的一种经济活动，也就是进行设备购置、安装和建筑的生产活动，以及与之相联系的其他各项工作。

基本建设是固定资产生产的重要手段，是国民经济的重要物质基础，凡是以固定资产扩大生产能力或新增工程效益为主要目的的新建、扩建、改建、迁建和恢复工程以及与之有关的活动，统称为基本建设。

基本建设由若干个具体基本建设项目（简称建设项目）组成，基本建设的范围很广，内容比较复杂，根据不同的分类标准，建设项目大致可分为以下几类：

1. 按建设项目建设的性质不同分类

（1）新建项目，指从无到有，"平地起家"，全新建设的项目，或对原有的项目重新进行总体设计的扩建，并使其增加的固定资产价值在原有全部固定资产价值三倍以上的建设项目。

（2）扩建项目，指原建设单位为了扩大原有产品的生产能力或使用效益，或增加新产品的生产能力和效益而进行的固定资产的增建项目。

（3）改建项目，指原建设单位为了提高生产效益，改进产品质量或调整产品结构，对原有设备工艺流程进行技术改造的项目；或为了提高综合生产能力，增加一些附属和辅助车间或非生产性工程的项目。

（4）迁建项目，指原建设单位由于各种原因进行单位搬迁建设，不论规模是维持原状还是扩大建设的建设项目。

（5）恢复项目，指固定资产因受自然灾害、战争或人为灾害等原因已全部或部分报废，需投资重新建设的项目。

2. 按建设项目建设过程的不同分类

按建设项目建设过程的不同可分为筹建项目、施工项目、投产项目和收尾项目。

3. 按建设项目资金来源渠道的不同分类

按建设项目资金来源渠道的不同可分为国家投资项目和自筹投资项目。

4. 按建设项目建设规模和投资额的大小分类

按建设项目建设规模和投资额的大小可分为大型建设项目、中型建设项目和小型建设项目。

（二）建设项目

建设项目是指具有设计任务书，按一个总体设计进行施工，经济上实行独立核算，建设和运营中由独立法人负责的组织机构，并且是由一个或一个以上的单项工程组成的新增固定资产投资项目的统称。如新建一个工厂、矿区、农场，新建一所学校、医院、商场等。

建设项目必须遵循工程项目建设程序，并严格按照建设程序规定的先后次序从事工程建设工作。同时，建设项目还受到一些限制条件的约束，主要有建设工期的限制，即建设项目从决策立项到竣工投产应该在规定的工期内按时完成；投资规模的约束，是指建设项目投资额的大小，直接影响建设项目完成的水平，也反映项目建设过程中工程造价的管理制度；质量条件的约束，是指建设项目的完成，受到决策水平、设计质量、施工质量等条件的影响，必须严格遵守建设工程各种质量标准，才能真正做到又快又好地建设，提高工程质量和投资效益。

（三）基本建设程序

基本建设程序是建设项目从设想、论证、评估、决策、勘测、设计、施工到竣工验收、投入生产和交付使用等整个过程中，各项工作必须遵循的先后次序。即按照建设项目发展的内在联系和发展过程，将建设程序划分为若干阶段，这些阶段有严格的先后次序，不能任意颠倒，这是建设项目科学决策和顺利进行的重要保证。

建设项目从前期准备到建设、投产或使用需要经历以下几个主要阶段：

（1）根据国民经济和社会发展长远规划，结合行业和地区发展规划的要求，提出项目建议书。

（2）在勘察、调查研究及详细技术经济论证的基础上编制可行性研究报告。

（3）根据项目的咨询评估情况，对建设项目进行决策。

（4）根据批准的可行性研究报告编制设计文件。

（5）初步设计批准后，做好施工前的各项准备工作。

（6）组织施工，并根据工程建设进度，做好生产准备。

（7）项目批准的设计内容建完，交付使用；对生产性建设项目，经投料试车验收合格后，正式投产，交付生产使用。

（8）使用一段时间或生产运营一段时间（一般为两年）后，进行项目后评估。

（四）基本建设程序的内容

1. 项目建议书

项目建议书是根据区域发展和行业发展规划的要求，结合与该项目相关的自然资源、生产力状况和市场预算等信息，经过调查研究分析，说明拟建项目建设的必要性、条件的可行性、获得的可能性，进而向国家和省、市、地区主管部门提出的立项建议书。

项目建议书是指建设某一具体项目的建议文件，是建设程序中的最初阶段工作，是对拟建项目的初步设想，也是有关建设管理部门选择计划建设的工程项目的依据。项目建议书批准后，可以进行详细的可行性研究工作，但并不表明项目非上不可。项目建议书不是项目的最终决策。

2. 可行性研究

可行性研究是有关部门根据国民经济发展规划、地区和行业经济发展规划以及批准的项目建议书，运用多种科学研究方法，对建设项目投资决策前进行的技术、经济和环境等各方面进行系统的分析论证，进行方案优选，并得出项目可行与否的研究结论，形成可行性研究报告。

按照有关规定，不同行业的建设项目，其可行性研究内容可以有不同的侧重点，但一般要求具备以下基本内容：

（1）总论。项目提出的背景、投资必要性的经济意义、研究工作的依据及范围。

（2）市场需求预测和拟建规模。主要包括国内外需求情况的预测、拟建项目的规模、和产品方案的技术经济分析。

（3）资源、原材料、燃料及公共设施情况。

（4）建厂条件和厂址选择方案。

（5）项目设计方案及协作配套工程。

（6）环境保护和劳动安全。

（7）企业组织、劳动定员和人员培训。

（8）项目施工计划和资金筹备。

（9）投资估算和资金筹措。

（10）项目社会经济效果综合评价与结论及建议。

3. 项目评估

我国项目建设可行性研究一般由有资质的工程咨询机构或设计单位承担，为确保可行性研究报告的科学性与可靠性，对于建设项目可行性研究报告，一般要经主管部门授权的工程咨询机构对其进行评估；需银行贷款项目，贷款银行也要对项目进行评估。项目评估的内容就是可行性研究的内容。只有经评估人认可的项目可行性研究报告，才能作为编制项目设计任务书的依据。

4. 编制设计任务书、设计文件

设计任务书是工程建设项目编制设计文件的主要依据。设计任务书是由建设单位组织设计单位按照批准的项目建议书和可行性研究报告编制的。设计任务书的主要内容就是可行性研究报告的主要内容，它是项目决策的依据。

设计任务书批准以后，就要着手编制设计文件。根据建设项目的不同情况，我国的工程设计过程对一般工程项目来说分为两个阶段，即初步设计阶段和施工图设计阶段；对重大项目和技术复杂项目，可根据不同行业的特点和需要分为三个阶段，即增加技术设计阶段。

（1）初步设计。初步设计是根据批准的可行性研究报告的要求所做的具体实施方案，其目的是阐明在指定地点、时间和投资控制数额内，拟建项目在技术上的可行性和经济上的合理性，并通过对项目所作出的技术经济规定，编制项目总概算。

（2）技术设计。为了进一步解决初步设计中的重大技术问题，如工艺流程、建筑结构、设备选型等，根据初步设计和进一步的调查研究资料进行技术设计。

（3）施工图设计。在初步设计或技术设计的基础上进行施工图设计，使设计达到项目施工和安装的要求。施工图设计应结合建设项目的实际情况，完整准确地表达出建筑物的外形、内部空间的分割、结构体系以及建筑系统的组成与周围环境的协调。按照有关规定，建设单位应将施工图设计文件报县级以上人民政府建设行政主管部门审查，未经审查批准的施工图设计文件不得使用。

施工图设计文件完成以后，应根据施工图、施工组织设计和有关规定编制施工图预算书。施工图预算书是建设单位筹集建设资金、控制投资合理使用、拨付和结算工程价款的主要依据，是施工单位进行施工准备、拟定降低和控制施工成本措施的重要依据。

5. 建设准备

项目在开工建设之前，应当切实做好各项准备工作，其主要内容包括：组建项目法人；征地和拆迁；完成"三通一平"（即水通、电通、路通和场地平整）；修建临时生产和生活设施；组织落实建筑材料、设备和施工机械；准备施工图纸；建设工程报建；委托工程监理；组织施工招投标；办理施工许可证等。

6. 工程招投标、签订施工合同

招投标是市场经济中的一种竞争形式，对缩短建设工期、确保工程质量、降低工程造价、提高投资经济效益等具有重要作用。建设单位根据批准的设计文件，对拟建项目实行公开招标或邀请招标，从中择优选定具有一定技术、经济实力和管理经验，报价合理，能胜任承包任务且信誉好的施工单位承揽工程建设任务。施工单位中标后，应与建设单位签订合同。

7. 组织工程施工安装

组织工程施工安装是建设项目付诸实施的重要一步。施工阶段一般包括土建、装饰、给排水、采暖通风、电气照明、工业管道及设备安装等工程项目。施工过程中，为确保工程质量，施工单位必须严格按照合理施工顺序、施工图纸、施工验收规范等要求进行组织施工，加强工程项目成本核算，努力降低工程造价，按期完成工程建设任务。施工中因工程需要变更时，应取得设计单位和建设单位的同意。地下工程和隐蔽工程、基础和结构的关键部位，必须检验合格才能进行下一道工序。对不符合质量要求的工程，要及时采取措施，不留隐患。不合格的工程不能交工。

8. 竣工验收

建设项目按批准的设计文件所规定的内容建完后，便可组织竣工验收，这是工程建设过程中的最后一环，是检验设计和工程质量的重要步骤，是对工程建设成果的全面考核，也是工程项目由建设转入生产和使用的标志。凡列入固定资产投资计划的建设项目，不论新建、扩建、改建、迁建性质，具备投产条件和使用条件的，都要及时组织验收，验收合格后，施工单位应向建设单位办理竣工移交和竣工结算手续，交付建设单位使用。一般在工程竣工阶段由建设单位（业主）组织设计单位、监理单位、施工单位和用户单位进行初步验收，然后由建设单位提交竣工验收申请报告，由行业主管部门及时组织验收，签发验收报告。

9. 建设项目后评估

建设项目后评估是工程项目竣工投产、生产运营或使用一段时间以后，再对项目的立项决策、设计施工、竣工投产、生产使用等全过程进行系统的、客观的分析、总结和评价的一种经济技术活动，是固定资产管理的一项重要内容。通过建设项目后评估来确定建设项目目标的达到程度，以此肯定成绩、总结经验、研究问题、吸取教训、提出建议、改进工作、不断提高项目决策水平。

二、基本建设经济文件

基本建设从决策到竣工交付使用，都有一个较长的建设期。在整个建设期内，构成工程造价的任何因素发生变化都必会影响工程造价的变动，不能一次确定可靠的价格，要到竣工结算后才能最终确定工程造价。因此，工程造价的确定应与基本建设程序各个阶段的工作相适应，由粗到细逐渐形成一个完整的造价体系，即基本建设经济文件。基本建设程序与基本建设经济文件的关系如图 1-1 所示。

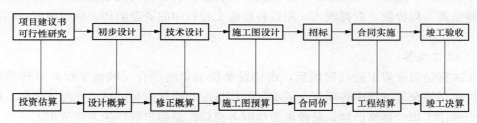

图 1-1　基本建设程序与基本建设经济文件的关系

基本建设经济文件包括投资估算、设计概算、修正概算、施工图预算、合同价、工程结算、竣工决算等。基本建设经济文件之间的关系为：投资估算的数额应控制设计概算，设计概算的数额应控制施工图预算，工程结算根据施工图预算编制。施工图预算反映行业的社会平均成本。

（一）投资估算

投资估算是在项目建议书或可行性研究阶段，由建设单位或其委托的咨询单位，根据估算指标、类似工程预（决）算资料和一定的方法，对建设项目的投资数额进行估计的经济文件。投资估算是国家或主管部门审批或确定建设项目投资计划的重要文件。

（二）设计概算

设计概算是在工程初步设计或扩大初步设计阶段，由设计单位根据初步设计或扩大初步设计图纸、概算定额（或概算指标）、材料及设备预算价格，各项费用定额或有关取费标准，建设地区的自然、技术经济条件等资料，预先计算建设项目由筹建到竣工验收、交付使用全部建设费用的经济文件。

设计概算按编制的先后顺序和范围大小可分为单位工程概算、单项工程综合概算和建设项目总概算三级。

（三）修正概算

修正概算是指当采用三阶段设计时，在技术设计阶段，随着设计内容的具体化，建设规模、结构性质、设备类型和数量等与初步设计可能有所出入，由设计单位对投资进行具体核算，对初步设计的概算进行修正而形成的经济文件。

（四）施工图预算

施工图预算是在工程施工图设计阶段，根据施工图纸、施工组织设计、预算定额及有关取费标准编制的单位工程预算造价的经济文件，一般由施工单位或招标单位编制。

（五）合同价

合同价是指发、承包双方在施工合同中约定的工程造价，又称合同价格。它是在签订总承包合同、建筑安装工程施工承包合同、设备材料采购合同时，由发包方和承包方根据《建设工程施工合同示范文本》等有关规定，经协商一致确定的作为双方结算基础的工程造价。合同价属于市场价格的性质，它是由承、发包双方根据市场行情共同议定和认可的成交价格，但并不等同于最终结算的实际工程造价。

（六）工程结算

工程结算是指一个单项工程、单位工程、分部工程或分项工程完工，并经建设单位及有关部门验收或验收点交后，施工企业根据合同规定，按照施工图纸、现场签证、设计变更资料、技术核定单、隐蔽工程记录、预算定额、材料预算价格和有关取费标准等资料，向建设单位办理结算工程价款，取得收入，用以补偿施工过程中的资金消耗、确定施工盈利的经济文件。

（七）竣工决算

竣工决算是指在竣工验收阶段后，由建设单位编制的综合反映该工程从筹建到竣工验收、交付使用等全部过程中各项资金的实际使用情况和建设成果的总结性经济文件。竣工决算是整个建设工程的最终价格，是建设单位财务部门汇总固定资产的主要依据。

第二节　建筑工程计价原理及特点

一、建设项目的分解

为便于对建设项目管理和确定建筑产品价格，将建设项目的整体根据其组成进行科学的分解，划分为若干个单项工程、单位（子单位）工程、分部（子分部）工程、分项工程、子项工程。

1. 单项工程

单项工程又称工程项目，是指在一个建设项目中，具有独立的设计文件，竣工后可以独立发挥生产能力或效益的一组配套齐全的工程项目。单项工程是建设项目的组成部分，一个建设项目可以是一个单项工程，也可以包括多个单项工程。如一座工厂中的各生产车间、库房、锅炉房、办公楼等，一所学校中的各教学楼、图书馆、学生宿舍、食堂等，都是具体的单项工程。由此可见，单项工程是具有独立存在意义的一个完整工程，也是一个较为复杂的综合体。

2. 单位（子单位）工程

单位工程是指竣工后一般不能独立发挥生产能力或效益，但具有独立设计，可以独立组织施工的工程。单位工程是单项工程的组成部分。对于建筑规模较大的单位工程，可将其能形成独立使用功能的部分再分为几个子单位工程。单位工程按照投资构成可分为建筑工程、设备安装工程等几大类。而每一类中又可按专业性质及作用不同分解为若干个子单位工程。例如，建筑工程还可以根据其中各个组成部分的内容，分为一般土建工程、特殊构筑物工程、工业管道工程、室内卫生工程、室内电气照明工程等单位工程。几幢同类型的建筑物不能作为一个单位工程。

3. 分部（子分部）工程

分部工程是单位工程的组成部分。按照建筑部位、专业工种和结构的不同，可将一个单位工程分解为若干个分部工程。如房屋的土建工程，按其不同的工种、不同的结构和部位可分为土石方工程、砌筑工程、钢筋及混凝土工程、门窗工程、装饰工程等。当分部工程较大或较复杂时，可按材料种类、施工特点、施工顺序、专业系统及类别等划分为若干个子分部工程。如装饰工程可分为楼地面工程、墙柱面工程、天棚工程等。

4. 分项工程

分项工程是分部工程的组成部分。按照不同的施工方法、不同的材料、不同的内容，可将一个分部工程分解为若干个分项工程。如砌筑工程（分部工程），可分为砌墙、毛石墙等分项工程。

5. 子项工程

子项工程（子目）是分项工程的组成部分，是工程中的最小单元体。例如，砌墙分项工程可分为 240 砖外墙、365 砖外墙等。子项工程是计算人工、材料及资金消耗的最基本的构造要素。单位估价表中的单价大多是以子项工程为对象计算的。

二、建筑工程计价原理

建筑工程计价是指按照规定的程序、方法和依据，对工程造价及其构成内容进行估计或确定的行为。建筑工程计价依据是指在工程计价活动中，所要依据的与计价内容、计价方法和价格标准相关的工程计量计价标准，建筑工程计价定额及工程造价信息等。

建设项目是兼具单件性与多样性的集合体。每一个建设项目的建设都需要按业主的特定需要进行单独设计、单独施工，不能批量生产和按整个项目确定价格，只能采用特殊的计价程序和计价方法，即将整个项目进行分解，划分为可以按有关技术经济参数测算价格的基本构造单元（如定额项目、清单项目），这样就可以计算出基本构造单元的费用。一般来说，分解结构层次越多，基本子项也越细，计算也更精确。

建筑工程造价计价的主要思路就是将建设项目细分至最基本的构造单元，找到适当的计量单位及当时当地的单价，就可以采取一定的计价方法，进行分部组合汇总，计算出相应工程造价。工程计价的基本原理就在于项目的分解与组合。

建筑工程计价的基本原理可以用公式的形式表达如下：

分部分项工程费＝∑［基本构造单元工程量（定额项目或清单项目）×相应单价］

工程造价的计价可分为工程计量和工程计价两个环节。

1. 工程计量

工程计量工作包括工程项目的划分和工程量的计算。

（1）单位工程基本构造单元的确定，即划分工程项目。编制工程概、预算时，主要是按工程定额进行项目的划分；编制工程量清单时，主要是按照工程量清单计量规范规定的清单项目进行划分。

（2）工程量的计算就是按照工程项目的划分和工程量计算规则，就施工图设计文件和施工组织设计对分项工程实物量进行计算。工程实物量是计价的基础，不同的计价依据由不同的计算规则规定。目前，工程量计算规则包括两大类：一是各类工程定额规定的计算规则；二是各专业工程计量规范附录中规定的计算规则。

2. 工程计价

工程计价包括工程单价的确定和总价的计算。

（1）工程单价是指完成单位工程基本构造单元的工程量所需要的基本费用。工程单价包括工料单价和综合单价。

1）工料单价也称直接工程费单价，包括人工、材料、机械台班费用，是各种人工消耗量、各种材料消耗量、各类机械台班消耗量与其相应单价的乘积，用公式表示：

$$工料单价 = \sum（人、材、机消耗量 \times 单价）$$

2）综合单价包括人工费、材料费、机械台班费，还包括企业管理费、利润和风险因素。综合单价根据国家、地区、行业定额或企业定额消耗量和相应生产要素的市场价格来确定。

（2）工程总价是指经过规定的程序或办法逐级汇总形成的相应工程造价。

根据采用单价的不同，总价的计算程序有所不同。

1）采用工料单价时，在工料单价确定后，乘以相应定额项目工程量并汇总，得出相应工程直接工程费，再按照相应的取费程序计算其他各项费用，汇总后形成相应工程造价。

2）采用综合单价时，在综合单价确定后，乘以相应项目工程量，经汇总即可得出分部分项工程费，再按相应的办法计取措施项目、其他项目、规费项目、税金项目费，各项目费汇总后得出相应工程造价。

三、建筑工程计价的特点

由于建设项目具有一次性、产品的固定性、生产的流动性、一定的周期等特点，导致建筑工程计价具有以下特点。

1. 大额性

任何一项建筑工程，不但实物形态庞大，而且造价高昂，需投资几百万、几千万甚至上亿元的资金。工程造价的大额性关系到多方面的经济利益，同时也对社会宏观经济产生重大影响。因此，建筑工程计价必须严肃认真地进行，保持其准确性。

2. 模糊性

工程造价的确定并非简单过程，涉及多个阶段，涉及各个方面的经济政策。由于项目内容和价格的不确定性，以及计算方法和计算依据的不同，其数额有较大的差别。即使是同一方法、同一依据，在同一时间，也各不相同。因此，只能说工程造价是一个相对准确的数值。由于它的不确定性，人们才对工程计价引起了足够的重视。

3. 单件性

建筑产品的个体差异性，决定了每项工程建设项目必须单独计算其工程造价。每一个工程建设项目都有其特点、功能与用途，因而导致其结构、造型、平面布置、设备配置和内外装饰都有所不同。工程所在地的气象、地质、水文等自然条件不同，建设的地点、社会经济条件等不同，都会直接或间接地影响工程建设项目的造价，即使是设计内容完全相同的工程项目，由于其建设地点或建设时间的不同，仍需要单独进行计价。

4. 多次性

建筑产品的建设周期长、规模大、造价高，不能一次确定可靠的价格，这就决定了在工程建设全过程中的各个阶段多次计价，并对其进行监督和控制，以保证工程造价计算的准确性和控制的有效性。多次性计价是一个随着工程的展开逐步深化、细化和接近实际造价的过程（见图1-1）。

5. 组合性

工程建设项目是单件性与多样性组成的集合体，这就决定了工程造价计算的组合性。一个工程建设项目总造价由各个单项工程造价组成；一个单项工程造价由各个单位工程造价组成；一个单位工程造价是按若干个分部分项工程计算得出的。由此可见，工程计价必然要顺应工程建设项目的这种组合性和分解性，表现为一个逐步组合的过程。

6. 方法的多样性

工程造价在各阶段具有不同的作用，且各阶段对工程建设项目的研究深度也有很大差异，因而工程造价的计价方法是多种多样的。在可行性研究阶段，工程造价的估算多采用设备系数法、生产能力估算法等；在施工图设计阶段，工程造价多采用定额法或实物法计算。

7. 依据的复杂性

影响工程造价的因素多，计价依据复杂，种类繁多。如工程量的计算依据，包括设计文件、计算规则等；计算人工、材料、机械等实物消耗量的依据，包括各种定额；计算工程单价的依据，包括人工单价、材料单价、机械台班单价等；计算各种费用的依据，如费用定额、费用文件等，政府规定的税、费文件，不同时期税费调整文件等；调整工程造价的依据，如工程变更、政策文件、物价指数等。

8. 动态性

工程项目在建设期间都会出现一些不可预料的风险因素。如工程变更，设备、材料、人工价格、费率、利率、汇率等发生变化；因不可抗力因素或因承、发包方原因造成的索赔事件等，这一切必然会导致工程建设项目投资额度的变动，需随时进行动态跟踪、调整，直至竣工决算后，才能真正确定工程建设项目的投资额度。

9. 兼容性

工程造价的兼容性，首先表现在其具有两种含义。工程造价计价既可以指工程建设项目的固定资产投资，也可以指建筑安装工程造价；既可以指招标的标底或控制价，也可以指投标报价。另外，不同专业造价的编制方法和手段有很大的相似性和兼容性，可以融会贯通。

四、建筑工程计价标准和依据

建筑工程计价标准和依据主要包括计价活动的相关规章规程、工程量清单计价和计量规范、工程定额和相关造价信息。

从目前我国现状来看，工程定额主要用于在项目建设前期各阶段对建设投资的预测和估计，在工程建设交易阶段，工程定额通常只能作为建设产品价格形成的辅助依据。工程量清单计价依据主要适用于合同价格形成以及后续的合同价格管理阶段。计价活动的相关规章规程则根据其具体内容可能适用于不同阶段的计价活动。造价信息是计价活动所必需的依据。

1. 计价活动的相关规章规程

现行计价活动的相关规章规程主要包括建筑工程发包与承包计价管理办法、建设项目投资估算编审规程、建设项目设计概算编审规程、建设项目施工图预算编审规程、建设工程招标控制价编审规程、建设项目工程结算编审规程、建设项目全过程造价咨询规程、建设工程造价咨询成果文件质量标准、建设工程造价鉴定规程等。

2. 工程量清单计价和计量规范

工程量清单计价和计量规范由《建设工程工程量清单计价规范》（GB 50500—2013）、《房屋建筑与装饰工程工程量计算规范》（GB 50854—2013）、《仿古建筑工程工程量计算规范》（GB 50855—2013）、《通用安装工程工程量计算规范》（GB 50856—2013）、《市政工程工程量计算规范》（GB 50857—2013）、《园林绿化工程工程量计算规范》（GB 50858—2013）、《矿山工程工程量计算规范》（GB 50859—2013）、《构筑物工程工程量计算规范》（GB 50860—2013）、《城市轨道交通工程工程量计算规范》（GB 50861—2013）、《爆破工程工程量计算规范》（GB 50862—2013）组成。

3. 工程定额

工程定额主要指国家、省、有关专业部门制定的各种定额，包括消耗量定额和工程计价定额等。

4. 工程造价信息

工程造价信息主要包括价格信息、工程造价指数和已完工程信息等。

第三节   建筑工程计量与计价的发展

人类活动不是简单地重复进行，而是随着人类社会实践的历史发展由简单到复杂发展起来的。建筑工程计量与计价也是随着时代的进步、社会生产力的发展，以及建筑施工新技术、新工艺、新材料的不断推陈出新而逐渐产生和发展的。

国际建筑工程计量与计价的发展大致可以分为五个阶段。

一、建筑工程计量与计价的萌芽阶段

国际建筑工程计量与计价的起源可以追溯到 16 世纪以前。当时的大多数建筑设计比较简单，业主往往聘请当地的手工艺人（工匠）负责建筑物的设计和施工，工程完成后按照一定的计算方法得出实际完成的工程量，并根据双方事先协商好的价格进行结算。

二、建筑工程计量与计价的雏形阶段

16～18 世纪，随着资本主义社会化大生产的出现和发展，在现代工业发展最早的英国出现了现代意义上的建筑工程计量与计价。社会生产力和技术的发展促使国家建设大批的工业厂房，许多农民在失去土地后集中转向城市，需要大量住房，这样使建筑业逐渐得到了发展，设计和施工逐步分离并各自形成一个独立的专业。此时，工匠需要有人帮助他们对已完成的工程量进行测量和估价，以确定应得的报酬，因此，从事这些工作的人员逐步专门化，并被称为工料测量师。他们以工匠小组的名义与工程委托人和建筑师洽商，计算工程量和确定工程价款。但是，当时的工料测量师是在工程完工以后才去测量工程量和结算工程造价的，因而工程造价管理处于被动状态，不能对设计与施工施加任何影响，只是对已完工程进行实物消耗量的测定。

三、建筑工程计量与计价的正式诞生阶段——工程计量与计价的第一次飞跃

19 世纪初期，资本主义国家开始推行建设工程项目的竞争性招标投标。工程计量和工程造价预测的准确性自然地成为实行这种制度的关键。参与投标的承包商往往雇用一个估价师为自己做这项工作，而业主（或代表业主利益的工程师）也需要雇用一个估价师为自己计算拟建工程的工程量，为承包商提供工程量清单。因此要求工料测量师在工程设计以后和开工之前就要对拟建的工程进行测量与估价，以确定招标的标底和投标报价。招标承包制的实行更加强化了工料测量师的地位和作用。与此同时，工料测量师的工作范围也扩大了，而且工程计量和工程估价活动从竣工后提前到施工前进行，这是历史性的重要进步。

1868 年 3 月，英国成立了测量师协会（Surveyor's Institution），其中最大的一个分会是工料测量师分会。这一工程造价管理专业协会的创立，标志着现代工程造价管理专业的正式诞生。英国皇家特许测量师协会（RICS）的成立使工程造价管理人士开始了有组织的相关理论和方法的研究，这一变化使得工程造价管理走出了传统管理的阶段，进入了现代化工程造价的阶段。这一时期完成了工程计量和计价历史上的第一次飞跃。

四、"投资计划和控制制度"的产生阶段——工程计量与计价的第二次飞跃

从 20 世纪 40 年代开始，由于资本主义经济学的发展，许多经济学的原理被应用到了工程造价管理领域。工程造价管理从一般的工程造价确定和简单的工程造价控制的雏形阶段开始向重视投资效益的评估、重视工程项目的经济与财务分析等方向发展。

同时，英国的教育部和英国皇家特许测量师协会（RICS）的成本研究小组（RICS Cost Research Panel）相继提出成本分析和规划的方法。成本分析和规划法的提出大大改变了计量与计价工作的意义，使计量与计价工作从原来被动的工作状况转变成主动，从原来设计结束后做计量估价转变成与设计工作同时进行，甚至在设计之前即可做出估算，这样就可以根据工程委托人的要求使工程造价控制在限额以内。因此，从 20 世纪 50 年代开始，"投资计划和控制制度"就在英国等经济发达的国家应运而生。此时恰逢第二次世界大战后的全球重建时期，大量需要建设的工程项目为工程造价管理的理论研究和实践提供了许多机会，从而使工程计量与计价的发展获得了第二次飞跃。

五、工程计量与计价的综合与集成发展阶段——工程计量与计价的第三次飞跃

从 20 世纪 70 年代末到 20 世纪 90 年代初，工程造价管理的研究又有了新的突破。各国纷纷在改进现有理论和方法的基础上，借助其他管理领域在理论和方法上的最新发展，对工程造价管理进行了更深入和全面的研究。这一时期，英国提出了"全生命周期造价管理"（life cycle costing management，LCCM）；美国稍后提出了"全面造价管理"（total cost management，TCM）；我国在 20 世纪 80 年代末和 20 世纪 90 年代初提出了"全过程造价管理"（whole process cost management，WPCM）。这三种工程造价管理理论的提出和发展，标志着工程造价理论和实践的研究进入了一个全新的阶段——综合与集成的阶段。

这些崭新的工程造价管理理论的发展，使建筑业对工程计量与计价有了新的认识。随着我国加入世界贸易组织（WTO）后建筑市场的对外开放，在工程计量与计价方面实行国际通行的工程量清单计量和计价办法，使工程计量与计价贯穿于工程项目的全生命周期，实现从事后算账发展到事先算账，从被动地反映设计和施工发展到能动地影响设计和施工，从工程计量与计价理论方法的单一化向更加科学和多样化方向发展，从而标志着工程计量与计价发展的第三次飞跃。

习　题

1. 基本建设的概念是什么？
2. 什么是建设项目？

3. 简述我国基本建设程序及其各阶段主要包括的内容。

4. 设计概算、施工图预算有何区别？

5. 工程结算与竣工决算有什么不同？

6. 单项工程与单位工程有何区别？

7. 建筑工程计价原理是什么？

8. 建筑工程计价的特点有哪些？

9. 建筑工程计价依据有哪些？

10. 简述国际建筑工程计量与计价的发展阶段。

第二章

建设工程造价构成

学习摘要

本章主要介绍了建设工程造价构成。通过本章学习，读者应了解建设工程造价的含义；明确我国现行建设项目总投资及工程造价的构成；掌握建筑安装工程费用构成和计算方法。

第一节 建设项目总投资与工程造价

一、建设项目总投资

建设项目总投资是指投资主体为获取预期收益，在选定的建设项目上投入的所需全部资金，即建设项目从建设前期决策工作开始，到项目全部建成投产为止所发生的全部投资费用。

建设项目总投资由固定资产投资和流动资产投资两部分组成。建设项目总投资中的固定资产投资与建设项目的工程造价在量上相等。我国现行建设项目总投资组成见表 2 - 1。

表 2 - 1　　　　　　　　　　我国现行建设项目总投资组成

投资构成				费用项目名称	
建设项目总投资	固定资产投资即工程造价	建设投资	工程费用	建筑安装工程费	人工费
					材料费
					施工机具使用费
					企业管理费
					利润
					规费
					税金
				设备及工器具购置费	设备购置费
					工器、器具及生产家具购置费
			工程建设其他费用		建设用地费
					与项目建设有关的费用
					与未来企业生产经营有关的费用
			预备费		基本预备费
					价差预备费
			建设期利息		
	流动资产投资		铺底流动资金		

1. 固定资产投资

固定资产投资由建设投资和建设期利息组成。建设投资是为完成工程项目建设，在建设期内投入且形成现金流出的全部费用。根据国家发改委和建设部发布的《建设项目经济评价方法与参数（第三版）》（发改委〔2006〕1325号）的规定，建设投资包括工程费用、工程建设其他费用和预备费三部分。

（1）工程费用是指建设期内直接用于工程建造、设备购置及其安装的建设投资，可以分为建筑安装工程费和设备及工器具购置费。

（2）工程建设其他费用是指建设期发生的与土地使用权取得、整个工程项目建设以及未来生产经营有关的构成建设投资但不包括在工程费用中的费用。

（3）预备费是在建设期内为各种不可预见因素的变化而预留的可能增加的费用，包括基本预备费和价差预备费。

（4）建设期利息是指建设项目贷款在建设期内发生并应计入固定资产的贷款利息等财务费用。

2. 流动资产投资

流动资产投资即铺底流动资金。铺底流动资金是指生产经营性建设项目为保证投产后正常的生产营运所需，并在项目资本金中的自有流动资金。非生产经营性建设项目不列铺底流动资金。

二、建设项目工程造价

建设项目按投资领域可分为生产性项目和非生产性项目。生产性工程建设项目总投资，包括固定资产投资和包含铺底流动资金在内的流动资产投资两部分。非生产性工程建设项目总投资只有固定资产投资，不含流动资产投资。工程建设项目的固定资产投资就是工程建设项目的工程造价。

1. 工程造价的含义

工程造价的第一种含义：从投资者——业主的角度定义，工程造价是指建设一项工程预期开支或实际开支的全部固定资产投资费用，包括工程费用、工程建设其他费用、预备费和建设期利息。投资者在投资活动中所支付的这些费用最终形成了工程建成以后交付使用的固定资产、无形资产和递延资产价值，所有这些开支就构成了工程造价。从这一意义上来说，工程造价就是工程建设项目的固定资产投资费用。工程建设项目总造价是项目总投资中的固定资产投资的总额。

工程造价的第二种含义：从市场的角度来定义，工程造价是指工程价格，即为建成一项工程，预计或实际在土地市场、设备市场、技术劳务市场，以及承包市场等交易活动中所形成的建筑安装工程价格和建设工程总价格。显然，工程造价的第二种含义是将工程项目作为特殊的商品形式，通过招投标、承发包和其他交易方式，在多次预估的基础上，最终由市场形成的价格。通常将工程造价的第二种含义只认定为工程承发包价格，是第一种含义中的一部分。

工程造价的两种含义是对客观存在的概括。它们既共生于一个统一整体，又相互区别。最主要的区别在于需求主体和供给主体在市场追求的经济利益不同，因而管理的性质和管理的目标不同。投资者选定一个投资项目，要按照基本建设程序的要求进行设计、招标、施工，直至竣工验收等一系列投资管理活动。在整个建设期间所支付的全部费用就构成工程造价。从投资者的角度来说，追求少花钱多办事，尽量降低工程造价。从承包商的角度来说，工程造价作为工程承发包的价格，是投资者和承包商共同认可的价格，承包商要尽量节约开支，力求降低工程造价，以取得最大的经济效益。因此，区别工程造价两种含义的现实意义在于，为实现不同的管理目标，不断充实工程造价的管理内容，完善管理方法，更好地为实现各自的目标服务，从而有利于提高投资效益。

　　2.建筑产品价格

　　价格是以货币形式表现的商品价值。价值是价格形成的基础。根据劳动价值规律，产品的价格（P）是社会必要劳动时间价值的货币表现，它应等于物化劳动价值（C）、活劳动价值（V）和盈利（m）之和，即$P=C+V+m$，前两者构成产品的生产成本。因此，从理论上讲，建设工程造价（即建筑产品价格），应能反映项目建设过程中勘察设计机构、监理单位、施工企业、设备制造厂商和建设单位等的物质消耗支出、劳动报酬和盈利的全部内容，如图2-1所示。

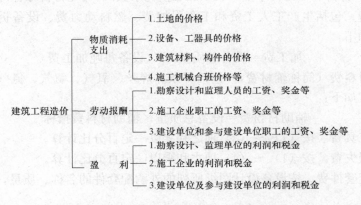

图2-1　建设工程造价构成示意图

第二节　设备及工器具购置费的构成和计算

　　设备及工器具购置费是由设备购置费和工具、器具及生产家具购置费组成的，它是固定资产投资中的积极部分。在生产性工程建设中，设备及工器具购置费占工程造价比重的增大，意味着生产技术的进步和资本有机构成的提高。

一、设备购置费的构成及计算

　　设备购置费是指为建设项目购置或自制的达到固定资产标准的各种国产或进口设备、工具、器具的购置费用，它由设备原价和设备运杂费构成，即

设备购置费＝设备原价＋设备运杂费

式中：设备原价是指国产设备或进口设备的原价；设备运杂费是指除设备原价之外的关于设备采购、运输、途中包装及仓库保管等方面支出费用的总和。

　　（一）国产设备原价的构成及计算

　　国产设备原价一般指设备制造厂的交货价，或订货合同价。它一般根据生产厂或供应商的询价、报价、合同价确定，或采用一定的方法计算确定。国产设备原价分为国产标准设备原价和国产非标准设备原价。

1. 国产标准设备原价

国产标准设备是指按照主管部门颁布的标准图纸和技术要求，由我国设备生产厂批量生产的，符合国家质量检测标准的设备。国产标准设备原价有两种，即带有备件的原价和不带有备件的原价。在计算时，一般采用带有备件的原价。

2. 国产非标准设备原价

国产非标准设备是指国家尚无定型标准，各设备生产厂不可能在工艺过程中采用批量生产，只能按一次订货，并根据具体的设计图纸制造的设备。国产非标准设备原价有多种不同的计算方法，如成本计算估价法、系列设备插入估价法、分部组合估价法、定额估价法等，但无论采用哪种方法都应该使国产非标准设备计价接近实际出厂价，并且计算方法要简便。按成本计算估价法，国产非标准设备的原价由以下各项组成：

（1）材料费。其计算公式如下：

$$材料费 = 材料净重 \times (1 + 加工损耗系数) \times 每吨材料综合价$$

（2）加工费。包括生产工人工资和工资附加费、燃料动力费、设备折旧费、车间经费等，计算公式如下：

$$加工费 = 设备总质量(t) \times 设备每吨加工费$$

（3）辅助材料费（简称辅材费）。包括焊条、焊丝、氧气、氩气、氮气、油漆、电石等费用，计算公式如下：

$$辅助材料费 = 设备总质量 \times 辅助材料费指标$$

（4）专用工具费。按（1）～（3）项之和乘以一定百分比计算。

（5）废品损失费。按（1）～（4）项之和乘以一定百分比计算。

（6）外购配套件费。按设备设计图纸所列的外购配套件的名称、质量，根据相应的价格加运杂费计算。

（7）包装费。按（1）～（6）项之和乘以一定百分比计算。

（8）利润。可按（1）～（5）项加第（7）项之和乘以一定利润率计算。

（9）税金。主要是指增值税，计算公式如下：

$$增值税 = 当期销项税额 - 进项税额$$
$$当期销项税额 = 销售额 \times 适用增值税率$$
$$销售额 = (1)～(8)项之和$$

（10）非标准设备设计费：按国家规定的设计费收费标准计算。

综上所述，单台非标准设备原价可表达为

$$
\begin{aligned}
单台非标准设备原价 = &\{[(材料费 + 加工费 + 辅助材料费) \times (1 + 专用工具费率) \\
&\times (1 + 废品损失费率) + 外购配套件费] \times (1 + 包装费率) \\
&- 外购配套件费\} \times (1 + 利润率) + 销项税金 + 非标准设备设计费 \\
&+ 外购配套件费
\end{aligned}
$$

【例 2-1】 某工厂采购一台国产非标准设备，制造厂生产该台设备所用材料费 50 万元，设备质量 20t，每吨加工费 3000 元，辅助材料费 200 元/t，专用工具费率 2%，废品损失费率 10%，外购配套件费 14 万元，包装费率 1%，利润率 7%，增值税率为 17%，非标准设备设计费 5 万元，求该国产非标准设备的原价。

解： 材料费 = 50 万元

设备加工费＝20×3000＝60000（元）＝6万元

辅助材料费＝20×200＝4000（元）＝0.4万元

专用工具费＝（50+6+0.4）×2%＝1.128（万元）

废品损失费＝（50+6+0.4+1.128）×10%＝5.753（万元）

外购配套件费＝14万元

包装费＝（50+6+0.4+1.128+5.753+14）×1%＝0.773（万元）

利润＝（50+6+0.4+1.128+5.753+0.773）×7%＝4.484（万元）

销项税金＝（50+6+0.4+1.128+14+5.753+0.773+4.484）×17%＝14.03（万元）

国产非标准设备的原价＝50+6+0.4+1.128+14+5.753+0.773+4.484+14.03+5

＝101.57（万元）

（二）进口设备原价的构成及计算

进口设备原价是指进口设备的抵岸价，即设备抵达买方边境港口或车站，交纳完各种手续费、税费后形成的价格。抵岸价通常由进口设备到岸价（CIF）和进口从属费构成。进口设备到岸价，即抵达买方边境港口或边境车站的价格。在国际贸易中，交易双方所使用的交货类别不同，则交易价格的构成内容也有所差异。进口从属费包括银行财务费、外贸手续费、进口关税、消费税、进口环节增值税等，进口车辆的还需缴纳车辆购置税。

1. 进口设备的交易价格

在国际贸易中，较为广泛使用的交易价格术语有 FOB、CFR 和 CIF。

（1）FOB（free on board），意为装运港船上交货价，也称为离岸价格。FOB 术语是指货物在指定的装运港越过船舷，卖方即完成交货义务。风险转移，以在指定的装运港货物越过船舷时为分界点。费用划分与风险转移的分界点相一致。

在 FOB 交货方式下，卖方的基本义务有：办理出口清关手续，自负风险和费用，领取出口许可证及其他官方文件；在约定的日期或期限内，在合同规定的装运港，按港口惯常的方式，把货物装上买方指定的船只，并及时通知买方；承担货物在装运港越过船舷之前的一切费用和风险；向买方提供商业发票和证明货物已交至船上的装运单据或具有同等效力的电子单证。买方的基本义务有：负责租船订舱，按时派船到合同约定的装运港接运货物，支付运费，并将船期、船名及装船地点及时通知卖方；负担货物在装运港越过船舷后的各种费用以及货物灭失或损坏的一切风险；负责获取进口许可证或其他官方文件，以及办理货物入境手续；受领卖方提供的各种单证，按合同规定支付货款。

（2）CFR（cost and freight），意为成本加运费，或称为运费在内价。CFR 是指在装运港货物越过船舷卖方即完成交货，卖方必须支付将货物运至指定的目的港所需的运费和费用，但交货后货物灭失或损坏的风险，以及由于各种事件造成的任何额外费用，即由卖方转移到买方。与 FOB 价格相比，CFR 的费用划分与风险转移的分界点是不一致的。

在 CFR 交货方式下，卖方的基本义务有：提供合同规定的货物，负责订立运输合同，并租船订舱，在合同规定的装运港和规定的期限内，将货物装上船并及时通知买方，支付运至目的港的运费；负责办理出口清关手续，提供出口许可证或其他官方批准的文件；承担货物在装运港越过船舷之前的一切费用和风险；按合同规定提供正式有效的运输单据、发票或具有同等效力的电子单证。买方的基本义务有：承担货物在装运港越过船舷以后的一切风险及运输途中因遭遇风险所引起的额外费用；在合同规定的目的港受领货物，办理进口清关手续，交纳进口税；受领卖方提供的各种约定的单证，并按合同规定支付货款。

（3）CIF（cost insurance and freight），意为成本加保险费、运费，习惯称到岸价格。在 CIF 术语中，卖方除负有与 CFR 相同的义务外，还应办理货物在运输途中最低险别的海运保险，并应支付保险费。若买方需要更高的保险险别，则需要与卖方明确地达成协议，或者自行做出额外的保险安排。除保险这项义务之外，买方的义务与 CFR 相同。

2. 进口设备到岸价的构成及计算

进口设备到岸价的计算公式如下：

$$进口设备到岸价（CIF）=离岸价格（FOB）+国际运费+运输保险费$$
$$=运费在内价（CFR）+运输保险费$$

（1）货价。一般指装运港船上交货价（FOB）。设备货价分为原币货价和人民币货价，原币货价一律折算为美元表示，人民币货价按原币货价乘以外汇市场美元兑换人民币汇率中间价确定。进口设备货价按有关生产厂商询价、报价、订货合同价计算。

（2）国际运费。即从装运港（站）到达我国目的港（站）的运费。我国进口设备大部分采用海洋运输，小部分采用铁路运输，个别采用航空运输。进口设备国际运费计算公式为

$$国际运费（海、陆、空）=原币货价（FOB）×运费率$$
$$国际运费（海、陆、空）=单位运价×运量$$

其中，运费率或单位运价参照有关部门或进出口公司的规定执行。

（3）运输保险费。对外贸易货物运输保险费是由保险人（保险公司）与被保险人（出口人或进口人）订立保险契约，在被保险人交付议定的保险费后，保险人根据保险契约的规定对货物在运输过程中发生的承保责任范围内的损失给予经济上的补偿。这是一种财产保险。计算公式为

$$运输保险费=\frac{原币货价（FOB）+国外运费}{1-保险费率}×保险费率$$

其中，保险费率按保险公司规定的进口货物保险费率计算。

3. 进口从属费的构成及计算

进口从属费的计算公式如下：

进口从属费=银行财务费+外贸手续费+关税+消费税+进口环节增值税+车辆购置税

（1）银行财务费。一般是指在国际贸易结算中，中国银行为进出口商提供金融结算服务所收取的费用，简化计算公式为

$$银行财务费=人民币货价（FOB）×银行财务费率$$

（2）外贸手续费。是指按对外经济贸易部规定的外贸手续费率计取的费用，费率一般取 1.5%。计算公式为

$$外贸手续费=到岸价格（CIF）×人民币外汇汇率×外贸手续费率$$

（3）关税。由海关对进出国境或关境的货物和物品征收的一种税。计算公式为

$$关税=到岸价格（CIF）×进口关税税率$$

其中，到岸价格（CIF）包括离岸价格（FOB）、国际运费、运输保险费等费用，它作为关税完税价格。进口关税税率分为优惠和普通两种。优惠税率适用于与我国签订有关税互惠条款的贸易条约或协定的国家的进口设备；普通税率适用于与我国未订有关税互惠条款的贸易条约或协定的国家的进口设备。进口关税税率按我国海关总署发布的进口关税税率

计算。

（4）消费税。对部分进口设备（如轿车、摩托车等）征收，一般计算公式为

$$应纳消费税额 = \frac{到岸价格（CIF）\times 人民币外汇汇率 + 关税}{1 - 消费税税率} \times 消费税税率$$

其中，消费税税率根据规定的税率计算。

（5）增值税。是对从事进口贸易的单位和个人，在进口商品报关进口后征收的税种。我国增值税条例规定，进口应税产品均按组成计税价格和增值税税率直接计算应纳税额，即

$$进口产品增值税额 = 组成计税价格 \times 增值税税率$$

$$组成计税价格 = 关税完税价格 + 关税 + 消费税$$

其中，增值税税率根据规定的税率计算。

（6）车辆购置税。进口车辆需缴纳进口车辆购置税。其公式如下：

$$进口车辆购置税 = （到岸价 + 关税 + 消费税）\times 车辆购置税率$$

【例 2 - 2】 某进口设备 FOB 价为 2500 万元（人民币），到岸价（货价、海运费、运输保险费）为 3020 万元（人民币），进口设备国内运杂费为 100 万元。银行财务费率为 0.5%，外贸手续费率为 1.5%，关税税率为 10%，增值税税率为 17%，无消费税，计算进口设备购置费用为多少万元？

解：计算进口设备购置费用见表 2 - 2。

表 2 - 2 计算进口设备购置费用

序号	项目	费率	计算式	金额（万元）
（1）	到岸价格			3020.00
（2）	银行财务费	0.5%	2500×0.5%	12.50
（3）	外贸手续费	1.5%	3020×1.5%	45.30
（4）	关税	10%	3020×10%	302
（5）	增值税	17%	（3020+302）×17%	564.74
（6）	设备国内运杂费			100.00
	进口设备购置费		（1）+（2）+（3）+（4）+（5）+（6）	4044.54

（三）设备运杂费的构成及计算

1. 设备运杂费的构成

设备运杂费是指国内设备自来源地、国外采购设备自到岸港运至工地仓库或指定堆放地点发生的采购、运输、运输保险、保管、装卸等费用。通常由下列各项构成：

（1）运费和装卸费。国产设备由设备制造厂交货地点起至工地仓库（或施工组织设计指定的需要安装设备的堆放地点）止所发生的运费和装卸费；进口设备则由我国到岸港口或边境车站起至工地仓库（或施工组织设计指定的需要安装设备的堆放地点）止所发生的运费和装卸费。

（2）包装费。在设备原价中没有包含的，为运输而进行的包装支出的各种费用。

（3）设备供销部门的手续费。按有关部门规定的统一费率计算。

（4）采购与仓库保管费。是指采购、验收、保管和收发设备所发生的各种费用，包括设备采购人员、保管人员和管理人员的工资、工资附加费、办公费、差旅交通费，设备供应部

门办公和仓库所占固定资产使用费、工具用具使用费、劳动保护费、检验试验费等。这些费用可按主管部门规定的采购与保管费费率计算。

2. 设备运杂费的计算

设备运杂费的计算公式为

$$设备运杂费＝设备原价×设备运杂费率$$

其中，设备运杂费率按各部门及省、市等的规定计取。

二、工具、器具及生产家具购置费的构成及计算

工具、器具及生产家具购置费是指新建或扩建项目初步设计规定的，保证初期正常生产必须购置的没有达到固定资产标准的设备、仪器、工卡模具、器具、生产家具和备品备件等的购置费用。一般以设备购置费为计算基数，按照部门或行业规定的工具、器具及生产家具费率计算。计算公式为

$$工具、器具及生产家具购置费＝设备购置费×工具、器具及生产家具费率$$

第三节　建筑安装工程费用组成与计算

建筑安装工程费是指发包方支付给完成建筑安装工程施工任务的承包方全部的生产费用，包括施工生产过程中的费用、组织管理施工生产经营活动间接为工程支付的费用以及按国家规定收取的利润和税金的总和。

一、建筑安装工程费用项目构成

根据建设部颁布的《关于印发〈建筑安装工程费用项目组成〉的通知》（建标〔2013〕44号），我国现行建筑安装工程费用项目有两种划分方式。

（一）按费用构成要素划分

按照费用构成要素划分，建筑安装工程费由人工费、材料（包含工程设备，下同）费、施工机具使用费、企业管理费、利润、规费和税金组成，如图2-2所示。其中人工费、材料费、施工机具使用费、企业管理费和利润包含在分部分项工程费、措施项目费、其他项目费中。

1. 人工费

人工费是指按工资总额构成规定，支付给从事建筑安装工程施工的生产工人和附属生产单位工人的各项费用。内容包括：

（1）计时工资或计件工资：是指按计时工资标准和工作时间或对已做工作按计件单价支付给个人的劳动报酬。

（2）奖金：是指对超额劳动和增收节支支付给个人的劳动报酬。如节约奖、劳动竞赛奖等。

（3）津贴、补贴：是指为了补偿职工特殊或额外的劳动消耗和因其他特殊原因支付给个人的津贴，以及为了保证职工工资水平不受物价影响支付给个人的物价补贴。如流动施工津贴、特殊地区施工津贴、高温（寒）作业临时津贴、高空津贴等。

（4）加班加点工资：是指按规定支付的在法定节假日工作的加班工资和在法定日工作时间外延时工作的加点工资。

（5）特殊情况下支付的工资：是指根据国家法律、法规和政策规定，因病、工伤、产

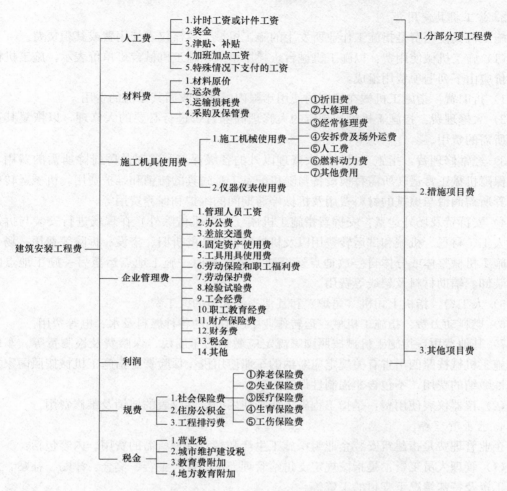

图2-2　建筑安装工程费的构成（按费用构成要素划分）

假、计划生育假、婚丧假、事假、探亲假、定期休假、停工学习、执行国家或社会义务等原因按计时工资标准或计时工资标准的一定比例支付的工资。

2. 材料费

材料费是指施工过程中耗费的原材料、辅助材料、构配件、零件、半成品或成品、工程设备的费用。内容包括：

（1）材料原价：是指材料、工程设备的出厂价格或商家供应价格。

（2）运杂费：是指材料、工程设备自来源地运至工地仓库或指定堆放地点所发生的全部费用。

（3）运输损耗费：是指材料在运输装卸过程中不可避免的损耗。

（4）采购及保管费：是指为组织采购、供应和保管材料、工程设备的过程中所需要的各项费用。包括采购费、仓储费、工地保管费、仓储损耗。

工程设备是指构成或计划构成永久工程一部分的机电设备、金属结构设备、仪器装置及其他类似的设备和装置。

3. 施工机具使用费

施工机具使用费是指施工作业所发生的施工机械、仪器仪表使用费或其租赁费。

（1）施工机械使用费：以施工机械台班耗用量乘以施工机械台班单价表示，施工机械台班单价应由下列七项费用组成：

1）折旧费：指施工机械在规定的使用年限内，陆续收回其原值的费用。

2）大修理费：指施工机械按规定的大修理间隔台班进行必要的大修理，以恢复其正常功能所需的费用。

3）经常修理费：指施工机械除大修理以外的各级保养和临时故障排除所需的费用，包括为保障机械正常运转所需替换设备与随机配备工具附具的摊销和维护费用，机械运转中日常保养所需润滑与擦拭的材料费用及机械停滞期间的维护和保养费用等。

4）安拆费及场外运费：安拆费指施工机械（大型机械除外）在现场进行安装与拆卸所需的人工、材料、机械和试运转费用以及机械辅助设施的折旧、搭设、拆除等费用；场外运费指施工机械整体或分体自停放地点运至施工现场或由一施工地点运至另一施工地点的运输、装卸、辅助材料及架线等费用。

5）人工费：指机上司机（司炉）和其他操作人员的人工费。

6）燃料动力费：指施工机械在运转作业中所消耗的各种燃料及水、电等费用。

7）其他费用：指施工机械按照国家规定应缴纳的车船税、保险费及检测费等。车船税是指施工机械按照四川省有关规定应缴纳的车船使用税。保险费是指施工机械按照国家规定强制性缴纳的费用，不包含非强制性保险。

（2）仪器仪表使用费：是指工程施工所需使用的仪器仪表的摊销及维修费用。

4. 企业管理费

企业管理费是指建筑安装企业组织施工生产和经营管理所需的费用。内容包括：

（1）管理人员工资：是指按规定支付给管理人员的计时工资、奖金、津贴、补贴、加班加点工资及特殊情况下支付的工资等。

（2）办公费：是指企业管理办公用的文具、纸张、账表、印刷、邮电、书报、办公软件、现场监控、会议、水电、烧水和集体取暖降温（包括现场临时宿舍取暖降温）等费用。

（3）差旅交通费：是指职工因公出差、调动工作的差旅费、住勤补助费，市内交通费和误餐补助费，职工探亲路费，劳动力招募费，职工退休、退职一次性路费，工伤人员就医路费，工地转移费以及管理部门使用的交通工具的油料、燃料等费用。

（4）固定资产使用费：是指管理和试验部门及附属生产单位使用的属于固定资产的房屋、设备、仪器等的折旧、大修、维修或租赁费。

（5）工具用具使用费：是指企业施工生产和管理使用的不属于固定资产的工具、器具、家具、交通工具和检验、试验、测绘、消防用具等的购置、维修和摊销费。

（6）劳动保险和职工福利费：是指由企业支付的职工退职金、按规定支付给离休干部的经费，集体福利费、夏季防暑降温、冬季取暖补贴、上下班交通补贴等。

（7）劳动保护费：是企业按规定发放的劳动保护用品的支出。如工作服、手套、防暑降温饮料以及在有碍身体健康的环境中施工的保健费用等。

（8）检验试验费：是指施工企业按照有关标准规定，对建筑以及材料、构件和建筑安装物进行一般鉴定、检查所发生的费用，包括自设试验室进行试验所耗用的材料等费用。不包括新结构、新材料的试验费，对构件做破坏性试验及其他特殊要求检验试验的费用和建设单位委托检测机构进行检测的费用，对此类检测发生的费用，由建设单位在工程建设其他费用中列支。但对施工企业提供的具有合格证明的材料进行检测不合格的，该检测费用由施工企业支付。

（9）工会经费：是指企业按《中华人民共和国工会法》规定的全部职工工资总额比例计提的工会经费。

（10）职工教育经费：是指按职工工资总额的规定比例计提，企业为职工进行专业技术和职业技能培训，专业技术人员继续教育、职工职业技能鉴定、职业资格认定以及根据需要对职工进行各类文化教育所发生的费用。

（11）财产保险费：是指施工管理用财产、车辆等的保险费用。

（12）财务费：是指企业为施工生产筹集资金或提供预付款担保、履约担保、职工工资支付担保等所发生的各种费用。

（13）税金：是指企业按规定缴纳的房产税、车船使用税、土地使用税、印花税等。

（14）其他：包括技术转让费、技术开发费、投标费、业务招待费、绿化费、广告费、公证费、法律顾问费、审计费、咨询费、保险费等。

5. 利润

利润是指施工企业完成所承包工程获得的盈利。

6. 规费

规费是指按国家法律、法规规定，由省级政府和省级有关权力部门规定必须缴纳或计取的费用，包括社会保险费、住房公积金和工程排污费。

（1）社会保险费。

1）养老保险费：是指企业按照规定标准为职工缴纳的基本养老保险费。

2）失业保险费：是指企业按照规定标准为职工缴纳的失业保险费。

3）医疗保险费：是指企业按照规定标准为职工缴纳的基本医疗保险费。

4）生育保险费：是指企业按照规定标准为职工缴纳的生育保险费。

5）工伤保险费：是指企业按照规定标准为职工缴纳的工伤保险费。

（2）住房公积金：是指企业按规定标准为职工缴纳的住房公积金。

（3）工程排污费：是指按规定缴纳的施工现场工程排污费。

其他应列而未列入的规费，按实际发生计取。

7. 税金

税金是指按国家税法规定的应计入建筑安装工程造价内的增值税和附加税。

附加税是指按国家税法规定的应计入建筑安装工程造价内的城市建设维护税、教育费附加及地方教育附加。

一般计税法，税金是指根据建筑服务销售价格，按规定税率计算的增值销项税额。但是，目前仍有部分工程在一定时间期限内要采用简易计税方法，其税金包含增值税应纳税额、城市维护建设税、教育费附加及地方教育附加等。

（二）按造价形成划分

建筑安装工程费按照工程造价形成由分部分项工程费、措施项目费、其他项目费、规费、税金组成，如图 2-3 所示。分部分项工程费、措施项目费、其他项目费包含人工费、材料费、施工机具使用费、企业管理费和利润。

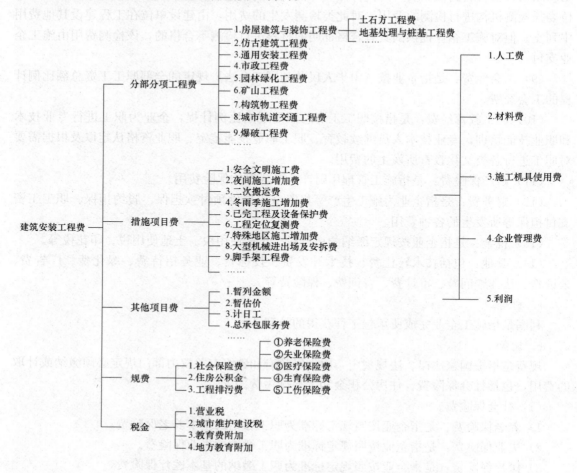

图 2-3 建筑安装工程费的构成（按造价形成划分）

1. 分部分项工程费

分部分项工程费是指各专业工程的分部分项工程应予列支的各项费用。

（1）专业工程：是指按现行国家计量规范划分的房屋建筑与装饰工程、仿古建筑工程、通用安装工程、市政工程、园林绿化工程、矿山工程、构筑物工程、城市轨道交通工程、爆破工程等各类工程。

（2）分部分项工程：指按现行国家计量规范对各专业工程划分的项目。如房屋建筑与装饰工程划分的土石方工程、地基处理与桩基工程、砌筑工程、钢筋及钢筋混凝土工程等。

各类专业工程的分部分项工程划分见现行国家或行业计量规范。

2. 措施项目费

措施项目费是指为完成工程项目施工，发生于该工程施工前和施工过程中的技术、生活、安全、环境保护、扬尘污染防治、建筑工人实名制管理等方面的费用。内容包括：

（1）安全文明施工费。

1）环境保护费：是指施工现场为达到环境保护部门要求所需要的各项费用。

2）文明施工费：是指施工现场文明施工所需要的各项费用。

3）安全施工费：是指施工现场安全施工所需要的各项费用。

4）临时设施费：是指施工企业为进行建设工程施工所必须搭设的生活和生产用的临时建筑物、构筑物和其他临时设施费用，包括临时设施的搭设、维修、拆除、清理费或摊销费等。

（2）夜间施工增加费：是指因夜间施工所发生的夜班补助费、夜间施工降效、夜间施工照明设备摊销及照明用电等费用。

（3）二次搬运费：是指因施工场地条件限制而发生的材料、构配件、半成品等一次运输不能到达堆放地点，必须进行二次或多次搬运所发生的费用。

（4）冬雨季施工增加费：是指在冬季或雨季施工需增加的临时设施、防滑、排除雨雪，人工及施工机械效率降低等费用。

（5）已完工程及设备保护费：是指竣工验收前，对已完工程及设备采取的必要保护措施所发生的费用。

（6）工程定位复测费：是指工程施工过程中进行全部施工测量放线和复测工作的费用。

（7）特殊地区施工增加费：是指工程在沙漠或其边缘地区、高海拔、高寒、原始森林等特殊地区施工增加的费用。

（8）大型机械进出场及安拆费：是指机械整体或分体自停放场地运至施工现场或由一个施工地点运至另一个施工地点，所发生的机械进出场运输及转移费用及机械在施工现场进行安装、拆卸所需的人工费、材料费、机械费、试运转费和安装所需的辅助设施的费用。

（9）脚手架工程费：是指施工需要的各种脚手架搭、拆、运输费用以及脚手架购置费的摊销（或租赁）费用。

措施项目及其包含的内容详见各类专业工程的现行国家或行业计量规范。

3. 其他项目费

其他项目费指除分部分项工程量清单项目、措施项目费以外的项目费用。

（1）暂列金额：是指建设单位在工程量清单中暂定并包括在工程合同价款中的一笔款项。用于施工合同签订时尚未确定或者不可预见的所需材料、工程设备、服务的采购，施工中可能发生的工程变更、合同约定调整因素出现时的工程价款调整以及发生的索赔、现场签证确认等费用。

（2）暂估价：包括材料和工程设备暂估单价、专业工程暂估价。

（3）计日工：是指在施工过程中，承包人完成发包人提出的工程合同范围以外的零星项目或工作所需的费用。

（4）总承包服务费：是指总承包人为配合、协调发包人进行的专业工程发包，对发包人自行采购的材料、工程设备等进行保管以及施工现场管理、竣工资料汇总整理等服务所需的费用。

出现上面未列其他项目，编制人可做补充。

4. 规费

定义同前。

5. 税金

定义同前。

二、建筑安装工程费用计算方法

（一）各费用构成要素计算方法

1. 人工费

人工费的计算公式有两种，第一种计算公式如下：

$$人工费＝\sum（工日消耗量×日工资单价）$$

其中日工资单价计算如下：

$$日工资单价＝\frac{生产工人平均月工资（计时、计件）＋平均月（奖金＋津贴、补贴＋特殊情况下支付的工资）}{年平均每月法定工作日}$$

注：第一种计算公式主要适用于施工企业投标报价时自主确定人工费，也是工程造价管理机构编制计价定额确定定额人工单价或发布人工成本信息的参考依据。

第二种计算公式如下：

$$人工费＝\sum（工程工日消耗量×日工资单价）$$

注：第二种计算公式适用于工程造价管理机构编制计价定额时确定定额人工费，是施工企业投标报价的参考依据。

日工资单价是指施工企业平均技术熟练程度的生产工人在每工作日（国家法定工作时间内）按规定从事施工作业应得的日工资总额。

工程造价管理机构确定日工资单价应通过市场调查、根据工程项目的技术要求，参考实物工程量人工单价综合分析确定，最低日工资单价不得低于工程所在地人力资源和社会保障部门所发布的最低工资标准的：普工 1.3 倍、一般技工 2 倍、高级技工 3 倍。

工程计价定额不可只列一个综合工日单价，应根据工程项目技术要求和工种差别适当划分多种日人工单价，确保各分部工程人工费的合理构成。

2. 材料费

（1）材料费计算公式如下：

$$材料费＝\sum（材料消耗量×材料单价）$$

$$材料单价＝（材料原价＋运杂费）×[1＋运输损耗率（\%）]×[1＋采购保管费率（\%）]$$

（2）工程设备费计算公式如下：

$$工程设备费＝\sum（工程设备量×工程设备单价）$$

$$工程设备单价＝（设备原价＋运杂费）×[1＋采购保管费率（\%）]$$

3. 施工机具使用费

（1）施工机械使用费计算公式如下：

$$施工机械使用费＝\sum（施工机械台班消耗量×机械台班单价）$$

$$机械台班单价＝台班折旧费＋台班大修费＋台班经常修理费＋台班安拆费及场外运费＋台班人工费＋台班燃料动力费＋台班车船税费$$

注：工程造价管理机构在确定计价定额中的施工机械使用费时，应根据《建筑施工机械台班费用计算规则》结合市场调查编制施工机械台班单价。施工企业可以参考工程造价管理机构发布的台班单价，自主确定施工机械使用费的报价，如租赁施工机械，公式为

$$施工机械使用费＝\sum（施工机械台班消耗量×机械台班租赁单价）$$

（2）仪器仪表使用费计算公式如下：

$$仪器仪表使用费＝工程使用的仪器仪表摊销费＋维修费$$

4. 企业管理费费率

（1）以分部分项工程费为计算基础，计算公式如下：

$$企业管理费费率（\%）=\frac{生产工人年平均管理费}{年有效施工天数×人工单价}×人工费占分部分工程费比例（\%）$$

（2）以人工费和机械费合计为计算基础，计算公式如下：

$$企业管理费费率（\%）=\frac{生产工人年平均管理费}{年有效施工天数×（人工单价＋每一工日机械使用费）}×100\%$$

（3）以人工费为计算基础，计算公式如下：

$$企业管理费费率（\%）=\frac{生产工人年平均管理费}{年有效施工天数×人工单价}×100\%$$

注：企业管理费费率计算公式适用于施工企业投标报价时自主确定管理费，是工程造价管理机构编制计价定额确定企业管理费的参考依据。

工程造价管理机构在确定计价定额中企业管理费时，应以定额人工费或定额人工费＋定额机械费作为计算基数，其费率根据历年工程造价积累的资料，辅以调查数据确定，列入分部分项工程和措施项目中。

5. 利润

（1）施工企业根据企业自身需求并结合建筑市场实际自主确定，列入报价中。

（2）工程造价管理机构在确定计价定额中利润时，应以定额人工费或定额人工费＋定额机械费作为计算基数，其费率根据历年工程造价积累的资料，并结合建筑市场实际确定，以单位（单项）工程测算，利润在税前建筑安装工程费的比重可按不低于 5% 且不高于 7% 的费率计算。利润应列入分部分项工程和措施项目中。

6. 规费

（1）社会保险费和住房公积金。社会保险费和住房公积金应以定额人工费为计算基础，根据工程所在地省、自治区、直辖市或行业建设主管部门规定费率计算。

$$社会保险费和住房公积金=\sum（工程定额人工费×社会保险费和住房公积金费率）$$

式中：社会保险费和住房公积金费率可以每万元发承包价的生产工人人工费和管理人员工资含量与工程所在地规定的缴纳标准综合分析取定。

（2）工程排污费。工程排污费等其他应列而未列入的规费应按工程所在地环境保护等部门规定的标准缴纳，按实计取列入。

7. 税金

（1）一般计税。

1）增值税计算公式如下：

$$增值税=税前不含税工程造价×销项增值税率9\%$$

2）附加税计算。编制招标控制价和投标报价时，按综合附加税税率计算，即

$$附加税=税前不含税工程造价×综合附加税税率$$

编制竣工结算时，按合同约定的方式计算。方式一，按国家规定附加税计取标准计算。方式二，按甲、乙双方约定的综合附加税税率计算。

国家规定附加税计取标准为

$$附加税=增值税（销项税额－进项税额）×附加税税率$$

（2）简易计税。

1）增值税应纳税额＝包含增值税可抵扣进项税额的税前工程造价×适用税率，税率3％。

2）城市维护建设税＝增值税应纳税额×适用税率，税率：市区7％，县镇5％，乡村1％。

3）教育费附加＝增值税应纳税额×适用税率，税率3％。

4）地方教育附加等＝增值税应纳税额×适用税率，税率2％。

以上四项合计，以包含增值税可抵扣进项税的税前工程造价为计费基础，税金费率为：市区3.37％，县镇3.31％，乡村3.19％。如各市另有规定的，按各市规定计取。

（二）按造价形成计算方法

1. 分部分项工程费

分部分项工程费计算公式如下：

$$分部分项工程费＝\sum（分部分项工程量×综合单价）$$

式中：综合单价包括人工费、材料费、施工机具使用费、企业管理费和利润以及一定范围的风险费用（下同）。

2. 措施项目费

（1）国家计量规范规定应予计量的措施项目（即单价措施项目），其计算公式为

$$措施项目费＝\sum（措施项目工程量×综合单价）$$

（2）国家计量规范规定不宜计量的措施项目（即总价措施项目），其计算方法如下：

1）安全文明施工费计算公式为

$$安全文明施工费＝计算基数×安全文明施工费费率(\%)$$

2）夜间施工增加费计算公式为

$$夜间施工增加费＝计算基数×夜间施工增加费费率(\%)$$

3）二次搬运费计算公式为

$$二次搬运费＝计算基数×二次搬运费费率(\%)$$

4）冬雨季施工增加费计算公式为

$$冬雨季施工增加费＝计算基数×冬雨季施工增加费费率(\%)$$

5）已完工程及设备保护费计算公式为

$$已完工程及设备保护费＝计算基数×已完工程及设备保护费费率(\%)$$

上述1）～5）项措施项目的计费基数应为定额人工费或定额人工费＋定额机械费，其费率由工程造价管理机构根据各专业工程特点和调查资料综合分析后确定。

3. 其他项目费

（1）暂列金额应根据拟建工程特点确定。

编制招标控制价时，暂列金额可按分部分项工程费和措施项目费的10％～15％计取。

编制投标报价时，暂列金额应按招标人在其他项目清单中列出的金额填写。

（2）暂估价。

编制招标控制价时，暂估价中的材料、工程设备单价应根据招标工程量清单中列出的单价计入综合单价；暂估价中的专业工程金额应分不同专业，按有关计价规定估算。

编制投标报价时，材料暂估价应按招标人在其他项目清单中列出的单价计入综合单价；专业工程暂估价应按招标人在其他项目清单中列出中的金额填写。

　　编制竣工结算时，暂估价中层材料单价应按发、承包双方最终确认价在综合单价中调整；专业工程暂估价应按中标价或发包人、承包人与分包人最终确认计算。

　　（3）计日工由建设单位和施工企业按施工过程中的签证计价。

　　（4）总承包服务费由建设单位在招标控制价中根据总包服务范围和有关计价规定编制，施工企业投标时自主报价，施工过程中按签约合同价执行。

　　4. 规费和税金

　　建设单位和施工企业均应按照省、自治区、直辖市或行业建设主管部门发布的标准计算规费和税金执行，不得作为竞争性费用。

三、建筑安装工程计价程序

　　建设单位工程招标控制价计价程序见表 2-3，施工企业工程投标报价计价程序见表 2-4，竣工结算计价程序见表 2-5。

表 2-3　　　　　　　　　　　建设单位工程招标控制价计价程序

工程名称：　　　　　　　　　　　　　　　　　标段：

序号	内容	计算方法	金额（元）
1	分部分项工程费	按计价规定计算	
1.1			
1.2			
1.3			
2	措施项目费	按计价规定计算	
2.1	其中：安全文明施工费	按规定标准计算	
3	其他项目费		
3.1	其中：暂列金额	按计价规定估算	
3.2	其中：专业工程暂估价	按计价规定估算	
3.3	其中：计日工	按计价规定估算	
3.4	其中：总承包服务费	按计价规定估算	
4	规费	按规定标准计算	
5	税金（扣除不列入计税范围的工程设备金额）	（1+2+3+4）×规定税率	
招标控制价合计＝1+2+3+4+5			

表 2-4　　　　　　　　　　　施工企业工程投标报价计价程序

工程名称：　　　　　　　　　　　　　　　　　标段：

序号	内容	计算方法	金额（元）
1	分部分项工程费	自主报价	
1.1			
1.2			
1.3			
2	措施项目费	自主报价	

续表

序号	内容	计算方法	金额（元）
2.1	其中：安全文明施工费	按规定标准计算	
3	其他项目费		
3.1	其中：暂列金额	按招标文件提供金额计列	
3.2	其中：专业工程暂估价	按招标文件提供金额计列	
3.3	其中：计日工	自主报价	
3.4	其中：总承包服务费	自主报价	
4	规费	按规定标准计算	
5	税金（扣除不列入计税范围的工程设备金额）	（1+2+3+4）×规定税率	

投标报价合计＝1+2+3+4+5

表 2-5　　　　　　　　　　竣工结算计价程序

工程名称：　　　　　　　　　　　　　标段：

序号	汇总内容	计算方法	金额（元）
1	分部分项工程费	按合同约定计算	
1.1			
1.2			
1.3			
2	措施项目	按合同约定计算	
2.1	其中：安全文明施工费	按规定标准计算	
3	其他项目		
3.1	其中：专业工程结算价	按合同约定计算	
3.2	其中：计日工	按计日工签证计算	
3.3	其中：总承包服务费	按合同约定计算	
3.4	索赔与现场签证	按发、承包双方确认数额计算	
4	规费	按规定标准计算	
5	税金（扣除不列入计税范围的工程设备金额）	（1+2+3+4）×规定税率	

竣工结算总价合计＝1+2+3+4+5

第四节　工程建设其他费用的构成及计算

工程建设其他费用是指从工程筹建起到工程竣工验收、交付使用为止的整个建设期间，除建筑安装工程费用和设备及工器具购置费用以外的，为保证工程建设顺利完成和交付使用后能够正常发挥效用而发生的各项费用。

一、建设用地费

任何一个建设项目都固定于一定地点与地面相连接，必须占用一定量的土地，也就必须要发生为获得建设用地而支付的费用，这就是建设用地费。它是指为获得工程项目建设土地的使用权而在建设期内发生的各项费用,包括通过划拨方式取得土地使用权而支付的土地征用及迁移补偿费,或者通过土地使用权出让方式取得土地使用权而支付的土地使用权出让金。

(一) 建设用地取得的基本方式

建设用地的取得是指依法获取国有土地的使用权。根据《中华人民共和国城市房地产管理法》规定,获取国有土地使用权的基本方式有两种:一是出让方式,二是划拨方式。建设用地取得的其他方式还包括租赁和转让方式。

1. 通过出让方式获取国有土地使用权

国有土地使用权出让是指国家将国有土地使用权在一定年限内出让给土地使用者,由土地使用者向国家支付土地使用权出让金的行为。土地使用权出让最高年限按下列用途确定:①居住用地 70 年;②工业用地 50 年;③教育、科技、文化、卫生、体育用地 50 年;④商业、旅游、娱乐用地 40 年;⑤综合或者其他用地 50 年。

通过出让方式获取国有土地使用权可以分成两种具体方式:一是通过招标、拍卖、挂牌等竞争出让方式获取国有土地使用权,二是通过协议出让方式获取国有土地使用权。

(1) 通过竞争出让方式获取国有土地使用权。具体的竞争方式又包括投标、竞拍和挂牌三种。按照国家相关规定,工业(包括仓储用地,但不包括采矿用地)、商业、旅游、娱乐和商品住宅等各类经营性用地,必须以招标、拍卖或者挂牌方式出让;上述规定以外用途的土地的供地计划公布后,同一宗地有两个以上意向用地者的,也应当采用招标、拍卖或者挂牌方式出让。

(2) 通过协议出让方式获取国有土地使用权。按照国家相关规定,出让国有土地使用权,除依照法律、法规和规章的规定应当采用招标、拍卖或者挂牌方式外,方可采取协议方式。以协议方式出让国有土地使用权的出让金不得低于按国家规定所确定的最低价。协议出让底价不得低于拟出让地块所在区域的协议出让最低价。

2. 通过划拨方式获取国有土地使用权

国有土地使用权划拨是指县级以上人民政府依法批准,在土地使用者缴纳补偿、安置等费用后将该幅土地交付其使用,或者将土地使用权无偿交付给土地使用者使用的行为。

国家对划拨用地有着严格的规定,下列建设用地,经县级以上人民政府依法批准,可以划拨方式取得:①国家机关用地和军事用地;②城市基础设施用地和公益事业用地;③国家重点扶持的能源、交通、水利等基础设施用地;④法律、行政法规规定的其他用地。

依法以划拨方式取得土地使用权的,除法律、行政法规另有规定外,没有使用期限的限制。因企业改制、土地使用权转让或者改变土地用途等不再符合要求的,应当实行有偿使用。

(二) 建设用地取得的费用

建设用地如通过行政划拨方式取得,则须承担征地补偿费用或对原用地单位或个人的拆迁补偿费用;若通过市场机制取得,则不但承担以上费用,还须向土地所有者支付有偿使用费,即土地出让金。

1. 征地补偿费用

建设征用土地费用由以下几部分构成:

(1) 土地补偿费。土地补偿费是对农村集体经济组织因土地被征用而造成的经济损失的一种补偿。征用耕地的补偿费，为该耕地被征前三年平均年产值的 6～10 倍。征用其他土地的补偿费标准，由省、自治区、直辖市参照征用耕地的补偿费标准规定。土地补偿费归农村集体经济组织所有。

（2）青苗补偿费和地上附着物补偿费。青苗补偿费是因征地时对其正在生长的农作物受到伤害而作出的一种补偿。在农村实行承包责任制后，农民自行承包土地的青苗补偿费应付给本人，属于集体种植的青苗补偿费可纳入当年集体收益。凡在协商征地方案后抢种的农作物、树木等，一律不予补偿。地上附着物是指房屋、水井、树木、涵洞、桥梁、公路、水利设施、林木等地面建筑物、构筑物、附着物等。视协商征地方案前地上附着物价值与折旧情况确定，应根据"拆什么，补什么，不低于原来水平"的原则确定。如附着物产权属于个人，则该项补助费付给个人。地上附着物的补偿标准，由省、自治区、直辖市规定。

（3）安置补助费。安置补助费应支付给被征地单位和安置劳动力的单位，作为劳动力安置与培训之用，以及作为不能就业人员的生活补助。征收耕地的安置补助费，按照需要安置的农业人口数计算。需要安置的农业人口数，按照被征收的耕地数量除以征地前被征收单位平均每人占有耕地的数量计算。每一个需要安置的农业人口的安置补助费标准，为该耕地被征收前三年平均年产值的 4～6 倍。但是，每公顷被征收耕地的安置补助费，最高不得超过被征收前三年平均年产值的 15 倍。土地补偿费和安置补助费，尚不能使需要安置的农民保持原有生活水平的，经省、自治区、直辖市人民政府批准，可以增加安置补助费。但是土地补偿费和安置补助费的总和不得超过土地被征收前三年平均年产值的 30 倍。

（4）新菜地开发建设基金。新菜地开发建设基金是指征用城市郊区商品菜地时支付的费用。这项费用交给地方财政，作为开发建设新菜地的投资。菜地是指城市郊区为供应城市居民蔬菜，连续 3 年以上常年种菜或者养殖鱼、虾的商品菜地和精养鱼塘。一年只种一茬或因调整茬口安排种植蔬菜的，均不作为需要收取开发建设基金的菜地。征用尚未开发的规划菜地，不缴纳新菜地开发建设基金。在蔬菜产销放开后，能够满足供应，不再需要开发新菜地的城市，不收取新菜地开发建设基金。

（5）耕地占用税。耕地占用税是对占用耕地建房或者从事其他非农业建设的单位和个人征收的一种税收，目的是合理利用土地资源、节约用地，保护农用耕地。耕地占用税征收范围，不仅包括占用耕地，还包括占用鱼塘、园地、菜地及其农业用地建房或者从事其他农业建设，均按实际占用的面积和规定的税额一次性征收。其中，耕地是指用于种植农作物的土地。占用前三年曾用于种植农作物的土地也视为耕地。

（6）土地管理费。土地管理费主要作为征地工作中所发生的办公、会议、培训、宣传、差旅、借用人员工资等必要的费用。土地管理费的收取标准，一般是在土地补偿费、青苗补偿费、地面附着物补偿费、安置补助费四项费用之和的基础上提取 2%～4%。如果是征地包干，还应在四项费用之和上再加上粮食价差、副食补贴、不可预见费等费用，在此基础上提取 2%～4% 作为土地管理费。

2. 拆迁补偿费用

在城市规划区内国有土地上实施房屋拆迁，拆迁人应当对被拆迁人给予补偿、安置。

（1）拆迁补偿。拆迁补偿的方式可以实行货币补偿，也可以实行房屋产权调换。

货币补偿的金额，根据被拆迁房屋的区位、用途、建筑面积等因素，以房地产市场评估价格确定。具体办法由省、自治区、直辖市人民政府制定。

实行房屋产权调换的，拆迁人与被拆迁人按照计算得到的被拆迁房屋的补偿金额和所调换房屋的价格，结清产权调换的差价。

（2）搬迁、临时安置补助费。拆迁人应当对被拆迁人或者房屋承租人支付搬迁补助费，对于在规定的搬迁期限届满前搬迁的，拆迁人可以付给提前搬家奖励费；在过渡期限内，被拆迁人或者房屋承租人自行安排住处的，拆迁人应当支付临时安置补助费；被拆迁人或者房屋承租人使用拆迁人提供的周转房的，拆迁人不支付临时安置补助费。

搬迁补助费和临时安置补助费的标准，由省、自治区、直辖市人民政府规定。有些地区规定，拆除住宅房屋，造成停产、停业引起经济损失的，拆迁人可以根据被拆除房屋的区位和使用性质，按照一定标准给予一次性停产停业综合补助费。

3. 土地使用权出让金

土地使用权出让金是用地单位向国家支付的土地所有权收益，出让金标准一般参考城市基准地价并结合其他因素制定。基准地价由市土地管理局会同市物价局、市国有资产管理局、市房地产管理局等部门综合平衡后报市级人民政府审定通过，它以城市土地综合定级为基础，用某一地价或地价幅度表示某一类别用地在某一土地级别范围的地价，以此作为土地使用权出让价格的基础。

在有偿出让和转让土地时，政府对地价不作统一规定，但坚持以下原则：即地价对目前的投资环境不产生大的影响；地价与当地的社会经济承受能力相适应；地价要考虑已投入的土地开发费用、土地市场供求关系、土地用途、所在区类、容积率和使用年限等。有偿出让和转让使用权，要向土地受让者征收契税；转让土地如有增值，要向转让者征收土地增值税；土地使用者每年应按规定的标准缴纳土地使用费。土地使用权出让或转让，应先由地价评估机构进行价格评估后，再签订土地使用权出让和转让合同。

二、与项目建设有关的其他费用

（一）建设管理费

建设管理费是指建设单位为组织完成工程项目建设，在建设期内发生的各类管理型费用。

1. 建设管理费的内容

（1）建设单位管理费：是指建设单位发生的管理性质的开支，包括工作人员工资、工资性补贴、施工现场津贴、职工福利费、住房基金、基本养老保险费、基本医疗保险费、失业保险费、工伤保险费、办公费、差旅交通费、劳动保护费、工具用具使用费、固定资产使用费、必要的办公及生活用品购置费、必要的通信设备及交通工具购置费、零星固定资产购置费、招募生产工人费、技术图书资料费、业务招待费、设计审查费、工程招标费、合同契约公证费、法律顾问费、咨询费、完工清理费、竣工验收费、印花税和其他管理性质开支。

（2）工地监理费：是指建设单位委托工程监理单位实施工程监理的费用。此项费用应按国家发改委与住建部联合发布的《建设工程监理与相关服务收费管理规定》（发改价格〔2007〕670号）计算。依法必须实行监理的建设工程施工阶段的监理收费实行政府指导价；其他建设工程施工阶段的监理收费和其他阶段的监理与相关服务收费实行市场调节价。

2. 建设单位管理费的计算

建设单位管理费按照工程费用之和（包括设备及工器具购置费和建筑安装工程费用）乘以建设单位管理费费率计算，即

$$建设单位管理费＝工程费用×建设单位管理费费率$$

建设单位管理费费率按照建设项目的不同性质、不同规模确定。有的建设项目按照建设工期和规定的金额计算建设单位管理费。若采用监理，则建设单位部分管理工作量转移至监理单位。监理费应根据委托的监理工作范围和监理深度在监理合同中商定或按当地或所属行业部门有关规定计算；若建设单位采用工程总承包方式，则其总包管理费由建设单位与总包单位根据总包工作范围在合同中商定，从建设管理费中支出。

（二）可行性研究费

可行性研究费是指在工程项目投资决策阶段，依据调研报告对有关建设方案、技术方案或生产经营方案进行的技术经济论证，以及编制、评审可行性研究报告所需的费用。此项费用应依据前期研究委托合同计划，或参照原国家计委《关于印发〈建设项目前期工作咨询收费暂行规定〉的通知》（计投资〔1999〕1283号）的规定计算。

（三）研究试验费

研究试验费是指为建设项目提供或验证设计数据、资料等进行必要的研究试验及按照相关规定在建设过程中必须进行试验、验证所需的费用，包括自行或委托其他部门研究试验所需的人工费、材料费、试验设备及仪器使用费等。这项费用按照设计单位根据本工程项目的需要提出的研究试验内容和要求计算。在计算时注意不应包括下列项目：

（1）应由科技三项费用（即新产品试制费、中间试验费和重要科学研究补助费）开支的项目。

（2）应在建筑安装费用中列支的施工企业对建筑材料、构件和建筑物进行一般鉴定、检查所发生的费用及技术革新的研究试验费。

（3）应由勘察设计费或工程费用中开支的项目。

（四）勘察设计费

勘察设计费是指对工程项目进行工程水文地质勘察、工程设计所发生的费用，包括工程勘察费、初步设计费（基础设计费）、施工图设计费（详细设计费）、设计模型制作费。此项费用应按《关于发布〈工程勘察设计收费管理规定〉的通知》（计价格〔2002〕10号）的规定计算。

（五）环境影响评价费

环境影响评价费是指按照《中华人民共和国环境保护法》《中华人民共和国环境影响评价法》等规定，在工程项目投资决策过程中，对其进行环境污染或影响评价所需的费用。包括编制环境影响报告书（含大纲）、环境影响报告表以及对环境影响报告书（含大纲）、环境影响报告表进行评估等所需的费用。此项费用可参照《关于规范环境影响咨询收费有关问题的通知》（计价格〔2002〕125号）的规定计算。

（六）劳动安全卫生评价费

劳动安全卫生评价费是指按照劳动部《建设项目（工程）劳动安全卫生监察规定》和《建设项目（工程）劳动安全卫生预评价管理办法》的规定，在工程项目投资决策过程中，为编制劳动安全卫生评价报告所需的费用，包括编制建设项目劳动安全卫生预评价大纲和劳动安全卫生预评价报告书以及编制上述文件所进行的工程分析和环境现状调查等所需的费用。必须进行劳动安全卫生评价的项目包括：

（1）属于《国家计划委员会、国家基本建设委员会、财政部关于基本建设项目和大中型划分标准的规定》中规定的大中型建设项目。

（2）属于《建筑设计防火规范》（GB 50016—2014）中规定的火灾危险性生产类别为甲类的建设项目。

（3）属于劳动部颁布的《爆炸危险场所安全规定》中规定的爆炸危险场所等级为特别危险场所和高度危险场所的建设项目。

（4）大量生产或使用《职业性接触毒物危害程度分级》（GBZ 230—2010）规定的Ⅰ级、Ⅱ级危害程度的职业性接触毒物的建设项目。

（5）大量生产或使用石棉粉料或含有 10％以上的游离二氧化硅粉料的建设项目。

（6）其他由劳动行政部门确认的危险、危害因素大的建设项目。

（七）场地准备及临时设施费

1. 场地准备及临时设施费的内容

（1）建设项目场地准备费是指为使工程项目的建设场地达到开工条件，由建设单位组织进行的场地平整等准备工作而发生的费用。

（2）建设单位临时设施费是指建设单位为满足工程项目建设、生活、办公的需要，用于临时设施建设、维修、租赁、使用所发生或摊销的费用。

2. 场地准备及临时设施费的计算

（1）场地准备及临时设施应尽量与永久性工程统一考虑。建设场地的大型土石方工程应计入工程费用中的总图运输费用中。

（2）新建项目的场地准备和临时设施费应根据实际工程量估算，或按工程费用的比例计算。改扩建项目一般只计拆除清理费。

场地准备及临时设施费＝工程费用×费率＋拆除清理费

（3）发生拆除清理费时可按新建同类工程造价或主材费、设备费的比例计算。凡可回收材料的拆除工程，采用以料抵工方式冲抵拆除清理费。

（4）此项费用不包括已列入建筑安装工程费用中的施工单位临时设施费用。

（八）引进技术和引进设备其他费

引进技术和引进设备其他费是指引进技术和设备发生的但未列入设备购置费中的费用。

（1）引进项目图样资料翻译复制费、备品备件测绘费。可根据引进项目的具体情况计列或按引进货价（FOB）的比例估列；引进项目发生备品备件测绘费时按具体情况估列。

（2）出国人员费用。包括买方人员出国设计联络、出国考察、联合设计、监造、培训等所发生的差旅费、生活费等。依据合同或协议规定的出国人次、期限以及相应的费用标准计算。生活费按照财政部、外交部规定的现行标准计算，差旅费按中国民航公布的票价计算。

（3）来华人员费用。包括卖方来华工程技术人员的现场办公费用、往返现场交通费用、接待费用等。依据引进合同或协议有关条款及来华技术人员派遣计划进行计算。来华人员招待费用可按每人次费用指标计算。引进合同价款中已包括的费用内容不得重复计算。

（4）银行担保及承诺费。是指引进项目由国内外金融机构出面承担风险和责任担保所发生的费用，以及支付贷款机构的承诺费用。应按担保或承诺协议计取，投资估算和概算编制时可以担保金额或承诺金额为基数乘以费率计算。

（九）工程保险费

工程保险费是指为转移工程项目建设的意外风险，在建设期内对建筑工程、安装工程、机械设备和人身安全进行投保而发生的费用。包括建筑安装工程一切险、引进设备财产保险和人身意外伤害险等。

根据不同的工程类别，分别以其建筑、安装工程费乘以建筑、安装工程保险费率计算。民用建筑（住宅楼、综合性大楼、商场、旅馆、医院、学校）占建筑工程费的 $2‰\sim4‰$；其他建筑（工业厂房、仓库、道路、码头、水坝、隧道、桥梁、管道等）占建筑工程费的 $3‰\sim6‰$；安装工程（农业、工业、机械、电子、电器、纺织、矿山、石油、化学及钢铁工业、钢结构桥梁）占建筑工程费的 $3‰\sim6‰$。

（十）特殊设备安全监督检验费

特殊设备安全监督检验费是指安全监督部门对在施工现场组装的锅炉及压力容器、压力管道、消防设备、燃气设备、电梯等特殊设备和设施实施安全验收收取的费用。此项费用按照建设项目所在省（市、自治区）安全监察部门的规定标准计算。无具体规定的，在编制投资估算和概算时可按受检设备现场安装费的比例估算。

（十一）市政公用设施费

市政公用设施费是指使用市政公用设施的工程项目，按照项目所在地省级人民政府有关规定建设或缴纳的市政公用设施建设配套费用，以及绿化工程补偿费用。此项费用按工程所在地人民政府规定标准计列。

三、与未来生产经营有关的其他费用

（一）联合试运转费

联合试运转费是指新建项目或新增加生产能力的工程项目，在交付生产前按照设计文件规定的工程质量标准和技术要求，对整个生产线或装置进行负荷联合试运转所发生的费用净支出（试运转支出大于收入的差额部分费用）。试运转支出包括试运转所需原材料、燃料及动力消耗、低值易耗品、其他物料消耗、工具用具使用费、机械使用费、保险金、施工单位参加试运转人员工资及专家指导费等；试运转收入包括试运转期间的产品销售收入和其他收入。联合试运转费不包括应由设备安装工程费用开支的调试及试车费用，以及在试运转中暴露出来的因施工原因或设备缺陷等发生的处理费用。

（二）专利及专有技术使用费

1. 专利及专有技术使用费的主要内容

（1）国外设计及技术资料费，引进有效专利、专有技术使用费和技术保密费。

（2）国内有效专利、专有技术使用费。

（3）商标权、商誉和特许经营权费等。

2. 专利及专有技术使用费的计算

在专利及专有技术使用费计算时应注意以下问题：

（1）按专利使用许可证协议和专有技术使用合同的规定计列。

（2）专有技术的界定应以省、部级鉴定批准为依据。

（3）项目投资中只计需在建设期支付的专利及专有技术使用费。协议或合同规定在生产期支付的使用费应在生产成本中核算。

（4）一次性支付的商标权、商誉及特许经营权费按协议或合同规定计列。协议或合同规定在生产期支付的商标权或特许经营权费应在生产成本中核算。

（5）为项目配套的专用设施投资，包括专用铁路线、专用公路、专用通信设施、送变电站、地下管道、专用码头等，如由项目建设单位负责投资但产权不归属本单位的，应作无形资产处理。

（三）生产准备及开办费

1. 生产准备及开办费的内容

生产准备及开办费是指建设单位为保证正常生产（或营业、使用）而发生的人员培训费、提前进厂费以及投产使用必备的生产办公、生活家具用具及工器具等购置费用。包括：

（1）人员培训费及提前进厂费。包括自行组织培训或委托其他单位培训的人员工资、工资性补贴、职工福利费、差旅交通费、劳动保护费、学习资料费等。

（2）为保证初期正常生产（或营业、使用）所必需的生产办公、生活家具用具购置费。

（3）为保证初期正常生产（或营业、使用）所必需的第一套不够固定资产标准的生产工具、器具、用具购置费。不包括备品备件费。

2. 生产准备及开办费的计算

（1）新建项目按设计定员为基数计算，改扩建项目按新增设计定员为基数计算：

$$生产准备费＝设计定员×生产准备费指标(元/人)$$

（2）可采用综合的生产准备费指标进行计算，也可以按费用内容的分类指标计算。

第五节　预备费、建设期利息的计算

一、预备费

预备费是为了保证工程项目的顺利实施，避免在难以预料的情况下造成投资不足而预先安排的一笔费用，包括基本预备费和价差预备费两部分。

（一）基本预备费

1. 基本预备费的内容

基本预备费是指针对在项目实施过程中可能发生难以预料的支出，需要事先预留的费用，又称工程建设不可预见费，主要是指设计变更及施工过程中可能增加工程量的费用，基本预备费一般由以下四部分构成：

（1）在批准的初步设计范围内，技术设计、施工图设计及施工过程中所增加的工程费用；设计变更、工程变更、材料代用、局部地基处理等增加的费用。

（2）一般自然灾害造成的损失和预防自然灾害所采取的措施费用。实行工程保险的工程项目，该费用应适当降低。

（3）竣工验收时为鉴定工程质量对隐蔽工程进行必要的挖掘和修复费用。

（4）超规超限设备运输增加的费用。

2. 基本预备费的计算

基本预备费是按工程费用和工程建设其他费用二者之和为计取基础，乘以基本预备费费率。

$$基本预备费＝(工程费用＋工程建设其他费用)×基本预备费费率$$

基本预备费费率的取值应执行国家及部门的有关规定。

（二）价差预备费的内容

价差预备费是指针对建设项目在建设期间内由于材料、人工、设备等价格可能发生变化引起工程造价变化，而事先预留的费用，也称为价格变动不可预见费。价差预备费的内容包括人工、设备、材料、施工机械的价差费，建筑安装工程费及工程建设其他费用调整，利率、汇率调整等增加的费用。其计算公式为

$$PF = \sum_{t=1}^{n} I_t [(1+f)^m (1+f)^{0.5} (1+f)^{t-1} - 1]$$

式中　PF——价差预备费；

$\quad\quad t$——建设期年份数；

$\quad\quad I_t$——建设期第 t 年的投资计划额，包括工程费用、工程建设其他费用及基本预备费，即第 t 年的静态投资；

$\quad\quad f$——年均投资价格上涨率；

$\quad\quad m$——建设前期年限（从编制估算到开工建设）。

【例 2-3】　某建设项目建筑安装工程费为 5000 万元，设备购置费为 3000 万元，工程建设其他费用为 2000 万元，已知基本预备费费率为 5%，项目建设前期年限为 1 年，建设期为 3 年，各年投资计划额为：第一年完成投资的 20%，第二年完成 60%，第三年完成 20%。年均投资价格上涨率为 6%，求建设项目建设期间的价差预备费。

　　解： 基本预备费＝（5000＋3000＋2000）×5%＝500（万元）

　　静态投资＝5000＋3000＋2000＋500 ＝10500（万元）

　　建设期第一年完成投资 I_1＝10500×20%＝210（万元）

　　第一年价差预备费为 $PF_1 = I_1[(1+f)(1+f)^{0.5} - 1] = 19.18$（万元）

　　第二年完成投资 I_2＝10500×60%＝630（万元）

　　第二年价差预备费为 $PF_2 = I_2[(1+f)(1+f)^{0.5}(1+f) - 1] = 98.79$（万元）

　　第三年完成投资 I_3＝10500×20%＝210（万元）

　　第三年价差预备费为 $PF_3 = I_3[(1+f)(1+f)^{0.5}(1+f)^2 - 1] = 47.51$（万元）

　　所以，建设期的价差预备费为 PF＝19.18＋98.79＋47.51＝165.48（万元）

二、建设期利息

建设期利息包括向国内银行和其他非银行金融机构贷款、出口信贷、外国政府贷款、国际商业银行贷款以及在境内外发行的债券等在建设期间应计的以借款利率的方式收取的手续费、管理费、承诺费，以及国内代理机构经国家主管部门批准的以年利率的方式向贷款单位收取的转贷费、担保费、管理费等。

当总贷款是分年均衡发放时，建设期利息的计算可按当年借款在年中支用考虑，即当年贷款按半年计息，上年贷款按全年计息。其计算公式为

$$q_j = (P_{j-1} + \frac{1}{2}A_j)i$$

式中　q_j——建设期第 j 年应计利息；

$\quad\quad P_{j-1}$——建设期第 $j-1$ 年末贷款累计金额与利息累计金额之和；

$\quad\quad A_j$——建设期第 j 年贷款金额；

$\quad\quad i$——年利率。

习　题

1. 建筑安装工程费用按费用构成要素分为哪些费用？

2. 建筑安装工程费用按造价形成分为哪些费用？

3. 基本预备费与价差预备费有何区别？

4. 什么是人工费？如何计算？

5. 什么是企业管理费？

6. 企业管理的其他费用包括哪些内容？

7. 什么是规费，包括哪些内容？

8. 什么是税金，包括哪些内容？

9. 简述工程建设其他费用中包括的费用。

10. 区分 FOB、CFR、CIF 费用划分及风险转移的分界点。

11. 如何计算国产非标准设备原价？

12. 研究试验费在计算时不应包括哪些项目的计算？

13. 什么是基本预备费？一般包括哪些内容？

第三章

建设工程造价计价依据

 学习摘要

　　本章主要介绍了定额的性质、分类及作用，工程量清单计价规范，重点介绍了确定人工、材料、机械台班定额消耗量的方法及工程量清单编制与工程量清单计价。通过本章的学习，读者应能够灵活应用相关定额，掌握工程量清单计价方法。

第一节　建筑工程定额概述

一、定额的概念

　　定额是一种标准，即规定在社会生产中各种社会必要劳动的消耗量的标准额度，是大多数人经过努力可以达到的标准。在工程建设过程中，完成某一分部工程或结构构件的生产，必须消耗一定数量的人工、材料、机械台班等资源。而这些资源消耗量的多少受各种条件的影响，如当时生产过程中的技术和组织条件，它反映出一定时期的社会平均劳动生产率水平。

　　在不同生产经营领域，定额不同。

　　建筑工程定额，是指施工企业在正常的施工条件下，完成一定计量单位的质量合格的建筑安装产品所须消耗的人工、材料、机械台班的数量标准。所谓正常的施工条件是指生产任务饱满，动力原材料供应及时，劳动组织和技术措施合理，企业管理制度健全等。

二、定额的特性

　　定额的特性是由其性质决定的，主要表现为以下几个方面：

　　1. 定额的科学性

　　定额的科学性，表现为定额反映生产成果和生产消耗的客观规律和科学的管理方法，定额的编制是用科学的方法，确定各项消耗量标准。同时，定额管理在理论、方法和手段上适应现代科学技术和信息社会发展的需要。

2. 定额的指导性

随着市场的不断成熟和规范，统一定额原指令性特点逐渐弱化，转而成为对整个建设市场的具体建设产品交易的指导作用。定额的科学性是工程定额指导性的客观基础，其指导性体现在两个方面：一方面作为各地区和行业颁布的指导性依据，可以规范市场的交易行为，在产品定价过程中也可以起到相应的参考性作用，同时统一定额可以作为政府投资项目定价及造价控制的重要依据；另一方面，在现行的工程量清单计价方式下，体现交易双方自主定价的特点，投标人报价的主要依据是企业定额，但企业定额编制和完善仍然离不开统一定额。

3. 定额的系统性

系统性是由工程建设的特点决定的，建筑工程定额是由各种内容结合而成的有机整体，层次鲜明、目标明确，适用于工程的不同建设阶段。

4. 定额的统一性

统一性主要是由国家宏观调控职能决定的。从定额的制定颁布和贯彻使用来看，统一性表现为有统一的程序、统一的原则、统一的要求和统一的用途。

5. 定额的稳定性和时效性

任何定额都是一定时期社会生产力发展水平的反映，在一定时期内是稳定的。然而，定额稳定性又是相对的，当定额不再能起到促进生产力发展的作用时，就要重新编制或修订了。因此，从长期来看，定额处在不断的完善之中，具有时效性。

三、定额的分类

工程定额是一个综合概念，是建设工程造价计价和管理中各类定额的总称，包括许多种类的定额，可以按照不同的原则和方法对它进行分类。

1. 按定额反映的生产要素消耗内容分类

可以把工程定额分为劳动消耗定额、机械消耗定额和材料消耗定额三种。

2. 按定额的编制程序和用途分类

可以把工程定额分为施工定额、预算定额、概算定额、概算指标、投资估算指标五种。

（1）施工定额。施工定额是完成一定计量单位的某一施工过程或基本工序所需消耗的人工、材料和机械台班数量标准。施工定额是施工企业组织生产和加强管理在企业内部使用的一种定额，属于企业定额的性质。施工定额是以某一施工过程或基本工序作为研究对象，表示生产产品数量与生产要素消耗综合关系编制的定额。为了适应组织生产和管理的需要，施工定额的项目划分很细，是工程定额中分项最细、定额子目最多的一种定额，也是工程定额的基础性定额。

（2）预算定额。预算定额是在正常的施工条件下，完成一定计量单位合格分项工程或结构构件所需消耗的人工、材料、施工机械台班数量及其费用标准。预算定额是一种计价性定额。从编制程序上看，预算定额是以施工定额为基础综合扩大编制的，同时它也是概算定额的基础。

（3）概算定额。概算定额是完成单位合格扩大分项工程或扩大结构构件所需消耗的人工、材料和施工机械台班的数量及其费用标准，是一种计价性定额。概算定额的项目划分粗细，与扩大初步设计的深度相适应，一般是在预算定额的基础上综合扩大而成的，每一综合分项概算定额都包含了数项预算定额。

（4）概算指标。概算指标是以单位工程为对象，反映完成一个规定计量单位建筑安装产品的经济消耗指标。概算指标是概算定额的扩大与合并，是以更为扩大的计量单位来编制的。概算指标的内容包括人工、机械台班、材料定额三个基本部分，同时还列出了各结构分部的工程量及单位建筑工程（以体积计或面积计）的造价，是一种计价定额。

（5）投资估算指标。投资估算指标是以建设项目、单项工程、单位工程为对象，反映建设总投资及其各项费用构成的经济指标。它是在项目建议书和可行性研究阶段编制投资估算、计算投资需要量时使用的一种定额。它的概略程度与可行性研究阶段相适应。投资估算指标往往根据历年的预、决算资料和价格变动等资料编制，但其编制基础仍然离不开预算定额、概算定额。

上述各种定额间关系的比较见表 3-1。

表 3-1　　　　　　　　　　　　　各种定额间关系的比较

分类	施工定额	预算定额	概算定额	概算指标	投资估算指标
对象	施工过程或基本工序	分项工程或结构构件	扩大的分项工程或扩大的结构构件	单位工程	建设项目、单项工程、单位工程
用途	编制施工预算	编制施工图预算	编制扩大初步设计概算	编制初步设计概算	编制投资估算
项目划分	最细	细	较粗	粗	很粗
定额水平	平均先进	平均			
定额性质	生产性定额	计价性定额			

3. 按照专业分类

由于工程建设涉及众多的专业，不同的专业所含的内容也不同，因此就确定人工、材料和机械台班消耗数量标准的工程定额来说，也需按不同的专业分别进行编制和执行。

（1）建筑工程定额按专业对象分为房屋建筑与装饰工程定额、房屋修缮工程定额、市政工程定额、铁路工程定额、公路工程定额等。

（2）安装工程定额按专业对象分为电气设备安装工程定额、机械设备安装工程定额、工业管道安装工程定额等。

4. 按主编单位和管理权限分类

工程定额可以分为全国统一定额、行业统一定额、地区统一定额、企业定额、补充定额五种。

（1）全国统一定额是由国家建设行政主管部门综合全国工程建设中技术和施工组织管理的情况编制，并在全国范围内适用的定额。

（2）行业统一定额是考虑到各行业部门专业工程技术特点，以及施工生产和管理水平编制的。一般只在本行业和相同专业性质的范围内适用。

（3）地区统一定额包括省、自治区、直辖市定额。地区统一定额主要是考虑地区性特点和全国统一定额水平作适当调整和补充编制的。

（4）企业定额是施工单位根据本企业的施工技术、机械装备和管理水平编制的人工、材料和施工机械台班等的消耗标准。企业定额在企业内部使用，是企业综合素质的一个标志。企业定额水平一般应高于国家现行定额，才能满足生产技术发展、企业管理和市场竞争的需要。在工程量清单计价方式下，企业定额作为施工企业进行建设工程投标价的计价依据，正发挥着越来越大的作用。

（5）补充定额是指随着设计、施工技术的发展，在现行定额不能满足需要的情况下，为了补充缺陷所编制的定额。补充定额只能在指定的范围内使用，可以作为以后修订定额的基础。

上述各种定额虽然适用于不同的情况和用途，但是它们是一个相互联系的、有机的整体，在实际工作中应配合使用。

第二节　人工、材料及机械台班定额消耗量的确定

一、工作时间分类

研究施工中的工作时间最主要的是确定施工的时间定额和产量定额，其前提是对工作时间按其消耗性质进行分类，研究工时消耗的数量及其特点。

工作时间，是指工作的延续时间。例如 8h 工作制的工作时间就是 8h，午休时间不包括在内。对工作时间消耗的研究，可以分为工人工作时间的消耗和工人所使用的机器工作时间的消耗。

（一）工人工作时间消耗的分类

工人在工作班内消耗的工作时间，按其消耗的性质，基本可以分为两大类，即必需消耗的时间和损失时间。工人工作时间的分类如图 3-1 所示。

1. 必需消耗的时间

必需消耗的时间是工人在正常施工条件下，为完成一定合格产品（工作任务）所消耗的时间。它是制定定额的主要依据，包括有效工作时间、休息时间和不可避免的中断时间。

（1）有效工作时间是从生产效果来看与产品生产直接有关的时间消耗。包括基本工作时间、辅助工作时间、准备与结束工作时间。

1）基本工作时间是工人完成一定产品的施工工艺过程所消耗的时间，如完成绑扎钢筋、墙体砌筑、粉刷、油漆等。基本工作时间所包括的内容依工作性质各不相同，基本工作时间的长短和工作量大小成正比例。

2）辅助工作时间是指为保证基本工作能顺利完成所消耗的时间。在辅助工作时间中，不能使产品的形状大小、性质或位置发生变化。辅助工作时间的结束，往往就是基本工作时间的开始。辅助工作一般是手工操作，但如果在机手并动的情况下，辅助工作就是在机械运转过程中进行的，为避免重复则不应再计辅助工作时间的消耗。

3）准备与结束工作时间是执行任务前或任务完成后所消耗的工作时间。如工作地点、劳动工具和劳动对象的准备工作时间，工作结束后的整理工作时间等。准备与结束工作时间的长短与所担负的工作量大小无关，但往往与工作内容有关。准备与结束工作时间可以分为班内的准备与结束工作时间和任务的准备与结束工作时间。

（2）休息时间是工人在工作过程中为恢复体力所必需的短暂休息和生理需要的时间消耗。这种时间是为了保证工人精力充沛地进行工作，所以在定额时间中必须进行计算。休息时间的长短和劳动条件有关，劳动越繁重紧张、劳动条件越差（如高温），则休息时间越长。

（3）不可避免的中断时间是指由于施工工艺特点引起的工作中断所必需的时间。与施工

过程、工艺特点有关的工作中断时间，应包括在定额时间内，但应尽量缩短此项时间消耗。与工艺特点无关的工作中断所占用时间，是由于劳动组织不合理引起的，属于损失时间，不能计入定额时间。

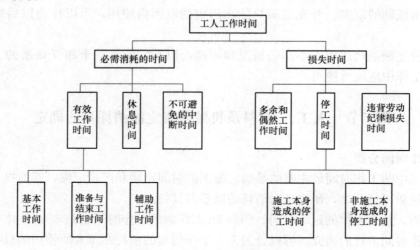

图 3-1　工人工作时间分类图

2. 损失时间

损失时间是与产品生产无关，而与施工组织和技术上的缺陷有关，与工人在施工过程中的个人过失或某些偶然因素有关的时间消耗。损失时间中包括多余和偶然工作、停工、违背劳动纪律损失时间。

（1）多余工作是指工人进行了任务以外而又不能增加产品数量的工作。多余工作的工时损失，一般都是由于工程技术人员和工人的差错而引起的，因此，不应计入定额时间。偶然工作也是工人在任务外进行的工作，但能够获得一定产品。如抹灰工不得不补上偶然遗留的墙洞等。由于偶然工作能获得一定产品，拟定定额时要适当考虑它的影响。

（2）停工时间是工作班内停止工作造成的工时损失。停工时间按其性质可分为施工本身造成的停工时间和非施工本身造成的停工时间两种。施工本身造成的停工时间，是由于施工组织不善、材料供应不及时、工作面准备工作做得不好、工作地点组织不良等情况引起的停工时间。非施工本身造成的停工时间，是由于水源、电源中断引起的停工时间。前一种情况在拟定定额时不应该计算，后一种情况定额中则应给予合理的考虑。

（3）违背劳动纪律损失时间，是指工人在工作班开始和午休后的迟到、午饭前和工作班结束前的早退、擅自离开工作岗位、工作时间内聊天或办私事等造成的工时损失。此项工时损失不应允许存在。因此，在定额中是不能考虑的。

（二）机械工作时间消耗的分类

机械工作时间的消耗，按其性质也可分为必需消耗的时间和损失时间两大类，如图 3-2 所示。

1. 必需消耗的时间

在必需消耗的时间中，包括有效工作、不可避免的无负荷工作和不可避免的中断工作三项时间消耗。

（1）有效工作时间，包括正常负荷下的工作时间和有根据地降低负荷下的工作时间。

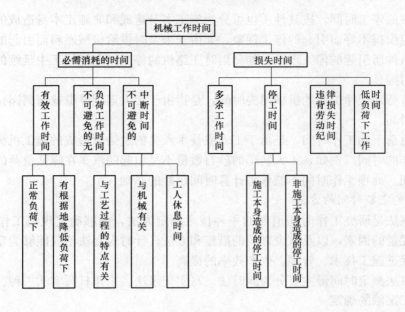

图 3 - 2　机械工作时间分类图

1）正常负荷下的工作时间，是指机械在与机械说明书规定的计算负荷相符的情况下进行工作的时间。

2）有根据地降低负荷下的工作时间，是指在个别情况下由于技术上的原因，机械在低于其计算负荷下工作的时间。例如，汽车运输质量轻而体积大的货物时，不能充分利用汽车的载重吨位因而不得不降低其计算负荷。

（2）不可避免的无负荷工作时间，是指由施工过程的特点和机械结构的特点造成的机械无负荷工作时间。例如筑路机在工作区末端调头等，都属于此项工作时间的消耗。

（3）不可避免的中断工作时间，是与工艺过程的特点、机械的使用和保养、工人休息有关的中断工作时间。

1）与工艺过程的特点有关的不可避免中断工作时间，有循环的和定期的两种。循环的不可避免中断，在机械工作的每一个循环中重复一次，如汽车装货和卸货时的停车。定期的不可避免中断，经过一定时期重复一次，如把灰浆泵由一个工作地点转移到另一工作地点时的工作中断。

2）与机械有关的不可避免中断工作时间，是由于工人进行准备与结束工作或辅助工作时，机械停止工作而引起的中断工作时间。它是与机械的使用与保养有关的不可避免中断时间。

3）工人休息时间前面已经作了说明。这里要注意的是应尽量利用与工艺过程有关的和与机械有关的不可避免中断时间进行休息，以充分利用工作时间。

2. 损失时间

损失时间包括多余工作、停工、违背劳动纪律引起的机械损失时间和低负荷下的工作时间。

（1）机械的多余工作时间，是机械进行任务内和工艺过程内未包括的工作而延续的时间。如工人没有及时供料而使机械空运转的时间。

（2）机械的停工时间，按其性质也可分为施工本身造成和非施工本身造成的停工。前者是由于施工组织得不好而引起的停工现象，如由于未及时供给机械燃料而引起的停工。后者是由于气候条件所引起的停工现象，如暴雨时压路机的停工。上述停工中延续的时间，均为机械的停工时间。

（3）违背劳动纪律引起的机械损失时间，是指由于工人迟到早退或擅离岗位等原因引起的机械停工时间。

（4）低负荷下的工作时间，是由于工人或技术人员的过错所造成的施工机械在降低负荷的情况下工作的时间。例如，工人装车的砂石数量不足引起的汽车在降低负荷的情况下工作所延续的时间。此项工作时间不能作为计算时间定额的基础。

（三）测定定额时间的方法

计时观察法是研究工作时间消耗的一种技术测定方法，能够确定现场工作时间的消耗量、影响消耗量的因素，以及减少影响的措施和方法。计时观察法不仅能够为定额制定提供数据，还能促进施工技术、管理、生产效率的提高。

计时观察法测定时间最主要分为测时法、写实记录法、工作日写实法三种。

二、人工定额的确定

人工定额又称劳动定额，是指在正常的生产技术和生产组织条件下，为完成单位合格产品，所规定的劳动消耗量标准。它是表示建筑安装工人劳动生产率的一个先进合理的指标，反映工人劳动生产率的社会平均先进水平。

（一）按表现形式不同

人工定额按表现形式的不同，可分为时间定额和产量定额两种形式。

1. 时间定额

时间定额，就是某种专业、某种技术等级的工人班组或个人，在合理的劳动组织和合理使用材料的条件下，完成单位合格产品所必需的工作时间，包括准备与结束时间、基本工作时间、辅助工作时间、不可避免的中断时间及工人必需的休息时间。

时间定额以工日为单位，如工日/m、工日/m²、工日/t 等。每一工日按 8h 计算，其计算方法如下：

$$单位产品时间定额（工日）=\frac{1}{每工产量}$$

$$或单位产品时间定额（工日）=\frac{小组成员工日数总和}{机械台班产量}$$

2. 产量定额

产量定额，就是在合理的劳动组织和合理使用材料的条件下，某种专业、某种技术等级的工人班组或个人在单位工日中所应完成的合格产品的数量。其计算方法如下：

$$每工产量=\frac{1}{单位产品时间定额（工日）}$$

产量定额的计量单位有 m/工日、m²/工日、m³/工日、t/工日、块/工日、根/工日、件/工日、扇/工日等。

从以上公式可看出，时间定额与产量定额互为倒数关系，时间定额降低，产量定额就相应提高，即

$$时间定额=\frac{1}{产量定额}$$

或　　　　　　　　　　　　时间定额×产量定额＝1

时间定额和产量定额都表示同一人工定额项目，它们是同一人工定额项目的两种不同的表现形式。时间定额以工日为单位表示，综合计算方便，时间概念明确；产量定额则以产品数量为单位表示，具体、形象，劳动者的奋斗目标一目了然，便于分配任务。人工定额用复式表同时列出时间定额和产量定额，以便于各部门、企业根据各自的生产条件和要求选择使用。

复式表示法有如下形式：

$$\frac{时间定额}{每工产量}或\frac{人工时间定额}{机械台班产量}$$

（二）按定额的标定对象不同

按定额的标定对象不同，人工定额又分为单项工序定额和综合定额两种，综合定额表示完成同一产品中的各单项（工序或工种）定额的综合。按工序综合的用"综合"表示，按工种综合的一般用"合计"表示。其计算方法如下：

$$综合时间定额＝\sum 各单项（工序）时间定额$$

$$综合产量定额＝\frac{1}{综合时间定额（工日）}$$

表3-2为砌体工程分部中砖墙分项的劳动定额摘录，此定额为单项工序定额和综合表示法相结合的表示方法。

表 3-2　　　　　　　　　　　　砖墙分项劳动定额　　　　　　　单位：工日/m³

项目		双面清水			单面清水					序号
		1砖	$\frac{3}{2}$砖	2砖	$\frac{1}{2}$砖	$\frac{3}{4}$砖	1砖	$\frac{3}{2}$砖	2砖及以外	
综合	塔吊	1.27	1.2	1.12	1.52	1.48	1.23	1.14	1.07	一
	机吊	1.48	1.41	1.33	1.73	1.69	1.44	1.35	1.28	二
砌砖		0.726	0.653	0.568	1.00	0.956	0.684	0.593	0.52	三
运输	塔吊	0.44	0.44	0.44	0.434	0.437	0.44	0.44	0.44	四
	机吊	0.652	0.652	0.652	0.642	0.645	0.552	0.652	0.652	五
调制砂浆		0.101	0.106	0.107	0.085	0.089	0.101	0.106	0.107	六
编号		4	5	6	7	8	9	10	11	

例如：该定额中每砌 1m³ 1 砖厚双面清水砖墙，砌砖时间定额为 0.726 工日，机吊运输为 0.652 工日，调制砂浆为 0.101 工日，则综合时间定额为 0.726＋0.652＋0.101＝1.48（工日/m³）。

（三）人工定额的制定方法

人工定额是根据国家的经济政策、劳动制度和有关技术文件及资料制定的。制定人工定额，常用的方法有四种。

1. 技术测定法

技术测定法是根据生产技术和施工组织条件，对施工过程中各工序采用测时法、写实记录法、工作日写实法，测出各工序的工时消耗等资料，再对所获得的资料进行科学的分析，制定出人工定额的方法。

2. 统计分析法

统计分析法是把过去施工生产中的同类工程或同类产品的工时消耗的统计资料，与当前生产技术和施工组织条件的变化因素结合起来，进行统计分析的方法。这种方法简单易行，适用于施工条件正常、产品稳定、工序重复量大和统计工作制度健全的施工过程。但是，过去的记录只是实耗工时，不反映生产组织和技术的状况。所以，在这样条件下求出的定额水平，只是已达到的劳动生产率水平，而不是平均水平。实际工作中，必须分析研究各种变化因素，使定额能真实地反映施工生产平均水平。

3. 比较类推法

对于同类型产品规格多、工序重复、工作量小的施工过程，常用比较类推法。比较类推法是以同类型工序和同类型产品的实耗工时为标准，类推出相似项目定额水平的方法。此法必须掌握类似的程度和各种影响因素的异同程度。

4. 经验估计法

根据定额专业人员、经验丰富的工人和施工技术人员的实际工作经验，参考有关定额资料，对施工管理组织和现场技术条件进行调查、讨论和分析制定定额的方法，叫作经验估计法。经验估计法通常作为一次性定额使用。

（四）应用示例

【例 3-1】 某工程有 180m³ 1 砖基础，有一组 12 人的班组在现场施工，已知 1m³ 的劳动定额为 0.802/1.25。试计算完成该工程所需施工天数。

解法一：所需工日数＝0.802×180＝144.36（工日）

　　　　　需施工天数＝144.36/12＝12（天）

解法二：所需工日数＝180/1.25＝144（工日）

　　　　　需施工天数＝144/12＝12（天）

【例 3-2】 某住宅有内墙抹灰面积 3315m²，计划 25 天完成该任务。内墙抹灰产量定额为 9.52m²/工日。试计算需安排多少人才能完成该项任务。

解： 该工程所需劳动量＝3315/9.52＝348（工日）

　　　　该工程每天需要人数＝348/25＝14（人）

【例 3-3】 某工程用水泥砂浆贴抛光砖（600mm×600mm）的资料如下：

（1）完成每 100m² 抛光砖的基本工作时间为 50h。

（2）辅助工作时间为 1.5h，准备与结束工作时间为 1h，不可避免的中断时间为 1h，迟到损失时间为 0.5h，在工作班里会客闲谈损失 0.5h。

试确定每 100m² 抛光砖的人工时间定额及人工每工日产量定额。

解：（1）完成每 100m² 抛光砖的人工时间定额＝(50＋1.5＋1＋1)/8＝6.69（工日）

（2）每工日产量定额＝1/6.69×100＝14.95（m²/工日）

三、材料消耗定额的确定

材料消耗定额是指在合理使用和节约材料的条件下，生产单位质量合格的建筑产品所必须消耗一定品种、规格的建筑材料、半成品、构件、配件、燃料、周转性材料的摊销以及不可避免的损耗量等的数量标准。

（一）材料的分类

合理确定材料消耗定额，必须研究和区分材料在施工过程中的类别。

1. 根据材料消耗的性质划分

施工中材料的消耗可分为必需消耗的材料和损失的材料两类性质。

必需消耗的材料，是指合理用料的条件下，生产合格产品所需消耗的材料。它包括直接用于建筑和安装工程的材料、不可避免的施工废料、不可避免的材料损耗。

必需消耗的材料属于施工正常消耗，是确定材料消耗定额的基本数据。其中，直接用于建筑和安装工程的材料，用于编制材料净用量定额；不可避免的施工废料和不可避免的材料损耗，用于编制材料损耗定额。

2. 根据材料消耗与工程实体的关系划分

施工中的材料可分为实体材料和非实体材料。

(1) 实体材料，是指直接构成工程实体的材料。它包括工程直接性材料和辅助材料。工程直接性材料主要是一次性材料、直接用于工程上构成建筑物或结构本体的材料。如钢筋混凝土中的钢筋、水泥、砂、碎石等；辅助材料主要是施工过程中所必需，却不构成建筑物或结构本体的材料。如土石方爆破工程中所需的炸药、引信、雷管等。主要材料用量大，辅助材料用量少。

(2) 非实体材料，是指施工中必须使用但又不能构成工程实体的施工措施性材料。非实体材料主要是指周转性材料，如模板、脚手架等。

(二) 确定实体材料消耗量的方法

确定实体材料的净用量定额和材料损耗定额的计算数据，是通过现场技术测定、实验室试验、现场统计和理论计算方法获得的。

(1) 现场技术测定法，又称为观测法，是根据对材料消耗过程的测定与观察，通过完成产品数量和材料消耗量的计算，而确定各种材料消耗定额的一种方法。现场技术测定法主要适用于确定材料损耗量，因为该部分数值用统计法或其他方法较难得到。通过现场观察，还可以区别哪些属于可避免的损耗，哪些属于难以避免的损耗，明确定额中不应列入可以避免的损耗。

(2) 实验室试验法，是通过专门的仪器和设备在试验室内确定材料消耗定额的一种方法。主要用于编制材料净用量定额。通过试验，能够对材料的结构、化学成分和物理性能以及按强度等级控制的混凝土、砂浆配合比做出科学的结论，给编制材料消耗定额提供有技术根据的、比较精确的计算数据。但其缺点在于无法估计到施工现场某些因素对材料消耗的影响。

(3) 现场统计法，通过对现场进料、用料的大量统计资料进行分析计算，获得材料消耗的数据。这种方法不能分清材料消耗的性质，因而不能作为确定材料净用量定额和材料损耗定额的依据，只能作为编制定额的辅助性方法使用。

(4) 理论计算法，根据施工图纸和其他技术资料，运用一定的数学公式计算材料净用量，从而制定出材料的消耗定额。此方法主要适用于块状、板状和卷筒状产品的材料消耗定额，如砖、锯块、油毡、预置构件、装饰中的镶贴块料面层等。

1) 标准砖用量的计算。每 1m³ 砖墙不同墙厚的用砖数和砌筑砂浆的用量，理论计算方法为

$$每\ 1m^3\ 砖净用量(块)=\frac{墙厚砖数\times2}{墙厚\times(砖长+灰缝)\times(砖厚+灰缝)}$$

$$每\ 1m^3\ 砂浆净用量＝1－砖净用量×每块砖的体积$$

【例 3 - 4】 计算 $1m^3$ 1 砖内墙的标准砖及砂浆净用量。

解：
$$砖净用量＝\frac{1×2}{0.24×(0.24+0.01)×(0.053+0.01)}＝529(块)$$

$$砂浆净用量＝1－529×(0.24×0.115×0.053)＝0.226(m^3)$$

2）块料面层材料用量计算。每 $100m^2$ 块料数量、灰缝及结合层材料用量公式如下：

$$100m^2\ 块料净用量＝\frac{100}{(块料长＋灰缝宽)×(块料宽＋灰缝宽)}$$

$$100m^2\ 灰缝材料净用量＝[100－(块料长×块料宽×100m^2\ 块料净用量)]×灰缝厚$$

$$100m^2\ 结合层材料净用量＝100m^2×结合层厚度$$

【例 3 - 5】 用 1∶1 水泥砂浆贴 $150mm×150mm×5mm$ 瓷砖墙面，结合层厚度为 $10mm$，试计算每 $100m^2$ 瓷砖墙面中瓷砖和砂浆的消耗量（灰缝宽 $2mm$）。假设瓷砖损耗率为 1.5%，砂浆损耗率为 1%。

解： $100m^2$ 瓷砖墙面中瓷砖净用量 $＝\dfrac{100}{(0.15+0.002)×(0.15+0.002)}＝4328.25(块)$

$100m^2$ 瓷砖墙面中瓷砖总消耗量 $＝4328.25×(1+1.5\%)＝4393.17(块)$

$100m^2$ 瓷砖墙面中结合层砂浆净用量 $＝100×0.01＝1(m^3)$

$100m^2$ 瓷砖墙面中灰缝砂浆净用量 $＝[100－(4328.25×0.15×0.15)]×0.005＝0.013(m^3)$

$100m^2$ 瓷砖墙面中砂浆总消耗量 $＝(1+0.013)×(1+1\%)＝1.02(m^3)$

（三）周转性材料消耗量的确定

周转性材料是指在工程施工过程中，能多次使用，反复周转的工具性材料、配件和用具等，如挡土板、模板和脚手架等。这类材料在施工中每次使用都有损耗，不是一次消耗完，而是在多次周转使用中，经过修补逐渐消耗的。周转性材料在材料消耗定额中，往往以摊销量表示。

其计算方法如下：

（1）确定一次使用量。一次使用量是指完成定额计量单位产品的生产，在不重复使用的前提下的一次用量。

（2）材料的周转次数。周转次数是指周转性材料在补损条件下可以重复使用的次数。

（3）材料的补损率计算公式为

$$材料补损率＝\frac{平均每次损耗量}{一次使用量}×100\%$$

（4）材料的周转使用量。周转使用量是指周转性材料在周转使用和补损的条件下，每周转一次平均所需要的材料量。

$$材料周转使用量＝\frac{一次使用量＋一次使用量×(周转次数－1)×损耗率}{周转次数}$$

$$＝一次使用量×\frac{1＋(周转次数－1)×损耗率}{周转次数}$$

（5）材料的回收量。回收量是指周转材料每周转一次后，可以平均回收的数量。

$$平均回收量＝一次使用量×\frac{1－损耗率}{周转次数}$$

（6）周转材料的摊销量。摊销量是指完成一定计量单位建筑产品，一次所需要摊销的周转性材料的数量。

$$材料的摊销量＝周转使用量－回收量×回收折旧率$$

【例3-6】　某工程捣制钢筋混凝土独立基础，模板接触面积为$50m^2$，查表可知一次使用模板每$10m^2$需用板材$0.36m^3$、方材$0.45m^3$，模板周转次数6次，每次周转损耗率为16.6%，支撑周转9次，每次周转损耗率为11.1%，试计算混凝土模板施工定额摊销量。

解：
$$模板一次使用量＝50×0.36/10＝1.8(m^3)$$
$$模板周转使用量＝一次使用量×[1＋(周转次数－1)×损耗率]/周转次数$$
$$＝1.8×[1＋(6－1)×16.6\%]/6＝0.549(m^3)$$
$$模板回收量＝一次使用量×(1－损耗率)/周转次数$$
$$＝1.8/6×(1－16.6\%)＝0.25(m^3)$$
$$模板摊销量＝周转使用量－回收量＝0.549－0.25＝0.299(m^3)$$
$$支撑一次使用量＝50×0.45m^3/10m^2＝2.25m^3$$
$$支撑周转使用量＝一次使用量×[1＋(周转次数－1)×损耗量]/周转次数$$
$$＝2.25×[1＋(9－1)×11.1\%]/9＝0.472(m^3)$$
$$支撑回收量＝一次使用量×(1－损耗率)/周转次数$$
$$＝2.25×(1－11.1\%)/9＝0.222(m^3)$$
$$支撑摊销量＝周转使用量－回收量＝0.472－0.222＝0.25(m^3)$$
$$混凝土模板施工定额摊销量＝0.299＋0.25＝0.549(m^3)$$

四、机械台班消耗定额的确定

(一) 确定机械1h纯工作正常生产率

机械纯工作时间，就是指机械的必需消耗时间。机械1h纯工作正常生产率，就是在正常施工组织条件下，具有必需的知识和技能的技术工人操纵机械1h的生产率。

根据机械工作特点的不同，机械1h纯工作正常生产率的确定方法，也有所不同。

(1) 对于循环动作机械，确定机械纯工作1h正常生产率的计算公式如下：

$$机械一次循环的正常延续时间＝\sum(循环各组成部分正常延续时间)－交叠时间$$

$$机械纯工作1h正常循环次数＝\frac{60×60(s)}{一次循环的正常延续时间}$$

$$机械纯工作1h正常生产率＝机械纯工作1h正常循环次数×一次循环生产的产品数量$$

(2) 对于连续动作机械，确定机械纯工作1h正常生产率要根据机械的类型和结构特征，以及工作过程的特点来进行，计算公式如下：

$$连续动作机械纯工作1h正常生产率＝\frac{工作时间内生产的产品数量}{工作时间(h)}$$

工作时间内的产品数量和工作时间的消耗，要通过多次现场观察和机械说明书来取得数据。

(二) 确定施工机械的正常利用系数

确定施工机械的正常利用系数，是指机械在工作班内对工作时间的利用率。机械的利用系数与机械在工作班内的工作状况有着密切的关系。所以，要确定机械的正常利用系数，首先要拟定机械工作班的正常工作状况，保证合理利用工时。机械正常利用系数的计算公式如下：

$$施工机械正常利用系数 = \frac{施工机械在一个工作班内纯工作时间}{一个工作班延续时间(8h)}$$

（三）计算施工机械台班定额

计算施工机械台班定额是编制机械定额工作的最后一步。在确定了机械工作正常条件、机械1h纯工作正常生产率和机械正常利用系数之后，采用下列公式计算施工机械的台班产量定额。

$$施工机械台班产量定额 = 机械纯工作1h正常生产率 \times 工作班纯工作时间$$

或

$$施工机械台班产量定额 = 机械纯工作1h正常生产率 \times 工作班延续时间 \times 机械正常利用系数$$

$$施工机械台班时间定额 = \frac{1}{施工机械产量定额指标}$$

【例3-7】　某工程现场采用出料容量为500L的混凝土搅拌机，每一次循环中，装料、搅拌、卸料、中断需要的时间分别为1min、3min、1min、1min，机械正常利用系数为0.9，求该机械的台班产量定额。

解： 该搅拌机一次循环的正常延续时间＝1＋3＋1＋1＝6(min)＝0.1h

该搅拌机纯工作1h循环次数＝1/0.1＝10(次)

该搅拌机纯工作1h正常生产率＝10×500＝5000(L)＝5m³

该搅拌机台班产量定额＝5×8×0.9＝36(m³/台班)

第三节　建筑工程计价定额

建筑工程计价定额是指工程定额中直接用于建筑工程计价的定额或指标，包括预算定额、概算定额和估算指标等。建筑工程计价定额主要用来在建设项目的不同阶段作为确定和计算工程造价的依据。

一、预算定额及其基价编制

（一）预算定额的概念与用途

1. 预算定额的概念

预算定额，是指在正常施工条件下，完成一定计量单位合格分项工程或结构构件所需消耗的人工、材料、机械台班数量及相应费用标准，是工程建设中的一项重要的技术经济文件。

2. 预算定额的作用

（1）是确定工程造价、编制标底及确保投标报价的基础。

（2）是编制工程计划、科学组织和管理施工的依据。

（3）是加强企业管理、提高企业竞争力的重要依据。

（4）是编制地区价目表和概算定额的基础。

（5）是企业总结先进生产方法，进行经济核算和考核工程成本的依据。

（6）是设计单位对设计方法进行技术经济分析比较的依据。

总之，预算定额在基本建设中，对合理确定工程造价，推行以招标承包为中心的经济责任制，监督管理基本建设投资、控制建设资金的合理使用，改善预算工作等有重要的作用。

（二）预算定额的编制原则、依据和步骤

1. 预算定额的编制原则

为保证预算定额的质量，充分发挥预算定额的作用，实际使用简便，在编制工作中应遵循以下原则：

（1）按社会平均水平确定预算定额的原则。预算定额是确定和控制建筑安装工程造价的主要依据。因此，它必须遵照价值规律的客观要求，即按生产过程中所消耗的社会必要劳动时间确定定额水平。所以预算定额的平均水平，是在正常的施工条件下，合理的施工组织和工艺条件、平均劳动熟练程度和劳动强度下，完成单位分项工程基本构造要素所需要的劳动时间。

（2）简明适用的原则。

1）在编制预算定额时，对于那些主要的，常用的、价值量大的项目，分项工程划分宜细；次要的、不常用的、价值量相对较小的项目则可以粗一些。

2）预算定额要项目齐全。要注意补充那些因采用新技术、新结构、新材料而出现的新的定额项目。如果项目不全、缺项多，就会使计价工作缺少充足的、可靠的依据。

3）要求合理确定预算定额的计算单位，简化工程量的计算，尽可能地避免同一种材料用不同的计量单位和一量多用，尽量减少定额附注和换算系数。

2. 预算定额的编制依据

（1）现行劳动定额和施工定额。预算定额是在现行劳动定额和施工定额的基础上编制的。预算定额中人工、材料、机械台班消耗水平，需要根据劳动定额或施工定额取定；预算定额计量单位的选择，也要以施工定额为参考，从而保证两者的协调和可比性，减轻预算定额的编制工作量，缩短编制时间。

（2）现行设计规范、施工及验收规范、质量评定标准和安全操作规程。

（3）具有代表性的典型工程施工图及有关标准图。对这些图纸进行仔细分析研究，并计算出工程数量，作为编制定额时选择施工方法确定定额含量的依据。

（4）新技术、新结构、新材料和先进的施工方法等。这类资料是调整定额水平和增加新的定额项目所必需的依据。

（5）有关科学实验、技术测定和统计、经验资料。这类工程是确定定额水平的重要依据。

（6）现行的预算定额、材料预算价格及有关文件规定等。包括过去定额编制过程中积累的基础资料，也是编制预算定额的依据和参考。

3. 预算定额的编制程序及要求

预算定额的编制，大致可以分为准备工作、收集资料、编制定额、报批和修改定稿五个阶段。各阶段工作相互有交叉，有些工作还有多次反复。其中，预算定额编制阶段的主要工作如下：

（1）确定编制细则。主要包括：统一编制表格及编制方法；统一计算口径、计量单位和小数点位数的要求；有关统一性规定，如名称统一、用字统一、专业用语统一、符号代码统一，简化字要规范，文字要简练明确。

预算定额与施工定额的计量单位往往不同。施工定额的计量单位一般按照工序或施工过程确定；而预算定额的计量单位主要根据分部分项工程或结构构件的形体特征及其变化确定。由于工作内容综合，预算定额的计量单位也具有综合的性质。工程量计算规则的规定应确切反映定额项目所包含的工作内容。预算定额的计量单位关系到预算工作的繁简和准确性。因此，要正确地确定各分部分项工程的计量单位。一般依据建筑结构构件形状的特点确定。

（2）确定定额的项目划分和工程量计算规则。计算工程数量，是为了计算出典型设计图纸所包括的施工过程的工程量，以便在编制预算定额时，有可能利用施工定额的人工、材料和机械台班消耗指标确定预算定额所含工序的消耗量。

（3）定额人工、材料、机械台班耗用量的计算、复核和测算。

（三）预算定额消耗量的确定

确定预算定额人工、材料、机械台班消耗指标时，必须先按施工定额的分项逐项计算出消耗指标，然后再按预算定额的项目加以综合。但是，这种综合不是简单的合并和相加，而是需要在综合过程中增加两种定额之间的适当的水平差。预算定额的水平，首先取决于这些消耗量的合理确定。

人工、材料和机械台班消耗量指标，应根据定额编制原则和要求，采用理论与实际相结合、图纸计算与施工现场测算相结合、编制人员与现场工作人员相结合等方法进行计算和确定，使定额既符合政策要求，又与客观情况一致，便于贯彻执行。

1. 预算定额中人工工日消耗量的计算

人工的工日数有两种确定方法。一种是以劳动定额为基础确定；另一种是以现场观察测定资料为基础计算，主要用于遇到劳动定额缺项时，采用现场工作日写实等测时方法测定和计算定额的人工耗用量。

预算定额中人工工日消耗量是指在正常施工条件下，生产单位合格产品所必需消耗的人工工日数量，是由分项工程所综合的各个工序劳动定额包括的基本用工、其他用工两部分组成的。

（1）基本用工。基本用工指完成一定计量单位的分项工程或结构构件的各项工作过程的施工任务所必需消耗的技术工种用工。按技术工种相应劳动定额工时定额计算，以不同工种列出定额工日。基本用工包括：

1）完成定额计量单位的主要用工。按综合取定的工程量和相应劳动定额进行计算。计算公式如下：

$$基本用工 = \sum(综合取定的工程量 \times 劳动定额)$$

例如工程实际中的砖基础，有 1 砖厚、3/2 砖厚、2 砖厚等之分，用工各不相同，在预算定额中由于不区分厚度，需要按照统计的比例，加权平均得出综合的人工消耗。

2）按劳动定额规定应增（减）计算的用工量。例如在砖墙项目中，分项工程的工作内容包括附墙烟囱孔、垃圾道、壁橱等零星组合部分的内容，其人工消耗量相应增加附加人工消耗。由于预算定额是在施工定额子目的基础上综合扩大的，包括的工作内容多，施工的工效视具体部位而不一样，所以需要另外增加人工消耗，而这种人工消耗也可以列入基本用工内。

（2）其他用工。其他用工是辅助基本用工消耗的工日，包括超运距用工、辅助用工和人工幅度差用工。

1）超运距用工。超运距是指劳动定额中已包括的材料、半成品场内水平搬运距离与预算定额所考虑的现场材料、半成品堆放地点到操作地点的水平运输距离之差。计算公式如下：

$$超运距＝预算定额取定运距－劳动定额已包括的运距$$
$$超运距用工＝\sum（超运距材料数量×时间定额）$$

需要指出，实际工程现场运距超过预算定额取定运距时，可另行计算现场二次搬运费。

2）辅助用工。指技术工种劳动定额内不包括而在预算定额内又必须考虑的用工。如机械土方工程配合用工、材料加工（筛砂、洗石、淋化石膏），电焊点火用工等，计算公式如下：

$$辅助用工＝\sum（材料加工数量×相应的加工劳动定额）$$

3）人工幅度差用工。人工幅度差即预算定额与劳动定额的差额。人工幅度差用工主要是指在劳动定额中未包括而在正常施工情况下不可避免但又很难准确计量的用工和各种工时损失。内容包括：①各工种间的工序搭接及交叉作业相互配合或影响所发生的停歇用工；②施工机械在单位工程之间转移及临时水电线路移动所造成的停工；③质量检查和隐蔽工程验收工作的影响；④班组操作地点转移用工；⑤工序交接时对前一工序不可避免的修整用工；⑥施工中不可避免的其他零星用工。

人工幅度差的计算公式如下：

$$人工幅度差＝（基本用工＋辅助用工＋超运距用工）×人工幅度差系数$$

人工幅度差系数一般为 10％～15％。在预算定额中，人工幅度差的用工量列入其他用工量中。

2. 预算定额中材料消耗量的计算

材料消耗量的计算方法主要有：

（1）凡有标准规格的材料，按规范要求计算定额计量单位的耗用量，如砖、防水卷材、块料面层等。

（2）凡设计图纸标注尺寸及下料要求的按设计图纸尺寸计算材料净用量，如门窗制作用材料、枋、板料等。

（3）换算法。各种胶结、涂料等材料的配合比用料，可以根据要求条件换算，得出材料用量。

（4）测定法。包括实验室试验法和现场观察法。指各种强度等级的混凝土及砌筑砂浆配合比的耗用原材料数量的计算，须按照规范要求试配，经过试压合格以后并经过必要的调整后得出的水泥、砂子、石子、水的用量。对新材料、新结构又不能用其他方法计算定额消耗用量时，须用现场测定方法来确定，根据不同条件可以采用写实记录法和观察法，得出定额的消耗量。

材料损耗量，指在正常条件下不可避免的材料损耗，如现场内材料运输及施工操作过程中的损耗等。其关系式如下：

$$材料损耗率＝损耗量/净用量×100％$$
$$材料损耗量＝材料净用量×损耗率（％）$$
$$材料消耗量＝材料净用量＋损耗量$$

或

$$材料消耗量＝材料净用量×[1＋损耗率（％）]$$

3. 预算定额中机械台班消耗量的计算

预算定额中的机械台班消耗量是指在正常施工条件下，生产单位合格产品（分部分项工程或结构构件）必须消耗的某种型号施工机械的台班数量。

（1）根据施工定额确定机械台班消耗量的计算。这种方法是指用施工定额中机械台班消耗量加机械幅度差计算预算定额的机械台班消耗量。

机械幅度差是指在施工定额中所规定的范围内没有包括，而在实际施工中又不可避免产生的影响机械或使机械停歇的时间。其内容包括：

1）施工机械转移工作面及配套机械相互影响损失的时间。

2）在正常施工条件下，机械在施工中不可避免的工序间歇。

3）工程开工或收尾时工作量不饱满所损失的时间。

4）检查工程质量影响机械操作的时间。

5）临时停机、停电影响机械操作的时间。

6）机械维修引起的停歇时间。

大型机械幅度差系数为：土方机械 25％，打桩机械 33％，吊装机械 30％。砂浆、混凝土搅拌机由于按小组配用，以小组产量计算机械台班产量，因此不另增加机械幅度差。其他分部工程中如钢筋加工、木材、水磨石等各项专用机械的幅度差为 10％。

综上所述，预算定额机械台班消耗量的计算公式为

$$预算定额机械台班消耗量＝施工定额机械耗用台班×（1＋机械幅度差系数）$$

【例 3-8】 已知某挖土机挖土，一次正常循环工作时间是 40s，每次循环平均挖土量为 0.3m³，机械正常利用系数为 0.8，机械幅度差为 25％。求该机械挖土方 1000m³ 的预算定额机械台班消耗量。

解： 机械纯工作 1h 循环次数＝3600/40＝90（次/台时）

机械纯工作 1h 正常生产率＝90×0.3＝27（m³/台班）

施工机械台班产量定额＝27×8×0.8＝172.8（m³/台班）

施工机械台班时间定额＝1/172.8＝0.00579（台班/m³）

预算定额机械台班消耗＝0.00579×（1＋25 ％）＝0.00723（台班/m³）

挖土方 1000m³ 的预算定额机械台班消耗量＝1000×0.00723＝7.23（台班）

（2）以现场测定资料为基础确定机械台班消耗量。若遇到施工定额缺项者，则需要依据单位时间完成的产量测定。具体方法可参见本章第二节。

（四）预算定额手册的内容

预算定额手册由总说明、目录、分章说明、项目表和有关附表、附录组成。

1. 总说明

定额总说明主要说明各分部工程的共性问题和有关的统一规定，对各章都起作用。主要包括的内容：定额的适用范围、指导思想及作用；定额编制原则、依据及性质；定额人工编制的依据、水平和已考虑的其他因素；定额所采用的材料规格、材质标准、允许换算的原则；定额考虑的机械、脚手架、超高费的范围；关于人工、材料、机械及费用的一般规定。

2. 分章说明

此部分介绍了分部工程定额包括的主要内容、使用定额的一些规定和工程量计算规则。

它是定额手册的重要部分，是执行定额和进行工程量计算的基准，必须全面掌握，以免编制预算时发生错、重套或漏套等现象。

3. 定额项目表

定额项目表是消耗量定额的主要构成部分，一般由工作内容（分节说明）、定额单位、项目表和附注组成。

分节说明是说明该分节中所包括的主要内容，一般列在定额项目表的表头左上方。

定额单位一般列在定额项目表的表头右上方，一般为扩大单位，如 $10m^3$、$10m^2$、$10m$ 等。

定额项目表中，竖向排列为该子项工程定额编号、子项工程名称及人工、材料和施工机械消耗量指标，供编制工程预算单价表及换算定额单价等使用。横向排列为名称、单位和数量等。附注在定额项目表下方，说明设计与定额规定不符时进行调整的方法。找平层定额项目表见表3-3。

表 3-3　　　　　　　　　　　　　　找平层

工作内容：1. 清理基层、调运砂浆、抹平、压实。
　　　　　2. 清理基层、混凝土搅拌、捣平、压实。
　　　　　3. 刷素水泥浆。　　　　　　　　　　　　　　　　　　　　单位：$10m^2$

定额编号		9-1-1	9-1-2	9-1-3	9-1-4	9-1-5
项目		水泥砂浆			细石混凝土	
		混凝土或硬基层上 20mm	在填充材料上	每增减 5mm	40mm	每增减 5mm
名称	单位	数量				
人工	综合工日	工日	0.78	0.80	0.14	1.03	0.14
材料	水泥砂浆1:3	m³	0.2020	0.2530	0.0510	—	—
	素水泥浆	m³	0.0100	—		0.0100	—
	细石混凝土	m³	—	—		0.4040	0.0510
	水	m³	0.0600	0.0600		0.0600	
机械	灰浆搅拌机	台班	0.034	0.042	0.009	—	—
	混凝土振捣器（平板式）	台班				0.024	0.004

4. 定额附录（附表）

定额手册最后是附录（附表），它是配合定额使用的不可缺少的重要组成部分，主要包括各种半成品配合比表、装饰材料预算价格表及机械台班单价表等资料，有时还设附件图等，供定额换算、补充使用。

（五）预算定额基价编制

预算定额基价就是预算定额分项工程或结构构件的单价，包括人工费、材料费和机械台班使用费，也称工料单价或直接工程费单价。

预算定额基价一般通过编制单位估价表、地区单位估价表及设备安装价目表确定单价，用于编制施工图预算。在预算定额中列出的"预算价值"或"基价"，应视作该定额编制时的工程单价。

预算定额基价表（见表3-4）的编制方法，简单说就是工、料、机的消耗量和工、料、机单价的结合过程。其中，人工费是由预算定额中每一分项工程用工数，乘以地区人工工日单价计算算出的；材料费是由预算定额中每一分项工程的各种材料消耗量，乘以地区相应材料预算价格之和算出的；机械费是由预算定额中每一分项工程的各种机械台班消耗量，乘以地区相应施工机械台班预算价格之和算出的。

表 3-4　　　　　　　　　　　　预算定额基价表（喷射除锈）

工作内容：运砂、烘砂、喷砂、砂子回收、现场清理及修理工具。

定额编号			7-8-10	7-8-11	7-8-12	7-8-13
项目			喷石英砂		喷河砂	
			钢结构	H 型钢制钢结构	钢结构	H 型钢制钢结构
			10kg	10m²	10kg	10m²
基价（元）			9.15	195.00	8.31	159.39
其中	人工费（元）		0.97	19.80	1.36	28.16
	材料费（元）		5.50	122.84	3.21	67.19
	机械费（元）		2.68	52.36	3.74	64.04
名称		单位	单价（元）	数量		
人工	综合工日	工日	44.00	0.0220	0.450	0.0310	0.640
材料	河砂	m³	50.00	—	—	0.0240	0.502
	石英砂	m³	420.00	0.0097	0.203	—	—
	煤	t	600.00	0.0011	0.036	0.0020	0.042
	木材	kg	0.50	0.2028	4.226	0.2900	6.043
	喷砂嘴	个	36.00	0.0060	0.126	0.0060	0.126
	喷砂用胶管 40mm 中压	m	28.10	0.0160	0.332	0.0160	0.332
机械	除锈喷砂机 3m³/min	台班	19.15	0.0038	0.087	0.0070	0.120
	电动空气压缩机 6m³/min	台班	281.46	0.0038	0.087	0.0070	0.120
	鼓风机 8m³/min	台班	109.97	0.0051	0.088	0.0060	0.104
	汽车式起重机 16t	台班	981.15	0.0010	—	0.0010	—
	汽车式起重机 25t	台班	1271.36	—	0.013	—	0.013

分项工程预算定额基价的计算公式：

分项工程预算定额基价＝人工费＋材料费＋机械使用费

人工费＝∑（现行预算定额中人工工日用量×人工日工资单价）

材料费＝∑（现行预算定额中各种材料耗用量×相应材料单价）

机械使用费＝∑（现行预算定额中机械台班用量×机械台班单价）

预算定额基价是根据现行定额和当地的价格水平编制的，具有相对的稳定性。但是为了适应市场价格的变动，在编制预算时，必须根据工程造价管理部门发布的调价文件对固定的工程预算单价进行修正。修正后的工程单价乘以根据图纸计算出来的工程量，就可以获得符合实际市场情况的工程的直接工程费。

为了便于清单报价，《四川省建设工程工程量清单计价定额》（以下简称《计价定额》）在基价的基础上加上管理费和利润，得出分项工程每一定额计量单位的综合基价。

分项工程综合基价＝人工费＋材料费＋机械费＋管理费和利润

石材墙面综合基价表（干挂花岗石）见表3-5。

表 3-5 **石材墙面综合基价表（干挂花岗石）**

工程内容：1. 清理基层表面、预埋铁件、制作安装钢筋网、电焊固定。

2. 选料、钻孔成槽、镶贴面层及阴阳角、穿丝固定。

3. 调运砂浆、磨光打蜡、擦缝养护等全部操作过程。　　　　　　　　　　　单位：100m²

定额编号			AM0283	AM0284
项目			干挂花岗石	
			密缝	勾缝
综合基价（元）			21620.20	25152.51
其中	人工费（元）		8298.36	10483.02
	材料费（元）		11451.32	12313.88
	机械费（元）		20.42	19.79
	管理费（元）		564.85	713.14
	利润（元）		1285.25	1622.68
	名称	单位	单价（元）	数量
材料	花岗石板　厚20mm	m²	83.00	102.000	99.000
	不锈钢连接件　石材挂件	套	4.15	661.000	642.000
	密封胶	kg	7.13	—	137.520
	泡沫塑料密封条　10	m	0.75	—	287.000
	膨胀螺栓（金属胀锚螺栓）M6×85	套	0.18	661.000	642.00
	其他材料	元		123.190	121.250

（六）预算定额的使用方法

要正确理解设计要求和施工做法，确定是否与定额内容相符。要对预算定额和施工图有确切的了解，正确套用定额，防止错套、重套和漏套。消耗量定额的使用一般有下列三种情况。

1. 预算定额的直接套用

工程项目的设计要求、作法说明、技术特征和施工方法等与定额内容完全相符，且工程量计算单位与定额计量单位相一致，可以直接套用定额。如果部分特征不相符，必须进行仔细核对，进一步理解定额，这是正确使用定额的关键。

另外，还要注意定额中用语和符号的含义。如定额中的"以内""以下"等用语的含义和定额表中的"（　）""—"等符号的含义，都应该理解。

2. 预算定额的调整换算

工程做法要求与定额内容不完全相符合，而定额又规定允许调整换算的项目，应根据不同情况进行调整换算。预算定额在编制时，对那些设计和施工中变化多，影响工程量和价差较大的项目，如砌筑砂浆强度等级、混凝土强度等级、龙骨用量等均留有活口，允许根据实际情况进行调整换算，调整换算必须按定额规定进行。

预算耗量定额的调整换算可以分为强度等级换算、用量调整、系数调整、增减费用调整、运距调整等。

（1）强度等级换算。在消耗量定额中，对砖石工程的砌筑砂浆及混凝土等均列几种常用强度等级，设计图纸的强度等级与定额规定的强度等级不同时，允许换算。换算公式如下：

$$换算后的基价＝定额基价＋（换入半成品的单价－换出半成品的单价）$$
$$×相应换算材料的定额用量$$

（2）用量调整。在预算定额中，定额与实际消耗量不同时，允许调整其数量。如龙骨不同可以换算等。换算时不要忘记损耗量，因定额中已考虑了损耗，故与定额比较也必须考虑损耗，才有可比性。

（3）系数调整。在预算定额中，由于施工条件和方法不同，某些项目可以乘以系数调整。调整系数为定额系数和工程量系数。定额系数是指人工、材料、机械等乘的系数，工程量系数是用在计算工程量上的系数。

（4）运距调整。在预算定额中，对于各种项目的运输定额，一般分为基础定额和增加定额，即超过基本运距时，另行计算。如人工土方，定额规定基本运距是 200m，超过的另按每增加 50m 运距计算增加费用。

（5）其他调整。预算定额中调整换算的项很多，方法也不同。如找平层厚度调整、材料单价换算、增减费用调整等。总之，定额的换算调整要按照定额的规定进行。掌握其规定和换算调整方式是对工程造价人员的基本要求之一。

3. 预算量定额的补充

当设计图纸中的项目在定额中没有时，可以作临时性的补充。补充的方法一般有两种：

（1）定额代换法。即利用性质相似、材料大致相同、施工方法又很接近的定额项目，将类似项目分解套用或考虑（估算）一定系数调整使用。此种方法一定要在实践中注意观察和测定，合理确定系数，保证定额的精确性，也为以后新编定额项目做准备。

（2）补充定额法。材料用量按图纸的构造做法及相应的计算公式计算，并加入规定的损耗率。人工及机械台班使用量，可按劳动定额、机械台班使用定额计算；材料用量按实际确定或经有关技术和定额人员讨论确定。然后乘以人工日工资单价、材料预算价格和机械台班单价，即得到补充定额基价。

二、概算定额编制

（一）概算定额的概念

概算定额，是在预算定额的基础上，确定完成合格的单位扩大分项工程或单位扩大结构构件所需消耗的人工、材料和施工机械台班的数量标准及其费用标准。概算定额又称扩大结构定额。

概算定额是预算定额的综合与扩大。它将预算定额中有联系的若干个分项工程项目综合为一个概算定额项目。如砖基础概算定额项目，就是以砖基础为主，综合了平整场地、挖地槽、铺设垫层、砌砖基础、铺设防潮层、回填土及运土等预算定额中分项工程项目。

概算定额与预算定额的相同之处在于，它们都是以建（构）筑物各个结构部分或分部分项工程为单位表示的，内容也包括人工、材料和机械台班使用量三个定额基本部分，并列有基准价。概算定额表达的主要内容、主要方式及基本使用方法都与预算定额相近。

概算定额与预算定额的不同之处，在于项目划分和综合扩大程度上的差异，同时，概算定额主要用于设计概算的编制。由于概算定额综合了若干分项工程的预算定额，因此使概算工程量的计算和概算表的编制，都比编制施工图预算简化。

（二）概算定额的作用

从 1957 年我国开始在全国试行统一的《建筑工程扩大结构定额》之后，各省、自治区、直辖市根据本地区的特点，相继编制了本地区的概算定额。为了适应建筑业的改革，原国家计委、建设银行总行在《国家计委中国人民建设银行印发〈关于改进工程建设概预算定额管理工作的若干规定〉等三个文件的通知》（计标〔1985〕352号）文件中指出，概算定额和概算指标由省、自治区、直辖市在预算定额基础上组织编写，分别由主管部门审批，报国家计划委员会备案。

概算定额的主要作用如下：

（1）是初步设计阶段编制概算、扩大初步设计阶段编制修正概算的主要依据。

（2）是对设计项目进行技术经济分析比较的基础资料之一。

（3）是建设工程主要材料计划编制的依据。

（4）是控制施工图预算的依据。

（5）是施工企业在准备施工期间，编制施工组织总设计或总规划时，对生产要素提出需要量计划的依据。

（6）是工程结束后，进行竣工决算和评价的依据。

（7）是编制概算指标的依据。

（三）概算定额的编制原则和编制依据

1. 概算定额的编制原则

概算定额应该贯彻社会平均水平和简明适用的原则。由于概算定额和预算定额都是工程计价的依据，所以应符合价值规律和反映现阶段大多数企业的设计、生产及施工管理水平。但在概、预算定额水平之间应保留必要的幅度差。概算定额的内容和深度是以预算定额为基础的综合和扩大。在合并中不得遗漏或增加项目，以保证其严密和正确性。概算定额务必达到简化、准确和适用。

2. 概算定额的编制依据

由于概算定额的使用范围不同，其编制依据也略有不同。其编制依据一般有以下几种：

（1）现行的设计规范、施工验收技术规范和各类工程预算定额。

（2）具有代表性的标准设计图纸和其他设计资料。

（3）现行的人工工资标准、材料价格、机械台班单价及其他的价格资料。

（四）概算定额的内容

按专业特点和地区特点编制的概算定额，内容基本上由文字说明、定额项目表和附录三个部分组成。

（1）文字说明部分。文字说明部分有总说明和分部工程说明。在总说明中，主要阐述概算定额的编制依据、使用范围、包括的内容及作用、应遵守的规则及建筑面积计算规则等。分部工程说明主要阐述本分部工程包括的综合工作内容及分部分项工程的工程量计算规则等。

（2）定额项目表部分。主要包括以下内容：

1）定额项目的划分。概算定额项目一般按以下两种方法划分：一是按工程结构划分，一般按土石方、基础、墙、梁板柱、门窗、楼地面、屋面、装饰、构筑物等工程结构划分。二是按工程部位（分部）划分：一般按基础、墙体、梁柱、楼地面、屋盖、其他工程部位等划分，如基础工程中包括砖、石、混凝土基础等项目。

2）定额项目表。定额项目表是概算定额手册的主要内容，由若干分节定额组成。各节定额由工程内容、定额表及附注说明组成。定额表中列有定额编号，计量单位，概算价格，人工、材料、机械台班消耗量指标，综合了预算定额的若干项目与数量。表 3-6 为某现浇钢筋混凝土矩形柱概算定额。

表 3-6　　　　　　　　　　　某现浇钢筋混凝土矩形柱概算定额

工程内容：模板制作、安装、拆除，钢筋制作、安装，混凝土浇捣、抹灰、刷浆。　　　　　　　　单位：10m³

概算定额编号				4—3		4—4	
项目		单位	单价（元）	矩形柱			
				周长 1.8m 以内		周长 1.8m 以外	
				数量	合价	数量	合价
基价		元		13428.76		12947.26	
其中	人工费	元		2116.40		1728.76	
	材料费	元		10272.03		10361.83	
	机械费	元		1010.33		856.67	
合计工日		工日	22.00	96.2	2116.4	78.58	1728.76
材料	中（粗）砂（天然）	t	35.81	9.494	339.98	8.817	315.74
	碎石　5~20mm	t	36.18	12.207	441.65	12.207	441.65
	石灰膏	m³	98.89	0.221	20.75	0.155	14.55
	普通木成材	m³	1000.00	0.302	302.00	0.187	187.00
	圆钢（钢筋）	t	3000.00	2.188	6564.00	2.407	7221.00
	组合钢模板	kg	4.00	64.416	257.66	39.848	159.39
	钢支撑（钢管）	kg	4.85	34.165	165.70	21.134	102.50
	零星卡具	kg	4.00	33.954	135.82	21.004	84.02
	铁钉	kg	5.96	3.091	18.42	1.912	11.40
	镀锌铁丝　22 号	kg	8.07	8.368	67.53	9.206	74.29
	电焊条	kg	7.84	15.644	122.65	17.212	134.94
	803 涂料	kg	1.45	22.901	33.21	16.038	23.26
	水	m³	0.99	12.700	12.57	12.300	12.21
	水泥　32.5 级	kg	0.25	664.459	166.11	517.117	129.28
	水泥　42.5 级	kg	0.30	4141.200	1246.36	4141.200	1246.36
	脚手架	元		—	196.00	—	90.60
	其他材料	元		—	185.62	—	117.64
机械	垂直运输费	元			628.00		510.00
	其他机械费	元			412.33		346.67

三、概算指标

（一）概算指标的概念

概算指标是指以每 100m² 建筑物面积或每 1000m³ 建筑物体积（如是构筑物，则以座为单位）为对象，确定其所需消耗人工、材料和机械台班的数量标准。

从上述概念可以看出，概算定额与概算指标的主要区别如下：

（1）确定各种消耗量指标的对象不同。概算定额以单位扩大分项工程或单位扩大结构构件为对象，而概算指标则以整个建筑物（如 100m² 或 1000m³ 建筑物）和构筑物（如座）为对象。因此，概算指标比概算定额更加综合与扩大。

（2）确定各种消耗量指标的依据不同。概算定额以现行预算定额为基础，通过计算之后才综合确定出各种消耗量指标，而概算指标中各种消耗量指标的确定，则主要来自各种预算或结算资料。

（二）概算指标的组成内容及表现形式

1. 概算指标的组成内容

概算指标的组成内容一般分为文字说明和列表形式两部分，以及必要的附录。

（1）文字说明有总说明和分册说明，内容一般包括概算指标的编制范围和编制依据、分册情况、指标包括的内容、指标未包括的内容、指标的使用方法、指标允许调整的范围及调整方法等。

（2）列表形式包括：

1）建筑工程列表形式。房屋建筑、构筑物一般以建筑面积、建筑体积、"座"、"个"等为计算单位，附以必要的示意图，示意图画出建筑物的轮廓示意或单线平面图，列出综合指标："元/m²"或"元/m³"，自然条件（如地耐力、地震烈度等），建筑物的类型、结构形式及各部位中结构的主要特点，主要工程量。

2）设备及安装工程的列表形式。设备以"t"或"台"为计算单位，也可以设备购置费或设备原价的百分比（%）表示；工艺管道一般以"t"为计算单位；通信电话站安装以"站"为计算单位。列出指标编号、项目名称、规格、综合指标（元/计算单位）之后一般还要列出其中的人工费，必要时还要列出主要材料费、辅材费。

总体来讲建筑工程列表形式分为以下几个部分：

1）示意图。表明工程的结构、工业项目，还表示出吊车及起重能力等。

2）工程特征。对采暖工程特征应列出采暖热媒及采暖形式；对电气照明工程特征可列出建筑层数、结构类型、配线方式、灯具名称等；对房屋建筑工程特征，主要对工程的结构形式、层高、层数和建筑面积进行说明。砌体住宅结构特征见表 3-7。

表 3-7　　　　　　　　　　　　　砌体住宅结构特征

结构类型	层数	层高	檐高	建筑面积
内浇外砌	六层	2.8 m	17.7m	4206m²

3）经济指标。说明该项目每 100m² 的造价指标及其土建、水暖和电气照明等单位工程的相应造价，见表 3-8。

表 3-8　　　　　　　　　　　砌体住宅经济指标　　　　　　　单位：100m² 建筑面积

项目		合计（元）	其中（元）			
			直接费	间接费	利润	税金
单方造价		30422	21860	5576	1893	1093
其中	土建	26133	18778	4790	1626	939
	水暖	2565	1843	470	160	92
	电气照明	614	1239	316	107	62

4）构造内容及工程量指标。说明该工程项目的构造内容和相应计算单位的工程量指标及人工、材料消耗指标，见表3-9和表3-10。

表3-9　　　　　　　　　　**砌体住宅分部分项工程量指标**　　　　　　单位：100m² 建筑面积

序号	项目名称		工程量	
			单位	数量
1	基础	钢筋混凝土条形基础	m³	38.00
2	外墙	1砖墙、外墙涂料、内墙乳胶漆	m²	25.00
3	内墙	1砖墙、内墙乳胶漆	m²	50.00
4	混凝土柱	C30混凝土柱	m³	52.00
…	……	……	……	……

表3-10　　　　　　　　　**砌体住宅人工及主要材料消耗指标**　　　　　单位：100m² 建筑面积

序号	名称及规格	单位	数量
1	人工	工日	506.00
2	钢筋	t	3.2
3	水泥	t	18.10
4	烧结多孔砖	千匹	15.10
…	……	……	……

2. 概算指标的表现形式

（1）综合概算指标。综合概算指标是指按工业或民用建筑及其结构类型而制定的概算指标。综合概算指标的概括性较大，其准确性、针对性不如单项概算指标。

（2）单项概算指标。单项概算指标是指为某种建筑物或构筑物编制的概算指标。其针对性较强，故指标中要对工程结构形式做介绍。只要工程项目的结构形式及工程内容与单项概算指标中的工程概况相吻合，编制出的设计概算就比较准确。

四、投资估算指标

工程建设投资估算指标是编制建设项目建议书、可行性研究报告等前期工作阶段投资估算的依据，也可以作为编制固定资产长远规划投资额的参考。前期工作阶段往往只有一个设计意想，没有图纸，无法正确计算工程量，因此，常用生产能力作为估算指标。投资估算指标内容因行业不同而不同，一般可分为建设项目综合指标、单项工程指标和单位工程指标三个层次。

1. 建设项目综合指标

建设项目综合指标一般以项目的综合生产能力单位投资表示。

建设项目综合指标指按规定应列入建设项目总投资的从立项筹建开始至竣工验收交付使用的全部投资额，包括单项工程投资、工程建设其他费用、预备费及利息。

2. 单项工程指标

单项工程指标一般以单项工程生产能力单位投资表示。

单项工程指标指按规定应列入能独立发挥生产能力或使用效益的单项工程内的全部投资额，包括建筑安装工程费，设备、工器具及生产家具购置费。单项工程一般划分原则如下：

（1）主要生产设施：指直接参加生产产品的工程项目，包括生产车间或生产装置。

（2）辅助生产设施：指为主要生产车间服务的工程项目，包括集中控制室、中央实验室，机修、电修、仪器仪表修理及木工（模）等车间，原材料、半成品、成品及危险品等仓库。

（3）公用工程：包括给排水系统（给排水泵房、水塔、水池及全厂给排水管网）、供热系统（锅炉房及水处理设施、全厂热力管网）、供电及通信系统（变配电站、开关站及全厂输电、电信线路），以及热电站、热力站、煤气站、变压站、冷冻站、冷却塔和全厂管网等。

（4）环境保护工程：包括废气、废渣、废水等处理和综合利用设施及全厂性绿化。

（5）总图运输工程：包括厂区防洪、围墙大门、传达及收发室、汽车库、消防车库、厂区道路、桥涵、厂区码头。

（6）厂区服务设施：包括厂部办公室、厂区食堂、医务室、浴室、哺乳室、自行车棚等。

（7）生活福利设施：包括职工医院、住宅、生活区食堂、俱乐部、托儿所、幼儿园、子弟学校、商场。

（8）厂外工程，如水源工程，厂外输电、输水、排水、通信、输油等管线及公路、铁路专用线等。

单项工程指标一般以单项工程生产能力单位投资，如"元/t"或其他单位表示。如变配电站以"元/（kV·A）"表示，锅炉房以"元/蒸汽吨"表示，供水站以"元/m³"表示，工业、民用建筑则按不同结构形式以"元/m³"表示。

3. 单位工程指标

单位工程指标按规定应列入能独立设计、施工的工程项目的费用，即建筑安装工程费用，如房屋、构筑物、道路等工程均可按单方造价编制投资估算。

第四节　工程量清单计价与计量规范

工程量清单，是载明建设工程分部分项工程项目、措施项目、其他项目的名称和相应数量以及规费、税金项目等内容的明细清单。其中由招标人依据国家规范、招标文件、设计文件及施工现场实际情况编制的，随招标文件发布供投标报价的工程量清单称为招标工程量清单；而作为投标文件组成部分的已标明价格并经承包人确认的工程量清单称为已标价工程量清单。

工程量清单计价，是投标人完成招标人提供的工程量清单中的各个项目的内容、数量所需的全部费用，包括分部分项工程费、措施项目费、其他项目费和规费、税金。

这种计价模式源于英国和美国，是将工程实体与工程措施分开，把形成工程实体的各类消耗数量和获取这些组成的费用、制造成本分开。对于招标单位，清单的计算对象主要是工程实物，一般不考虑施工方法和工艺等对工程量的影响，清单编制相对简单，而且采用综合单价的计价方法，不因各种因素的变化而调整，有利于控制工程造价；对于投标单位，有利于明确实体与非实体费用支出的性质，在统一工程量的基础上，考虑工程实际情况，按照所采取的施工工艺、施工方法等，充分发挥能动性，挖掘潜力，根据自己的能力报价，以形成的个别成本参加竞争。这样同一产品在竞争中反映出了不同的价格，按市场竞争的原则，选择最低价格定价。其实质就是市场定价，即通过规范的市场竞争，得到合理的建筑产品的价格，体现了建设工程产品生产的单件性、地域性和生产方式的多样性的特点。在英、美等国家已有上百年历史，并被证明是一种行之有效的方法。

一、工程量清单计价与计量规范概述

工程量清单计价与计量规范由《建设工程工程量清单计价规范》（GB 50500—2013）、《房屋建筑与装饰工程工程量计算规范》（GB 50854—2013）、《仿古建筑工程工程量计算规范》（GB 50855—2013）、《通用安装工程工程量计算规范》（GB 50856—2013）、《市政工程工程量计算规范》（GB 50857—2013）、《园林绿化工程工程量计算规范》（GB 50858—2013）、《矿山工程工程量计算规范》（GB 50859—2013）、《构筑物工程工程量计算规范》（GB 50860—2013）、《城市轨道交通工程工程量计算规范》（GB 50861—2013）、《爆破工程工程量计算规范》（GB 50862—2013）组成。

GB 50500—2013 包括总则、术语、一般规定、工程量清单编制、招标控制价、投标报价、合同价款约定、工程计量、合同价款调整、合同价款期中支付、竣工结算与支付、合同解除的价款结算与支付、合同价款争议的解决、工程造价鉴定、工程计价资料与档案、工程计价表格及 11 个附录。

各专业工程量计算规范包括总则、术语、工程计量、工程量清单编制、附录。

（一）工程量清单计价的适用范围

GB 50500—2013 适用于建设工程发承包及实施阶段的计价活动。使用国有资金投资的建设工程发承包，必须采用工程量清单计价；使用非国有资金投资的建设工程，宜采用工程量清单计价；不采用工程量清单计价的建设工程，应执行本规范除工程量清单等专门性规定外的其他规定。

国有资金投资的项目包括全部使用国有资金（含国家融资资金）投资或国有资金投资为主的工程建设项目。

（1）国有资金投资的工程建设项目包括：

1）使用各级财政预算资金的项目。

2）使用纳入财政管理的各种政府性专项建设资金的项目。

3）使用国有企事业单位自有资金，并且国有资产投资者实际拥有控制权的项目。

（2）国家融资资金投资的工程建设项目包括：

1）使用国家发行债券所筹资金的项目。

2）使用国家对外借款或者担保所筹资金的项目。

3）使用国家政策性贷款的项目。

4）国家授权投资主体融资的项目。

5）国家特许的融资项目。

（3）国有资金（含国家融资资金）投资为主的工程建设项目是指国有资金占投资总额的50%以上，或虽不足50%但国有投资者实质上拥有控制权的工程建设项目。

（二）工程量清单计价的作用

1. 提供一个平等的竞争条件

采用施工图预算来投标报价，由于涉及图纸的缺陷，不同施工企业的人员理解不一，计算出的工程量也不同，报价就更相差甚远，也容易产生纠纷。而工程量清单报价就为投标者

提供了一个平等竞争的条件，相同的工程量，由企业根据自身的实力来填不同的单价。投标人的这种自主报价，使得企业的优势体现到投标报价中，可在一定程度上规范建筑市场秩序，确保工程质量。

2. 满足市场经济条件下竞争的需要

招标投标过程就是竞争的过程，招标人提供工程量清单，投标人根据自身情况确定综合单价，利用单价与工程量逐项计算每个项目的合价，再分别填入工程量清单表内，计算出投标总价。单价成了决定性的因素，定高了不能中标，定低了又要承担过大的风险。单价的高低直接取决于企业管理水平和技术水平的高低，这种局面促成了企业整体实力的竞争，有利于我国建设市场的快速发展。

3. 有利于提高工程计价效率，能真正实现快速报价

采用工程量清单计价方式，避免了传统计价方式下招标人与投标人在工程量计算上的重复工作，各投标人以招标人提供的工程量清单为统一平台，结合自身的管理水平和施工方案进行报价，促进了各投标人企业定额的完善和工程造价信息的积累和整理，体现了现代工程建设中快速报价的要求。

4. 有利于工程款的拨付和工程造价的最终结算

中标后，业主要与中标单位签订施工合同，中标价就是确定合同价的基础，投标工程量清单上的单价就成了拨付工程款的依据。业主根据施工企业完成的工程量，可以很容易地确定进度款的拨付额。工程竣工后，根据设计变更、工程量增减等，业主也很容易确定工程的最终造价，可在某种程度上减少业主与施工单位之间的纠纷。

5. 有利于业主对投资的控制

采用现在的施工图预算形式，业主对因设计变更、工程量的增减所引起的工程造价变化不敏感，往往等到竣工结算时才知道这些变更对项目投资的影响有多大，但此时常常是为时已晚。而采用工程量清单报价的方式则可对投资变化一目了然，在要进行设计变更时，能马上知道它对工程造价的影响，业主就能根据投资情况来决定是否要变更或进行方案比较，以决定最恰当的处理方法。

二、工程量清单编制

（一）一般规定

1. 招标工程量清单编制的主体

招标工程量清单应由具有编制能力的招标人或受其委托，具有相应资质的工程造价咨询人编制。

2. 招标工程量清单编制的条件及招标人的责任

采用工程量清单方式招标，招标工程量清单必须作为招标文件的组成部分，其准确性和完整性由招标人负责。

工程施工招标发包可采用多种方式，但采用工程量清单方式招标发包，招标人必须将招标工程量清单作为招标文件的组成部分，连同招标文件一并发（或售）给投标人。招标人对编制的工程量清单的准确性和完整性负责，投标人依据工程量清单进行投标报价。

3. 招标工程量清单的作用

招标工程量清单是工程量清单计价的基础，应作为编制招标控制价、投标报价、计算或调整工程量、索赔等的依据之一。

4. 招标工程量清单的组成

招标工程量清单应以单位（项）工程为单位编制，应由分部分项工程量清单、措施项目清单、其他项目清单、规费和税金项目清单组成。

5. 招标工程量清单的编制依据

招标工程量清单的编制依据包括：GB 50500—2013 和相关工程的国家计算规范；国家或省级、行业建设主管部门颁发的计价依据和办法；建设工程设计文件；与建设工程项目有关的标准、规范、技术资料；拟定的招标文件；施工现场情况、地勘水文资料、工程特点及常规施工方案和其他相关资料。

（二）分部分项工程量清单

分部分项工程是"分部工程"和"分项工程"的总称。"分部工程"是单位工程的组成部分，是按结构部位、路段长度及施工特点或施工任务将单位工程划分为若干分部的工程。例如，房屋建筑与装饰工程分为土石方工程、桩基工程、砌筑工程、混凝土及钢筋混凝土工程、楼地面装饰工程、顶棚工程等分部工程。"分项工程"是分部工程的组成部分，是按不同施工方法、材料、工序及路段长度等将分部工程划分为若干个分项或项目的工程。例如现浇混凝土基础分为带形基础、独立基础、满堂基础、桩承台基础、设备基础等分项工程。

分部分项工程量清单必须载明项目编码、项目名称、项目特征、计量单位和工程量（五个要件），这五个要件在分部分项工程量清单的组成中缺一不可。分部分项工程项目清单必须根据各专业工程计算规范规定的项目编码、项目名称、项目特征、计量单位和工程量计算规则进行编制。分部分项工程量清单与计价表见表 3-11，在分部分项工程量清单编制过程中，由招标人负责前六项内容填列，金额部分在编制招标控制价或投标报价时填列。

表 3-11　　　　　　　　　　　分部分项工程量清单与计价表

工程名称：　　　　　　　　　　　　标段：　　　　　　　　　　第　页　共　页

序号	项目编码	项目名称	项目特征描述	计量单位	工程量	金额（元）		
						综合单价	合价	其中：暂估价
			本页小计					
			合　计					

注：为计取规费等的使用，可在表中增设"其中：定额人工费"。

1. 项目编码的表示方式

项目编码是分部分项工程和措施项目清单名称的阿拉伯数字标识。分部分项工程量清单的项目编码以五级编码设置，用十二位阿拉伯数字表示。一、二、三、四级编码为全国统一，即1～9位应按计算规范附录的规定设置；第五级编码即10～12位为清单项目编码，应根据拟建工程的工程量清单项目名称设置，不得有重码，这三位清单项目编码由招标人针对招标工程项目具体编制，并应自001起顺序编制。

各级编码代表的含义如下：

1）第一级表示专业工程代码（分两位）。

2）第二级表示附录分类顺序码（分两位）。

3）第三级表示分部工程顺序码（分两位）。

4）第四级表示分项工程项目名称顺序码（分三位）。

5）第五级表示工程量清单项目名称顺序码（分三位）。

工程量清单项目编码结构如图 3-3 所示（以房屋建筑与装饰工程为例）。

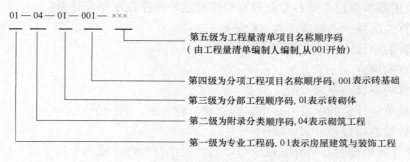

图 3-3　工程量清单项目编码结构

当同一标段（或合同段）的一份工程量清单中含有多个单位工程且工程量清单以单位工程为编制对象时，在编制工程量清单时应特别注意对项目编码 10～12 位的设置不得有重码的规定。例如一个标段（或合同段）的工程量清单中含有三个单位工程，每一个单位工程中都有项目特征相同的实心砖墙砌体，在工程量清单中又需反映三个不同单位工程的实心砖墙砌体工程量时，则第一个单位工程的实心砖墙的项目编码应为 010401003001，第二个单位工程的实心砖墙的项目编码应为 010401003002，第三个单位工程的实心砖墙的项目编码应为 010401003003，并分别列出各单位工程实心砖墙的工程量。

2. 项目名称的确定

分部分项工程量清单的项目名称应按各专业工程计算规范附录的项目名称结合拟建工程的实际确定。附录表中的"项目名称"为分项工程项目名称，是形成分部分项工程量清单项目名称的基础，在编制分部分项工程量清单时，以附录中的分项工程项目名称为基础，考虑该项目的规格、型号、材质等特征要求，结合拟建工程的实际情况，使其工程量清单项目名称具体化、细化，以反映影响工程造价的主要因素。例如"墙面一般抹灰"这一分项工程在形成工程量清单项目名称时可以细化为"外墙面抹灰""内墙面抹灰"等。清单项目名称应表达详细、准确，各专业工程计量规范中的分项工程项目名称如有缺陷，招标人可作补充，并报当地工程造价管理机构（省级）备案。

3. 项目特征的描述

项目特征是构成分部分项工程项目、措施项目自身价值的本质特征。项目特征是对项目的准确描述，是确定一个清单项目综合单价不可缺少的重要依据，是区分清单项目的依据，是履行合同义务的基础。分部分项工程量清单的项目特征应按各专业工程计算规范附录中规定的项目特征，结合技术规范、标准图集、施工图样，按照工程结构、使用材质及规格或安装位置等，予以详细而准确的表述和说明。但有些项目特征用文字往往又难以准确和全面的描述清楚，因此为达到规范、简捷、准确、全面描述项目特征的要求，在描述工程量清单项目特征时应按以下原则进行：

（1）项目特征描述的内容应按附录中的规定，结合拟建工程的实际，能满足确定综合单价的需要。

（2）若采用标准图集或施工图纸能够全部或部分满足项目特征描述的要求，项目特征描述可直接采用详见××图集或××图号的方式。对不能满足项目特征描述要求的部分，仍应用文字描述。

4. 计量单位的确定

计量单位应采用基本单位，除各专业另有特殊规定外均按以下单位计量：

1）以质量计算的项目——吨或千克（t 或 kg）。

2）以体积计算的项目——立方米（m³）

3）以面积计算的项目——平方米（m²）。

4）以长度计算的项目——米（m）。

5）以自然计量单位计算的项目——个、套、块、樘、组、台……

6）没有具体数量的项目——宗、项……

各专业有特殊计量单位的，另外加以说明，当计量单位有两个或两个以上时，应根据所编工程量清单项目的特征要求，选择最适宜表现该项目特征并方便计量的单位。

计量单位的有效位数遵守下列规定：

（1）以"t"为单位，应保留三位小数，第四位小数四舍五入；

（2）以"m、m²、m³、kg"为单位，应保留小数点后两位数字，第三位小数四舍五入；

（3）以"个、件、根、组、系统"等为单位，应取整数。

5. 工程数量的计算

工程数量主要通过工程量计算规则计算得到。工程量计算规则是指对清单项目工程量的计算规定。除另有说明外，所有清单项目的工程量应以实体工程量为准，并以完成后的净值计算；投标人投标报价时，应在单价中考虑施工中的各种损耗和需要增加的工程量。

根据工程量清单计价与计量规范的规定，工程量计算规则可以分为房屋建筑与装饰工程、仿古建筑工程、通用安装工程、市政工程、园林绿环工程、矿山工程、构筑物工程、城市轨道交通工程、爆破工程九大类。

6. 补充项目规定

随着工程建设中新材料、新技术、新工艺等的不断涌现，计量规范附录所列的工程量清单项目不可能包含所有项目。在编制工程量清单时，当出现计算规范附录中未包括的确定项目时，编制人应作补充。在编制补充项目时应注意以下三个方面：

1）补充项目的编码应按计量规范的规定确定。具体做法如下：补充项目的编码由计算规范的代码与 B 和三位阿拉伯数字组成，并应从 001 起顺序编制，例如房屋建筑与装饰工程如需补充项目，则其编码应从 01B001 起顺序编制，同一招标工程的项目不得重码。

2）在工程量清单中应附补充项目的项目名称、项目特征、计量单位、工程量计算规则和工作内容。

3）将编制的补充项目报省级或行业工程造价管理机构备案。

7. 工作内容

在各专业工程计量规范附录中还有关于各清单项目"工作内容"的描述。工作内容是指完成清单项目可能发生的具体工作和操作程序，但应注意的是，在编制分部分项工程量清单时，工作内容通常无须描述，因为在计算规范中，工程量清单项目与工程量计算规则、工作内容是一一对应关系，当采用 GB 50854—2013 这一标准时，工作内容均有规定。

（三）措施项目清单

1. 措施项目列项

措施项目是指为完成工程项目施工，发生于该工程施工准备和施工过程中的技术、生活、安全、环境保护等方面的非工程实体项目。根据现行工程量清单计算规范，措施项目分为单价措施项目和总价措施项目。

（1）单价措施项目。单价措施项目是指在现行工程量清单计算规范中有对应工程量计算规则，这些非实体项目则是可以计算工程量的项目，如脚手架工程，混凝土模板及支架，垂直运输，超高施工增加，大型机械设备进出场及安拆，施工排水、降水等，与完成的工程实体有直接关系，可以精确计量的项目，用分部分项工程量清单的方式采用综合单价，更有利于措施费的确定与调整。

（2）总价措施项目。总价措施项目是指在现行工程量清单计算规范中无工程量计算规则，以总价（或计算基础×费率）计算的措施项目。其费用的发生与使用时间、施工方法或者两个以上的工序相关，并大都与实际完成的实体工程量的大小关系不大，如安全文明施工，夜间施工，非夜间施工照明，二次搬运，冬雨季施工，地上、地下设施、建筑物的临时保护设施，已完工程及设备保护等。

2. 措施项目清单的标准格式

（1）措施项目清单的类别。总价措施项目中不能计算工程量的项目清单以"项"为单位进行编制，见表 3 - 12；可以计算工程量的单价措施项目清单宜采用分部分项工程量清单的方式编制，列出项目编码、项目名称、项目特征描述、计量单位和工程量，见表 3 - 13。

表 3 - 12　　　　　　　　　　　　总价措施项目清单与计价表

工程名称：　　　　　　　　　　标段：　　　　　　　第 页 共 页

序号	项目编码	项目名称	计算基础	费率（%）	金额（元）
1		安全文明施工			
2		夜间施工			
3		非夜间施工照明			
4		二次搬运			
5		冬雨季施工			
6		地上、地下设施、建筑物的临时保护设施			
7		已完工程及设备保护			
8		各专业工程的措施项目			
		合计			

注：1. 本表适用于以"项"计价的措施项目。

2. "计算基础"中安全文明施工费可为"定额基价"、"定额人工费"或"定额人工费＋定额机械费"，其他项目可为"定额人工费"或"定额人工费＋定额机械费"。

3. 按施工方案计算的措施费，若无"计算基础"和"费率"的数值，也可只填"金额"数值，但应在备注栏说明施工方案的出处或计算方法。

表 3 - 13　　　　　　　　　　　　**单价措施项目清单与计价表**

工程名称：　　　　　　　　　　　　　　标段：　　　　　　　　　　第　页　共　页

序号	项目编码	项目名称	项目特征描述	计量单位	工程量	金额（元）	
						综合单价	合价
			本页小计				
			合　　计				

注：本表适用于以综合单价形式计价的措施项目。

（2）措施项目清单的编制。措施项目清单的编制需考虑多种因素，除工程本身的因素外，还涉及水文、气象、环境、安全等因素。措施项目清单应根据拟建工程的实际情况列项。若出现清单 GB 50500—2013 中未列的项目，则可根据工程实际情况补充。

措施项目清单编制依据主要有：

1）施工现场情况、地勘水文资料、工程特点。

2）常规施工方案。

3）与建设工程有关的标准、规范、技术资料。

4）拟定的招标文件。

5）建设工程设计文件及相关资料。

（四）其他项目清单

其他项目清单是指分部分项工程项目、措施项目以外，因招标人的要求发生的与拟建工程有关的其他项目和相应数量的清单。

工程建设标准的高低、工程的复杂程度、工程的工期长短、工程的组成内容、发包人对工程管理要求等都直接影响其他项目清单的具体内容。其他项目清单包括暂列金额，暂估价（包括材料暂估单价、工程设备暂估单价、专业工程暂估价），计日工，总承包服务费。其他项目清单宜按表 3 - 14 的格式编制，出现未包括在表格中内容的项目，可根据工程的实际情况进行补充。

表 3 - 14　　　　　　　　　　　　**其他项目清单与计价汇总表**

工程名称：　　　　　　　　　　　　　　标段：　　　　　　　　　　第　页　共　页

序号	项目名称	计量单位	金额（元）	备注
1	暂列金额			明细详见表 3 - 15
2	暂估价			
2.1	材料（工程设备）暂估价		—	明细详见表 3 - 16
2.2	专业工程暂估价			明细详见表 3 - 17
3	计日工			明细详见表 3 - 18
4	总承包服务费			明细详见表 3 - 19
	合计			—

注：材料（工程设备）暂估单价计入清单项目综合单价，此处不汇总。

1. 暂列金额

暂列金额是招标人暂定并包括在合同中的一笔款项。不管采用何种合同形式，其理想的标准是，一份合同的价格就是其最终的竣工结算价格，或者至少两者应尽可能接近。我国规定对政府投资工程实行概算管理，经项目审批部门批复的设计概算是工程投资控制的刚性指标，即使商业性开发项目也有成本的预先控制问题，否则，无法相对准确预测投资的收益和科学合理地进行投资控制。但工程建设自身的特性决定了工程的设计需要根据工程进展不断地进行优化和调整，业主需求可能会随工程建设进展出现变化，工程建设过程还会存在一些不能预见、不能确定的因素。消化这些因素必然会影响合同价格的调整，暂列金额正是为这类不可避免的价格调整而设立的，以便达到合理确定和有效控制工程造价的目标。暂列金额明细表见表 3-15。

表 3-15　　　　　　　　　　　　　　　暂列金额明细表

工程名称：　　　　　　　　　　　　标段：　　　　　　　　　　　第　页　共　页

序号	项目名称	计量单位	暂列金额（元）	备注
1				
2				
合计				—

注：此表由招标人填写，如不能详列，也可只列暂列金额总额，投标人应将上述暂列金额计入投标总价中。

2. 暂估价

暂估价是指招标阶段直至签订合同协议时，招标人在招标文件中提供的用于支付必然要发生但暂时不能确定价格的材料以及专业工程的金额，包括材料暂估价、专业工程暂估价。暂估价类似于 FIDIC 合同条款中的 Prime Cost Items，在招标阶段预见肯定要发生，只是因为标准不明确或者需要由专业承包人完成，暂时无法确定价格。暂估价数量和拟用项目应当结合工程量清单中的"暂估价表"予以补充说明。

为方便合同管理，需要纳入分部分项工程量清单项目综合单价中的暂估价应只是材料（工程设备）费，以方便投标人组价。材料（工程设备）暂估单价表见表 3-16。

表 3-16　　　　　　　　　　　　　材料（工程设备）暂估单价表

工程名称：　　　　　　　　　　　　标段：　　　　　　　　　　　第　页　共　页

序号	材料名称、规格、型号	计量单位	单价（元）	备注

注：此表由招标人填写，并在备注栏说明暂估价的材料、工程设备拟用在哪些清单项目上，投标人应将上述材料、工程设备暂估单价计入工程量清单综合单价报价中。

专业工程的暂估价一般应是综合暂估价，应当包括除规费和税金以外的管理费、利润等取费。总承包招标时，专业工程设计深度往往是不够的，一般需要交由专业设计人设计，国际上，出于提高可建造性考虑，一般由专业承包人负责设计，以发挥其专业技能和专业施工经验的优势。这类专业工程交由专业分包人完成是国际工程的良好实践，目前在我国工程建设领域也已经比较普遍。公开透明地合理确定这类暂估价的实际开支金额的最佳途径，就是通过施工总承包人与工程建设项目招标人共同组织的招标。专业工程暂估价表见表 3-17。

表 3 - 17　　　　　　　　　　　　专业工程暂估价表

工程名称：　　　　　　　　　　　标段：　　　　　　　　　第 页 共 页

序号	工程名称	工程内容	金额（元）	备注
	合计			

注：此表由招标人填写，投标人应将上述专业工程暂估价计入投标总价中。

3. 计日工

计日工是为了解决现场发生的零星工作的计价而设立的。国际上常见的标准合同条款中，大多数都设立了计日工计价机制。计日工对完成零星工作所消耗的人工工时、材料数量、施工机械台班进行计量，并按照计日工表中填报的适用项目的单价进行计价支付。计日工适用的所谓零星工作一般是指合同约定之外的或者因变更而产生的、工程量清单中没有相应项目的额外工作，尤其是那些时间不允许事先商定价格的额外工作。计日工表见表 3 - 18。

表 3 - 18　　　　　　　　　　　计 日 工 表

工程名称：　　　　　　　　　　　标段：　　　　　　　　　第 页 共 页

编号	项目名称	单位	暂定数量	综合单价	合价
一	人工				
1					
2					
	人工小计				
二	材料				
1					
2					
	材料小计				
三	施工机械				
1					
2					
	施工机械小计				
	总　计				

注：此表项目名称、数量由招标人填写，编制招标控制价时，单价由招标人按有关计价规定确定；投标时，单价由投标人自主报价，计入投标总价中。

4. 总承包服务费

总承包服务费是为了解决招标人在法律、法规允许的条件下进行专业工程发包，以及自行供应材料、设备，并需要总承包人对发包的专业工程提供协调和配合服务，对供应的材料、设备提供收、发和保管服务以及进行施工现场管理时发生，并向总承包人支付的费用。招标人应预计该项费用并按投标人的投标报价向投标人支付该项费用。总承包服务费计价表见表 3 - 19。

表 3-19　　　　　　　　　　　总承包服务费计价表

工程名称：　　　　　　　　　　　标段：　　　　　　　　　　第　页　共　页

序号	项目名称	项目价值（元）	服务内容	费率（%）	金额（元）
1	发包人发包专业工程				
2	发包人供应材料				
	合　　计				

注：此表项目名称、服务内容由招标人填写，编制招标控制价时，费率及金额由招标人按有关计价规定确定；投标时，费率及金额由投标人自主报价，计入投标总价中。

（五）规费、税金项目清单

规费项目清单应按照下列内容列项：社会保险费（包括养老保险费、失业保险费、医疗保险费、工伤保险、生育保险），住房公积金，工程排污费。出现 GB 50500—2013 中未列的项目时，应根据省级政府或省级有关权力部门的规定列项。

税金项目清单应包括增值税、城市维护建设税、教育费附加、地方教育附加。出现 GB 50500—2013 中未列的项目时，应根据税务部门的规定列项。

规费、税金项目清单与计价表见表 3-20。

表 3-20　　　　　　　　　　规费、税金项目清单与计价表

工程名称：　　　　　　　　　　　标段：　　　　　　　　　　第　页　共　页

序号	项目名称	计算基础	计算费率（%）	金额（元）
1	规费	定额人工费		
1.1	社会保险费	定额人工费		
(1)	养老保险费	定额人工费		
(2)	失业保险费	定额人工费		
(3)	医疗保险费	定额人工费		
(4)	工伤保险费	定额人工费		
(5)	生育保险费	定额人工费		
1.2	住房公积金	定额人工费		
1.3	工程排污费	按工程所在地环境保护部门收取标准，按实计入		
2	税金	分部分项工程费＋措施项目费＋其他项目费＋规费－按规定不计税的工程设备金额		
	合　　计			

三、投标报价

（一）一般规定

1. 工程计价方法

《建设工程施工发包与承包计价管理办法》（建设部令第 107 号）第五条规定，工程计价方法包括工料单价法和综合单价法。实行工程量清单计价应采用综合单价法，综合单价为完成一个规定计量单位的分部分项工程量清单项目或措施项目清单项目所需的人工费、材料费、施工机械使用费、企业管理费和利润，以及包含一定范围内的风险费用。

2. 清单所列工程量与竣工结算工程量的差异

招标文件中的招标工程量清单标明的工程量是拟建工程设计文件预计的工程量，作为投标人投标报价的共同基础，竣工结算的工程量按应予以计量且实际完成的工程量确定。

招标文件中招标工程量清单所列的工程量是一个预计工程量，它一方面是各投标人进行投标报价的共同基础，另一方面也是对各投标人报价进行评审的共同平台，体现了招投标活动中的公开、公平、公正和诚实信用原则。发、承包双方竣工结算的工程量应按经发、承包双方认可的实际完成的工程量确定，而非招标文件中工程量清单所列的工程量。

3. 措施项目清单计价

措施项目清单计价应根据拟建工程的施工组织设计，可以计算工程量的措施项目应按分部分项工程量清单方式采用综合单价计价；其余的措施项目可以"项"为单位的方式计价，应包括除规费、税金以外的全部费用。

措施项目清单中的安全文明施工费应按照《计价定额》和省建设行政主管部门的规定计价，不得作为竞争性费用。

措施项目清单中的安全文明施工费包括《建筑安装工程费用项目组成》（建标〔2013〕44号）中措施费的文明施工费、环境保护费、临时设施费、安全施工费。

4. 其他项目清单计价

其他项目清单计价应根据工程特点和GB 50500—2013的规定计价。

5. 规费和税金计价规定

规费和税金应按照《计价定额》和省建设行政主管部门的规定计算，不得作为竞争性费用。

6. 风险合理分担

采用工程量清单计价的工程，应在招标文件或合同中就下列事项等进行风险内容及其范围（幅度）的约定，不得采用无限风险、所有风险或类似语句规定风险内容及其范围（幅度）。

风险是一种客观存在的、会带来损失的、不确定的状态。它具有客观性、损失性、不确定性的特点，并且风险始终是与损失相联系的。工程施工发包是一种期货交易行为，工程建设本身又具有单件性和建设周期长的特点。在工程施工过程中影响工程施工及工程造价的风险因素很多，但并非所有的风险都是承包人能预测、能控制和应承担其造成损失的。基于市场交易的公平性和工程施工过程中发、承包双方权、责的对等性要求，发、承包双方应合理分摊风险，所以要求招标人在招标文件中或在合同中禁止采用无限风险、所有风险或类似语句规定投标人应承担的风险内容及其风险范围或风险幅度。

根据我国工程建设特点，投标人应完全承担的风险是技术风险和管理风险，如管理费和利润；应有限度承担的是市场风险，如材料价格、施工机械使用费等风险；应完全不承担的是法律、法规、规章和政策变化的风险。

GB 50500—2013定义的风险是综合单价包含的内容。根据我国目前工程建设的实际情况，各省、自治区、直辖市建设行政主管部门均根据当地劳动行政主管部门的有关规定发布人工成本信息，对此关系职工切身利益的人工费不宜纳入风险，材料价格的风险宜控制在5%以内，施工机械使用费的风险可控制在10%以内，超过者予以调整，管理费和利润的风险由投标人全部承担。

四川省关于风险分担的约定可按《规范建设工程造价风险分担行为的规定》（川建造价发〔2009〕75号）执行。

（二）投标报价

1. 投标报价的概念

投标报价是在工程招标发包过程中，由投标人按照招标文件的要求，根据工程特点，并结合自身的施工技术、装备和管理水平，依据有关计价规定自主确定的工程造价，是投标人希望达成工程承包交易的期望价格，它不能高于招标人设定的招标控制价。

2. 投标报价的原则

（1）除 GB 50500—2013 强制性规定外，投标报价由投标人自主确定。

（2）投标报价不得低于成本。《中华人民共和国反不正当竞争法》第十一条规定："经营者不得以排挤竞争对手为目的，以低于成本的价格销售商品。"《中华人民共和国招标投标法》第四十一条规定："中标人的投标应当符合下列条件……（二）能够满足招标文件的实质性要求，并且经评审的投标价格最低；但是投标价格低于成本的除外。"《评标委员会和评标方法暂行规定》第二十一条规定："在评标过程中，评标委员会发现投标人的报价明显低于其他投标报价或者在设有标底时明显低于标底的，使得其投标报价可能低于其个别成本的，应当要求该投标人作出书面说明并提供相关证明材料。投标人不能合理说明或者不能提供相关证明材料的，由评标委员会认定该投标人以低于成本报价竞标，其投标应作废标处理。"根据上述法律、规章的规定，GB 50500—2013 规定投标人的投标报价不得低于成本。

3. 填写工程量清单的要求

实行工程量清单招标，招标人在招标文件中提供招标工程量清单，其目的是使各投标人在投标报价中具有共同的竞争平台。因此，要求投标人在投标报价中填写的工程量清单的项目编码、项目名称、项目特征、计量单位、工程量必须与招标人招标文件中提供的一致。

4. 投标价的编制依据

投标报价最基本的特征是投标人自主报价，它是市场竞争形成价格的体现。

（1）GB 50500—2013 和各专业的计算规范。

（2）国家或省级、行业建设主管部门颁发的计价办法。

（3）企业定额，国家或省级、行业建设主管部门颁发的计价定额和计价办法。

（4）招标文件、招标工程量清单及其补充通知、答疑纪要。

（5）建设工程设计文件及相关资料。

（6）施工现场情况、工程特点及拟定的投标施工组织设计或施工方案。

（7）与建设项目相关的标准、规范等技术资料。

（8）市场价格信息或工程造价管理机构发布的工程造价信息。

（9）其他的相关资料。

5. 投标价的编制

（1）分部分项工程费计算公式为

$$分部分项工程费 = \Sigma（工程量 \times 综合单价）$$

1）工程量。分部分项工程工程量必须是招标文件中招标工程量清单提供的工程量。

2）综合单价。

（a）人工费依据企业定额和市场价格计算。

（b）材料费按企业定额和市场价格计算。招标文件中提供了暂估单价的材料，按暂估的单价计入综合单价。

（c）机械费按企业定额和市场价格计算。

（d）综合费按企业定额结合市场和企业具体情况计算。

3）综合单价中应考虑招标文件中要求投标人承担的风险费用。

4）投标人投标时至少应在投标文件正本中附分部分项工程量清单综合单价分析表。

（2）措施项目费。

1）措施项目。措施项目应根据措施项目清单及投标人投标文件中拟定的施工组织设计或施工方案自主确定。

2）措施项目费。措施项目费依据企业定额和市场价格计算。

3）措施项目清单中的安全文明施工费应按照省建设行政主管部门的规定计算。

4）投标人可根据工程实际情况结合施工组织设计或施工方案，对招标人所列的措施项目进行增补。

5）投标人对招标文件编列的措施项目或投标施工组织设计或施工方案中已有的措施项目未报价的，若中标，结算时不得增加或调整相应措施项目的措施费。

6）投标人投标时至少应在投标文件正本中附措施项目清单（一）中措施项目的措施项目费分析表。

（3）其他项目费。

1）暂列金额应按招标人在其他项目清单中列出的金额填写。

2）材料暂估价应按招标人在其他项目清单中列出的单价计入综合单价；专业工程暂估价应按招标人在其他项目清单中列出的金额填写。

3）计日工按招标人在其他项目清单中列出的项目和数量，由投标人自主确定综合单价并计算计日工费用。

4）总承包服务费应依据招标人在招标文件中列出的分包专业工程内容和供应材料设备情况，按照招标人提出的协调、配合与服务要求和施工现场管理需要由投标人自主确定。

（4）规费按投标人持有的《××省施工企业工程规费计取标准》中核定标准计取。

（5）税金按工程所在地的税务部门规定的费率计算。

投标人对招标人提供的工程量清单中载明的项目均应报价，且只允许有一个报价，投标人没有报价的，视为投标人向招标人承诺免费，或其费用视为已分摊在工程量清单中其他相关子目的单价（价格）之中。

投标总价应当与分部分项工程费、措施项目费、其他项目费和规费、税金的合计金额一致。投标人对招标人的任何优惠（或降价、让利）均应反映在相应清单项目的综合单价中。

6. 投标报价使用的表格

（1）封面应按表 3-21 的内容填写、签字、盖章。

表 3 - 21　　　　　　　　　　　投　标　总　价

招 标 人：＿＿＿＿＿＿＿＿＿＿＿＿＿＿＿＿＿＿＿＿＿＿＿＿＿＿＿＿＿

工 程 名 称：＿＿＿＿＿＿＿＿＿＿＿＿＿＿＿＿＿＿＿＿＿＿＿＿＿＿＿＿＿

投 标 总 价(小写)：＿＿＿＿＿＿＿＿＿＿＿＿＿＿＿＿＿＿＿＿＿＿＿＿＿＿

　　　　　(大写)：＿＿＿＿＿＿＿＿＿＿＿＿＿＿＿＿＿＿＿＿＿＿＿＿＿＿

投 标 人：＿＿＿＿＿＿＿＿＿＿＿＿＿＿＿＿＿＿＿＿＿＿＿＿＿＿＿＿＿

　　　　　　　　　　　　　　　(单位盖章)

法定代表人

或其授权人：＿＿＿＿＿＿＿＿＿＿＿＿＿＿＿＿＿＿＿＿＿＿＿＿＿＿＿＿

　　　　　　　　　　　　　　(签字或盖章)

编 制 人：＿＿＿＿＿＿＿＿＿＿＿＿＿＿＿＿＿＿＿＿＿＿＿＿＿＿＿＿

　　　　　　　　　　　(造价人员签字盖专用章)

编 制 时 间：　　年　　月　　日

(2) 总说明见表 3 - 22。

表 3 - 22　　　　　　　　　　　总　说　明

工程名称：　　　　　　　　　　　　　　　　　　　　　　　　　第　页　共　页

工程概况：建设规模、工程特征、计划工期、施工现场实际情况、交通运输情况、自然地理条件、环境保护要求等。

工程质量等级。

工程量清单计价编制依据。

工程质量、材料、施工等的特殊要求。

招标人自行采购材料的名称、规格型号、数量等。

其他项目清单中招标人部分的（包括暂列金、暂估价等）金额数量。

其他需说明的问题。

……

(3) 工程项目投标报价汇总表见表 3 - 23。

表 3 - 23　　　　　　　　　工程项目投标报价汇总表

工程名称：　　　　　　　　　　　　　　　　　　　　　　　　　第　页　共　页

序号	单项工程名称	金额（元）	其中		
			暂估价（元）	安全文明施工费（元）	规费（元）
合　计					

注：本表适用于工程项目招标控制价或投标报价的汇总。

（4）单项工程投标报价汇总表见表 3 - 24。

表 3 - 24　　　　　　　　　　　　　**单项工程投标报价汇总表**

工程名称：　　　　　　　　　　　　　　　　　　　　第 页 共 页

序号	单位工程名称	金额（元）	其中		
			暂估价（元）	安全文明施工费（元）	规费（元）
	合　计				

注：本表适用于单项工程招标控制价或投标报价的汇总。暂估价包括分部分项工程中的暂估价和专业工程暂估价。

（5）单位工程投标报价汇总表见表 3 - 25。

表 3 - 25　　　　　　　　　　　　　**单位工程投标报价汇总表**

工程名称：　　　　　　　　　　　标段：　　　　　　　　　第 页 共 页

序号	汇总内容	金额（元）	其中：暂估价（元）
1	分部分项工程		
1.1			
1.2			
1.3			
1.4			
1.5			
2	措施项目		
2.1	安全文明施工费		
3	其他项目		
3.1	暂列金额		
3.2	专业工程暂估价		
3.3	计日工		
3.4	总承包服务费		
4	规费		
5	税金		
投标报价合计＝1＋2＋3＋4＋5			

注：本表适用于单位工程招标控制价或投标报价的汇总，如无单位工程划分，单项工程也使用本表汇总。

（6）分部分项工程量清单与计价表见表 3 - 11。在投标报价中，招标人提供的工程量清单与计价表中所列项目均应填写单价和合价，否则，将被视为此项费用已包含在其他项目的单价和合价中。

（7）工程量清单综合单价分析表见表 3-26。

表 3-26 　　　　　　　　**工程量清单综合单价分析表**

工程名称：　　　　　　　　　　　　　标段：　　　　　　　　　第 页 共 页

项目编码		项目名称		计量单位	

清单综合单价组成明细

定额编号	定额名称	定额单位	数量	单价				合价			
				人工费	材料费	机械费	管理费和利润	人工费	材料费	机械费	管理费和利润
人工单价			小计								
元/工日			未计价材料费								
清单项目综合单价											

材料费明细	主要材料名称、规格、型号	单位	数量	单价（元）	合价（元）	暂估单价（元）	暂估合价（元）
	其他材料费			—		—	
	材料费小计			—		—	

注：1. 如不使用省级或行业建设主管部门发布的计价依据，可不填定额项目、编号等。

　　2. 招标文件提供了暂估单价的材料，按暂估的单价填入表内"暂估单价"栏及"暂估合价"栏。

（8）总价措施项目清单与计价表见表 3-12。

（9）单价措施项目清单与计价表见表 3-13。

（10）其他项目清单与计价汇总表见表 3-14。

（11）暂列金额明细表见表 3-15。

（12）材料暂估单价表见表 3-16。

（13）专业工程暂估价表见表 3-17。

（14）计日工表见表 3-18。

（15）总承包服务费计价表见表 3-19。

（16）规费、税金项目清单与计价表见表 3-20。

四、综合单价

综合单价应包括为完成工程量清单项目，每计量单位工程量所需的人工费、材料费、施工机械使用费、管理费、利润，并考虑一定范围内的风险、招标人的特殊要求等全部费用。工程量清单中的分部分项工程费、措施项目费、其他项目费均应按综合单价报价。规费、税金按国家有关规定执行。

"全部费用"的含意，应从如下三方面理解：

（1）考虑到我国的现实情况，综合单价包括除规费、税金以外的全部费用。

（2）综合单价不但适用于分部分项工程量清单，也适用于措施项目清单、其他项目清单。

（3）完成每分项工程所含全部工程内容的费用；完成每项工程内容所需的全部费用；工程量清单项目中没有体现的，施工中又必然发生的工程内容所需的费用；因招标人的特殊要求而发生的费用；考虑一定范围内的风险因素而增加的费用。

（一）综合单价的组成、计算与调整

1. 综合单价的组成

各地区综合单价的确定与组成，不必强调完全一致，可视各省、直辖市或国内、外招标情况而定。如四川省综合单价组成包括人工费、材料费、机械费和综合费（指管理费和利润）。

2. 综合单价的计算

四川省颁布了《四川省建设工程工程量清单计价规范实施办法》（以下简称《计价办法》）。《计价办法》中规定，国有资金投资的工程项目，招标人编制标底或预算控制价应按《计价办法》的规定确定综合单价。而投标人投标时可自主确定综合单价的报价。

综合单价的计算一般应按下列顺序进行：

（1）确定工程内容。根据工程量清单项目名称，结合拟建工程的实际，或参照《计价办法》中的"分部分项工程量清单项目设置及其消耗量定额"表中的"工程内容"，确定该清单项目主体工程内容及相关的工程内容。

（2）计算工程数量。按《计价定额》工程量计算规则的规定，分别计算工程量清单项目所包含的每项工程内容的工程数量。

（3）计算清单综合单价。计算公式为

综合单价＝[∑（各项工程内容的工程量×定额综合单价）]/清单工程量

3. 综合单价的调整

四川省在《计价办法》中规定，综合单价中的人工费、材料费按工程造价管理机构公布的人工费标准及材料价格信息调整；综合单价中的计价材料（指安装工程、市政工程的给水、燃气、给排水机械设备安装，路灯工程的材料）、机械费和综合费由四川省工程造价管理总站根据全省实际进行统一调整，并在其网站上定时发布。

（二）综合单价的组价

四川省在《计价办法》中对工程量清单综合单价做出如下规定：

1. 综合单价费用构成

《计价定额》对应的定额项目综合基价组成，其内容有为完成工程量清单中一个规定计量单位项目所需的人工费、材料费、机械台班使用费、企业管理费和利润。而定额项目编号分六位设置，从《计价定额》中查找。

①   ②   ③
房屋建筑与装饰工程 砌筑工程 定额编号
A   D   0001

其中第一位表示计价定额册，A代表房屋建筑与装饰工程，B代表仿古建筑工程，C代表通用安装工程。第二位表示计价定额的章（分部），由一位英文大写字母表示。第三位表示计价定额的项目编号，由四位阿拉伯数字表示。

2. 综合单价组成公式

工程量清单项目的综合单价由定额项目综合基价组成，其计算公式由四川省工程造价管理总站发布。

（1）当 GB 50854—2013 的工程内容、计量单位及工程量计算规则与《计价定额》一致，只与一个定额项目对应时，其计算公式如下：

$$清单项目综合单价＝定额项目综合基价$$

【例 3 - 9】 某工程现浇混凝土框架柱工程量清单见表 3 - 27。

表 3 - 27　　　　　某工程现浇混凝土框架柱工程量清单

工程名称：略

序号	项目编码	项目名称	项目特征及工程内容	计量单位	工程量
		A. 5 混凝土及钢筋混凝土工程			
1	010502001001	现浇混凝土矩形柱	混凝土强度等级 C30	m^3	3. 2
2	010515001001	现浇混凝土钢筋	$\phi10$ 以内圆钢	t	0. 2
3	010515001002	现浇混凝土钢筋	$\phi16$ 以上螺纹钢	t	0. 8

解：本题综合单价符合组价对策，见表 3 - 28。

表 3 - 28　　　　某工程现浇混凝土框架柱工程量清单项目综合单价计算表

工程名称：略

序号	项目编码	项目名称	计量单位	工程数量	定额编号	综合单价（元）	其中（元）			
							人工费	材料费	机械费	管理费和利润
1	010502001001	现浇混凝土矩形柱 C30	m^3	3. 2	AE0024	438. 57	95. 28	304. 55	4. 45	34. 30
2	010515001001	现浇混凝土钢筋 $\phi10$ 以内圆钢	t	0. 2	AE0141	5756. 4	1095. 52	4315. 64	25. 29	319. 95
3	010515001002	现浇混凝土钢筋 $\phi16$ 以上螺纹钢	t	0. 8	AE0142	5797. 41	1045. 89	4309. 18	109. 75	332. 59

（2）当 GB 50854—2013 的计量单位及工程量计算规则与《计价定额》一致，工程内容不一致，需几个定额项目组成时，其计算公式如下：

$$清单项目综合单价＝\sum（定额项目综合基价）$$

【例 3 - 10】 某工程天棚抹灰工程量清单见表 3 - 29。

表 3 - 29　　　　　　某工程天棚抹灰工程量清单

工程名称：略

序号	项目编码	项目名称	项目特征及工程内容	计量单位	工程量
	011301001001	天棚抹混合砂浆	板底刷 107 胶水泥浆，面抹混合砂浆（细砂），刮滑石粉混合胶水腻子二遍	m^2	10. 8

解：本题综合单价符合组价对策，见表 3-30。

表 3-30　　　　　　　某工程天棚抹灰工程量清单项目综合单价计算表

项目编码：011301001001

计量单位：m²

项目名称：天棚抹混合砂浆

清单项目综合单价：28.11 元/m²

序号	定额编号	工程内容	单位	数量	综合单价（元）	人工费	材料费	机械费	管理费和利润
						其中（元）			
1	AN0004	混合砂浆天棚面	m²	1	20.59	13.53	5.24	0.09	1.73
2	AP0330	满刮腻子一遍	m²	1	12.22	9.94	0.29	0	1.99
3	AP0331	增加一遍	m²	1	3.81	3.03	0.18	0	0.60
4		清单项目综合单价	m²	1	36.62	26.51	5.71	0.09	4.32

（3）当 GB 50854—2013 的工程内容、计量单位及工程量计算规则与《计价定额》不一致时，其计算公式为

清单项目综合单价＝Σ（该清单项目所包含的各定额项目工程量×定额综合基价）

÷该清单项目工程量

【例 3-11】　某工程砖基础工程量清单见表 3-31。

表 3-31　　　　　　　　　某工程砖基础工程量清单

工程名称：略

序号	项目编码	项目名称	项目特征及工程内容	计量单位	工程量
		A.4 砌筑工程			
1	010401001001	砖基础	M10 水泥砂浆砌筑 MU10 水泥实心砖（240mm×115mm×53mm）1 砖条形基础，标高-0.06mm 处 1∶2 防水砂浆 20mm 厚防潮层	m³	17.5

解：本题综合单价符合组价对策，组价见表 3-32。

表 3-32　　　　　　某工程砖基础工程量清单项目综合单价计算表

工程名称：某工程

项目编码	010401001001	项目名称	砖基础	计量单位	m³	工程量	17.5

清单综合单价组成明细

定额编号	定额项目名称	定额单位	数量	人工费	材料费	机械费	管理费和利润	人工费	材料费	机械费	管理费和利润费
				单价				合价			
AD0004	砖基础湿拌砂浆	10m³	0.1	1208.98	3044.4	0	337.72	120.9	304.44	0	33.72

续表

项目编码	010401001001			项目名称	砖基础	计量单位	m³	工程量	17.5

清单综合单价组成明细

定额编号	定额项目名称	定额单位	数量	单价				合价			
				人工费	材料费	机械费	管理费和利润	人工费	材料费	机械费	管理费和利润费
AJ0131	墙面砂浆防水（防潮）掺无机铝盐防水剂水泥砂浆（特细砂）	100m²	0.0054	1181.32	759.48	0	331.07	6.41	4.12	0	1.79
小计								127.31	308.56	0	35.51
未计价材料费								0			
清单项目综合单价								471.38			

注：防水砂浆面积实际工程量为 9.5m²。

五、综合应用案例

【例 3-12】　某工程采用工程量清单招标。按工程所在地的计价依据规定，措施费和规费均以分部分项工程费中人工费（已包含管理费和利润）为计算基础，经计算该工程分部分项工程费总计为 6300000 元，其中人工费为 1260000 元。其他有关工程造价方面的背景材料如下：

（1）条形砖基础工程量为 160m³，基础深 3m，采用 M5 水泥砂浆砌筑，多孔砖的规格为 240mm×115mm×90mm。实心砖内墙工程量为 1200m³，采用 M5 混合砂浆砌筑，蒸压灰砂砖规格为 240mm×115mm×53mm，墙厚 240mm。

现浇钢筋混凝土矩形梁模板及支架工程量为 420m²，支模高度为 2.6m。现浇钢筋混凝土有梁板模板及支架工程量为 800m²，梁截面尺寸为 250mm×400mm，梁底支模高度为 2.6m，板底支模高度为 3m。

（2）安全文明施工费率为 25%，夜间施工费费率为 2%，二次搬运费费率为 1.5%，冬雨季施工费费率为 1%。

按合理的施工组织设计，该工程需大型机械进出场及安拆费 26000 元、施工排水费 2400 元、施工降水费 22000 元、垂直运输费 120000 元、脚手架费 166000 元。以上各项费用中已包含管理费和利润。

（3）招标文件中载明，该工程暂列金额为 330000 元，材料暂估价为 100000 元，计日工费用为 20000 元，总承包服务费为 20000 元。

（4）社会保险费中养老保险费费率为 16%，失业保险费费率为 2%，医疗保险费费率为 6%，工伤保险费费率为 0.25%，生育保险费费率为 0.25%，住房公积金费率为 6%，税金费率为 3.413%。

问题：

依据 GB 50500—2013、GB 50854—2013 的规定，结合工程背景资料及所在地计价依据的规定，编制招标控制价。

（1）编制砖基础和实心砖内墙的分部分项工程量清单与计价，填入表3-33。项目编码：砖基础010401001，实心砖墙010401003。综合单价：砖基础240.18元/m³，实心砖内墙249.11元/m³。

（2）编制工程措施项目清单与计价，填入表3-34和表3-35。现浇钢筋混凝土模板及支架项目编码：梁模板及支架011702005，有梁板模板及支架011702014。综合单价：梁模板及支架25.60元/m²，有梁板模板及支架23.20元/m²。

（3）编制工程其他项目清单与计价，填入表3-36。

（4）编制工程规费和税金项目清单及计价，填入表3-37。

（5）编制工程招标控制价汇总表及计价，根据以上计算结果，计算该工程的招标控制价，填入表3-38。

解：问题1：

表3-33　　　　　　　　　**分部分项工程量清单与计价表**

序号	项目编码	项目名称	项目特征描述	计量单位	工程量	综合单价	合价	其中：暂估价
1	010401001001	砖基础	基础埋深3m，M5水泥砂浆、多孔砖240mm×115mm×90mm	m³	160.00	240.18	38428.80	
2	010401003001	实心砖墙	240mm厚蒸压灰砂砖240mm×115mm×53mm、M5混合砂浆	m³	1200.00	249.11	298932.00	
						……		100000
			合计				6300000	

问题（2）：

表3-34　　　　　　　　　**总价措施项目清单与计价表**

序号	项目编码	项目名称	计算基础	费率（%）	金额（元）
1	011707001001	安全文明施工	1260000	25%	315000.00
2	011707002001	夜间施工	1260000	2%	25200.00
3	011707004001	二次搬运	1260000	1.5%	18900.00
4	011707005001	冬雨季施工	1260000	1%	12600.00
5	011705001001	大型机械设备进出场及安拆费			26000.00
6	011706002001	施工排水费			2400.00
7	011706002002	施工降水费			22000.00
8	011704001001	垂直运输费			120000.00
9	011701001001	脚手架费			166000.00
		合计			708100.00

注：此表只列以"项"计价的措施项目。

表 3 - 35　　　　　　　　　　**单价措施项目清单与计价表**

序号	项目编码	项目名称	项目特征描述	计量单位	工程量	金额（元）	
						综合单价	合价
1	011702005001	矩形梁模板及支架	矩形梁、支模高度 2.6m	m²	420.00	25.60	10752.00
2	011702014001	有梁板模板及支架	肋梁截面尺寸为 250mm×400mm、梁底支模高度 2.6m、板底支模高度 3m	m²	800.00	23.20	18560.00
合计							29312.00

注：此表只列以综合单价形式计价的措施项目。

问题（3）：

表 3 - 36　　　　　　　　　　**其他项目清单与计价汇总表**

工程名称：　　　　　　　　　　　　标段：　　　　　　　　　第　页　共　页

序号	项目名称	计量单位	金额（元）
1	暂列金额	项	330000.00
2	材料（暂估价）	项	—
3	计日工	项	20000.00
4	总承包服务费	项	20000.00
合计			370000.00

问题（4）：

表 3 - 37　　　　　　　　　　**规费、税金项目清单与计价表**

工程名称：　　　　　　　　　　　　标段：　　　　　　　　　第　页　共　页

序号	项目名称	计算基础	计算费率（%）	金额（元）
1	规费			384300.00
1.1	社会保险费			308700.00
（1）	养老保险费	1260000	16%	201600.00
（2）	失业保险费	1260000	2%	25200.00
（3）	医疗保险费	1260000	6%	75600.00
（4）	工伤保险费	1260000	0.25%	3150.00
（5）	生育保险费	1260000	0.25%	3150.00
1.2	住房公积金	1260000	6%	75600.00
2	税金	6300000＋（708100.00＋29312.00）＋370000.00＋384300.00	3.413%	265931.10
合计				650231.10

问题（5）：

表 3 - 38　　　　　　　　　　　　**单位工程招标控制价汇总表**

工程名称：　　　　　　　　　　　标段：　　　　　　　　　　　第　页　共　页

序号	汇总内容	金额（元）	其中：暂估价（元）
1	分部分项工程	6300000.00	100000
2	措施项目	737412.00	
2.1	总价措施项目	29312.00	
2.2	单价措施项目	708100.00	
3	其他项目	370000.00	
3.1	暂列金额	330000.00	
3.2	专业工程暂估价	—	
3.3	计日工	20000.00	
3.4	总承包服务费	20000.00	
4	规费	384300.00	
5	税金	265931.10	
	招标控制价合计＝1＋2＋3＋4＋5	8057643.10	

习　　题

1. 什么是定额？
2. 定额如何分类？
3. 工人工作时间怎样分类？劳动定额编制常用的方法有哪些？
4. 时间定额与产量定额有什么区别和联系？
5. 材料消耗包括哪些？其中用于编制材料消耗定额的方法有哪些？
6. 预算定额人工和机械台班消耗量是怎样考虑的？
7. 预算定额中基价如何确定？
8. 什么是概算定额？其作用是什么？
9. 什么是工程量清单？
10. 简述工程量清单编制内容。
11. 分部分项工程量清单表中的"五个要件"是指什么？
12. 怎样描述清单项目特征？
13. 试述措施项目清单与计价的编制方法。
14. 其他项目清单与计价表由哪些内容组成？
15. 规费和税金的计算基数是什么？
16. 单位工程造价汇总表由哪些内容构成？
17. 实行清单计价还需要定额吗？
18. 建筑工程定额工程量计算规则与工程量清单计算规则有何不同？
19. 投标单位在报价时，有未填报的单价和合价，而实际工作中又发生了此项，结算时是否可以追加此项费用？

20. 某工程砌筑 240mm 厚砖墙，技术测定资料如下：

劳动定额中完成 1m³ 砌体的人工时间定额为 1.5 工日。

砖墙采用红（青）砖，M5 水泥砂浆砌筑，灰缝 10mm。完成 10m³ 砌体需 M5 水泥砂浆 2.07m³，砖和砂浆的损耗率分别为 3% 和 8%，完成 10m³ 砌体需浇砖、养护用水 0.8m³，其他材料 4.63 元。

劳动定额中每砌筑 10m³ 240mm 厚砖墙需用 0.2m³ 灰浆搅拌机 0.33 台班。

已知条件如下：

定额单价：人工工日单价普工 40 元/工日，技工 60 元/工日；水泥砂浆 150 元/m³；红（青）砖 200.00 元/千匹；水 1.50 元/m³；0.2m³ 灰浆搅拌机台班单价 25.25 元/台班。

人工工日中普工占 20%，技工占 80%。综合费按定额人工费＋定额机械费的 45% 计算。

问题：

（1）运用理论计算法，计算砌筑每 1m³ 240mm 厚砖墙的红（青）砖净用量。

$$每\ 1m^3\ 砖墙砖净用量（块）＝\frac{墙厚砖数×2}{墙厚×（砖长＋灰缝）×（砖厚＋灰缝）}$$

（2）编制 10m³ 240mm 厚砖墙清单计价定额，见表 3-39。

表 3-39　　　　　　　　　编制 10m³ 240mm 厚砖墙清单计价定额　　　　　　　单位：10m³

定额编号				补 1	计算式
项目	单位	单价（元）		240mm 厚实心砖墙（混合砂浆 M5）	
综合单（基）价	元				
其中	人工费	元			
	材料费	元			
	机械费	元			
	综合费	元			
材料	混合砂浆（细砂）M5	m³			
	红（青）砖	千匹			
	水	m³			
	其他材料	元			

第四章

工程量计算规定与建筑面积计算

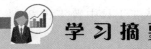 **学习摘要**

　　本章主要介绍工程量的计算依据、计算要求和步骤；建筑面积的计算。通过本章学习读者应掌握工程量的计算规定和建筑面积的计算。

第一节　工程量计算规定

　　工程量是编制建设工程招投标文件和编制建筑安装工程预算、施工组织设计、施工作业计划、材料供应计划、建筑统计和经济核算的依据，也是编制基本建设计划和基本建设财务管理的重要依据。在编制单位工程预算的过程中，计算工程量是既费力又费时的工作，其计算的快慢和准确程度，将直接影响预算速度和质量，因此，必须认真、准确、迅速地进行工程量计算。

一、工程量计算的依据

　　工程量是根据施工图纸所标注的分项工程尺寸和数量，以及构配件和设备明细表等数据，按照施工组织设计和预算定额的要求，逐个分项进行计算，并经过汇总而计算出来的。具体依据有以下几个方面：

　　（1）施工图设计文件和相关图集。

　　（2）项目管理实施规划（施工组织设计）文件。

　　（3）工程量计算规则。工程量计算规则分为清单工程量计算规则（GB 50854—2013 所列规则）和定额工程量计算规则，它详细规定了各分部分项工程的工程量计算方法。编制工程量清单时，要使用清单工程量计算规则；投标报价组价算量及按定额计价时，要使用定额工程量计算规则。

　　（4）建筑安装工程消耗量定额。

　　（5）设计变更、工程签证、图纸答疑、会审记录等。

　　（6）工程施工合同、招标文件的商务条款。

　　（7）造价工作手册。

二、工程量计算的要求和步骤

（一）工程量计算的要求

（1）工程量计算应采取规范的格式，用表格计算。项目划分要依据图纸和满足 GB 50854—2013 的要求，项目名称尽量明确和具体化，计算公式尽量详细，以便于计算和审查。

（2）工程量是根据设计图纸规定的各个分部分项工程的尺寸、数量，以及构件、设备明细表等，以物理计量单位或自然单位计算出来的各个具体工程和结构配件的数量。工程量的计量单位应与 GB 50854—2013 和《计价定额》中各个项目的单位一致，一般以 m、m²、m³、kg、t、个、组、套、樘等为计量单位。即使有些计量单位一样，其含义也有所不同，如抹灰工程的计量单位按 m² 计算，但有的部位按水平投影面积，有的按垂直投影面积，也有的按展开面积计算，因此，对 GB 50854—2013 和《计价定额》中的工程量计算规则应很好地理解。

（3）必须在熟悉和审查图纸的基础上进行，要严格按照工程量清单规定和定额规定进行计算，结合施工图所注位置与尺寸进行计算，不能人为地加大或缩小构件的尺寸，以免影响工程量计算的准确性。施工图设计文件上的标志尺寸通常有两种，标高均以 m 为单位，其他尺寸均以 mm 为单位。为了简单明了和便于检查核对，在列计算式时，应将图纸上标明的毫米数换算成米数。各个数据应按宽、高（厚）、长、数量、系数的次序列明，尺寸一般要取图纸所注的尺寸（可读尺寸），计算式一定要注明轴线或部位。

（4）数字计算要精确。在计算过程中，小数点要保留三位。汇总时一般可以取小数点后两位。总之，应本着单位大、价值较高的可多保留几位，单位小、价值低的可少保留几位的原则。如钢材、木材及使用贵重材料的项目其计算结果可保留三位小数。位数的保留应按有关要求确定。

（5）要按一定的顺序计算。为了便于计算和审核工程量，防止重复和漏算，对整个工程计算工程量时应按照一定的顺序计算，对于每一个工程分项，也要按一定的顺序进行计算。在计算过程中，如发现新项目，要随时补充，以免遗忘。

（6）要结合图纸，尽量做到结构按分层计算，内装饰按分层分房间计算，外装饰分立面计算或按施工方案的要求分段计算；有些项目要按使用材料的不同分别进行计算。如钢筋混凝土框架工程量要一层一层计算；外装饰可先计算出正立面，再计算背立面，其次计算侧立面等。这样做可以避免漏项，同时也为编制工料分析和施工时安排进度计划、人工和材料计划创造有利条件。

（7）手算时计算底稿要整齐、数字清楚、数值准确，切忌草率零乱、辨认不清。工程量计算表是预算的原始单据，计算时要考虑可修改和补充的余地，一般每一个分部工程计算完后，可留一部分空白，各分部工程量之间不要挤得太紧。

（二）工程量计算的步骤

计算工程量的方式分为手算和电算，总的步骤可划分为准备工作、计算工程量、计算结果汇总。目前工程量电算已经得到广泛的应用，其计算的准确性和高效性已经得到业界认可。但是手算工程量在实际工作中也有其用武之地，初学者首先掌握手算的步骤和方法，对于熟悉计算规则、掌握计算原理尤其重要，也为后期掌握电算工程量打下坚实的基础。

手算工程量的具体步骤大体上可分为熟悉图纸、计算基数、编制统计表、编制预制构件加工委托计划、计算主要分部分项工程量、计算其他项目工程量、工程量整理与汇总等步骤。在掌握了基础资料、熟悉图纸之后，不要急于计算，应该先将在计算工程量中需要的数据统计并计算出来，其内容如下：

1. 计算基数

所谓基数，是指在工程量计算中需要反复使用的基本数据。如在土建工程预算中主要项目的工程量计算，一般都与建筑物中心线长度有关，因此，它是计算和描述许多分项工程量的基数，在计算中要反复多次地使用，为了避免重复计算，一般都事先把它们计算出来，随用随取。

2. 编制统计表

所谓统计表，在土建工程中主要是指门窗洞口面积统计表和墙体构件体积统计表。另外，还应计划好各种预制混凝土构件的数量、体积以及所在的位置。

3. 编制预制构件加工委托计划

为了不影响正常的施工进度，一般都需要提前编制预制构件加工委托或订购计划。这项工作多数由预算员来完成，也有的由施工技术员来完成，需要注意的是，此项委托计划应把施工现场自己加工的、委托预制构件厂加工的或去厂家订购的分开编制，以满足施工实际需要。

以上三项内容是属于为工程量计算所做的准备工作，做好了这些工作，方可进行下一项内容。

4. 计算主要分部分项工程量

计算主要分部分项工程量要按照一定的顺序计算，根据各分项工程的相互关系，统筹安排，这样既能保证不重复、不漏算，又能加快预算速度。例如计算实心砖墙工程量，可先统计出与之相关的门窗工程量、构造柱工程量及过梁工程量，然后按照图纸关系进行扣减。合理安排计算顺序可以提高效率，加快计算速度。

5. 计算其他项目工程量

不能用线面基数计算的其他项目工程量，如水槽、水池、炉灶、楼梯扶手和栏杆、花台、阳台、台阶等，这些零星项目应分别计算，列入各章节内，要特别注意清点，防止遗漏。

6. 工程量整理、汇总

最后按章节对工程量进行整理、汇总，核对无误，为套用定额或单价做准备。

三、工程量计算的顺序

（一）单位工程工程量计算的顺序

单位工程工程量计算顺序一般有以下几种：

（1）按图纸顺序计算。根据图纸排列的先后顺序，由建筑施工到结构施工；每个专业图纸由前到后，先算平面，后算立面，再算剖面；先算基本图，再算详图。用这种方法计算工程量的要求是，对预算定额的章节内容要很熟悉，否则容易出现项目间的混淆及漏项。

（2）按 GB 50854—2013 的分部分项顺序计算。按 GB 50854—2013 由前到后，逐项对照，项目与图纸设计内容能对上号时就计算。这种方法的条件一是要熟悉图纸，二是要熟练掌握清单规范和定额。使用这种方法时要注意，工程图纸是按使用要求设计的，其平立面造型、内外装修、结构形式及内部设施千变万化，有些设计采用了新工艺、新材料，或有些零星项目可能没有清单项目，在计算工程量时，应单列出来，待以后补充，不要因清单缺项而漏掉。

（3）按施工顺序计算。按施工顺序计算工程量，就是先施工的先计算，后施工的后计算，即由平整场地、基础挖土算起，直到装饰工程等全部施工内容结束为止。如带形基础工程，一般由挖基槽土方、做垫层、砌基础和回填土四个分项工程组成，各分项工程量计算的顺序就可采用挖基槽土方→做垫层→砌基础→回填土。用这种方法计算工程量，要求编制人员具有一定的施工经验，能掌握组织施工的全过程，并且要求对定额及图纸内容十分熟悉，否则容易漏项。

（4）按算量软件顺序计算。软件计算工程量的优点是快速、准确、简便、高效。现在市面上的算量软件大多具备完备的工程量计算能力，工程量计算通常遵循建立模型→软件计算→报表输出的顺序进行，预算人员只需要将图纸或图集上的信息输入到软件里，或者直接将CAD图形信息导入软件之中，软件就会按照既定的计算规则自动计算工程量结果，并按统一的表格形式输出。预算人员想要算某一层的工程量，或具有某一属性的工程量，软件都能按要求提取计算，非常方便、快捷。算量软件将预算人员从繁复的手工算量中解放出来，但也要求预算人员熟练掌握这些算量软件，能够借助软件进行快速的工程量计算并应用其进行工程量的分析。

此外，计算工程量，还可以先计算平面的项目，后计算立面；先地下，后地上；先主体，后装修；先内墙，后外墙。住宅也可按建筑设计对称规律及单元个数计算。因为单元组合住宅设计一般是由一个到两个单元平面布置类型组合的，所以，在这种情况下只需计算一个或两个单元的工程量，最后乘以单元的个数，把相同单元的工程量汇总，即可得到该栋住宅的工程量。这种算法要注意山墙和公共墙部位工程量的调整，计算时可灵活处理。应当指出，建筑施工图之间、结构施工图之间、建筑施工图与结构施工图之间都是相互关联和相互补充的。无论采用哪一种计算顺序，在计算一项工程量，查找图纸中的数据时，都要互相对照着看图，多数项目凭一张图纸是计算不了的。如计算墙砌体，就要利用建筑施工图的平面图、立面图、剖面图、墙身详图及结构施工图的结构平面布置图、圈梁布置图等，要注意图纸的连贯性。

（二）分部分项工程量计算的顺序

在同一分部分项工程内部各个组成部分之间，为了防止重复计算或漏算，也应该遵循一定的计算顺序。分部分项工程量计算通常采用以下四种不同的顺序：

（1）按照顺时针方向计算。从施工图纸左上角开始，按顺时针方向计算，当计算路线绕图一周后，再重新回到施工图纸左上角的计算方法。这种方法适用于外墙挖地槽、外墙墙基垫层、外墙砖石基础、外墙砖石墙、圈梁、过梁、楼地面、天棚、外墙装饰、内墙装饰等。

（2）按照横竖分割计算。横竖分割计算采用先横后竖、先左后右、先下后上的计算顺序。在同一施工图纸上，先计算横向工程量，后计算竖向工程量。这种方法适用于内墙挖地槽、内墙墙基垫层、内墙砖石基础、内墙砖石墙、间壁墙、内墙面抹灰等。

（3）按照图纸上注明的编号、分类计算。主要用于图纸上进行分类编号的钢筋混凝土结构、金属结构、门窗、钢筋等构件工程量的计算。如钢筋混凝土工程中的桩、基础、柱、梁、板等构件，都可按图纸上注明的编号、分类计算。

（4）按照图纸轴线编号计算。为计算和审核方便，对于造型或结构复杂的工程，可以根据施工图纸轴线编号确定工程量的计算顺序，先计算横轴线上的项目，再计算纵轴线的项目。

四、工程量计算的方法

（一）工程量计算技巧

1. 熟记工程量计算规则和计价定额说明

在 GB 50854—2013 和《计价定额》中有专门的工程量计算规则，应熟练掌握并牢记。在《计价定额》中，除了最前面的总说明之外，各个分部、分项工程都有相应说明，这些内容都应深入理解并牢固掌握。在计算开始之前，先要熟悉有关分项工程的规定内容，将选定的编号记下来，然后开始工程量计算工作。这样既可以保证准确性，又可以加快计算速度。

2. 结合设计说明看图纸

在计算工程量时，切不可忘记建筑施工图及结构施工图的设计总说明、每张图纸的说明以及选用标准图集的说明和分项说明等。因为很多项目的做法及工程量来自这里。另外，对初学预算者来说，最好是在计算每项工程量的同时随即采项，这样可以防止因不熟悉预算定额造成计算结果与定额规定或计算单位不符而发生的返工。此外，还要找出设计与定额不相符的部分，在采项的同时将定额基价换算过来，以防漏换。

3. 统筹主体兼顾其他工程

主体结构工程量计算是全部工程量计算的核心。在计算主体工程量时，要积极地为其他工程量计算提供基本数据。这不仅能加快预算编制速度，还会收到事半功倍的效果。例如，在计算现浇钢筋混凝土密肋型楼盖时，不仅要计算出混凝土、钢筋和模板的工程量，还要同时计算出梁的侧表面积，为天棚装饰工程量计算提供方便；在计算外墙砌筑体积时，除了计算外墙砌筑工程量外，还应按施工组织设计文件规定，同时计算出外墙装饰工程量和脚手架工程量等。

（二）工程量计算的一般方法

在建筑工程中，计算工程量的原则是"先分后合，先零后整"。分别计算工程量后，如果各部分属于同一个清单项或均套同一定额，可以合并汇总。对于同一清单项目名称，若对应于不同的部位，其建筑做法或材料等不完全相同，要求也可能不一样，那么应列出不同的清单项，必须分别计算工程量。工程量计算的一般方法有分段法、分层法、分块法、补加补减法、平衡法或近似法。

1. 分段法

若基础断面不同，则所有基础垫层和基础等都应分段计算。又如内外墙各有几种墙厚，或者各段采用的砂浆强度等级不同时，也应分段计算。高低跨单层工业厂房，由于山墙的高度不同，计算墙体时也应分段计算。

2. 分层法

如遇有多层建筑物的各楼层建筑面积不等，或者各层的墙厚及砂浆强度等级不同时，要分层计算。有时按层进行工料分析、编制施工预算、下达施工任务书、备工备料等，也可采用分层、分段、分面计算工程量。

3. 分块法

楼地面、天棚、墙面抹灰等有多种构造和做法时，应分别计算。先计算小块，然后在总的面积中减去这些小块的面积，得出最大的一块面积。对于复杂的工程，可用这种方法进行计算。

4. 补加补减法

若每层的墙体都相同，只是顶层多（或少）一个隔墙，则可先按照每层都无（有）这一隔墙的情况计算，然后在顶层补加（补减）这一隔墙。

5. 平衡法或近似法

当工程量不大或因计算复杂难以正确计算时，可采用平衡抵消或近似计算的方法。如复杂地形土方工程就可以采用近似法计算。

五、清单计量与定额计量的区别

GB 50854—2013 与各地区的预算定额在项目划分、计量单位、工程量计算规则等方面有一定的区别，在招投标过程中，这些区别导致了在算量、组价过程中的一些特殊性。

1. 项目划分的区别

清单项目有一定的综合性，清单项目的工程内容以最终的成品为对象，往往把多个工序甚至小的分项工程合并在一个清单项下；而定额项目为了计价清楚，往往以施工过程为对象，有些项目划分得比清单项目更细，这样就形成了清单项目和定额项目一对一或一对多的关系。因此，在计量的过程中，清单项目和定额项目在工程量计量范围、计量单位或计量方法上可能存在差异。如现浇混凝土散水，在 GB 50854—2013 中是附录"现浇钢筋混凝土其他构件"中的一个项目，按面积计量。而要组价的话，按《计价定额》的规定，应分别计算散水的混凝土体积、垫层的体积及伸缩缝的长度这三个量，并分别套三个部分的定额子目，算出总价，再折算为清单的综合单价。

2. 计量单位的区别

工程量清单的计量单位一般采用基本计量单位，如 m、kg、t 等。《计价定额》中的计量单位除基本计量单位外通常还会有一些扩大单位，如 100m³、100m²、10m、100kg 等。例如，土（石）方工程中，GB 50854—2013 项目名称为"挖一般土方"，计量单位为 m³；《计价定额》项目名称为"机械挖土方"，计量单位为 100m³。

3. 计算方法的区别

由于清单项目和定额项目在项目划分、计量单位、工程内容等方面有一定的差异，因此导致工程量清单计算规则和工程量定额计算规则之间在部分项目上也有一定的差异，而且 GB 50854—2013 是国家规范，《计价定额》是地方规定，不同的地方工程计量的习惯有所不同，因此也导致了工程量计算规则的差异。

例如，砌筑工程中的 010401014 砖地沟、明沟项目，在 GB 50854—2013 中按设计图示根据中心线长度以米计量，而在《计价定额》中，砖地沟按设计图示尺寸以立方米计算，而砖明沟、暗沟又按设计图示尺寸以中心线延长米计算。

需要说明的是：同一分部分项工程由于采用的施工方案不同，工程造价各异。投标单位可根据工程条件选择能发挥自身技术优势的施工方案，力求降低工程造价，确立在招投标中的竞争优势。

工程量清单计算规则针对工程量清单项目的主项的计算方法及计量单位进行确定，对主项以外的工程内容的计算方法及计量单位不做确定，而由投标单位根据施工图及投标单位的经验自行确定，最后综合处理形成分部分项工程量清单综合单价。

第二节　建 筑 面 积 的 计 算

建筑面积是建筑物的一项重要技术特征指标，用以表现建筑物的大小规模，是评价投资效益、确定投资规模、评价设计方案的经济性和合理性、考核和分析技术经济指标的重要数据。

一、建筑面积的概念

建筑面积是指建筑物（包括墙体）所形成的楼地面面积，由使用面积、辅助面积和结构面积组成。其中，使用面积与辅助面积之和称为有效面积。

使用面积是指房间实际能使用的面积，不包括墙、柱等结构构造的面积。例如，住宅建筑中的居室、客厅、书房等。

辅助面积是指建筑物各层平面中为辅助生产或辅助生活所占净面积之和。例如，住宅建筑中的楼道、电梯等面积。

结构面积是指建筑各层平面中的墙、柱等结构所占面积之和（不包括抹灰厚度所占面积）。

在城市规划中，还涉及建筑基地面积。基地面积计算必须以城市规划管理部门划定的用地范围为准。基地周围、道路红线以外的面积，不计算基地面积。基地内如有不同性质的建筑，应分别划定建筑基地范围。

建筑占地面积是指建筑物占用建筑基地地面部分的面积。它与层数、高度无关，一般按底层建筑面积计算。

二、建筑面积的作用

1. 建筑面积是重要的管理指标

建筑面积是建设投资、建设项目可行性研究、建设项目勘察设计、建设项目评估、建设项目招标投标、建筑工程施工和竣工验收、建设工程造价管理、建筑工程造价控制等一系列工作的重要计算指标。

2. 建筑面积是重要的技术指标

建筑设计在进行方案比选时，常常依据一定的技术指标，如容积率、建筑密度、建筑系数等；建设单位和施工单位在办理报审手续时，经常用到开工面积、竣工面积、优良工程率、建筑规模等技术指标。这些重要的技术指标都要用到建筑面积。其中：

$$容积率 = \frac{建筑总面积}{建筑占地面积} \times 100\%$$

$$建筑密度 = \frac{建筑物底层面积}{建筑占地总面积} \times 100\%$$

$$房屋建筑系数 = \frac{房屋建筑面积}{房屋使用面积} \times 100\%$$

需注意，容积率中的建筑面积计算各个地区可能有不同的规定，且可能和《建筑工程建筑面积计算规范》（GB/T 50353—2013）不一致。

3. 建筑面积是重要的经济指标

建筑面积是评价国民经济建设和人民物质生活的重要经济指标。在一定时期内完成建筑面积的多少，也标志着一个国家的工程建设发展状况、人民生活居住条件改善和文化生活福利设施发展的程度。建筑面积也是施工单位计算单位工程或单项工程的单位面积工程造价、人工消耗量、材料消耗量和机械台班消耗量的重要经济指标。各种经济指标的计算公式如下：

$$每平方米工程造价 = \frac{工程造价}{建筑面积}（元/m^2）$$

$$每平方米人工消耗量 = \frac{单位工程用工量}{建筑面积}（工日/m^2）$$

$$每平方米材料消耗量 = \frac{单位工程材料用量}{建筑面积}（kg/m^2 \text{ 或 } m^3/m^2）$$

$$每平方米机械台班消耗量 = \frac{单位工程机械台班用量}{建筑面积}（台班/m^2）$$

4. 建筑面积是计算工程量的基础

建筑面积是计算有关工程量的重要依据。例如，垂直运输机械的工程量即是以建筑面积为工程量。建筑面积也是计算各分部分项工程量和工程量消耗指标的基础。例如，计算出不同层数的建筑面积之后，利用这个基数，就可以相应计算出楼地面工程、室内回填、地面垫层、平整场地、天棚抹灰和屋面防水等项目的工程量。工程量消耗指标也是投标报价的重要参考。

5. 建筑面积对建筑施工企业内部管理的意义

建筑面积对建筑施工企业实行内部经济承包责任制、投标报价、编制施工组织设计、配备施工力量、成本核算及物资供应等，都具有重要意义。

综上所述，建筑面积是重要的技术经济指标，在全面控制建筑工程造价，衡量和评价建设规模、投资效益、工程成本等方面起着重要尺度的作用。但是，建筑面积指标也存在着一些不足，主要是不能反映建筑物的高度因素，例如以建筑面积为单位记取暖气费就不尽合理。

三、建筑面积计算规则

鉴于建筑发展中出现的新结构、新材料、新技术、新施工方法，为了解决建筑技术的发展产生的面积计算问题，本着不重算、不漏算的原则，住房和城乡建设部于 2013 年对《建筑工程建筑面积计算规范》（GB/T 50353—2005）进行了修订，修订为《建筑工程建筑面积计算规范》（GB/T 50353—2013），适用范围是新建、扩建、改建的工业与民用建筑工程建设全过程的建筑面积计算。

（一）有关术语

1. 建筑面积

建筑物（包括墙体）所形成的楼地面面积。

2. 自然层

按楼地面结构分层的楼层。

3. 结构层高

楼面或地面结构层上表面至上部结构层上表面之间的垂直距离。

4. 围护结构

围合建筑空间的墙体、门、窗。

5. 建筑空间

以建筑界面限定的、供人们生活和活动的场所。

6. 结构净高

楼面或地面结构层上表面至上部结构层下表面之间的垂直距离。

7. 围护设施

为保障安全而设置的栏杆、栏板等围挡。

8. 地下室

室内地平面低于室外地平面的高度超过室内净高的 1/2 的房间。

9. 半地下室

室内地平面低于室外地平面的高度超过室内净高的 1/3，且不超过 1/2 的房间。

10. 架空层

仅有结构支撑而无外围护结构的开敞空间层。

11. 走廊

建筑物中的水平交通空间。

12. 架空走廊

专门设置在建筑物的二层或二层以上，作为不同建筑物之间水平交通的空间。

13. 结构层

整体结构体系中承重的楼板层。

14. 落地橱窗

突出外墙面且根基落地的橱窗。

15. 凸窗（飘窗）

凸出建筑物外墙面的窗户。

16. 檐廊

建筑物挑檐下的水平交通空间。

17. 挑廊

挑出建筑物外墙的水平交通空间。

18. 门斗

建筑物入口处两道门之间的空间。

19. 雨篷

建筑出入口上方为遮挡雨水而设置的部件。

20. 门廊

建筑物入口前有顶棚的半围合空间。

21. 楼梯

由连续行走的梯级、休息平台和维护安全的栏杆（或栏板）、扶手以及相应的支托结构组成的作为楼层之间垂直交通使用的建筑部件。

22. 阳台

附设于建筑物外墙，设有栏杆或栏板，可供人活动的室外空间。

23. 主体结构

接受、承担和传递建设工程所有上部荷载，维持上部结构整体性、稳定性和安全性的有机联系的构造。

24. 变形缝

防止建筑物在某些因素作用下引起开裂甚至破坏而预留的构造缝。

25. 骑楼

建筑底层沿街面后退且留出公共人行空间的建筑物。

26. 过街楼

跨越道路上空并与两边建筑相连接的建筑物。

27. 建筑物通道

为穿过建筑物而设置的空间。

28. 露台

设置在屋面、首层地面或雨篷上的供人室外活动的有围护设施的平台。

29. 勒脚

在房屋外墙接近地面部位设置的饰面保护构造。

30. 台阶

联系室内外地坪或同楼层不同标高而设置的阶梯形踏步。

（二）建筑面积计算的规定

1. 应计算建筑面积的项目

（1）建筑物的建筑面积应按自然层外墙结构外围水平面积之和计算。结构层高在 2.20m 及以上的，应计算全面积；结构层高在 2.20m 以下的，应计算 1/2 面积。

建筑面积计算，在主体结构内形成的建筑空间，满足计算面积结构层高要求的均应按本条规定计算建筑面积。主体结构外的室外阳台、雨篷、檐廊、室外走廊、室外楼梯等按相应条款计算建筑面积。当外墙结构本身在一个层高范围内不等厚时，以楼地面结构标高处的外围水平面积计算。

【例 4-1】　求图 4-1 所示建筑物的建筑面积，其中墙体厚度为 240mm。

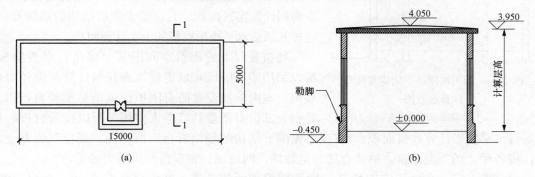

图 4-1　单层建筑物

(a) 平面图；(b) 1—1 剖面图

解： $S = (15+0.24) \times (5+0.24) = 79.86 (\text{m}^2)$

（2）建筑物内设有局部楼层时（见图 4-2），对于局部楼层的二层及以上楼层，有围护结构的应按其围护结构外围水平面积计算，无围护结构的应按其结构底板水平面积计算，且结构层高在 2.20m 及以上的，应计算全面积，结构层高在 2.20m 以下的，应计算 1/2 面积。

图 4-2 所示局部楼层层高在 2.20m 以上，其建筑面积为

$$S = A \times B + a \times b$$

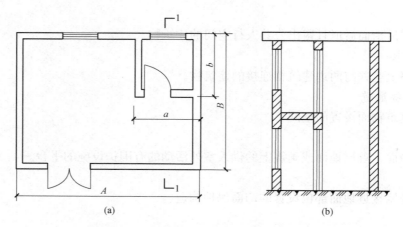

图 4-2　建筑物内设有局部楼层示意图

(a) 平面图；(b) 1—1 剖面图

（3）对于形成建筑空间的坡屋顶，结构净高在 2.10m 及以上的部位应计算全面积；结构净高在 1.20m 及以上至 2.10m 以下的部位应计算 1/2 面积；结构净高在 1.20m 以下的部位不应计算建筑面积，如图 4-3 所示。

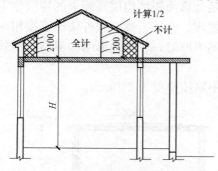

图 4-3　利用坡屋顶空间建筑面积
计算示意图
H—坡屋顶结构净高

（4）对于场馆看台下的建筑空间，结构净高在 2.10m 及以上的部位应计算全面积；结构净高在 1.20m 及以上至 2.10m 以下的部位应计算 1/2 面积；结构净高在 1.20m 以下的部位不应计算建筑面积。室内单独设置的有围护设施的悬挑看台，应按看台结构底板水平投影面积计算建筑面积。有顶盖无围护结构的场馆看台，应按其顶盖水平投影面积的 1/2 计算面积。

场馆看台下的建筑空间因其上部结构多为斜板，所以采用净高的尺寸划定建筑面积的计算范围和对应规则。室内单独设置的有围护设施的悬挑看台，因其看台上部设有顶盖且可供人使用，所以按看台板的结构底板水平投影计算建筑面积。"有顶盖无围护结构的场馆看台"所称的"场馆"为专业术语，指各种"场"类建筑，如体育场、足球场、网球场、带看台的风雨操场等。

（5）地下室、半地下室应按其结构外围水平面积计算。结构层高在 2.20m 及以上的，应计算全面积；结构层高在 2.20m 以下的，应计算 1/2 面积。

（6）出入口外墙外侧坡道有顶盖的部位，应按其外墙结构外围水平面积的 1/2 计算面积。

出入口坡道分有顶盖出入口坡道和无顶盖出入口坡道，出入口坡道顶盖的挑出长度，为顶盖结构外边线至外墙结构外边线的长度；顶盖以设计图纸为准，对后增加及建设单位自行增加的顶盖等，不计算建筑面积。顶盖不分材料种类（如钢筋混凝土顶盖、彩钢板顶盖、阳光板顶盖等）。地下室出入口如图 4-4 所示。

（7）建筑物架空层及坡地建筑物吊脚架空层（见图 4-5），应按其顶板水平投影计算建筑面积。结构层高在 2.20m 及以上的，应计算全面积；结构层高在 2.20m 以下的，应计算 1/2 面积。

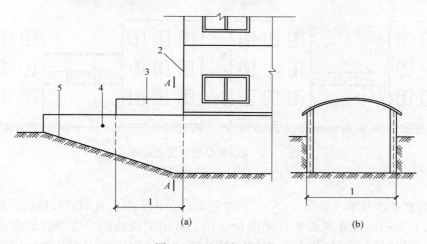

图 4-4　地下室出入口

（a）平面图；（b）A—A 剖面图

1—计算 1/2 投影面积部位；2—主体建筑；3—出入口顶盖；4—封闭出入口侧墙；5—出入口坡道

本条既适用于建筑物吊脚架空层、深基础架空层建筑面积的计算，也适用于目前部分住宅、学校教学楼等工程在底层架空或在二楼或以上某个甚至多个楼层架空，作为公共活动、停车、绿化等空间建筑面积的计算。架空层中有围护结构的建筑空间按相关规定计算。

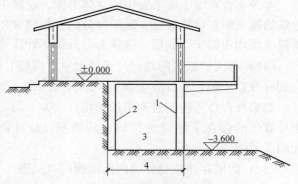

图 4-5　建筑物吊脚架空层

1—柱；2—墙；3—吊脚架空层；4—计算建筑面积部位

（8）建筑物的门厅、大厅应按一层计算建筑面积，门厅、大厅内设置的走廊应按走廊结构底板水平投影面积计算建筑面积。结构层高在 2.20m 及以上的，应计算全面积；结构层高在 2.20m 以下的，应计算 1/2 面积。

（9）对于建筑物间的架空走廊，有顶盖和围护设施的，应按其围护结构外围水平面积计算全面积（见图 4-6）；无围护结构（见图 4-7）、有围护设施的，应按其结构底板水平投影面积计算 1/2 面积。

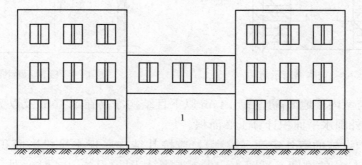

图 4-6　有围护结构的架空走廊

1—架空走廊

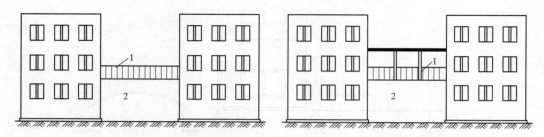

图 4-7　无围护结构的架空走廊
1—栏杆；2—架空走廊

（10）对于立体书库（见图 4-8）、立体仓库、立体车库，有围护结构的，应按其围护结构外围水平面积计算建筑面积；无围护结构、有围护设施的，应按其结构底板水平投影面积计算建筑面积。无结构层的应按一层计算，有结构层的应按其结构层面积分别计算。结构层高在 2.20m 及以上的，应计算全面积；结构层高在 2.20m 以下的，应计算 1/2 面积。

本条主要规定了图书馆中的立体书库、仓储中心的立体仓库、大型停车场的立体车库等建筑的建筑面积计算规定。起局部分隔、存储等作用的书架层、货架层或可升降的立体钢结构停车层均不属于结构层，故该部分分层不计算建筑面积。

（11）有围护结构的舞台灯光控制室，应按其围护结构外围水平面积计算。结构层高在 2.20m 及以上的，应计算全面积；结构层高在 2.20m 以下的，应计算 1/2 面积。

如果舞台灯光控制室有围护结构且只有一层，就不能另外计算面积。因为整个舞台的面积计算已经包含了该灯光控制室的面积。计算舞台灯光控制室面积时，应包括墙体部分面积。

（12）附属在建筑物外墙的落地橱窗（见图 4-9），应按其围护结构外围水平面积计算。结构层高在 2.20m 及以上的，应计算全面积；结构层高在 2.20m 以下的，应计算 1/2 面积。

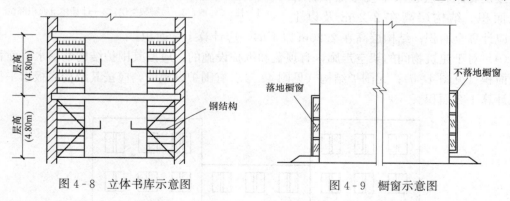

图 4-8　立体书库示意图　　　　　　图 4-9　橱窗示意图

（13）窗台与室内楼地面高差在 0.45m 以下且结构净高在 2.10m 及以上的凸（飘）窗，应按其围护结构外围水平面积计算 1/2 面积。

（14）有围护设施的室外走廊（挑廊），应按其结构底板水平投影面积计算 1/2 面积；有围护设施（或柱）的檐廊（见图 4-10），应按其围护设施（或柱）外围水平面积计算 1/2 面积。

（15）门斗（见图 4 - 11）应按其围护结构外围水平面积计算建筑面积，且结构层高在 2.20m 及以上的，应计算全面积；结构层高在 2.20m 以下的，应计算 1/2 面积。

（16）门廊应按其顶板的水平投影面积的 1/2 计算建筑面积；有柱雨篷应按其结构板水平投影面积的 1/2 计算建筑面积；无柱雨篷的结构外边线至外墙结构外边线的宽度在 2.10m 及以上的，应按雨篷结构板的水平投影面积的 1/2 计算建筑面积。

雨篷分为有柱雨篷和无柱雨篷。有柱雨篷，没有出挑宽度的限制，也不受跨越层数的限制，均计算建筑面积。无柱雨篷，其结构板不能跨层，并受出挑宽度的限制，设计出挑宽度大于或等于 2.10m 时才计算建筑面积。出挑宽度是指雨篷结构外边线至外墙结构外边线的宽度，弧形或异形时，取最大宽度。

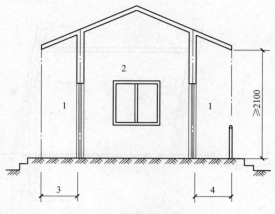

图 4 - 10 檐廊计算范围
1—檐廊；2—室内；3—不计算建筑面积部位；
4—计算 1/2 建筑面积部位

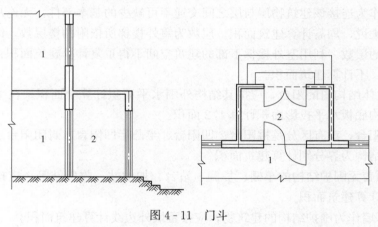

图 4 - 11 门斗
1—室内；2—门

（17）设在建筑物顶部的、有围护结构的楼梯间、水箱间、电梯机房等，结构层高在 2.20m 及以上的应计算全面积；结构层高在 2.20m 以下的，应计算 1/2 面积。

（18）围护结构不垂直于水平面的楼层，应按其底板面的外墙外围水平面积计算。结构净高在 2.10m 及以上的部位，应计算全面积；结构净高在 1.20m 及以上至 2.10m 以下的部位，应计算 1/2 面积；结构净高在 1.20m 以下的部位，不应计算建筑面积，如图 4 - 12 所示。

（19）建筑物的室内楼梯、电梯井、提物井、管道井、通风排气竖井、烟道，应并入建筑物的自然层计算建筑面积。有顶盖的采光井应按一层计算面积，且结构净高在 2.10m 及以上的，应计算全面积；结构净高在 2.10m 以下的，应计算 1/2 面积。

有顶盖的采光井包括建筑物中的采光井和地下室采光井。地下室采光井如图 4 - 13 所示。

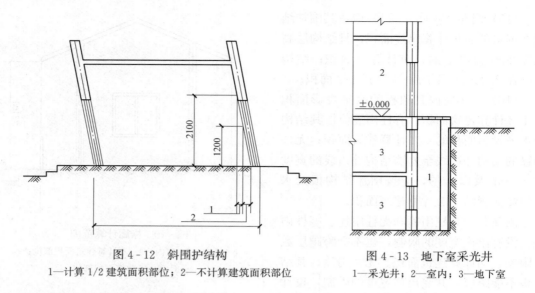

图 4-12　斜围护结构　　　　　　　　图 4-13　地下室采光井
1—计算 1/2 建筑面积部位；2—不计算建筑面积部位　　　1—采光井；2—室内；3—地下室

（20）室外楼梯应并入所依附建筑物的自然层，并应按其水平投影面积的 1/2 计算建筑面积。

室外楼梯作为连接该建筑物层与层之间交通不可缺少的基本部件，无论从其功能还是工程计价的要求来说，均需计算建筑面积。层数为室外楼梯所依附的楼层数，即梯段部分投影到建筑物范围的层数。利用室外楼梯下部的建筑空间不得重复计算建筑面积；利用地势砌筑的为室外踏步，不计算建筑面积。

（21）在主体结构内的阳台，应按其结构外围水平面积计算全面积；在主体结构外的阳台，应按其结构底板水平投影面积计算 1/2 面积。

建筑物的阳台，没有区分是挑阳台、凹阳台、半凸半凹阳台、封闭阳台、敞开阳台，均以建筑物主体结构为界分别计算建筑面积。

（22）有顶盖无围护结构的车棚、货棚、站台、加油站、收费站等，应按其顶盖水平投影面积的 1/2 计算建筑面积。

（23）以幕墙作为围护结构的建筑物，应按幕墙外边线计算建筑面积。

幕墙以其在建筑物中所起的作用和功能来区分，直接作为外墙起围护作用的幕墙，按其外边线计算建筑面积；设置在建筑物墙体外起装饰作用的幕墙，不计算建筑面积。

（24）建筑物的外墙外保温层，应按其保温材料的水平截面积计算，并计入自然层建筑面积。

建筑物外墙外侧有保温隔热层的，保温隔热层以保温材料的净厚度乘以外墙结构外边线长度按建筑物的自然层计算建筑面积，其外墙外边线长度不扣除门窗和建筑物外已计算建筑面积构件（如阳台、室外走廊、门斗、落地橱窗等部件）所占长度。当建筑物外已计算建筑面积的构件（如阳台、室外走廊、门斗、落地橱窗等部件）有保温隔热层时，其保温隔热层也不再计算建筑面积。外墙是斜面者按楼面楼板处的外墙外边线长度乘以保温材料的净厚度计算。外墙外保温以沿高度方向满铺为准，某层外墙外保温铺设高度未达到全部高度时（不包括阳台、室外走廊、门斗、落地橱窗、雨篷、飘窗等），不计算建筑面积。保温隔热层的建筑面积是以保温隔热材料的厚度来计算的，不包含抹灰层、防潮层、保护层（墙）的厚度。建筑外墙外保温如图 4-14 所示。

（25）与室内相通的变形缝，应按其自然层合并在建筑物建筑面积内计算。对于高低联跨的建筑物，当高低跨内部连通时，其变形缝应计算在低跨面积内。这里指的与室内相通的变形缝，是指暴露在建筑物内，在建筑物内可以看得见的变形缝。

（26）对于建筑物内的设备层、管道层、避难层等有结构层的楼层，结构层高在 2.20m 及以上的，应计算全面积；结构层高在 2.20m 以下的，应计算 1/2 面积。

虽然设备层、管道层的具体功能与普通楼层不同，但在结构上及施工消耗上并无本质区别，且定义自然层为"按楼地面结构分层的楼层"，因此设备、管道楼层归为自然层，其计算规则与普通楼层相同。在吊顶空间内设置管道的，吊顶空间部分不能被视为设备层、管道层。

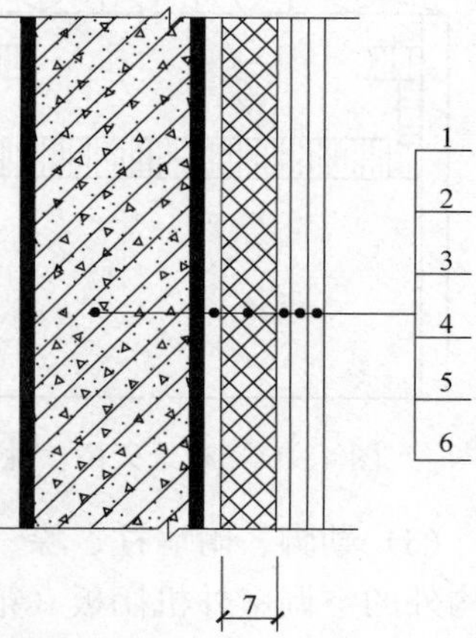

图 4-14　建筑外墙外保温
1—墙体；2—黏结胶浆；3—保温材料；
4—标准网；5—加强网；6—抹面胶浆；
7—计算建筑面积部位

2. 不应计算建筑面积的项目

（1）与建筑物内不相连通的建筑部件。这些部件指的是依附于建筑物外墙外不与户室开门连通，起装饰作用的敞开式挑台（廊）、平台，以及不与阳台相通的空调室外机搁板（箱）等设备平台部件。

（2）骑楼（见图 4-15）、过街楼（见图 4-16）底层的开放公共空间和建筑物通道。

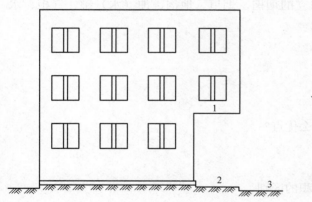

图 4-15　骑楼
1—骑楼；2—人行道；3—街道

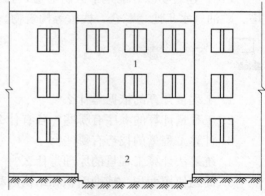

图 4-16　过街楼
1—过街楼；2—建筑物通道

（3）舞台及后台悬挂幕布和布景的天桥、挑台（见图 4-17）等。这里指的是影剧院的舞台，以及为舞台服务的可供上人维修、悬挂幕布、布置灯光及布景等搭设的天桥和挑台等构件设施。

（4）露台、露天游泳池、花架、屋顶水箱及装饰性结构构件，如图 4-18 所示。

（5）建筑物内的操作平台、上料平台、安装箱和罐体的平台。

建筑物内不构成结构层的操作平台、上料平台（包括工业厂房、搅拌站和料仓等建筑中的设备操作控制平台、上料平台等），是为室内构筑物或设备服务的独立上人设施，因此不计算建筑面积。

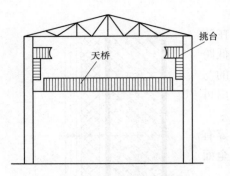

图 4-17　布景天桥、挑台

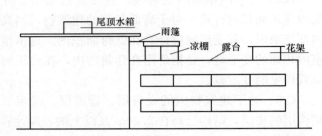

图 4-18　屋顶水箱、雨篷、花架、凉棚、露台示意图

（6）勒脚、附墙柱、垛、台阶、墙面抹灰、装饰面、镶贴块料面层、装饰性幕墙，主体结构外的空调室外机搁板（箱）、构件、配件，挑出宽度在 2.10m 以下的无柱雨篷和顶盖高度达到或超过两个楼层的无柱雨篷。

（7）窗台与室内地面高差在 0.45m 以下且结构净高在 2.10m 以下的凸（飘）窗，窗台与室内地面高差在 0.45m 及以上的凸（飘）窗。

（8）室外爬梯、室外专用消防钢楼梯。

室外钢楼梯需要区分具体用途，如专用于消防楼梯，则不计算建筑面积；如果是建筑物唯一通道，兼用于消防，则需要按相应规范计算建筑面积。

（9）无围护结构的观光电梯。

（10）建筑物以外的地下人防通道，独立的烟囱、烟道、地沟、油（水）罐、气柜、水塔、贮油（水）池、贮仓、栈桥等构筑物。

习　题

1. 工程量计算的依据是什么？
2. 工程量计算的顺序有哪些？各有什么优点？
3. 计算工程量的技巧有哪些？
4. 统筹法计算工程量的原理是什么？
5. 简述使用面积、辅助面积和结构面积的区别。
6. 建筑面积的作用有哪些？
7. 什么是层高？什么是净高？
8. 利用坡屋顶内空间时，建筑面积的计算有什么规定？
9. 吊脚架空层的建筑面积如何计算？
10. 建筑物阳台和雨篷的建筑面积如何计算？
11. 不计算建筑面积的范围有哪些？

第五章

土石方工程

 学习摘要

本章主要介绍土石方工程的清单计量与计价。 通过本章学习, 读者应熟悉土石方工程清单项目划分, 掌握土石方工程工程量清单与计价编制的程序以及工程量清单与计价的格式。

GB 50854—2013 中土石方工程的工程量清单共分为三个分项工程量清单项目,包括土方工程、石方工程和回填,适用于建筑物和构筑物的土石方开挖及回填工程。按 GB 50500—2013 规定,工程量"是分项工程的实体数量"。虽然土石方工程不构成工程实体(除填土外),却是建造过程必需的施工工序,由于土质情况复杂,如果将土石包含在其相应的基础清单项目中,势必增加基础项目报价的难度,为此将土石方作为清单项目列项。

第一节 土 方 工 程

一、GB 50854—2013 相关规定

(一)工程量清单项目设置及工程量计算规则

GB 50854—2013 附录中土方工程项目,工程量清单项目的设置及项目特征描述的内容、计量单位、工程量计算规则应按表 5-1 的规定执行。

表 5-1 土方工程 (编号:010101)

项目编码	项目名称	项目特征	计量单位	工程量计算规则	工作内容
010101001	平整场地	1. 土壤类别 2. 弃土运距 3. 取土运距	m²	按设计图示尺寸以建筑物首层面积计算	1. 土方挖填 2. 场地找平 3. 运输

续表

项目编码	项目名称	项目特征	计量单位	工程量计算规则	工作内容
010101002	挖一般土方	1. 土壤类别 2. 挖土深度 3. 弃土运距	m³	按设计图示尺寸以体积计算	1. 排地表水 2. 土方开挖 3. 围护（挡土板）支拆 4. 基底钎探 5. 运输
010101003	挖沟槽土方			按设计图示尺寸以基础垫层底面积乘以挖土深度计算	
010101004	挖基坑土方				
010101005	冻土开挖	1. 冻土厚度 2. 弃土运距		按设计图示尺寸开挖面积乘以厚度以体积计算	1. 爆破 2. 开挖 3. 清理 4. 运输
010101006	挖淤泥、流砂	1. 挖掘深度 2. 弃淤泥、流砂距离		按设计图示位置、界限以体积计算	1. 开挖 2. 运输
010101007	挖管沟土方	1. 土壤类别 2. 管外径 3. 挖沟深度 4. 回填要求	1. m 2. m³	（1）以米计量，按设计图示以管道中心线长度计算。 （2）以立方米计量，按设计图示管底垫层面积乘以挖土深度计算；无管底垫层按管外径的水平投影面积乘以挖土深度计算。不扣除各类井的长度，井的土方并入	1. 排地表水 2. 土方开挖 3. 围护（挡土板）、支撑 4. 运输 5. 回填

（二）相关释义及说明

（1）挖土方平均厚度应按自然地面测量标高至设计地坪标高的平均厚度确定。基础土方开挖深度应按基础垫层底表面标高至交付施工现场地标高确定，无交付施工场地标高时，应按自然地面标高确定。

（2）建筑物场地厚度不大于±300mm的挖、填、运、找平，应按表5-1中平整场地项目编码列项。厚度大于±300mm的竖向布置挖土或山坡切土应按表5-1中挖一般土方项目编码列项。

（3）沟槽、基坑、一般土方的划分为：底宽不大于7m，底长大于3倍底宽为沟槽；底长不大于3倍底宽、底面积不大于150m²为基坑；超出上述范围则为一般土方。

（4）挖土方如需截桩头时，应按桩基工程相关项目编码列项。

（5）桩间挖土不扣除桩的体积，并在项目特征中描述。

（6）弃、取土运距可以不描述，但应注明由投标人根据施工现场实际情况自行考虑，决定报价。

（7）土壤的分类应按表5-2确定，土壤类别不能准确划分时，招标人可注明为综合，由投标人根据地勘报告决定报价。

表 5 - 2   土壤分类表

土壤分类	土壤名称	开挖方法
一、二类土	粉土、砂土（粉砂、细砂、中砂、粗砂、砾砂）、粉质黏土、弱中盐渍土、软土（淤泥质土、泥炭、泥炭质土）、软塑红黏土、冲填土	用锹开挖，少许用镐、条锄开挖。机械能全部直接铲挖满载者
三类土	黏土、碎石土（圆砾、角砾）混合土、可塑红黏土、硬塑红黏土、强盐渍土、素填土、压实填土	主要用镐、条锄开挖，少许用锹开挖。机械需部分刨松方能铲挖满载者或可直接铲挖但不能满载者
四类土	碎石土（卵石、碎石、漂石、块石）、坚硬红黏土、超盐渍土、杂填土	全部用镐、条锄挖掘，少许用撬棍挖掘。机械须普遍刨松方能铲挖满载者

（8）土方体积应按挖掘前的天然密实体积计算。非天然密实土方应按表 5 - 3 折算。

（9）挖沟槽、基坑、一般土方因工作面和放坡增加的工程量（管沟工作面增加的工程量）是否并入各土方工程量中，按各省、自治区、直辖市或行业建设主管部门的规定实施，如并入各土方工程量中，办理工程结算时，按经发包人认可的施工组织设计规定计算，编制工程量清单时，可按表 5 - 4～表 5 - 6 的规定计算。

（10）挖方出现流砂、淤泥时，应根据实际情况由发包人与承包人双方现场签证确认工程量。

（11）管沟土方项目适用于管道（给排水、工业、电力、通信）、光（电）缆沟（包括人孔桩、接口坑）及连接井（检查井）等。

二、《计价定额》相关规定及计算规则

1. 一般说明

（1）土方体积应按挖掘前的天然密实体积计算。如需按天然密实体积折算时，应按表 5 - 3 中的系数计算。

表 5 - 3   土方体积折算系数表

天然密实体积	虚方体积	夯实后体积	松填体积
0.77	1.00	0.67	0.83
1.00	1.30	0.87	1.08
1.15	1.50	1.00	1.25
0.92	1.20	0.80	1.00

注：虚方指未经碾压、堆积时间不大于 1 年的土壤。

（2）挖土石方平均厚度应按自然地面测量标高至设计地坪标高间的平均厚度确定。基础土石方开挖深度应按基础垫层底表面标高至交付施工场地标高确定；无交付施工场地标高时，应按自然地面标高确定。

（3）沟槽、基坑、一般土石方的划分为：底宽不大于 7m，底长大于 3 倍底宽为沟槽；底长不大于 3 倍底宽、底面积不大于 150m² 为基坑；超出上述范围为一般土石方。

（4）挖土方如需截桩头时，应按"C 桩基工程"相关项目列项。

（5）土石方外运超过 15km 时，应按市场运输费计算。

（6）桩间挖土方工程量不扣除桩所占体积，按每根桩增加普工 0.6 工日计算。

（7）挖土石方均未包括在地下水位以下施工的排水、降水费用。

（8）该分部不包括地下障碍物清理，发生时按"R 拆除工程"分部相应定额计算。

2. 土石方工程

（1）"平整场地"项目适用于建筑物场地厚度不大于±30cm的挖、填、运、找平。不论机械或人工平整场地，均按本项目计算；厚度大于±30cm的竖向布置挖土或山坡切土，应按挖土方项目计算，按竖向布置（超过30cm的挖、填土方，用方格网控制挖填至设计标高就叫按竖向布置挖填土方）进行挖填土方时，不得再计算平整场地的工程量。

（2）土方大开挖、沟槽、基坑定额均按干湿土综合编制。

（3）土方工程沟槽、基坑深度超过6m时，按深6m定额乘以系数1.2计算；超过8m时，按深6m定额乘以系数1.6计算。

（4）土方大开挖深度超过6m时，按相应定额项目乘以系数1.3计算。

（5）挖淤泥、流砂时，定额按大开挖考虑，挖槽坑淤泥、流砂时，按对应定额项目乘以系数1.3计算。

（6）挖掘机挖淤泥、流砂，若采用自卸汽车运输按土方运输相应定额执行，人工、机械乘以系数1.5。

（7）小型挖掘机系指斗容量不大于0.6m³的挖掘机，适用于基础（含垫层）底宽不大于1.2m的沟槽土方工程或底面积不大于8m²的基坑土方工程。

（8）挖掘机（含小型挖掘机）挖土方项目，已综合了挖掘机挖土方和挖掘机挖土后，基底和边坡遗留厚度不大于0.3m的人工清理和修整，使用定额时不做调整，人工基底清理和边坡修整不另行计算。

（9）机械挖装土方定额适用于机械挖土方同步装车的情况，编制概预算、招标控制价时按机械挖装土方相应定额执行。

（10）人工挖零星土方适用于机械大开挖后由另一家单位人工捡底及竖向布置挖方量不大于50m³的挖土。

（11）管沟土石方项目执行挖沟槽土石方定额。

（12）深基础的支护结构，如钢板桩、H钢桩、预制钢筋混凝土板桩、钻孔灌注混凝土排桩挡墙、预制钢筋混凝土排桩挡墙、人工挖孔灌注混凝土排桩挡墙、旋喷桩地下连续墙和基坑内的水平钢支撑、水平钢筋混凝土支撑、锚杆拉固、基坑外锚、排桩的圈梁、H钢桩之间的木挡土板以及施工降水等，应按有关措施项目计算。

3. 工程量计算规则

（1）平整场地：按设计图示尺寸以建筑物首层建筑面积计算。

（2）挖一般土方，挖沟槽、基坑及管沟土方：按设计图示尺寸和有关规定以体积计算。

（3）挖土方、沟槽、基坑需放坡时，应按经发包人认可的施工组织设计规定计算。如编制工程量清单及招标控制价或施工组织设计无规定时，按表5-4的规定计算。

表5-4   放坡系数表

土类别	放坡起点（m）	人工挖土	机械挖土		
			在坑内作业	在坑上作业	顺沟槽在坑上作业
一、二类土	1.20	1:0.5	1:0.33	1:0.75	1:0.5
三类土	1.50	1:0.33	1:0.25	1:0.67	1:0.33
四类土	2.00	1:0.25	1:0.10	1:0.33	1:0.25

注：1. 沟槽、基坑中土类别不同时，分别按其放坡起点、放坡系数，依不同土类别厚度加权平均计算。

2. 计算放坡时，在交接处的重复工程量不予扣除，原槽、坑作基础垫层时，放坡自垫层上表面开始计算。

（4）基础及管沟施工时需增加的工作面，按经发包人认可的施工组织设计规定计算。如编制工程量清单及招标控制价或施工组织设计无规定时，按表5-5、表5-6计算。

表5-5 基础施工所需工作面宽度计算表

基础材料	每边各增加工作面（mm）
砖基础	200
浆砌毛石、条石基础	150
混凝土基础垫层支模板	300
混凝土基础支模板	300
基础垂直面做防水层	1000（防水层面）

表5-6 管沟施工每侧所需工作面宽度计算表

管道结构宽（mm）	≤500	≤1000	≤2500	>2500
混凝土及钢筋混凝土管道（mm）	400	500	600	700
其他材质管道（mm）	300	400	500	600

注：管道结构宽，有管座的按基础外缘计算，无管座的按管道外径计算。

（5）挖淤泥、流砂：按设计图示位置、界限以体积计算。

（6）基底钎探，以垫层（或基础）底面积计算。

三、工程应用

（一）平整场地

【例5-1】 某建筑物首层平面图如图5-1所示，求该工程的平整场地的工程量。

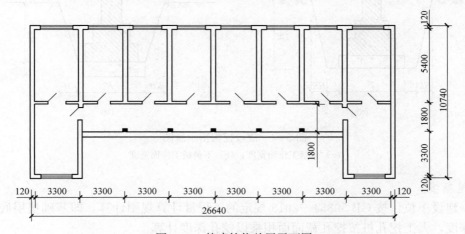

图5-1 某建筑物首层平面图

解： 作为建设单位（业主）编制工程量清单时，工程量＝设计图示尺寸的建筑物首层建筑面积。

工程量为 $26.64 \times 10.74 - (3.3 \times 6 - 0.24) \times 3.3 = 221.56(m^2)$

（二）挖基础土方

1. 挖沟槽

（1）建设单位：按GB 50854—2013规定的工程量计算规则计算，即垫层底宽乘以开挖深度再乘以开挖长度，以体积计算。

（2）施工单位：$V=S×L$（S 为开挖沟槽截面积，L 为开挖长度）

1）不放坡不支板（如图 5-2 所示）：$V=(B+2C)×H×L$

2）支挡土板（如图 5-3 所示）：$V=(B+2C+0.2)×H×L$

3）放坡［如图 5-4（a）所示］：$V=(B+2C+H×K)×H×L$

4）放坡［如图 5-4（b）所示］：$V=[B×H_1+(B+H_2×K)×H_2]×L$

式中：B 为垫层宽度；C 为工作面宽度；K 为放坡系数；外墙下基础 L 按图示中心线长度计算；内墙下基础 L 按地槽槽底净长度计算，内外突出部分（垛、附墙烟囱等）体积并入沟槽土方工程量内计算。

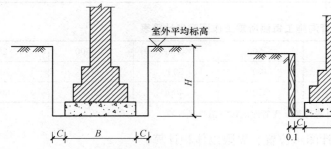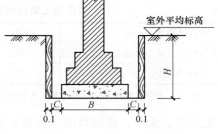

图 5-2　不放坡不支挡土板挖沟槽示意图　　　图 5-3　支挡土板挖沟槽示意图

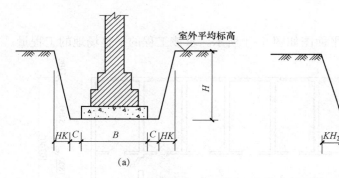

(a)　　　　　　　　　　　　　　　(b)

图 5-4　放坡挖沟槽示意图

（a）包括工作面宽度；（b）不包括工作面宽度

2. 挖基坑

（1）建设单位：按 GB 50854—2013 规定的工程量计算规则计算，即基础垫层底面积乘以挖土深度，人工挖孔桩按挖孔截面面积乘以挖孔深度计算。

（2）施工单位：

1）不放坡不支挡土板：

矩形基坑：$V=H×a×b$

圆形基坑：$V=H×π×R^2$

式中：a 为基坑长度；b 为基坑宽度；R 为基坑半径；H 为基坑开挖深度。

2）放坡：

矩形基坑（如图 5-5 所示）：$V=h×(a+2c)×(b+2c)+K×h^2×[(a+2c)+(b+2c)+$

$4/3 \times K \times h]$

　　或 $V = (a + 2c + Kh) \times (b + 2c + Kh) \times h + 1/3 \times K^2 \times h^3$

　　或 $V = h(S_1 + 4S_0 + S_2)/6$

式中：S_1、S_2 为基坑上下底面积；S_0 为基坑中截面面积；h 为基坑开挖深度；K 为放坡系数。

　　圆形基坑（如图 5-6 所示）：$V = 1/3 \times \pi \times H \times (R_1^2 + R^2 + R_1 R)$

式中：H—基坑开挖深度；R—基坑下底面半径；R_1—基坑上底面半径。

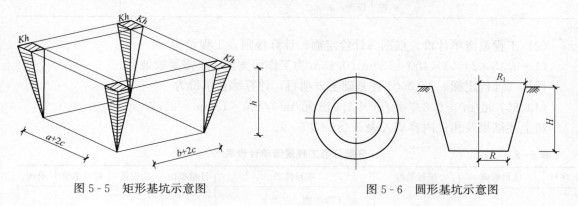

图 5-5　矩形基坑示意图　　　　　　图 5-6　圆形基坑示意图

3）带挡土板的基坑（如图 5-7 所示）：

矩形基坑：$V = H \times (a + 2c + 0.2) \times (b + 2c + 0.2)$

圆形基坑：$V = \pi \times H \times (R_1 + 0.1)^2$

【例 5-2】　某工程基础如图 5-8 所示，基础长度为 100m。根据招标人提供的地质资料为三类土壤，无须支挡土板。查看现场无地面积水，地面已平整，并达到设计地面标高。基槽挖土槽边就地堆放，不考虑场外运输。

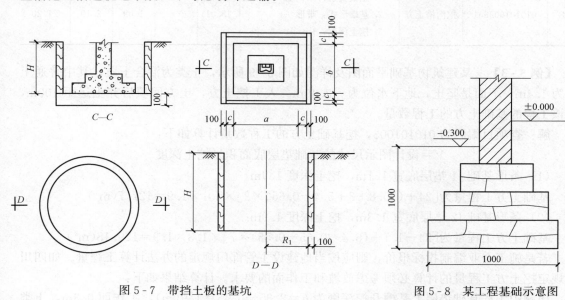

图 5-7　带挡土板的基坑　　　　　　图 5-8　某工程基础示意图

　　解：（1）工程量清单。工程量为 $1 \times 1 \times 100 = 100 (\text{m}^3)$。

　　将上述结果及相关内容填入表 5 - 7。

表 5 - 7　　　　　　　　　　　　　**分部分项工程量清单**

序号	项目编码	项目名称及特征	计量单位	工程数量
1	010101003001	挖沟槽土方 1. 土壤类别：三类土 2. 基础形式：带形 3. 挖土深度：1.0m	m^3	100.00

　　（2）工程量清单计价。根据《计价定额》计算规则，工程量为

　　$(1+0.15\times2)\times1\times100=130m^3$（0.15m 为工作面宽度；不需要放坡）

　　根据《计价定额》AA0004 挖基础土方项目，计算综合单价为

　　$(13.857 元/m^3+0.837 元/m^3+1.616 元/m^3)/100\times130m^3=21.20$ 元

　　将上述结果及相关内容填入表 5 - 8、表 5 - 9。

表 5 - 8　　　　　　　　　　　　**分部分项工程量清单计价表**

序号	项目编码	项目名称	项目特征	计量单位	工程量	综合单价	合价
1	010101003001	挖沟槽土方	1. 土壤类别：三类土 2. 基础形式：带形 3. 挖土深度：1m	m^3	100m³	21.20	2120

表 5 - 9　　　　　　　　　　　**分部分项工程量清单综合单价分析表**

序号	项目编码	项目名称	项目特征	综合单价组成（元）				综合单价
				人工费	材料费	机械费	综合费	
1	010101003001	挖沟槽土方	1. 土壤类别：三类土 2. 基础形式：带形 3. 挖土深度：1m	18.01	—	1.09	2.10	21.20

　　【例 5 - 3】　　某建筑物基础平面图及详图如图 5 - 9 所示，土类为混合土质，其中普通土深为 1.4m，下面是坚土，地下水位为 -2.40m。人工挖土方，土方回填后弃土运距 100m，求该工程的基础土方的工程数量。

　　解：查项目编码为 010101003，挖基础土方的工程数量计算如下：

$$V=设计图示尺寸的基础垫层底面积\times挖土深度$$

　　（1）条形基础 J1 垫层底宽 1.1m，挖土深度 1.9m。

　　基础土方工程量为 $[24+(10.8+3+5.4-0.65)\times2]\times1.1\times1.9=127.7(m^3)$

　　（2）条形基础 J2 垫层底宽 1.3m，挖土深度 1.9m。

　　基础土方工程量为 $[24-1.1+(5.4-0.65-0.55)\times7]\times1.3\times1.9=129.18(m^3)$

　　若是施工企业编制投标报价，则应按当地建设主管部门规定的办法计算工程量。如四川省规定挖土方工程量的计算必须考虑放坡和工作面的要求。计算结果如下：

　　该题中工程基础垫层上基槽开挖深度为 $h=2.35-0.45=1.9(m)$，工作面 0.3m，土类为混合土质，开挖深度大于 1.5m，故基槽开挖需要放坡，放坡坡度按 $K=0.3$ 计算。

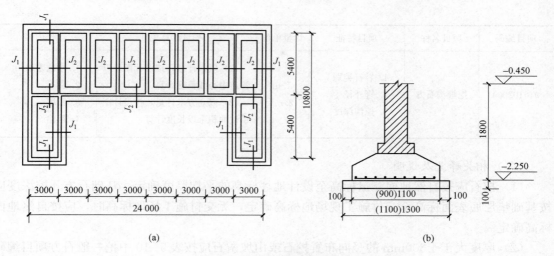

图 5-9 某建筑物基础示意图

（a）基础平面图；（b）基础详图

计算沟槽土方工程量：

J_1：$L=24+(10.8+3+5.4-0.65-0.3)\times2=60.5(\text{m})$

$S=[(b+2c)+hK]\times h=[(1.1+2\times0.3)+0.3\times1.9]\times1.9=4.313(\text{m}^2)$

$V_1=S\times L=4.313\times60.5=260.94(\text{m}^3)$

J_2：$L=24-1.1-0.6+(5.4-1.2-0.6)\times7=47.5(\text{m})$

$S=[(b+2c)+hK]\times h=[(1.3+2\times0.3)+0.3\times1.9]\times1.9=4.693(\text{m}^2)$

$V_2=S\times L=4.693\times47.5=222.92(\text{m}^3)$

沟槽土方工程量合计：$V=V_1+V_2=260.94+222.92=483.86(\text{m}^3)$

第二节 石 方 工 程

一、GB 50854—2013 相关规定

（一）工程量清单项目设置及工程量计算规则

GB 50854—2013 附录中石方工程项目，工程量清单项目的设置及项目特征描述的内容、计量单位、工程量计算规则应按表 5-10 的规定执行。

表 5-10　　　　　　　　石方工程（编号：010102）

项目编码	项目名称	项目特征	计量单位	工程量计算规则	工作内容
010102001	挖一般石方			按设计图示尺寸以体积计算	
010102002	挖沟槽石方	1. 岩石类别 2. 开凿深度 3. 弃碴运距	m³	按设计图示尺寸沟槽底面积乘以挖石深度以体积计算	1. 排地表水 2. 凿石 3. 运输
010102003	挖基坑石方			按设计图示尺寸基坑底面积乘以挖石深度以体积计算	

续表

项目编码	项目名称	项目特征	计量单位	工程量计算规则	工作内容
010102004	挖管沟石方	1. 岩石类别 2. 管外径 3. 挖沟深度	1. m 2. m³	（1）以米计量，按设计图示以管道中心线长度计算。 （2）以立方米计量，按设计图示截面积乘以长度计算	1. 排地表水 2. 凿石 3. 回填 4. 运输

（二）相关释义及说明

（1）挖石应按自然地面测量标高至设计地坪标高的平均厚度确定。基础石方开挖深度应按基础垫层底表面标高至交付施工现场地标高确定，无交付施工场地标高时，应按自然地面标高确定。

（2）厚度大于±300mm的竖向布置挖石或山坡凿石应按表5-10中挖一般石方项目编码列项。

（3）沟槽、基坑、一般石方的划分为：底宽不大于7m且底长大于3倍底宽为沟槽；底长不大于3倍底宽、底面积不大于150m²为基坑；超出上述范围则为一般石方。

（4）弃碴运距可以不描述，但应注明由投标人根据施工现场实际情况自行考虑，决定报价。

（5）岩石的分类应按规范确定。

（6）石方体积应按挖掘前的天然密实体积计算。如需按天然密实体积折算时，应按规范计算。

（7）管沟石方项目适用于管道（给排水、工业、电力、通信）、光（电）缆沟 [包括人（手）孔、接口坑] 及连接井（检查井）等。

二、《计价定额》相关规定

1. 石方开挖

（1）土石方体积应按挖掘前的天然密实体积计算。如需按天然密实体积折算时，应按表5-11中的系数计算。

表5-11 石方体积折算系数表

石方类别	天然密实体积	虚方体积	松填体积	码方
石方	1.0	1.54	1.31	1.67
块石	1.0	1.75	1.43	
砂夹石	1.0	1.07	0.94	

（2）该分部"石方工程"项目适用于人工凿石、机械破碎石方定额。若为爆破开挖，按2020年《四川省建设工程工程量清单计价定额——构筑物工程、爆破工程、建筑安装工程费用、附录》相应项目执行。

（3）机械挖、装、挖装、运极软岩按照机械挖、装、挖装、运土方相应定额乘以系数1.2计算。

（4）手持风动凿岩机凿石执行《四川省建设工程工程量清单计价定额——既有及小区改

造房屋建筑维修与加固工程》手持风动凿岩机凿石定额项目，定额基价乘以系数 0.85。

（5）基础回填灰土、砂石、砂、碎石、石屑、毛石混凝土执行《计价定额》分部地基处理与边坡支护工程换填垫层相应项目，人工、机械乘以系数 0.95。

（6）机械大开挖土方（包括机械大开挖极软岩），一个建设项目的总挖方量，根据表5-12 按差额定率累进法计算。

表 5 - 12　　　　　　　　　　机械土方工程量折算系数表

序号	机械挖土方工程量 V(m³)	调整系数
1	≤10 万	1.00
2	≤50 万	0.95
3	>50 万	0.92

2. 工程量计算规则

石方开挖：按设计图示尺寸以体积计算。

第三节　土石方回填

一、GB 50854—2013 相关规定

（一）工程量清单项目设置及工程量计算规则

GB 50854—2013 附录中回填项目，工程量清单项目的设置及项目特征描述的内容、计量单位、工程量计算规则应按表 5-13 的规定执行。

表 5 - 13　　　　　　　　　　回填（编号：010103）

项目编码	项目名称	项目特征	计量单位	工程量计算规则	工作内容
010103001	回填方	1. 密实度要求 2. 填方材料品种 3. 填方粒径要求 4. 填方来源、运距	m³	按设计图示尺寸以体积计算。 （1）场地回填：回填面积乘以平均回填厚度。 （2）室内回填：主墙间面积乘以回填厚度，不扣除间隔墙。 （3）基础回填：挖方清单项目工程量减去自然地坪以下埋设的基础体积（包括基础垫层及其他构筑物）	1. 运输 2. 回填 3. 压实
010103002	余土弃置	1. 废弃料品种 2. 运距		按挖方清单项目工程量减利用回填方体积（正数）计算	余方点装料运输至弃置点

（二）相关释义及说明

（1）填方密实度要求，在无特殊要求情况下，项目特征可描述为满足设计和规范的要求。

（2）填方材料品种可以不描述，但应注明由投标人根据设计要求验方后方可填入，并符合相关工程的质量规范要求。

（3）填方粒径要求，在无特殊要求情况下，项目特征可以不描述。

（4）如需买土回填，应在项目特征填方来源中描述，并注明买土方数量。

二、《计价定额》相关工程量计算规则

1. 土石方回填

土石方回填：按设计图示尺寸以体积计算。

（1）场地回填：回填面积乘以平均回填厚度。

（2）室内回填：按主墙间净面积乘以回填厚度，不扣除间隔墙。

（3）基础回填：按挖方体积减去设计室外地坪以下埋设的基础体积（包括垫层及其他构筑物）。

2. 土石方运输

土石方运输：按挖掘前的天然密实体积和实际运距计算。

三、工程实例

【例 5 - 4】　如图 5 - 9 所示，设地面厚度为 85mm，计算室内地面回填土夯实工程量。

解： 土体总净面积为 $(5.4-0.24) \times (3.00-0.24) \times 10 = 142.42（\text{m}^2）$

室内回填土夯实工程量为 $142.42 \times (0.45-0.085) = 51.98（\text{m}^3）$

习　题

1. 某基础平面如图 5 - 10 所示，已知为二类土，地下静止水位线为 -0.8mm，求挖土工程量。

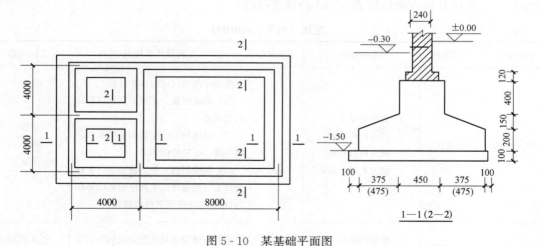

图 5 - 10　某基础平面图

2. 某建筑物基础如图 5 - 11 所示，计算挖基础土方工程量（编制工程量清单的工程量）。

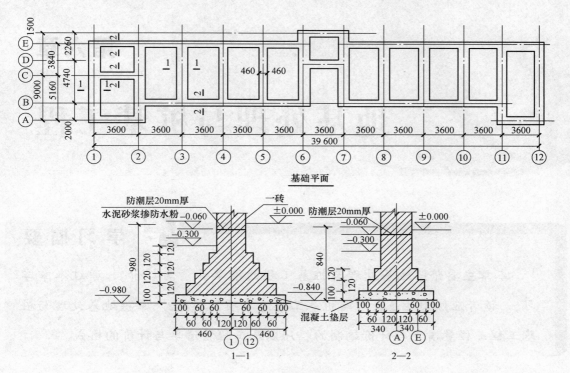

图 5-11　某建筑物基础

第六章

地基处理与桩基工程

学习摘要

　　本章主要介绍地基处理与桩基工程的清单计量与计价。 通过本章学习， 读者应熟悉地基处理与桩基工程清单项目划分， 掌握地基处理与桩基工程工程量清单与计价编制的程序以及工程量清单与计价的格式。

第一节　地基处理与边坡支护工程

　　地基处理与边坡支护工程工程量清单分两个分部工程量清单项目，即地基处理、基坑与边坡支护项目。

一、地基处理

（一）GB 50854—2013 相关规定

1. 工程量清单项目设置及工程量计算规则

　　GB 50854—2013 附录中地基处理工程量清单项目设置及工程量计算规则，应按表 6 - 1 的规定执行。

表 6 - 1　　　　　　　　　　地基处理（编号：010201）

项目编码	项目名称	项目特征	计量单位	工程量计算规则	工作内容
010201001	换填垫层	1. 材料种类及配比 2. 压实系数 3. 掺加剂品种	m³	按设计图示尺寸以体积计算	1. 分层铺填 2. 碾压、振密或夯实 3. 材料运输
010201002	铺设土工合成材料	1. 部位 2. 品种 3. 规格	m²	按设计图示尺寸以面积计算	1. 挖填锚固沟 2. 铺设 3. 固定 4. 运输

续表

项目编码	项目名称	项目特征	计量单位	工程量计算规则	工作内容
010201003	预压地基	1. 排水竖井种类、断面尺寸、排列方式、间距、深度 2. 预压方法 3. 预压荷载、时间 4. 砂垫层厚度	m²	按设计图示处理范围以面积计算	1. 设置排水竖井、盲沟、滤水管 2. 铺设砂垫层、密封膜 3. 堆载、卸载或抽气设备安拆、抽真空 4. 材料运输
010201004	强夯地基	1. 夯击能量 2. 夯击遍数 3. 夯击点布置形式、间距 4. 地基承载力要求 5. 夯填材料种类			1. 铺设夯填材料 2. 强夯 3. 夯填材料运输
010201005	振冲密实 （不填料）	1. 地层情况 2. 振密深度 3. 孔距			1. 振冲加密 2. 泥浆运输
010201006	振冲桩 （填料）	1. 地层情况 2. 空桩长度、桩长 3. 桩径 4. 填充材料种类	1. m 2. m³	（1）以米计量，按设计图示尺寸以桩长计算。 （2）以立方米计量，按设计桩截面乘以桩长以体积计算	1. 振冲成孔、填料、振实 2. 材料运输 3. 泥浆运输
010201007	砂石桩	1. 地层情况 2. 空桩长度、桩长 3. 桩径 4. 成孔方法 5. 材料种类、级配		（1）以米计量，按设计图示尺寸以桩长（包括桩尖）计算。 （2）以立方米计量，按设计桩截面乘以桩长（包括桩尖）以体积计算	1. 成孔 2. 填充、振实 3. 材料运输
010201008	水泥粉煤灰碎石桩	1. 地层情况 2. 空桩长度、桩长 3. 桩径 4. 成孔方法 5. 混合料强度等级	m	按设计图示尺寸以桩长（包括桩尖）计算	1. 成孔 2. 混合料制作、灌注、养护 3. 材料运输

项目编码	项目名称	项目特征	计量单位	工程量计算规则	工作内容
010201009	深层搅拌桩	1. 地层情况 2. 空桩长度、桩长 3. 桩截面尺寸 4. 水泥强度等级、掺量	m	按设计图示尺寸以桩长计算	1. 预搅下钻、水泥浆制作、喷浆搅拌提升成桩 2. 材料运输
010201010	粉喷桩	1. 地层情况 2. 空桩长度、桩长 3. 桩径 4. 粉体种类、掺量 5. 水泥强度等级、石灰粉要求			1. 预搅下钻、喷粉搅拌提升成桩 2. 材料运输
010201011	夯实水泥土桩	1. 地层情况 2. 空桩长度、桩长 3. 桩径 4. 成孔方法 5. 水泥强度等级 6. 混合料配比		按设计图示尺寸以桩长（包括桩尖）计算	1. 成孔、夯底 2. 水泥土拌和、填料、夯实 3. 材料运输
010201012	高压喷射注浆桩	1. 地层情况 2. 空桩长度、桩长 3. 桩截面 4. 注浆类型、方法 5. 水泥强度等级		按设计图示尺寸以桩长计算	1. 成孔 2. 水泥浆制作、高压喷射注浆 3. 材料运输
010201013	石灰桩	1. 地层情况 2. 空桩长度、桩长 3. 桩径 4. 成孔方法 5. 掺合料种类、配合比		按设计图示尺寸以桩长（包括桩尖）计算	1. 成孔 2. 混合料制作、运输、夯填
010201014	灰土（土）挤密桩	1. 地层情况 2. 空桩长度、桩长 3. 桩径 4. 成孔方法 5. 灰土级配			1. 成孔 2. 灰土拌和、运输、填充、夯实
010201015	柱锤冲扩桩	1. 地层情况 2. 空桩长度、桩长 3. 桩径 4. 成孔方法 5. 桩体材料种类、配合比		按设计图示尺寸以桩长计算	1. 安拔套管 2. 冲孔、填料、夯实 3. 桩体材料制作、运输

续表

项目编码	项目名称	项目特征	计量单位	工程量计算规则	工作内容
010201016	注浆地基	1. 地层情况 2. 空钻深度、注浆深度 3. 注浆间距 4. 浆液种类及配合比 5. 注浆方法 6. 水泥强度等级	1. m 2. m³	（1）以米计量，按设计图示尺寸以钻孔深度计算。 （2）以立方米计量，按设计图示尺寸以加固体积计算	1. 成孔 2. 注浆导管制作、安装 3. 浆液制作、压浆 4. 材料运输
010201017	褥垫层	1. 厚度 2. 材料品种及比例	1. m² 2. m³	（1）以平方米计量，按设计图示尺寸以铺设面积计算。 （2）以立方米计量，按设计图示尺寸以体积计算	材料拌和、运输、铺设、压实

2. 相关释义及说明

（1）地层情况按规范的规定，并根据岩土工程勘察报告按单位工程各地层所占比例（包括范围值）进行描述。对无法准确描述的地层情况，可注明由投标人根据岩土工程勘察报告自行决定报价。

（2）项目特征中的桩长应包括桩尖，空桩长度＝孔深－桩长，孔深为自然地面至设计桩底的深度。

（3）高压喷射注浆类型包括旋喷、摆喷、定喷，高压喷射注浆方法包括单管法、双重管法、三重管法。

（4）如采用泥浆护壁成孔，工作内容包括土方、废泥浆外运；如采用沉管灌注成孔，工作内容包括桩尖制作、安装。

（二）《计价定额》相关规定及说明

（1）换填垫层项目用于软弱地基挖土后的换填材料加固工程。填料加固、夯填灰土、就地取土时，应扣除灰土配合比中的黏土。

（2）振冲桩（填料）项目的空桩部分按振冲密实（不填料）相应定额计算，填料的品种规格与定额不同时，应按实调整，填料量的比例按勘察报告或现场签证确定。

（3）砂石桩项目的材料品种、规格与定额不同时，应按实调整。

（4）水泥粉煤灰碎石桩、高压喷射注浆桩的截（凿）桩头按"C桩基工程"分部相应定额计算。

（5）高压喷射注浆桩项目的水泥品种、设计用量与定额不同时，应按实调整。采用成孔换填砂石材料后进行喷射注浆的，换填段增加费用按砂石桩相应定额计算，换填段高压喷射注浆桩按一类、二类土计算。高压喷射注浆桩产生的废水泥浆清理费用另行计算。

（6）褥垫层按"D 砌筑工程""E 混凝土及钢筋混凝土工程"分部相应定额计算，设计或规范规定的材料品种、规格与定额不同时，应按实调整。

（7）预制桩尖模板按"混凝土及钢筋混凝土工程"预制零星构件模板执行。

（8）换填垫层，按设计图示尺寸以体积计算。

（9）振冲密实（不填料）按设计图示尺寸以入土深度计算。

（10）振冲桩（填料）按设计桩截面乘以桩长以体积计算。

（11）砂石桩、水泥粉煤灰碎石桩钻孔按打桩前的自然地坪标高至设计桩底标高以长度计算。

（12）砂石桩、水泥粉煤灰碎石桩灌注按设计截面积乘以设计桩长（包括桩尖）另加超灌高度以体积计算。

（13）高压喷射注浆桩按设计桩长另加超灌高度计算。

（14）超灌高度按设计（无设计要求时按规范规定）的预留长度计算，设计或规范无要求时，砂石桩、高压喷射注浆桩按 0.3m 计算，水泥粉煤灰碎石桩按 0.5m 计算。

（三）工程实例

【例 6-1】　如图 6-1 所示，实线范围为地基强夯范围。

（1）设计要求：不间隔夯击，设计击数 8 击，夯击能量为 500t·m，一遍夯击。求其工程量。

（2）设计要求：不间隔夯击，设计击数为 10 击，分两遍夯击，第一遍 5 击，第二遍 5 击，第二遍要求低锤满拍，设计夯击能量为 400t·m。求其工程量。

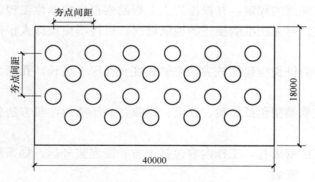

图 6-1　强夯示意图

解：地基强夯工程量按设计图示尺寸以面积计算。

（1）不间隔夯击，设计击数 8 击，夯击能量为 500t·m，一遍夯击。其工程量为 40×18＝720（m²）。

（2）不间隔夯击，设计击数为 10 击，分两遍夯击，第一遍 5 击，第二遍 5 击，第二遍要求低锤满拍，设计夯击能量为 400t·m。其工程量为 40×18＝720（m²）。

二、基坑与边坡支护

（一）GB 50854—2013 相关规定

1. 工程量清单项目设置及工程量计算规则

GB 50854—2013 附录中基坑与边坡支护工程量清单项目设置及工程量计算规则，应按表 6-2 的规定执行。

表 6-2　　　　　　　　　　**基坑与边坡支护（编码：010202）**

项目编码	项目名称	项目特征	计量单位	工程量计算规则	工作内容
010202001	地下连续墙	1. 地层情况 2. 导墙类型、截面 3. 墙体厚度 4. 成槽深度 5. 混凝土种类、强度等级 6. 接头形式	m³	按设计图示墙中心线长乘以厚度乘以槽深以体积计算	1. 导墙挖填、制作、安装、拆除 2. 挖土成槽、固壁、清底置换 3. 混凝土制作、运输、灌注、养护 4. 接头处理 5. 土方、废泥浆外运 6. 打桩场地硬化及泥浆池、泥浆沟
010202002	咬合灌注桩	1. 地层情况 2. 桩长 3. 桩径 4. 混凝土类别、强度等级 5. 部位	1. m 2. 根	（1）以米计量，按设计图示尺寸以桩长计算。 （2）以根计量，按设计图示数量计算	1. 成孔、固壁 2. 混凝土制作、运输、灌注、养护 3. 套管压拔 4. 土方、废泥浆外运 5. 打桩场地硬化及泥浆池、泥浆沟
010202003	圆木桩	1. 地层情况 2. 桩长 3. 材质 4. 尾径 5. 桩倾斜度	1. m 2. 根	（1）以米计量，按设计图示尺寸以桩长（包括桩尖）计算。 （2）以根计量，按设计图示数量计算	1. 工作平台搭拆 2. 桩机移位 3. 桩靴安装 4. 沉桩
010202004	预制钢筋混凝土板桩	1. 地层情况 2. 送桩深度、桩长 3. 桩截面 4. 沉桩方法 5. 连接方式 6. 混凝土强度等级			1. 工作平台搭拆 2. 桩机移位 3. 沉桩 4. 板桩连接
010202005	型钢桩	1. 地层情况或部位 2. 送桩深度、桩长 3. 规格型号 4. 桩倾斜度 5. 防护材料种类 6. 是否拔出	1. t 2. 根	（1）以吨计量，按设计图示尺寸以质量计算。 （2）以根计量，按设计图示数量计算	1. 工作平台搭拆 2. 桩机移位 3. 打（拔）桩 4. 接桩 5. 刷防护材料
010202006	钢板桩	1. 地层情况 2. 桩长 3. 板桩厚度	1. t 2. m²	（1）以吨计量，按设计图示尺寸以质量计算。 （2）以平方米计量，按设计图示墙中心线长乘以桩长以面积计算	1. 工作平台搭拆 2. 桩机移位 3. 打拔钢板桩

续表

项目编码	项目名称	项目特征	计量单位	工程量计算规则	工作内容
010202007	锚杆（锚索）	1. 地层情况 2. 锚杆（索）类型、部位 3. 钻孔深度 4. 钻孔直径 5. 杆体材料品种、规格、数量 6. 预应力 7. 浆液种类、强度等级	1. m 2. 根	（1）以米计量，按设计图示尺寸以钻孔深度计算。 （2）以根计量，按设计图示数量计算	1. 钻孔、浆液制作、运输、压浆 2. 锚杆（锚索）制作、安装 3. 张拉锚固 4. 锚杆（锚索）施工平台搭设、拆除
010202008	土钉	1. 地层情况 2. 钻孔深度 3. 钻孔直径 4. 置入方法 5. 杆体材料品种、规格、数量 6. 浆液种类、强度等级			1. 钻孔、浆液制作、运输、压浆 2. 土钉制作、安装 3. 土钉施工平台搭设、拆除
010202009	喷射混凝土、水泥砂浆	1. 部位 2. 厚度 3. 材料种类 4. 混凝土（砂浆）种类、强度等级	m²	按设计图示尺寸以面积计算	1. 修整边坡 2. 混凝土（砂浆）制作、运输、喷射、养护 3. 钻排水孔、安装排水管 4. 喷射施工平台搭设、拆除
010202010	钢筋混凝土支撑	1. 部位 2. 混凝土种类 3. 混凝土强度等级	m³	按设计图示尺寸以体积计算	1. 模板（支架或支撑）制作、安装、拆除、堆放、运输及清理模内杂物、刷隔离剂等 2. 混凝土制作、运输、浇筑、振捣、养护
010202011	钢支撑	1. 部位 2. 钢材品种、规格 3. 探伤要求	t	按设计图示尺寸以质量计算。不扣除孔眼质量，焊条、铆钉、螺栓等不另增加质量	1. 支撑、铁件制作（摊销、租赁） 2. 支撑、铁件安装 3. 探伤 4. 刷漆 5. 拆除 6. 运输

2. 相关释义及说明

（1）地层情况按规范规定，并根据岩土工程勘察报告按单位工程各地层所占比例（包括范围值）进行描述。对无法准确描述的地层情况，可注明由投标人根据岩土工程勘察报告自行决定报价。

（2）土钉置入方法包括钻孔置入、打入或射入等。

（3）混凝土种类指清水混凝土、彩色混凝土等，如在同一地区既使用预拌（商品）混凝土，又允许现场搅拌混凝土时，也应注明。

（4）地下连续墙和喷射混凝土（砂浆）的钢筋网、咬合灌注桩的钢筋笼及钢筋混凝土支撑的钢筋制作、安装，按"混凝土及钢筋混凝土"中相关项目编码列项。此处未列的基坑与边坡支护的排桩按"桩基工程"中相关项目编码列项。水泥土墙、坑内加固按地基处理中相关项目编码列项。砖、石挡土墙、护坡按"砌筑工程"中相关项目编码列项。混凝土挡土墙按"混凝土及钢筋混凝土"中相关项目编码列项。

（二）《计价定额》相关规定及说明

（1）地下连续墙的导墙土石方开挖按"A 土石方工程"分部相应定额计算，泥浆外运按"A 土石方工程"分部相应定额计算。

（2）地下连续墙、喷射混凝土、喷射水泥砂浆的钢筋网的制作、安装按"E 混凝土及钢筋混凝土工程"分部相应定额计算。

（3）锚杆（锚索）及土钉钻孔、布筋、安装、灌浆、张拉、喷射混凝土（水泥砂浆）等项目的施工平台搭设、拆除发生时，根据设计要求或经批准的施工组织设计方案按"S 措施项目"相应定额计算。

（4）土钉采用钻孔置入法施工时，按锚杆（锚索）相应定额计算。

（5）锚杆（锚索）钻孔、灌浆、土钉和高压喷射扩大头锚杆（锚索）项目的浆液品种和设计用量与定额不同时，按实调整。

（6）钢筋混凝土支撑按"E 混凝土及钢筋混凝土工程""R 拆除工程"等分部相应定额计算。

（7）地下连续墙的混凝土导墙按设计图示尺寸以体积计算。

（8）地下连续墙挖土成槽按设计图示墙中心线长乘以厚度乘以槽深以体积计算。

（9）地下连续墙混凝土浇筑按设计图示墙中心线长乘以厚度乘以墙高以体积计算。

（10）地下连续墙锁口管吊拔按设计图示连续墙段数（如地下连续墙未全包围，按连续墙段数加 1 段）计算，清底置换按设计图示连续墙的段数计算。

（11）锚杆（锚索）钻孔灌浆、土钉、高压喷射扩大头锚杆（锚索）按设计图示尺寸以钻孔深度计算。

（12）锚杆（锚索）、高压喷射扩大头锚杆（锚索）的制作、安装按设计图示钢筋（钢绞线）长度（包括外锚段）、根数乘以单位理论质量计算。如果设计图纸未标明外锚段长度，则预应力锚杆钢筋外锚段按 0.5m 计算，非预应力锚杆钢筋外锚段按 0.2m 计算，预应力锚索外锚段按 1.0m 计算。

（13）喷射混凝土、喷射水泥砂浆按设计图示尺寸以面积计算。

（14）泥浆外运：

1）振冲密实、振冲桩的泥浆外运按设计截面积乘以孔深以体积计算。

2）地下连续墙的泥浆外运按设计图示墙中心线长乘以厚度乘以槽深以体积计算。

3）泥浆外运按即挖即运考虑，对没有及时运走的，经泥浆分离、晾晒后按设计截面积乘以孔深乘以系数 1.3，按一般土方定额计算。

（15）弃土外运：砂石桩、水泥粉煤灰碎石桩的弃土外运按设计截面积乘以孔深乘以系数 1.1，并按一般土方定额计算。

（三）工程实例

【例 6-2】　如图 6-2 所示，某社区地下车库基坑深 7.0m、长 150m，边坡基本直立，该基坑采用锚杆喷护混凝土支护方案。竖直方向设 4 排锚杆，长度分别为 6.0、4.0、4.0、4.0m；水平间距为 1.5m，呈梅花形布置；面层为喷射 60mm 厚 C20 混凝土，上翻 1.0m，双向钢筋网Φ6@200×200。求锚杆、喷射混凝土支护的工程量，并编制工程量清单。

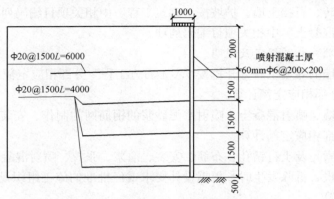

图 6-2　锚杆喷射混凝土支护

解：工程量清单数量：

锚杆工程量为 150÷1.5×（6＋4＋4＋4）＝1800（m）

喷射混凝土支护工程量为（7＋1）×150＝1200（m²）（钢筋另计）

将计算结果填入表 6-3。

表 6-3　　　　　　　　　　　　　分部分项工程量清单

序号	项目编码	项目名称	项目特征	计量单位	工程量
1	010202007001	锚杆	1. 钻孔深度：6m、4m 2. 钻孔直径：20mm	m	1800
2	010202009001	喷射混凝土	1. 部位：地下车库基坑 2. 厚度：60mm 3. 材料种类：混凝土 4. 混凝土等级：C20	m²	1200

第二节　桩　基　工　程

桩基工程工程量清单分两个分部工程清单项目，即打桩、灌注桩项目。

一、打桩

（一）GB 50854—2013 相关规定

1. 工程量清单项目设置及工程量计算规则

GB 50854—2013 附录中打桩工程量清单项目设置及工程量计算规则，应按表 6-4 的规定执行。

表 6 - 4 　　　　　　　　　　　　　打桩（编号：010301）

项目编码	项目名称	项目特征	计量单位	工程量计算规则	工作内容
010301001	预制钢筋混凝土方桩	1. 地层情况 2. 送桩深度、桩长 3. 桩截面 4. 桩倾斜度 5. 沉桩方法 6. 接桩方式 7. 混凝土强度等级	1. m 2. m³ 3. 根	（1）以米计量，按设计图示尺寸以桩长（包括桩尖）计算。	1. 工作平台搭拆 2. 桩机竖拆、移位 3. 沉桩 4. 接桩 5. 送桩
010301002	预制钢筋混凝土管桩	1. 地层情况 2. 送桩深度、桩长 3. 桩外径、壁厚 4. 桩倾斜度 5. 沉桩方法 6. 桩尖类型 7. 混凝土强度等级 8. 填充材料种类 9. 防护材料种类		（2）以立方米计量，按设计图示截面积乘以桩长（包括桩尖）以实体积计算。 （3）以根计量，按设计图示数量计算	1. 工作平台搭拆 2. 桩机竖拆、移位 3. 沉桩 4. 接桩 5. 送桩 6. 桩尖制作安装 7. 填充材料、刷防护材料
010301003	钢管桩	1. 地层情况 2. 送桩深度、桩长 3. 材质 4. 管径、壁厚 5. 桩倾斜度 6. 沉桩方法 7. 填充材料种类 8. 防护材料种类	1. t 2. 根	（1）以吨计量，按设计图示尺寸以质量计算。 （2）以根计量，按设计图示数量计算	1. 工作平台搭拆 2. 桩机竖拆、移位 3. 沉桩 4. 接桩 5. 送桩 6. 切割钢管、精割盖帽 7. 管内取土 8. 填充材料、刷防护材料
010301004	截（凿）桩头	1. 桩类型 2. 桩头截面、高度 3. 混凝土强度等级 4. 有无钢筋	1. m³ 2. 根	（1）以立方米计量，按设计桩截面乘以桩头长度以体积计算。 （2）以根计量，按设计图示数量计算	1. 截（切割）桩头 2. 凿平 3. 废料外运

2. 相关释义及说明

（1）地层情况按规范的规定，并根据岩土工程勘察报告按单位工程各地层所占比例（包括范围值）进行描述。对无法准确描述的地层情况，可注明由投标人根据岩土工程勘察报告自行决定报价。

（2）项目特征中的桩截面、混凝土强度等级、桩类型等可直接用标准图代号或设计桩型进行描述。

（3）预制钢筋混凝土方桩、预制钢筋混凝土管桩项目以成品桩编制，应包括成品桩购置费，如果用现场预制，应包括现场预制桩的所有费用。

（4）打试验桩和打斜桩应按相应项目编码单独列项，并应在项目特征中注明试验桩或斜桩（斜率）。

（5）截（凿）桩头项目适用于地基处理与边坡支护、桩基工程所列桩的桩头截（凿）。

（6）预制钢筋混凝土管桩桩顶与承台的连接构造按"混凝土及钢筋混凝土"相关项目列项。

（二）《计价定额》相关规定及说明

（1）打桩工程按陆地打垂直桩编制。设计要求打斜桩时，斜度不大于 $1:6$ 时，相应项目人工、机械乘以系数 1.25（俯打、仰打均同）；斜度大于 $1:6$ 时，相应项目人工、机械乘以系数 1.43。

（2）打桩工程以平地（坡度不大于 15°）打桩编制，坡度大于 15°时，相应项目人工、机械乘以系数 1.15。在基坑内（基坑深度大于 1.5m，基坑面积不大于 500m²）或坑槽内（坑槽深度大于 1m）打桩时，相应项目人工、机械乘以系数 1.11。

（3）在桩间补桩或在强夯后的地基上打桩时，相应项目人工、机械乘以系数 1.15。

（4）打桩工程，如遇送桩时，按打桩计算，相应项目人工、机械乘以系数 1.25。

（5）打桩时如果采用预钻孔沉桩，按"B 地基处理与边坡支护工程"分部相应定额计算。设计图纸无预钻孔孔径规定时，按桩径（或方桩对角线）减 100mm 确定预钻孔孔径。如预成孔后灌注混凝土，按相应定额计算，如灌注砂浆，将混凝土改为相应砂浆。

（6）如使用混凝土空心方桩，套用相应截面的混凝土方桩，混凝土空心方桩损耗率按 1%计算。

（7）打桩定额内未包括钢桩尖制作、安装项目，实际发生时按"E 混凝土及钢筋混凝土工程"中的预埋铁件项目计算。

（8）混凝土空心桩桩头灌芯部分按人工挖孔桩灌注桩芯（有护壁部分）相应定额执行。

（9）截桩项目已包括将截下的桩头运至现场不影响施工的堆放点的费用，桩头如需外运者，按"A 土石方工程"分部相应定额计算。

（10）打、压预制钢筋混凝土方桩，打、压预制钢筋混凝土管桩，按设计图示尺寸以桩长（包括桩尖）计算。

（11）送桩按设计桩顶至打桩前自然地坪另加 0.5m 以长度计算。

（12）接桩按设计图示以接头数量计算。

（13）切割桩头按设计图示数量计算。

（14）钢桩尖按设计图示尺寸以质量计算。

（15）凿桩头按设计截面积乘以桩头长度以体积计算。桩头长度按设计或规范规定的预留长度计算，设计或规范无要求时，预制桩桩头长度按桩体高 $40d$（d 为桩体主筋直径，主筋直径不同时取大者）计算，灌注桩桩头长度按超灌高度计算。

（三）工程实例

【例 6-3】　某工程需用如图 6-3 所示预制钢筋混凝土方桩 200 根，如图 6-4 所示预制混凝土管桩 150 根，已知混凝土强度等级为 C40，土壤类别为四类土，求该工程打方桩及管桩的工程量。

解： 方桩工程量：200 根或 11.6×200＝2320（m）

管桩工程量：150 根或 18.8×150＝2820（m）

若是施工企业编制投标报价，则应按当地建设主管部门规定的办法计算工程量。如四川省的计算规则应计算桩长。

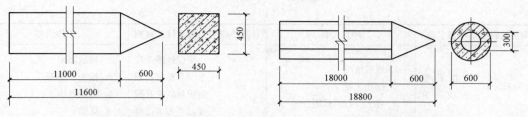

图 6-3　预制钢筋混凝土方桩　　　　　　　图 6-4　预制混凝土管桩

【例 6-4】　某建筑物基础打预制钢筋混凝土方桩 120 根，桩长（桩顶至桩尖）9.5m，断面尺寸为 250mm×250mm。若将桩送入地下 0.5m，则按《计价定额》的规定计算打桩及送桩工程量。

解： 打桩工程量为 120×9.5＝1140（m）

送桩工程量为 （0.5＋0.5）×120＝120（m）

【例 6-5】　某工程为打预制钢筋混凝土方桩，断面尺寸为 500mm×500mm，用硫磺胶泥接桩，接桩数量 100 个，求其工程量。

解： 按设计图示规定以接头数量计算，则硫磺胶泥接混凝土方桩的工程数量为 100 个。

二、灌注桩

（一）GB 50854—2013 相关规定

1. 工程量清单项目设置及工程量计算规则

GB 50854—2013 附录中灌注桩工程量清单项目设置及工程量计算规则，应按表 6-5 的规定执行。

表 6-5　　　　　　　　　　灌注桩（编号：010302）

项目编码	项目名称	项目特征	计量单位	工程量计算规则	工作内容
010302001	泥浆护壁成孔灌注桩	1. 地层情况 2. 空桩长度、桩长 3. 桩径 4. 成孔方法 5. 护筒类型、长度 6. 混凝土种类、强度等级	1. m 2. m³ 3. 根	（1）以米计量，按设计图示尺寸以桩长（包括桩尖）计算。 （2）以立方米计量，按不同截面在桩上范围内以体积计算。 （3）以根计量，按设计图示数量计算	1. 护筒埋设 2. 成孔、固壁 3. 混凝土制作、运输、灌注、养护 4. 土方、废泥浆外运 5. 打桩场地硬化及泥浆池、泥浆沟
010302002	沉管灌注桩	1. 地层情况 2. 空桩长度、桩长 3. 复打长度 4. 桩径 5. 沉管方法 6. 桩尖类型 7. 混凝土种类、强度等级			1. 打（沉）拔钢管 2. 桩尖制作、安装 3. 混凝土制作、运输、灌注、养护
010302003	干作业成孔灌注桩	1. 地层情况 2. 空桩长度、桩长 3. 桩径 4. 扩孔直径、高度 5. 成孔方法 6. 混凝土种类、强度等级			1. 成孔、扩孔 2. 混凝土制作、运输、灌注、振捣、养护

续表

项目编码	项目名称	项目特征	计量单位	工程量计算规则	工作内容
010302004	挖孔桩土（石）方	1. 地层情况 2. 挖孔深度 3. 弃土（石）运距	m³	按设计图示尺寸（含护壁）截面积乘以挖孔深度以立方米计算	1. 排地表水 2. 挖土、凿石 3. 基底钎探 4. 运输
010302005	人工挖孔灌注桩	1. 桩芯长度 2. 桩芯直径、扩底直径、扩底高度 3. 护壁厚度、高度 4. 护壁混凝土种类、强度等级 5. 桩芯混凝土种类、强度等级	1. m³ 2. 根	（1）以立方米计量，按桩芯混凝土体积计算。 （2）以根计量，按设计图示数量计算	1. 护壁制作 2. 混凝土制作、运输、灌注、振捣、养护
010302006	钻孔压浆桩	1. 地层情况 2. 空钻长度、桩长 3. 钻孔直径 4. 水泥强度等级	1. m 2. 根	（1）以米计量，按设计图示尺寸以桩长计算。 （2）以根计量，按设计图示数量计算	钻孔、下注浆管、投放骨料、浆液制作、运输、压浆
010302007	灌注桩后压浆	1. 注浆导管材料、规格 2. 注浆导管长度 3. 单孔注浆量 4. 水泥强度等级	孔	按设计图示以注浆孔数计算	1. 注浆导管制作、安装 2. 浆液制作、运输、压浆

2. 相关释义及说明

（1）地层情况按规范的规定，并根据岩土工程勘察报告按单位工程各地层所占比例（包括范围值）进行描述。对无法准确描述的地层情况，可注明由投标人根据岩土工程勘察报告自行决定报价。

（2）项目特征中的桩长应包括桩尖，空桩长度＝孔深－桩长，孔深为自然地面至设计桩底的深度。

（3）项目特征中的桩截面（桩径）、混凝土强度等级、桩类型等可直接用标准图代号或设计桩型进行描述。

（4）泥浆护壁成孔灌注桩是指在泥浆护壁条件下成孔，采用水下灌注混凝土的桩。其成孔方法包括冲击钻成孔、冲抓锥成孔、回旋钻成孔、潜水钻成孔、泥浆护壁的旋挖成孔等。

（5）沉管灌注桩的沉管方法包括锤击沉管法、振动沉管法、振动冲击沉管法、内夯沉管法等。

（6）干作业成孔灌注桩是指不用泥浆护壁和套管护壁的情况下，用钻机成孔后，下钢筋笼，灌注混凝土的桩，适用于地下水位以上的土层使用。其成孔方法包括螺旋钻成孔、螺旋钻成孔扩底、干作业的旋挖成孔等。

（7）混凝土种类指清水混凝土、彩色混凝土、水下混凝土等，如在同一地区既使用预拌（商品）混凝土，又允许现场搅拌混凝土时，也应注明。

（8）混凝土灌注桩的钢筋笼制作、安装，按"混凝土及钢筋混凝土"中相关项目编码列项。

（二）《计价定额》相关规定及说明

（1）钢护筒项目是指采用原有钻机或吊车进行护筒埋设和拔出。振动锤打拔套管指采用专用设备进行套管埋设和拔出。当采用混凝土护筒时，按人工挖孔桩相应定额计算。如钢护筒（或套管）不需拔出时，相应定额的人工、机械乘以系数0.4，钢护筒（或套管）损耗率按1%计算。

（2）灌注桩中的材料用量包含了充盈系数和材料损耗，见表6-6。如果成孔时遇特殊地层造成塌孔、斜孔、扩孔、缩径、泥浆流失等情况时，在制定相应技术措施后，经签证确认，实际发生的材料费用、措施费用另行计算。

表6-6 灌注桩的材料充盈系数和材料损耗表

项目名称	充盈系数	损耗率（%）	
		现场搅拌	商品混凝土
冲击成孔灌注桩	1.25		
回转钻孔灌注桩、旋挖钻孔灌注桩（泥浆护壁）	1.20	1.0	0.5
旋挖钻孔灌注桩（干作业）	1.15		
全回转全套管成孔灌注桩、钢护筒（或套管）部分灌注混凝土	1.10		

（3）旋挖钻机钻孔如有扩底，对于以米为计量单位的桩，扩底部分按上部桩身直径对应的定额乘以系数3.0计算；对于以立方米为计量单位的桩，套用上部桩身直径对应的定额，按扩底部分设计方量乘以系数2.2计算。

（4）全回转全套管成孔定额内不包括地面锁口圈梁，实际发生时，按"D砌筑工程"分部或"E混凝土及钢筋混凝土工程"分部相应定额计算。

（5）灌注桩钢筋笼吊装不含钢筋笼制作，灌注桩钢筋笼制作按"E混凝土及钢筋混凝土工程"相应定额计算。

（6）人工挖孔桩土石方项目已综合考虑了孔内照明、通风。

（7）人工挖孔桩挖淤泥时，按人工挖孔桩土方相应定额乘以系数1.5计算，采取的特殊护壁措施另行计算。挖孔时遇地下水，应采取降水措施，如果边挖孔边排水，那么排水费用按"S措施项目"计算，工效损失按每立方米增加1.5工日的普工计算。

（8）人工挖孔桩石方项目采用水磨钻、风钻等施工方式，均套用人工挖孔桩石方相应定额。人工挖孔桩挖石方已考虑孔内排水，不另计算。

（9）人工挖孔桩扩底部分套用上部桩身挖孔截面对应的定额。

（10）桩孔空钻部分回填应根据施工组织设计要求套用相应定额，填土者按"A土石方工程"分部回填土项目计算，填碎石者按"D砌筑工程"分部相应垫层定额计算。

（11）沉管灌注桩、长螺旋钻孔灌注桩按"B地基处理与边坡支护工程"分部相应定额计算。

（12）注浆管埋设、声测管埋设如遇注浆管、声测管材质、规格不同时，按实调整。注浆管埋设项目按桩底注浆考虑，如采用侧向注浆时，人工、机械乘以系数 1.2。

（13）钢护筒（或套管）部分的灌注桩成孔项目套用钢护筒（或套管）外径对应的定额。

（14）钢护筒按护筒设计质量计算。当设计未提供钢护筒的质量时，可参照表 6-7 的质量进行计算，没有对应的桩径时采用内插法计算。编制招标控制价时根据勘察报告，钢护筒长度按地表下松散地层平均厚度加 200mm 计算。

表 6-7   钢护筒单位质量

设计桩径（mm）	400	600	800	1000	1200	1600	2000	2400
钢护筒单位质量（kg/m）	64.06	90.02	138.83	169.89	234.25	350.33	487.06	580.24

（15）振动锤打拔套管以长度为计量单位时，按套管入土深度计算；以体积为计量单位时，按套管外截面积乘以入土深度计算。

（16）回旋钻机钻孔、冲击钻机成孔、旋挖钻机钻孔以长度为计量单位时，按打桩前自然地坪标高至设计桩底标高的钻孔深度计算；以体积为计量单位时，按桩设计截面积乘以钻孔深度计算，其中，钢护筒（或套管）部分按钢护筒（或套管）外截面积乘以入土深度计算。

（17）全回转全套管成孔以长度为计量单位时，按套管入土深度计算；以体积为计量单位时，按套管外截面积乘以入土深度计算。

（18）回旋钻孔、冲击成孔、旋挖钻孔灌注混凝土按设计截面积乘以设计桩长（包括桩尖）另加超灌高度以体积计算；钢护筒（或套管）部分灌注混凝土按钢护筒（或套管）外截面积乘以设计长度另加超灌高度以体积计算；全回转全套管成孔灌注混凝土按套管外截面积乘以设计长度另加超灌高度以体积计算。钢护筒（或套管）不需拔出时，钢护筒（或套管）部分灌注混凝土按钢护筒（或套管）内截面积乘以设计长度另加超灌高度以体积计算，现场搅拌混凝土用量调整为 $10.10 m^3/10 m^3$，商品混凝土用量调整为 $10.05 m^3/10 m^3$，相应定额的人工、机械乘以系数 0.9。

（19）钻孔灌注微型桩、钻孔压浆桩按设计图示尺寸以桩长计算。

（20）人工挖孔桩土石方按设计图示尺寸（含护壁）截面积乘以挖孔深度以体积计算。

（21）人工挖孔桩护壁、人工挖孔桩桩芯混凝土分别按设计图示尺寸以体积计算。如果人工挖孔桩采用水下灌注，则应另加超灌高度。

（22）超灌高度按设计（无设计时按规范规定）的预留长度计算，设计或规范无要求时，采用干作业的旋挖钻孔灌注桩、全回转全套管灌注桩和采用水下灌注的人工挖孔桩按 0.5m 计算，泥浆护壁桩按 1.0m 计算。

（23）桩孔回填按打桩前自然地坪标高至设计桩顶标高（有超灌高度时，按超灌高度顶标高）的深度乘以桩孔截面积以体积计算。

（24）注浆管埋设、声测管埋设按打桩前的自然地坪标高至设计桩底标高的长度另加 0.5m 以长度计算，灌注桩后压浆的压浆工程量按设计注入的水泥质量计算。

（25）泥浆外运：回旋钻机钻孔、冲击钻机成孔的泥浆外运按设计截面积乘以孔深以体积计算，钢护筒（或套管）部分按设计截面积乘以孔深以体积计算。

泥浆外运按即挖即运考虑，对没有及时运走的，经泥浆分离、晾晒后按泥浆外运工程量乘以系数 1.3，按一般土方定额计算。

（26）弃土外运：泥浆护壁旋挖钻机钻孔的弃土外运按设计截面积乘以孔深乘以系数 1.3 以体积计算，钢护筒（或套管）部分按钢护筒（或套管）外截面积乘以孔深以体积计算，套用"A 土石方工程"分部淤泥定额，经晾晒后按一般土方定额计算。

干作业灌注桩的弃土外运按设计截面积乘以孔深乘以系数 1.1 以体积计算，钢护筒（或套管）部分按钢护筒（或套管）外截面积乘以孔深以体积计算，套用"A 土石方工程"分部一般土石方定额。

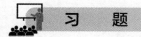

习　题

1. 某边坡工程采用土钉支护，根据岩土工程勘察报告，地层为带块石的碎石土，土钉成孔直径为 90mm，采用 1 根 HRB335、直径为 25mm 的钢筋作为杆体，成孔深度均为 10.0m，土钉入射倾角为 15°，杆筋送入钻孔后，灌注 M30 水泥砂浆。混凝土面板采用 C20 喷射混凝土，厚度为 120mm，如图 6-5、图 6-6 所示。

问题：根据以上背景资料及 GB 50500—2013、GB 50854—2013，试列出该边坡分部分项工程量清单（不考虑挂网及锚杆、喷射平台等内容）。

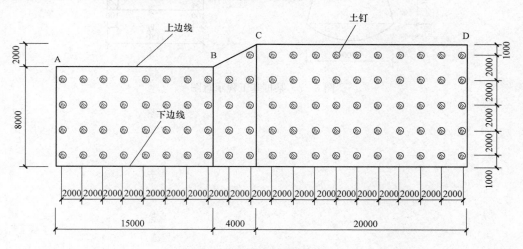

图 6-5　AD 段边坡立面图

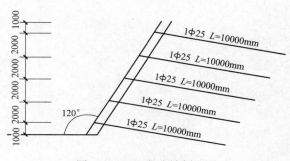

图 6-6　AD 段边坡剖面图

2. 某工程采用人工挖孔桩基础，设计情况如图 6-7 所示，桩数 10 根，桩端进入中风化泥岩不少于 1.5m，护壁混凝土采用现场搅拌，强度等级为 C25，桩芯采用商品混凝土，强度等级为 C25，土方采用场内转运。地层情况自上而下为：卵石层（四类土）厚 5～7m，强风化泥岩（极软岩）厚 3～5m，以下为中风化泥岩（软岩）。

问题：根据以上背景资料及 GB 50500—2013、GB 50854—2013，试列出该桩基础分部分项工程量清单。

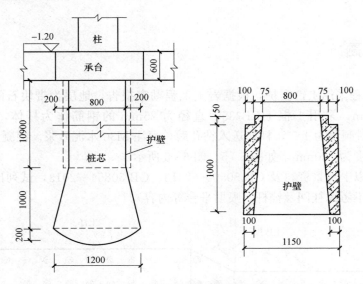

图 6-7   某桩基工程示意图

第七章

砌筑工程

学习摘要

本章主要介绍砌筑工程的清单计量与计价。通过本章学习，读者应熟悉砌筑工程清单项目划分，掌握砌筑工程工程量清单与计价编制的程序以及工程量清单与计价的格式。

砌筑工程的工程量清单共分4个分项工程量清单项目，包括砖砌体、砌块砌体、石砌体和垫层。

第一节 砖砌体和砌块砌体

一、砖基础

（一）GB 50854—2013 相关规定

1. 工程量清单项目设置及工程量计算规则

GB 50854—2013 附录中砖基础工程量清单项目设置及工程量计算规则，应按表 7-1 的规定执行。

表 7-1　　　　　　　　　　　　　　　　砖基础

项目编码	项目名称	项目特征	计量单位	工程量计算规则	工作内容
010401001	砖基础	1. 砖品种、规格、强度等级 2. 基础类型 3. 砂浆强度等级 4. 防潮层材料种类	m³	按设计图示尺寸以体积计算。 　包括附墙垛基础宽出部分体积，扣除地梁（圈梁）、构造柱所占体积，不扣除基础大放脚 T 形接头处的重叠部分及嵌入基础内的钢筋、铁件、管道、基础砂浆防潮层和单个面积 0.3m² 以内的孔洞所占体积，靠墙暖气沟的挑檐不增加。 　基础长度：外墙按外墙中心线，内墙按内墙净长线计算	1. 砂浆制作、运输 2. 砌砖 3. 防潮层铺设 4. 材料运输

2．相关释义及说明

（1）"砖基础"项目适用于各种类型砖基础，如柱基础、墙基础、管道基础等。

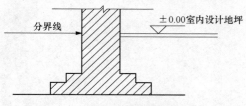

图7-1　砖基础与墙身分界线
（以设计室内地坪为界）

（2）砖基础与墙（柱）身使用同一种材料时，以设计室内地坪为界（有地下室的按地下室室内设计地坪为界），以下为基础，以上为墙（柱）身（如图7-1所示）。基础与墙身使用不同材料，位于设计室内地坪±300mm以内时以不同材料为界（如图7-2所示）；超过±300mm时，应以设计室内地坪为界（如图7-3所示）。

（3）砖围墙应以设计室外地坪为界，以下为基础，以上为墙身。

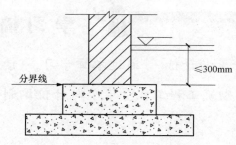

图7-2　砖基础与墙身分界线
（±300mm以内，以不同材料为界）

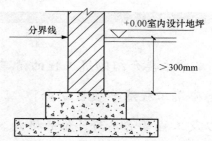

图7-3　砖基础与墙身分界线
（超过±300mm，以设计室内地坪为界）

（二）计价定额相关规定

砖基础与墙、柱划分应以设计室内地坪为界（有地下室的按地下室室内设计地坪为界），以上为墙（柱）身。基础与墙身用不同材料，位于设计室内地坪不大于±300mm时以不同材料为界；超过±300mm时，应以设计室内地坪为界。砖围墙应以设计室外地坪为界，以下为基础，以上为墙身。

砖基础为弧形时，按相应项目人工费乘以系数1.1。砖用量乘以系数1.025。

（三）工程量计算

1．条形砖基础

条形砖基础体积＝基础断面面积×基础长度

（1）基础断面面积。

1）按折加高度计算（如图7-4所示）。

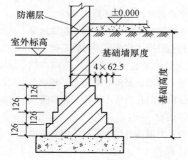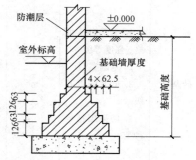

图7-4　砖基础示意图

$$基础断面面积＝基础宽度×基础高度$$
$$基础高度＝设计图示高度＋大放脚折加高度$$
$$大放脚折加高度＝放脚断面积/墙厚（可查表7-2）$$

表7-2 大放脚折加高度

放脚层数	折加高度（m）												增加断面积（m²）	
	1/2砖 (0.115)		1砖 (0.24)		3/2砖 (0.365)		2砖 (0.49)		2砖半 (0.615)		3砖 (0.74)			
	等高	不等高	等高	不等高	等高	不等高	等高	不等高	等高	不等高	等高	不等高	等高	不等高
1	0.137	0.137	0.066	0.066	0.043	0.043	0.032	0.032	0.026	0.026	0.021	0.021	0.0158	0.0158
2	0.411	0.342	0.197	0.164	0.129	0.108	0.096	0.08	0.077	0.064	0.064	0.053	0.0473	0.0394
3			0.394	0.328	0.259	0.216	0.193	0.161	0.154	0.128	0.128	0.106	0.0945	0.0788
4			0.656	0.525	0.432	0.345	0.321	0.253	0.256	0.205	0.213	0.17	0.1575	0.126
5			0.984	0.788	0.647	0.518	0.482	0.38	0.384	0.307	0.319	0.255	0.2363	0.189
6			1.378	1.083	0.906	0.712	0.672	0.53	0.538	0.419	0.447	0.351	0.3308	0.2599
7			1.838	1.444	1.208	0.949	0.90	0.707	0.717	0.563	0.596	0.468	0.441	0.3465
8			2.363	1.838	1.553	1.208	1.157	0.90	0.922	0.717	0.766	0.596	0.567	0.4411
9			2.953	2.297	1.942	1.51	1.447	1.125	1.153	0.896	0.958	0.745	0.7088	0.5513
10			3.61	2.789	2.372	1.834	1.768	1.366	1.409	1.088	1.171	0.905	0.8663	0.6694

2）按折加面积计算。

$$基础断面面积＝基础墙宽度×基础高度＋大放脚增加面积$$

等高时，大放脚增加面积为$0.007875n(n+1)$；不等高时，大放脚增加面积为$0.007875[n(n+1)-\sum 半层放脚层数值]$。

（2）基础长度。外墙墙基按外墙中心线长度计算；内墙墙基按内墙净长计算。

（3）应扣除项目。应扣除地梁（圈梁）、构造柱、单个面积$0.3m^2$以上的孔洞所占体积。

（4）不扣除项目。不扣除基础大放脚T形接头处的重叠部分（如图7-5所示）及嵌入基础内的钢筋、铁件、管道、基础砂浆防潮层和单个面积$0.3m^2$以内的孔洞所占体积。但靠墙暖气沟的挑砖、石基础洞口上的砖平碹亦不另计算。

（5）附墙柱垛基础（如图7-6所示）宽出部分体积（见表7-3）应并入基础工程量内。

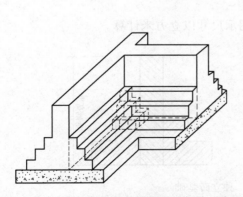

图7-5 基础大放脚T形接头重叠部分示意图

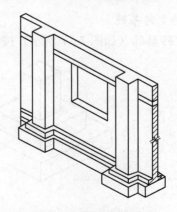

图7-6 附墙柱垛基础

表 7-3　　　　砖垛基础体积　　　　单位：m³/每个砖垛基础

项目	突出墙面宽	1/2砖(12.5cm)		1砖（25cm）			3/2砖（37.8cm）			2砖（50cm）		
	砖垛尺寸 （mm）	125× 240	125× 365	250× 240	250× 365	250× 490	375× 365	375× 490	375× 615	500× 490	500× 615	500× 740
垛基正身体积	垛基高（cm） 80	0.024	0.037	0.048	0.073	0.098	0.110	0.147	0.184	0.196	0.246	0.296
	90	0.027	0.014	0.054	0.028	0.110	0.123	0.165	0.208	0.221	0.277	0.333
	100	0.030	0.046	0.060	0.091	0.123	0.137	0.184	0.231	0.245	0.308	0.370
	110	0.033	0.050	0.066	0.100	0.135	0.151	0.202	0.254	0.270	0.338	0.407
	120	0.036	0.055	0.072	0.110	0.147	0.164	0.221	0.277	0.294	0.369	0.444
	130	0.039	0.059	0.078	0.119	0.159	0.178	0.239	0.300	0.319	0.400	0.481
	140	0.042	0.064	0.084	0.128	0.172	0.192	0.257	0.323	0.343	0.431	0.518
	150	0.045	0.068	0.090	0.137	0.184	0.205	0.276	0.346	0.368	0.461	0.555
	160	0.048	0.073	0.096	0.146	0.196	0.219	0.294	0.369	0.392	0.492	0.592
	170	0.051	0.078	0.102	0.155	0.208	0.233	0.312	0.392	0.417	0.523	0.629
	180	0.054	0.082	0.108	0.164	0.221	0.246	0.331	0.415	0.441	0.554	0.666
	每增减5	0.0015	0.0023	0.0030	0.0045	0.0062	0.0063	0.092	0.0115	0.0126	0.0154	0.1850

项目	层数	1/2砖 等高式/间隔式	1砖 等高式/间隔式	3/2砖 等高式/间隔式	2砖 等高式/间隔式
放脚部分体积	1	0.002/0.002	0.004/0.004	0.006/0.006	0.008/0.008
	2	0.006/0.005	0.120/0.010	0.018/0.015	0.023/0.020
	3	0.012/0.010	0.023/0.020	0.035/0.029	0.047/0.039
	4	0.020/0.016	0.039/0.032	0.059/0.047	0.078/0.063
	5	0.029/0.024	0.059/0.047	0.088/0.070	0.117/0.094
	6	0.041/0.032	0.082/0.065	0.123/0.097	0.164/0.129
	7	0.055/0.043	0.109/0.086	0.164/0.129	0.221/0.172
	8	0.070/0.055	0.141/0.109	0.211/0.164	0.284/0.225

2. 独立砖基础

独立砖基础（如图 7-7 所示）按设计图示尺寸以立方米计算。

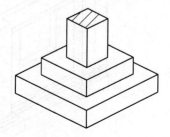
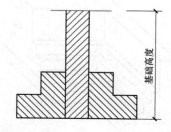

图 7-7　独立砖基础

（四）工程实例

【例 7 - 1】　　某建筑物基础平面图及详图如图 7 - 8 所示，地面做法：20mm 厚 1∶25 的水泥砂浆，100mm 厚 C10 的素混凝土垫层，素土夯实。基础为 M5.0 的水泥砂浆砌筑 MU10 标准黏土砖，求该工程砖基础的工程数量。

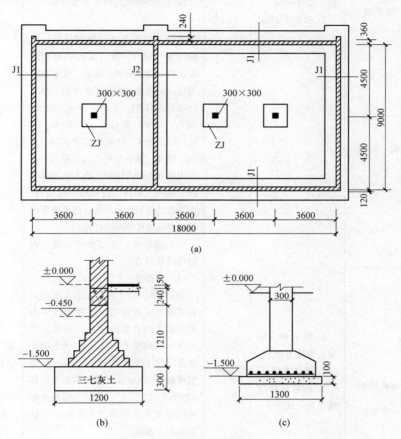

图 7 - 8　建筑物基础平面

（a）基础平面图；（b）基础详图；（c）ZJ 说图

解：（1）外墙基础：$L_1 = (9+18) \times 2 + 0.24 \times 3 = 54.72$（m）

$S = 0.24 \times (1.5 - 0.24) + 0.1575$（查表 7 - 2）$= 0.4599$（m²）

$V_1 = 0.4599 \times 54.72 = 25.17$（m³）

（2）内墙基础：$L_2 = 9 - 0.24 = 8.76$（m）

$S = 0.4599$m²

$V_2 = 0.4599 \times 8.76 = 4.03$（m³）

（3）合计 $V = V_1 + V_2 = 25.17 + 4.03 = 29.20$（m³）

二、砖砌体和砌块砌体

（一）GB 50854—2013 相关规定

GB 50854—2013 附录中砖砌体和砌块砌体工程量清单项目设置及工程量计算规则，应分别按表 7 - 4、表 7 - 5 的规定执行。

表 7 - 4 砖砌体（编码：010401）

项目编码	项目名称	项目特征	计量单位	工程量计算规则	工程内容
010401002	砖砌挖孔桩护壁	1. 砖品种、规格、强度等级 2. 砂浆强度等级	m³	按设计图示尺寸以立方米计算	1. 砂浆制作、运输 2. 砌砖 3. 材料运输
010401003	实心砖墙	1. 砖品种、规格、强度等级 2. 墙体类型 3. 砂浆强度等级、配合比	m³	按设计图示尺寸以体积计算。扣除门窗、洞口、嵌入墙内的钢筋混凝土柱、梁、圈梁、挑梁、过梁及凹进墙内的壁龛、管槽、暖气槽、消火栓箱所占体积。不扣除梁头、板头、檩头、垫木、木楞头、沿缘木、木砖、门窗走头、砖墙内加固钢筋、木筋、铁件、钢管及单个面积在 0.3m² 以内的孔洞所占体积。凸出墙面的腰线、挑檐、压顶、窗台线、虎头砖、门窗套的体积亦不增加。凸出墙面的砖垛并入墙体体积内计算。 （1）墙长度：外墙按中心线，内墙按净长计算。 （2）墙高度： 1）外墙：斜（坡）屋面无檐口天棚者算至屋面板底；有屋架且室内外均有天棚者算至屋架下弦底另加 200mm（如图 7-9 所示）；无天棚者算至屋架下弦底另加 300mm，出檐宽度超过 600mm 时按实砌高度计算（如图 7-10 所示）；有钢筋混凝土楼板隔层者算至板顶。平屋面算至钢筋混凝土板底。 2）内墙：位于屋架下弦者，算至屋架下弦底；无屋架者算至天棚底另加 100mm（如图 7-11 所示）；有钢筋混凝土楼板隔层者算至楼板顶（如图 7-12 所示）；有框架梁时算至梁底（如图 7-13 所示）。 3）女儿墙：从屋面板上表面算至女儿墙顶面（如有混凝土压顶时算至压顶下表面，如图 7-14 所示）。 4）内、外山墙：按其平均高度计算。 （3）框架间墙：不分内外墙按墙体净尺寸以体积计算。 （4）围墙：高度算至压顶上表面（如有混凝土压顶时算至压顶下表面），围墙柱并入围墙体积内	1. 砂浆制作、运输 2. 砌砖 3. 勾缝 4. 砖压顶砌筑 5. 材料运输
010401004	多孔砖墙		m³		
010401005	空心砖墙				

项目编码	项目名称	项目特征	计量单位	工程量计算规则	工程内容
010401006	空斗墙	1. 砖品种、规格、强度等级 2. 墙体类型 3. 砂浆强度等级、配合比	m³	按设计图示尺寸以空斗墙外形体积计算，墙角、内外墙交接处、门窗洞口立边、窗台砖、屋檐处的实砌部分体积并入空斗墙体积内	1. 砂浆制作、运输 2. 砌砖 3. 装填充料 4. 刮缝 5. 材料运输
010401007	空花墙			按设计图示尺寸以空花部分外形体积计算，不扣除空洞部分体积	
010401008	填充墙	1. 砖品种、规格、强度等级 2. 墙体类型 3. 填充材料种类及厚度 4. 砂浆强度等级、配合比		按设计图示尺寸以填充墙外形体积计算	
010401009	实心砖柱	1. 砖品种、规格、强度等级 2. 柱类型 3. 砂浆强度等级、配合比		按设计图示尺寸以体积计算。扣除混凝土及钢筋混凝土梁垫、梁头、板头所占体积	1. 砂浆制作、运输 2. 砌砖 3. 勾缝 4. 材料运输
010404010	多孔砖柱				
010404011	砖检查井	1. 井截面 2. 砖品种、规格、强度等级 3. 垫层材料种类、厚度 4. 底板厚度 5. 井盖安装 6. 混凝土强度等级 7. 砂浆强度等级 8. 防潮层材料种类	座	按设计图示数量计算	1. 砂浆制作、运输 2. 铺设垫层 3. 底板混凝土制作、运输、浇筑、振捣、养护 4. 砌砖 5. 刮缝 6. 井池底、壁抹灰 7. 抹防潮层 8. 材料运输
010404012	零星砌砖	1. 零星砌砖名称、部位 2. 砖品种、规格、强度等级 3. 砂浆强度等级、配合比	1. m³ 2. m² 3. m 4. 个	（1）以立方米计量，按设计图示尺寸截面积乘以长度计算。 （2）以平方米计量，按设计图示尺寸水平投影面积计算。 （3）以米计量，按设计图示尺寸长度计算。 （4）以个计量，按设计图示数量计算	1. 砂浆制作、运输 2. 砌砖 3. 刮缝 4. 材料运输

续表

项目编码	项目名称	项目特征	计量单位	工程量计算规则	工程内容
010404013	砖散水、地坪	1. 砖品种、规格、强度等级 2. 垫层材料种类、厚度 3. 散水、地坪厚度 4. 面层种类、厚度 5. 砂浆强度等级	m²	按设计图示尺寸以面积计算	1. 土方挖、运、填 2. 地基找平、夯实 3. 铺设垫层 4. 砌砖散水、地坪 5. 抹砂浆面层
010404014	砖地沟、明沟	1. 砖品种、规格、强度等级 2. 沟截面尺寸 3. 垫层材料种类、厚度 4. 混凝土强度等级 5. 砂浆强度等级	m	以米计量，按设计图示以中心线长度计算	1. 土方挖、运、填 2. 铺设垫层 3. 底板混凝土制作、运输、浇筑、振捣、养护 4. 砌砖 5. 刮缝、抹灰 6. 材料运输

注：1. 框架外表面的镶贴砖部分，按零星项目编码列项。

2. 附墙烟囱、通风道、垃圾道、应按设计图示尺寸以体积（扣除孔洞所占体积）计算并入所依附的墙体体积内。当设计规定孔洞内需抹灰时，应按"楼地面装饰工程"中零星抹灰项目编码列项。

3. 空斗墙的窗间墙、窗台下、楼板下、梁头下等的实砌部分，按零星砌砖项目编码列项。

4. "空花墙"项目适用于各种类型的空花墙，使用混凝土花格砌筑的空花墙，实砌墙体与混凝土花格应分别计算，混凝土花格按混凝土及钢筋混凝土中预制构件相关项目编码列项。

5. 台阶、台阶挡墙、梯带、锅台、炉灶、蹲台、池槽、池槽腿、砖胎模、花台、花池、楼梯栏板、阳台栏板、地垄墙、0.3m²以内的孔洞填塞等，应按零星砌砖项目编码列项。砖砌锅台与炉灶可按外形尺寸以个计算，砖砌台阶可按水平投影面积以平方米计算，小便槽、地垄墙可按长度计算，其他工程按立方米计算。

6. 砖砌体内钢筋加固，应按"混凝土及钢筋混凝土工程"中相关项目编码列项。

7. 砖砌体勾缝按"楼地面装饰工程"中相关项目编码列项。

8. 检查井内的爬梯按"混凝土及钢筋混凝土工程"中相关项目编码列项；井、池内的混凝土构件按"混凝土及钢筋混凝土工程"中混凝土及钢筋混凝土预制构件编码列项。

9. 如施工图设计标注做法见标准图集时，应注明标注图集的编码、页号及节点大样。

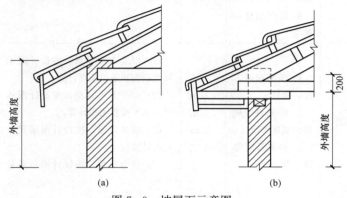

图 7 - 9　坡屋面示意图一

（a）坡屋面无檐口；（b）坡屋面有檐口

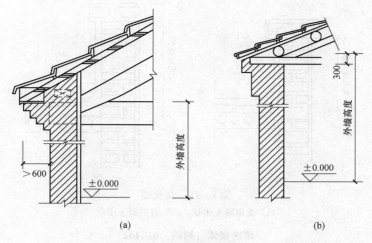

图 7 - 10 坡屋面示意图二

（a）出檐口宽度超过 600mm；（b）坡屋面无天棚

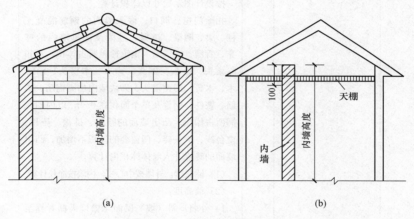

图 7 - 11 内墙示意图

（a）屋架下内墙；（b）有天棚的内墙

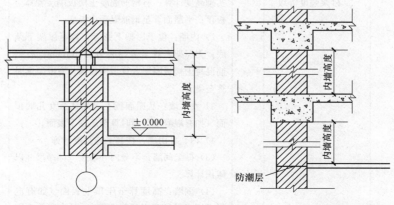

图 7 - 12 有楼板隔层的内墙　　　　图 7 - 13 有框架梁的内墙

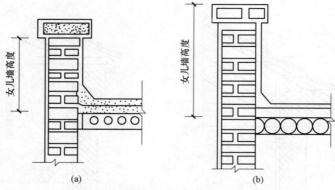

图 7-14　女儿墙

(a) 无混凝土压顶；(b) 有混凝土压顶

表 7-5　　　　　　　　　　砌块砌体（编码：010402）

项目编码	项目名称	项目特征	计量单位	工程量计算规则	工作内容
010402001	砌块墙	1. 砌块品种、规格、强度等级 2. 墙体类型 3. 砂浆强度等级	m³	按设计图示尺寸以体积计算。 　扣除门窗、洞口、嵌入墙内的钢筋混凝土柱、梁、圈梁、挑梁、过梁及凹进墙内的壁龛、管槽、暖气槽、消火栓箱所占体积，不扣除梁头、板头、檩头、垫木、木楞头、沿缘木、木砖、门窗走头、砌块墙内加固钢筋、木筋、铁件、钢管及单个面积在 0.3m² 以内的孔洞所占体积。凸出墙面的腰线、挑檐、压顶、窗台线、虎头砖、门窗套的体积不增加，凸出墙面的砖垛并入墙体体积内计算。 　（1）墙长度：外墙按中心线、内墙按净长计算。 　（2）墙高度： 　1）外墙：斜（坡）屋面无檐口天棚者算至屋面板底；有屋架且室内外均有天棚者算至屋架下弦底另加 200mm；无天棚者算至屋架下弦底另加 300mm，出檐宽度超过 600mm 时按实砌高度计算；有钢筋混凝土楼板隔层者算至板顶；平屋面算至钢筋混凝土板底。 　2）内墙：位于屋架下弦者，算至屋架下弦底；无屋架者算至天棚底另加 100mm；有钢筋混凝土楼板隔层者算至楼板顶；有框架梁时算至梁底。 　3）女儿墙：从屋面板上表面算至女儿墙顶面（如有混凝土压顶时算至压顶下表面）。 　4）内、外山墙：按其平均高度计算。 　（3）框架间墙：不分内外墙按墙体净尺寸以体积计算。 　（4）围墙：高度算至压顶上表面（如有混凝土压顶时算至压顶下表面），围墙柱并入围墙体积内	1. 砂浆制作、运输 2. 砌砖、砌块 3. 勾缝 4. 材料运输

续表

项目编码	项目名称	项目特征	计量单位	工程量计算规则	工作内容
010402002	砌块柱	1. 砌块品种、规格、强度等级 2. 墙体类型 3. 砂浆强度等级	m³	按设计图示尺寸以体积计算。 扣除混凝土及钢筋混凝土梁垫、梁头、板头所占体积	1. 砂浆制作、运输 2. 砌砖、砌块 3. 勾缝 4. 材料运输

注：1. 砌体内加筋、墙体拉结的制作、安装，应按"混凝土及钢筋混凝土工程"中相关项目编码列项。

2. 砌块排列应上、下错缝搭砌，如果搭错缝长度满足不了规定的压搭要求，应采取压砌钢筋网片的措施，具体构造要求按设计规定。若设计无规定，应注明由投标人根据工程实际情况自行考虑，钢筋网片按"金属结构工程"中相关项目编码列项。

3. 砌体垂直灰缝宽大于 30mm 时，采用 C20 细石混凝土灌实。灌注的混凝土应按"混凝土及钢筋混凝土工程"相关项目编码列项。

（二）《计价定额》相关规定

1. 说明

（1）标准砖墙墙体厚度，按表 7-6 的规定计算。

表 7-6　　　　　　　　　　　　　　标准砖墙墙体厚度

标准砖	1/4 砖	1/2 砖	3/4 砖	1 砖	3/2 砖	2 砖	5/2 砖	3 砖
计算厚度（mm）	53	115	180	240	365	490	615	740

（2）墙体材料除加气混凝土砌块、预制混凝土空心砌块的规格系综合考虑外，标准砖、砌块的规格如下所示：

标准砖：240mm×115mm×53mm。

硅酸盐砌块：880mm×430mm×240mm。

烧结多孔砖：KP1 型为 240mm×115mm×90mm；KP2 型为 240mm×115mm×53mm；KP3 型为 240mm×115mm×115mm。

烧结空心砖：240mm×180mm×115mm。

（3）定额中实心砖、砌块、烧结多孔砖、烧结空心砖与实用规格不同时，可以换算。

（4）砖墙身为弧形时，按相应项目人工费乘以系数 1.1。砖用量乘以系数 1.025。

（5）砖墙中已包括钢筋砖过梁、平碹和立好后的门框调直用工，以及腰线、窗台线、挑檐线等一般出线用工。

（6）砖石云墙按每立方米砌体增加技工 0.3 工日。

（7）该分部石作以现代作法编制，若为仿古作法，则按 2020 年《四川省建设工程工程量清单计价定额——仿古工程》项目执行。

（8）夯土墙中的钢筋、混凝土圈梁、混凝土过梁、木过梁、钢过梁、门洞预埋件、钢丝网片按相应项目执行。

（9）各种砖砌内墙、外墙、砖砌框架间隔墙，不分墙体厚度，均按一般砖墙项目计算。

（10）剪力墙间（含短肢剪力墙间），框架结构间和预制柱间砌砖墙、砌块墙按相应项目人工乘以系数 1.25 计算。

（11）砖砌体（不包括砖围墙和砌块墙）均未包括勾缝，设计规定勾缝时，按"M 墙、柱面装饰与隔断、幕墙工程"分部相应项目计算。

（12）填充墙以填炉渣轻质混凝土为准，如设计用材料与该分部项目不同时允许换算，其余不变。

（13）墙身外防潮层需贴砖时，应按该分部贴砖项目计算。框架外表面需做 1/2 砖以上的镶贴砖时，按砖墙项目计算。

（14）中间做十字形砖柱，然后在四角浇钢筋混凝土的柱，以及砖砌空心柱，均应分别按砖柱和钢筋混凝土柱计算。

（15）砖砌空心柱适用于空心内浇钢筋混凝土柱的做法，不论空心为圆形或方形均以柱的外形套用相应项目。

（16）砖砌挡土墙 2 砖以上执行砖基础项目。高度超过 3.6m 者，人工乘以系数 1.15。2 砖以内执行砖墙定额。

（17）零星砌砖适用于厕所水槽腿、垃圾箱、台阶、台阶挡墙、梯带、阳台栏板（杆）、楼梯栏板、锅台、炉灶、蹲台、池槽、池槽腿、小便槽、地垄墙、屋面隔热板下的砖墩、花台、花池、房上烟囱以及石墙的门窗立边、窗台虎头砖、钢筋砖过梁、砖平碹，以及孔洞面积大于 $0.3m^2$ 填塞等实砌体。

（18）硅酸盐砌块、烧结多孔砖（个别项目除外）、烧结空心砖，需要镶嵌的标砖已综合考虑在定额内，不另计算。

（19）砌体内钢筋加固，按"E 混凝土及钢筋混凝土工程"相关项目计算。

（20）定额中的墙体砌筑高度按 3.6m 编制的，超过 3.6m 时，其超过部分工程量的定额人工乘以系数 1.3。

（21）成品排水沟分有盖、无盖定额，盖板分材质单独编制选择使用。

2. 工程量计算规则

（1）外墙长度按外墙中心线长度计算，内墙长度按内墙净长计算。

（2）砖墙身高度按下列规定计算：

外墙墙身高度：按设计图示尺寸计算，如设计图纸无规定时，有屋架的斜屋面，且室内有天棚者，算至屋架下弦底再加 200mm，其余情况算至屋架下弦再加 300mm（出檐宽度超过 600mm 时，按实砌高度计算）。有钢筋混凝土楼隔层算至楼板顶面。

内墙墙身高度：位于屋架下弦者，其高度算至屋架底，无屋架者算至天棚底再加 100mm，有钢筋混凝土楼隔层算至楼板顶面，有框架梁时算至梁底。

内外山墙：按其平均高度计算。

围墙：高度算至压顶上表面（如有混凝土压顶时算至压顶下表面），围墙柱并入围墙体积内。

女儿墙：从屋面板上表面算至女儿墙墙顶面（如有压顶时算至压顶下表面）。

（3）实砌砖墙按设计图示尺寸以体积计算，应扣除过人洞、空圈、门窗洞口面积和每个孔洞面积大于 $0.3m^2$ 所占的体积。嵌入墙身的钢筋混凝土柱、梁（包括过梁、圈梁、挑梁）和暖气槽、管槽、消火栓箱、壁龛的体积。但不扣除梁头、板头、梁垫、檩木、垫木、木楞头、沿椽木、木砖、门窗走头、砖墙内的加固钢筋、木筋、铁件、钢管及单个孔洞面积在

0.3m² 以内所占的体积。凸出墙面的窗台虎头砖、压顶线、山墙泛水、烟囱根、门窗套、三匹砖以内的腰线和挑檐等体积亦不增加，凸出墙面的砖垛并入墙体体积计算。

即
$$V_1 = (H_1 \times L_1 - S) \times b + V_0$$

式中：V_1 为外墙体积；H_1 为外墙高度；L_1 为外墙中心线长度；S 为门窗洞口、过人洞、空圈面积；V_0 为相应的增减体积；b 为墙体厚度。

$$V_2 = (H_2 \times L_2 - S) \times b + V_0$$

式中：V_2 为内墙体积；H_2 为内墙高度；L_2 为内墙净长线长度；S 为门窗洞口、过人洞、空圈面积；V_0 为相应的增减体积；b 为墙体厚度。

$$V_3 = H_3 \times L_3 \times b + V_0$$

式中：V_3 为女儿墙体积；H_3 为女儿墙高度；L_3 为女儿墙中心线长度；b 为女儿墙厚度。

（4）砖砌地下室内外墙身按该分部砖墙项目计算。

（5）框架间墙按净空面积乘墙厚以立方米计算。

（6）空斗墙（如图 7-15 所示）按设计图示尺寸以外形体积计算；应扣除门窗洞口以及孔洞面积大于 0.3m² 所占体积。墙角、门窗洞口立边、内外墙节点、钢筋砖过梁、砖碹、楼板下和山尖处以及屋檐处的实砌部分已包括在定额内的不另计算，但附墙垛（柱）实砌部分，应按砖柱项目另行计算。

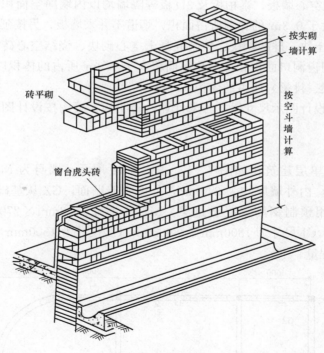

图 7-15 空斗墙

（7）空花墙（如图 7-16 所示）按设计图示尺寸以空花部分外形体积计算，不扣除空洞部分体积。

（8）填充墙按设计图示尺寸外形体积计算，扣除门窗洞口面积和梁（包括过梁、圈梁、挑梁）所占的体积，其实砌部分已包括在项目内，不另计算。

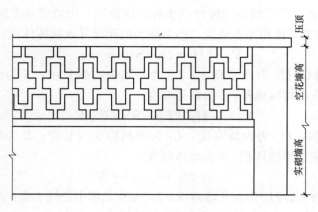

图 7 - 16　空花墙

（9）实心砖柱按设计图示尺寸以体积计算，扣除混凝土及钢筋混凝土梁垫、梁头、板头所占体积。

（10）零星砌砖按设计图示尺寸以体积计算，扣除混凝土及钢筋混凝土梁垫、梁头、板头所占体积。

（11）GRC 轻型空心墙板、泰柏板及 3D 板等隔墙均以内墙净空面积计算。扣除门窗洞口面积和每个面积大于 0.3m² 的孔洞所占面积，烟道不并入墙板，另按延长米计算。

（12）加气混凝土块、硅酸盐块、预制混凝土空心砌块、烧结空心砖，按设计图示尺寸以体积计算，扣除门窗洞口面积和每个孔洞面积大于 0.3m² 所占的体积以及嵌入砌体的柱、梁（包括过梁、圈梁、挑梁）所占的体积。

（13）砖地沟按设计图示尺寸以立方米计算；砖明沟、暗沟按设计图示尺寸以中心线延长米计算。

（三）工程实例

【例 7 - 2】　某单层建筑物如图 7 - 17、图 7 - 18 所示，墙身为 M5.0 混合砂浆砌筑 MU7.5 标准黏土砖，内外墙厚均为 240mm，外墙瓷砖贴面，GZ 从基础圈梁到女儿墙顶，门窗洞口上全部采用预制钢筋混凝土过梁。M1 尺寸为 1500mm×2700mm；M2 尺寸为 1000mm×2700mm；C1 尺寸为 1800mm×1800mm；C2 尺寸为 1500mm×1500mm。试计算该工程砖砌体的工程量。

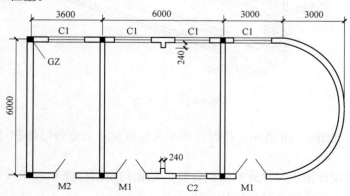

图 7 - 17　某单层建筑物平面图

解：（1）外墙：

$H_1=3.6\text{m}$ $L_1=6+(3.6+9)\times2+\pi\times3-0.24\times4=39.66\text{(m)}$

扣门窗洞口：$S=1.5\times2.7\times2+1\times2.7\times1+1.8\times1.8\times4+1.5\times1.5\times1=26.01\text{(m}^2\text{)}$

扣钢筋混凝土过梁体积：$V=[(1.5+0.5)\times2+(1.0+0.5)\times1+(1.8+0.5)\times4+(1.5+0.5)\times1]\times0.24\times0.24=0.96\text{(m}^3\text{)}$

工程量：$V_1=(3.6\times39.66-26.01)\times0.24-0.96=27.06\text{(m}^3\text{)}$

其中弧形墙工程量：$3.6\times\pi\times3\times0.24=8.14\text{(m}^3\text{)}$

（2）内墙：

$H_2=3.6\text{m}$ $L_2=(6-0.24)\times2=11.52\text{(m)}$

$V_2=3.6\times11.52\times0.24=9.95\text{(m}^3\text{)}$

（3）女儿墙（墙厚为180mm）：

$H_3=0.5\text{m}$ $L_3=6.06+(3.63+9)\times2+\pi\times3.03-0.24\times6=39.40\text{(m)}$

工程量：$V=0.5\times39.40\times0.18=3.55\text{(m}^3\text{)}$

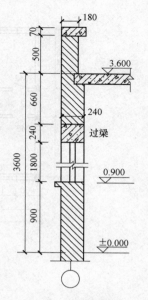

图 7-18 某单层建筑物剖面图

【例 7-3】 如图 7-19 所示，已知混凝土漏空花格墙厚度为 120mm，用 M2.5 水泥砂浆砌筑 $300\text{mm}\times300\text{mm}\times120\text{mm}$ 的混凝土漏空花格砌块，求其工程量。

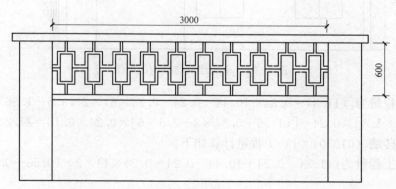

图 7-19 空花墙

解：$V=0.6\times3.0\times0.12=0.22\text{(m}^3\text{)}$

【例 7-4】 某单层建筑物，框架结构，尺寸如图 7-20、图 7-21 所示，墙身用 M5.0 混合砂浆砌筑加气混凝土砌块，厚度为 240mm；女儿墙砌筑煤矸石空心砖，混凝土压顶断面为 $240\times60\text{mm}$，墙厚均为 240mm；隔墙为 120mm 厚实心砖墙。框架柱断面为 $240\text{mm}\times240\text{mm}$ 到女儿墙顶，框架梁断面为 $240\text{mm}\times500\text{mm}$，门窗洞口上均采用现浇钢筋混凝土过梁，断面为 $240\text{mm}\times180\text{mm}$。M1 尺寸为 $1560\text{mm}\times2700\text{mm}$；M2 尺寸为 $1000\text{mm}\times2700\text{mm}$；C1 尺寸为 $1800\text{mm}\times1800\text{mm}$；C2 尺寸为 $1560\text{mm}\times1800\text{mm}$。试计算墙体工程量。

解：（1）砌块墙（010304001）工程量计算如下：

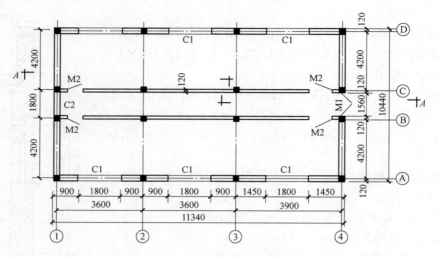

图 7 - 20　单层建筑物结构平面图

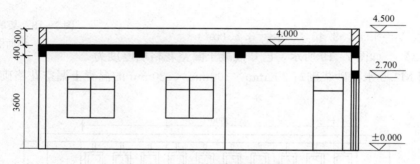

图 7 - 21　单层建筑物结构剖面图

砌块墙工程量为[(11.34－0.24＋10.44－0.24－0.24×6)×2×3.6－1.56×2.7－1.8× 1.8×6－1.56×1.8]×0.24－[(1.56＋0.5)×2＋2.3×6]×0.24×0.18＝27.20(m³)

（2）空心砖墙（010304001）工程量计算如下：

空心砖墙工程量为(11.34－0.24＋10.44－0.24－0.24×4)×2×(0.50－0.06)×0.24＝ 4.30(m³)

（3）实心砖墙工程量计算如下：

实心砖墙工程量为[(11.34－0.24－0.24×2)×3.6－1.00×2.70×2]×0.12×2＝7.88(m³)

第二节　石 砌 体 和 垫 层

一、石砌体

（一）GB 50854—2013 相关规定

GB 50854—2013 附录中石砌体工程量清单项目设置及工程量计算规则，应按表 7 - 7 的 规定执行。

表 7-7　石砌体（编码：010403）

项目编码	项目名称	项目特征	计量单位	工程量计算规则	工程内容
010403001	石基础	1. 石料种类、规格 2. 基础类型 3. 砂浆强度等级	m^3	按设计图示尺寸以体积计算。 包括附墙垛基础宽出部分体积，不扣除基础砂浆防潮层及单个面积在 0.3m^2 以内的孔洞所占的体积，靠墙暖气沟的挑檐不增加体积。基础长度：外墙按中心线，内墙按净长计算	1. 砂浆制作、运输 2. 吊装 3. 砌石 4. 防潮层铺设 5. 材料运输
010403002	石勒脚	1. 石料种类、规格 2. 石表面加工要求 3. 勾缝要求 4. 砂浆强度等级、配合比	m^3	按设计图示尺寸以体积计算，扣除单个面积大于 0.3m^2 的孔洞所占的体积	1. 砂浆制作、运输 2. 吊装 3. 砌石 4. 石表面加工 5. 勾缝 6. 材料运输
010305003	石墙	1. 石料种类、规格 2. 石表面加工要求 3. 勾缝要求 4. 砂浆强度等级、配合比	m^3	按设计图示尺寸以体积计算。 扣除门窗、洞口、嵌入墙内的钢筋混凝土柱、梁、圈梁、挑梁、过梁及凹进墙内的壁龛、管槽、暖气槽、消火栓箱所占体积，不扣除梁头、板头、檩头、垫木、木楞头、沿缘木、木砖、门窗走头、石墙内加固钢筋、木筋、铁件、钢管及单个面积在 0.3m^2 以内的孔洞所占的体积。凸出墙面的腰线、挑檐、压顶、窗台线、虎头砖、门窗套的体积亦不增加。凸出墙面的砖垛并入墙体体积内。 （1）墙长度：外墙按中心线，内墙按净长计算。 （2）墙高度： 1）外墙：斜（坡）屋面无檐口天棚者算至屋面板底；有屋架且室内外均有天棚者算至屋架下弦底另加 200mm；无天棚者算至屋架下弦底另加 300mm，出檐宽度超过 600mm 时按实砌高度计算；有钢筋混凝土楼板隔层者算至板顶；平屋面算至钢筋混凝土板底。 2）内墙：位于屋架下弦者，算至屋架下弦底；无屋架者算至天棚底另加 100mm；有钢筋混凝土楼板隔层者算至楼板顶；有框架梁时算至梁底。 3）女儿墙：从屋面板上表面算至女儿墙顶面（如有混凝土压顶时算至压顶下表面）。 4）内、外山墙：按其平均高度计算。 （3）围墙：高度算至压顶上表面（如有混凝土压顶时算至压顶下表面），围墙柱并入围墙体积内	1. 砂浆制作、运输 2. 吊装 3. 砌石 4. 石表面加工 5. 勾缝 6. 材料运输

续表

项目编码	项目名称	项目特征	计量单位	工程量计算规则	工程内容
010403004	石挡土墙	1. 石料种类、规格 2. 石表面加工要求 3. 勾缝要求 4. 砂浆强度等级、配合比	m³	按设计图示尺寸以体积计算	1. 砂浆制作、运输 2. 吊装 3. 砌石 4. 变形缝、泄水孔、压顶抹灰 5. 滤水层 6. 勾缝 7. 材料运输
010403005	石柱				1. 砂浆制作、运输 2. 吊装 3. 砌石 4. 石表面加工 5. 勾缝 6. 材料运输
010403006	石栏杆		m	按设计图示以长度计算	
010403007	石护坡	1. 垫层材料种类、厚度 2. 石料种类、规格 3. 护坡厚度、高度 4. 石表面加工要求 5. 勾缝要求 6. 砂浆强度等级、配合比		按设计图示尺寸以体积计算	
010403008	石台阶		m²	按设计图示尺寸以水平投影面积计算	1. 铺设垫层 2. 石料加工 3. 砂浆制作、运输 4. 砌石 5. 石表面加工 6. 勾缝 7. 材料运输
010403009	石坡道				
010403010	石地沟、明沟	1. 沟截面尺寸 2. 土壤类别、运距 3. 垫层材料种类、厚度 4. 石料种类、规格 5. 石表面加工要求 6. 勾缝要求 7. 砂浆强度等级、配合比	m	按设计图示以中心线长度计算	1. 土方挖、运 2. 砂浆制作、运输 3. 铺设垫层 4. 砌石 5. 石表面加工 6. 勾缝 7. 回填 8. 材料运输

注：1. 石基础、石勒脚、石墙的划分：基础与勒脚应以设计室外地坪为界。勒脚与墙身应以设计室内地面为界。石围墙内外地坪标高不同时，应以较低地坪标高为界，以下为基础；内外标高之差为挡土墙时，挡土墙以上为墙身。

2. "石基础"项目适用于各种规格（粗料石、细料石等）、各种材质（砂石、青石等）和各种类型（柱基、墙基、直形、弧形等）基础。

3. "石勒脚""石墙"项目适用于各种规格（粗料石、细料石等）、各种材质（砂石、青石、大理石、花岗石等）和各种类型（直形、弧形等）勒脚和墙体。

4. "石挡土墙"项目适用于各种规格（粗料石、细料石、块石、毛石、卵石等）、各种材质（砂石、青石、石灰石等）和各种类型（直形、弧形、台阶形等）挡土墙。

5. "石柱"项目适用于各种规格、各种石质、各种类型的石柱。

6. "石栏杆"项目适用于无雕饰的一般石栏杆。

7. "石护坡"项目适用于各种石质和各种石料（粗料石、细料石、片石、块石、毛石、卵石等）。

8. "石台阶"项目包括石梯带（垂带），不包括石梯膀，石梯膀应按石挡土墙项目编码列项。

9. 如施工图设计标注做法见标准图集时，应注明标注图集的编码、页号及节点大样。

（二）计价定额相关规定

1. 说明

（1）石的规格如下所示：

条石：1000mm×300mm×300mm 或 1000mm×250mm×250mm

方整石：400mm×220mm×220mm

五料石：1000mm×400mm×200mm

（2）定额中方整石、条石与实用规格不同时，可以换算。

（3）基础与墙、柱的划分：

毛石基础与墙身的划分：内墙以设计室内地坪为界；外墙以设计室外地坪为界。

条石基础、勒脚、墙身的划分：条石基础与勒脚以设计室外地坪为界；勒脚与墙身以设计室内地坪为界。石围墙内外地坪标高不同时，应以较低地坪标高为界，以下为基础；内外标高之差为挡土墙，挡土墙以上为墙身。

（4）石墙身、基础为弧形时，按相应项目人工费乘以系数 1.1。砖用量乘以系数 1.025。

（5）砌石项目中未包括勾缝，如勾缝者，按"M 墙、柱面装饰与隔断、幕墙工程"分部相应项目计算。

（6）石板铺地沟底板执行石盖板项目，人工费乘以系数 1.2。地沟石盖板厚度按 150mm 考虑，规格不同时允许换算。

（7）素面石活制作定额已考虑剁斧、打钻路、钉麻、扁光和石活企口、起线、起凸、打凹，若石构件设计要求磨光，则另按石表面加工项目计算。

（8）石阶沿制作综合了凿柱顶卡口用工。

2. 工程量计算规则

（1）粗、细料石墙，方整石墙按设计图示尺寸以立方米计算。

（2）粗、细料石阶沿按设计图示尺寸，以立方米计算。

（3）石梯带、石踏步、石梯膀以立方米计算；隐蔽部分按相应的基础项目计算。

（三）工程实例

【例 7-5】　如图 7-22 所示，某挡土墙工程用 M2.5 混合砂浆砌筑毛石，用原浆勾缝，长度 200m，求其工程量。

解：（1）毛石挡土墙基础工程量：$V=0.4×2.2×200=176（m^3）$

（2）毛石挡土墙工程量：$V=(0.5+1.2)×3÷2×200=510（m^3）$

【例 7-6】　如图 7-23 所示，某工程用 M2.5 混合砂浆砌筑乱毛石护坡，用原浆勾缝，长度 200m，求其工程量。

解：（1）护坡毛石基础的工程量：$V=0.4×0.6×200=48（m^3）$

（2）毛石护坡的工程量：$V=0.3×4.6×200=276（m^3）$

【例 7-7】　某方正石墙尺寸如图 7-24 所示，毛石背里，M2.5 混合砂浆砌筑，求其工程量。

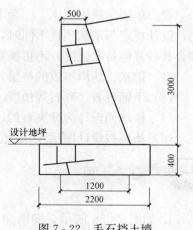

图 7-22　毛石挡土墙

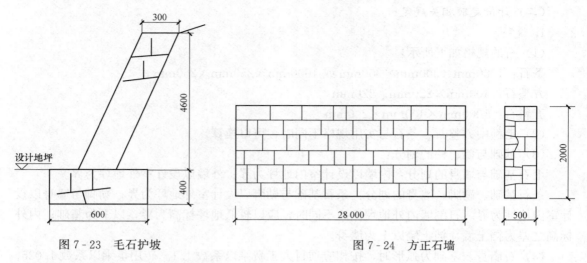

图 7 - 23　毛石护坡　　　　　　　　　图 7 - 24　方正石墙

解：石墙工程量：$V = 28 \times 2 \times 0.5 = 28 (\mathrm{m}^3)$

二、垫层

（一）GB 50854—2013 相关规定

GB 50854—2013 附录中垫层工程量清单项目设置及工程量计算规则，应按表 7 - 8 的规定执行。

表 7 - 8　　　　　　　　　　　　垫层（编码：010404）

项目编码	项目名称	项目特征	计量单位	工程量计算规则	工作内容
010404001	垫层	垫层材料种类、配合比、厚度	m³	按设计图示尺寸以立方米计算	1. 垫层材料的拌制 2. 垫层铺设 3. 材料运输

注：除混凝土垫层应按"混凝土及钢筋混凝土工程"中相关项目编码列项外，没有包括垫层要求的清单项目应按本表垫层项目编码列项。

（二）《计价定额》相关规定

（1）垫层定额中灰土、三合土、水泥石灰炉（矿）渣、石灰炉（矿）渣、混凝土的配合比，设计规定与定额项目不同时，可按附录换算，但毛石、碎砖、砾石、碎石垫层灌浆，已综合其砂浆标号及强度，不得换算。

（2）散水、防滑坡道的垫层，按垫层项目计算，人工乘以系数 1.2。

（3）干铺砾石、碎石等垫层，若设计要求不加砂，则定额项目允许换算，但人工不变。

（4）楼地面设计为砂夹石的，执行垫层相应定额项目。

（5）垫层按设计图示尺寸以立方米计算。

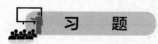　习　　题

1. 如图 7 - 25 所示，围墙净长 24m，厚 240mm，高度 2.2m；门柱 2 个，高度 2.5m，截面面积尺寸为 490mm×490mm，已知墙体为 M2.5 混合砂浆砌筑 MU7.5 机制标准黏土

砖，基础为 M2.5 混合砂浆砌筑 MU10 毛石，求该工程实心砖墙、毛石基础的工程量。

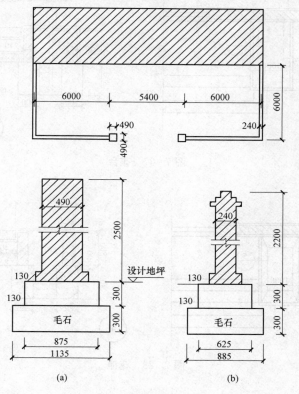

图 7-25　围墙示意图

（a）门柱；（b）围墙

2. 某工程有如图 7-26～图 7-28 所示的零星砌体工程，已知该工程用 M2.5 混合砂浆砌筑标准机制红砖，用原浆勾缝，试求该工程零星砌体的工程量。

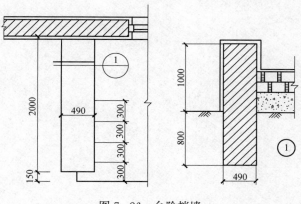

图 7-26　台阶挡墙

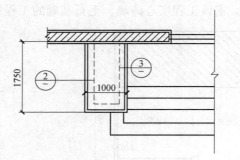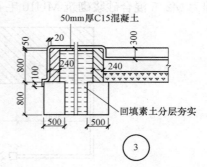

图 7 - 27　花台

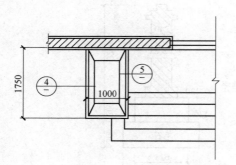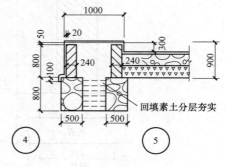

图 7 - 28　花池

第八章

混凝土及钢筋混凝土工程

 学习摘要

　　本章主要介绍混凝土及钢筋混凝土工程项目的清单计量与计价。 通过本章的学习， 读者应熟悉现浇混凝土构件、 预制混凝土构件和钢筋制作安装三大工程实体的项目设置、 工程量计算和综合单价的计算， 掌握混凝土及钢筋混凝土工程工程量清单编制以及工程量清单计价方法。

　　混凝土及钢筋混凝土工程的工程量清单共分 16 个分部工程清单项目，即现浇混凝土基础、现浇混凝土柱、现浇混凝土梁、现浇混凝土墙、现浇混凝土板、现浇混凝土楼梯、现浇混凝土其他构件、后浇带、预制混凝土柱、预制混凝土梁、预制混凝土屋架、预制混凝土板、预制混凝土楼梯、其他预制构件、钢筋工程、螺栓铁件等。本章适用于各类建筑物和构筑物的混凝土浇筑、钢筋制作安装工程及未列的有关钢筋混凝土工程的项目列项。

　　GB 50854—2013 关于混凝土及钢筋混凝土工程共性问题的说明：

　　(1) 现浇混凝土工程项目"工作内容"中包括模板工程的内容，同时又在措施项目中单列了现浇混凝土模板工程项目。对此，招标人应根据工程实际情况选用。若招标人在措施项目清单中未编列现浇混凝土模板项目清单，即表示现浇混凝土模板不单列，则现浇混凝土工程项目的综合单价中应包括模板工程费用。

　　(2) 预制混凝土构件及钢筋混凝土构件按现场制作编制项目，"工作内容"中包括模板制作、安装、拆除，不再单列，钢筋按预制构件钢筋项目编码列项。若是成品构件，钢筋和模板工程均不再单列，综合单价中包括钢筋和模板的费用。编制招标控制价时，可按各省、自治区、直辖市或行业建设主管部门发布的定额和造价信息组价。

　　(3) 混凝土类别指清水混凝土、彩色混凝土等，如在同一地区既使用预拌（商品）混凝土，又允许现场搅拌混凝土时，也应注明。

　　(4) 预制混凝土构件或预制钢筋混凝土构件，如施工图设计标注做法见标准图集时，项目特征注明标准图集的编码、号及节点大样即可。

　　(5) 现浇或预制混凝土和钢筋混凝土构件，不扣除构件内钢筋、螺栓、预埋铁件、张拉孔道所占体积，但应扣除劲性骨架的型钢所占体积。

（6）混凝土及钢筋混凝土构筑物项目，按构筑物工程相应项目编码列项。

《计价定额》关于混凝土及钢筋混凝土工程共性问题的说明：

（1）定额中的混凝土和砂浆是按过筛净砂编制的，各地应将过筛人工费和损耗纳入材料预算价格，定额考虑了砂的膨胀率。因质量要求现场过筛的人工费及筛砂损耗已包括在定额内，不另计算。

（2）定额内混凝土项目，包括冲洗石子、混凝土搅拌、混凝土水平运输、润湿模板及混凝土浇灌、捣固、养护等全部操作过程。

（3）定额中已列出常用混凝土和砂浆强度等级，设计要求与定额不同时，允许按附录换算，但定额中各种配合比的材料用量不得调整。

（4）定额中混凝土和砂浆按中（细）砂、特细砂编制，计算时应按实际使用砂的种类分别套用相应定额项目。

（5）定额中现浇混凝土构件是按现场搅拌非泵送编制的，商品混凝土以成品基价（含泵送费）的形式表现。若现浇混凝土构件使用商品混凝土，则按工程所在地工程造价站规定，对商品混凝土价差进行单项价差调整。

（6）定额中预拌砂浆项目是按干混砂浆编制的，干混砂浆以成品基价的形式表现。各地应按工程所在地工程造价站规定，对干混砂浆价差进行调整。

（7）建筑材料、成品、半成品（除按成品编制项目外）从现场仓库、堆放点、加工地点至操作地点的水平运输，已综合考虑在定额内，但垂直运输机械费应按措施项目另行计算。

（8）定额项目中未考虑高层建筑施工增加的费用，发生时，按超高施工增加定额项目执行。

（9）现浇混凝土构件按混凝土捣制和模板项目分别编制，现浇模板在定额措施项目中单列。预制混凝土构件除零星、小型构件按现场预制编制外，其余构件均按成品安装编制。

（10）现浇、预应力混凝土项目中未包括钢筋和预埋铁件的用量，另套用相应项目。

（11）定额项目中混凝土用量栏内注有"低"者为低流动性混凝土，无"低"字者为塑型混凝土。

（12）门窗上现浇或预制的半圆形、折线形、波浪形及其他形状的过梁按定额中零星构件项目执行。

（13）定额中混凝土工程量按施工图示尺寸以立方米计算。不扣除构件内钢筋、螺栓、铁件、张拉孔道和面积在 $0.05m^2$ 以内的螺栓盒等所占的体积，应扣除劲性骨架的型钢所占体积。

第一节 现浇混凝土基础

一、GB 50854—2013 相关规定

（一）工程量清单项目设置及工程量计算规则

GB 50854—2013 附录中现浇混凝土基础项目，包括垫层、带形基础、独立基础、满堂基础、桩承台基础和设备基础六个分项工程项目。工程量清单项目设置及工程量计算规则，应按表 8-1 的规定执行。

表 8 - 1   现浇混凝土基础（编号：010501）

项目编码	项目名称	项目特征	计量单位	工程量计算规则	工作内容
010501001	垫层				1. 模板及支撑制作、安装、拆除、堆放、运输及清理模内杂物、刷隔离剂等 2. 混凝土制作、运输、浇筑、振捣、养护
010501002	带形基础	1. 混凝土类别 2. 混凝土强度等级	m³	按设计图示尺寸以体积计算。不扣除伸入承台基础的桩头所占体积	
010501003	独立基础				
010501004	满堂基础				
010501005	桩承台基础				
010501006	设备基础	1. 混凝土类别 2. 混凝土强度等级 3. 灌浆材料、灌浆材料强度等级			

（二）相关释义及说明

（1）垫层为混凝土垫层，其他垫层应按砌筑工程中垫层（010404004）项目编码列项。

（2）带形基础项目适于各种带形基础、墙下的板式基础、浇筑在一字排桩上面的带形基础、有肋和无肋带形基础。有肋带形基础、无肋带形基础应分别编码（第五级编码）列项，并注明肋高。

（3）独立基础项目适用于块体柱基、杯基、柱下板式基础、壳体基础、电梯井基础等。

（4）满堂基础项目适用于地下室的箱式、筏式基础等。箱式满堂基础（见图 8 - 1）是上有盖板，下有底板，中间由纵横墙板连成整体的基础。箱式满堂基础具有较大的强度和刚度，多用于高层建筑中的基础。筏形基础（满堂基础）是指当独立基础或带形基础不能满足设计需要时，在设计上将基础连成一个整体。箱式满堂基础中柱、梁、墙、板分别按 GB 50854—2013 附录中现浇柱、现浇梁、现浇墙、现浇板相关项目分别编码列项，箱式满堂基础底板按表 8 - 1 的满堂基础项目列项。

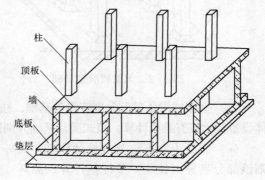

图 8 - 1   箱式满堂基础

（5）设备基础项目适用于设备的块体基础、框架基础等，螺栓孔灌浆包括在报价内。框架式设备基础中柱、梁、墙、板分别按 GB 50854—2013 附录中现浇柱、现浇梁、现浇墙、现浇板相关项目编码列项，基础部分按表 8 - 1 中设备基础项目列项。

（6）设计中如采用毛石混凝土，项目特征应描述毛石所占比例。

二、《计价定额》相关规定及计价说明

（一）《计价定额》相关规定

1. 垫层

（1）商品混凝土垫层项目适用于基础垫层、楼地面垫层。

（2）混凝土垫层用于槽坑且厚度不大于 300mm 者为基础垫层，否则算作基础。

（3）散水、防滑坡道混凝土垫层，按垫层项目计算，人工乘以系数 1.2。

（4）楼地面商品混凝土垫层，按商品混凝土垫层项目执行，人工乘以系数 0.9。

（5）条形基础垫层，外墙按外墙中心线长度，内墙按其设计净长度乘以垫层平均断面面积，以立方米计算。柱间条形基础垫层，按柱基础（含垫层）之间的设计净长度计算。

　　　条形基础垫层工程量＝（外墙中心线长度＋内墙设计净长度）×垫层断面积

（6）独立基础垫层和满堂基础垫层，按设计图示尺寸乘以平均厚度，以立方米计算。

　　　独立和满堂基础垫层工程量＝设计长度×设计宽度×平均厚度

2. 基础

（1）商品混凝土基础项目分别按带形基础、独立基础、满堂基础、桩承台、设备基础及杯型基础项目执行。

（2）现浇混凝土满堂基础适用于有梁式和无梁式满堂基础及箱形基础底板。

（3）带形基础，外墙按设计外墙中心线长度，内墙按设计内墙基础图示长度乘设计断面计算，即

　　　带形基础工程量＝外墙中心线长度×设计断面＋设计内墙基础图示长度×设计断面

（4）无梁式满堂基础见图 8-2，其倒转的柱头（帽）应列入基础计算；有梁式（肋形）满堂基础见图 8-3，有梁式（肋形）满堂基础的梁、板合并计算。

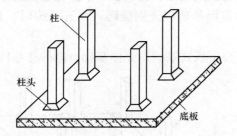
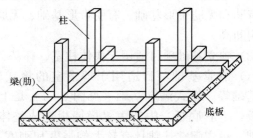

图 8-2　无梁式满堂基础　　　　图 8-3　有梁式满堂基础

（5）框架式设备基础分别按设备基础、柱、梁、板计算工程量，执行相应项目；楼层上的块体设备基础按有梁板计算。箱式满堂基础分别按底板、墙、顶板计算工程量，执行相应项目。

（6）混凝土高杯柱基（长劲柱基）高杯（长颈）部分的高度小于其横截面长边的 3 倍，则该部分高杯（长颈）按柱基计算；高杯（长颈）高度大于其横截面长边的 3 倍，则该部分高杯（长颈）按柱计算。

（7）若混凝土墙基的肋高小于该部分厚度的 5 倍（有肋带形混凝土基础），则肋部按基础计算；若肋高大于该部分厚度的 5 倍（无肋带形混凝土基础），则肋部按墙计算，如图 8-4 所示。

（8）计算承台工程量时，不扣除浇入承台体积内的桩头所占体积。

（二）计价说明

工程量清单项目中各类基础对应《计价定额》的相应基础项目，表 8-2 列出了现浇混凝土基础清单项目综合单价可组合的相应计价定额项目。

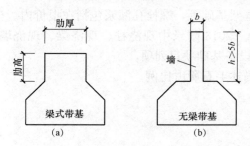

图 8-4　带形混凝土基础
(a) 有肋；(b) 无肋
b—肋厚；h—肋高

表 8 - 2 现浇混凝土基础组价定额

项目编码	项目名称	可组合的定额项目	对应的定额编号	计量单位	工作内容
010501001	垫层	基础混凝土垫层	AE0001	m³	混凝土制作、运输、浇筑、振捣、养护
		楼地面混凝土垫层	AE0002～AAE0004		
		商品混凝土垫层	AE0005		

三、应用案例

【例 8 - 1】 如图 8 - 5 所示,计算板式满堂基础清单工程量。

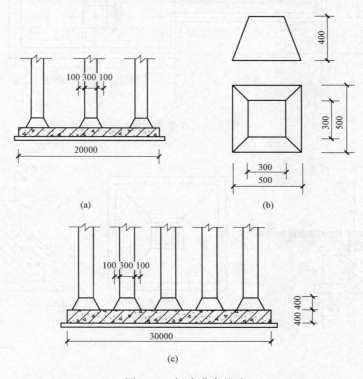

(a)

(b)

(c)

图 8 - 5 板式满堂基础

(a) 横向剖面图；(b) 柱脚尺寸示意图；(c) 纵向剖面图

解：

底板混凝土体积：$V_1 = 30 \times 20 \times 0.4 = 240.00 (\text{m}^3)$

柱脚混凝土体积：$V_2 = H/6 \times [A \times B + (A+a) \times (B+b) + ab]$

$\qquad\qquad\qquad = 0.4/6 \times [0.5 \times 0.5 + (0.5+0.3) \times (0.5+0.3) + 0.3 \times 0.3] \times 15$

$\qquad\qquad\qquad = 0.98 (\text{m}^3)$

则 $\qquad\qquad\qquad V = V_1 + V_2 = 240.00 + 0.98 = 240.98 (\text{m}^3)$

【例 8 - 2】 某工程基础平面图如图 8 - 6 所示,现浇钢筋混凝土带形基础、独立基础的尺寸如图 8 - 7 所示。混凝土垫层强度等级为 C15,混凝土基础强度等级为 C20,按外购商品混凝土考虑。混凝土垫层支模板浇筑,工作面宽度为 300mm,槽坑底面用电动夯实机夯实,费用计入混凝土垫层中。基础定额表见表 8 - 3。

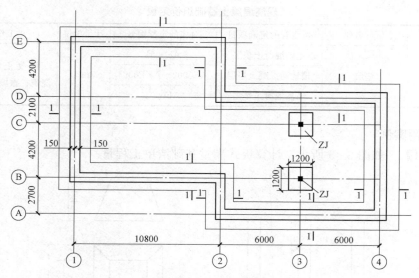

图 8 - 6　基础平面图

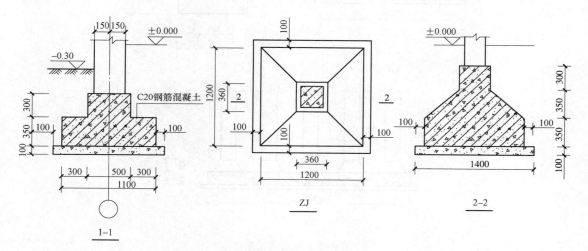

图 8 - 7　基础剖面图

表 8 - 3　　　　　　　　　　　　基础定额表

项目			基础槽底夯实	现浇混凝土基础垫层	现浇混凝土带形基础
名称	单位	单价（元）	100m²	10m³	10m³
综合人工	工日	52.36	1.42	7.33	9.56
混凝土（C15）	m³	252.40		10.15	
混凝土（C20）	m³	266.05			10.15
草袋	m²	2.25		1.36	2.52
水	m³	2.92		8.67	9.19
电动打夯机	台班	31.54	0.56		
混凝土振捣器	台班	23.51		0.61	0.77
翻斗车	台班	154.80		0.62	0.78

依据 GB 50500—2013 计算原则，以人工费、材料费和机械使用费之和为基数，取管理费率 5%、利润率 4%。

问题：

（1）计算工程量；

（2）编制现浇混凝土垫层、带形基础、独立基础的分部分项工程量清单，说明项目特征；

（3）依据提供的基础定额数据，计算混凝土垫层、带形基础的分部分项工程量清单综合单价。

解：（1）工程量计算见表 8-4。

表 8-4 分部分项工程量计算表

序号	分项工程名称	计量单位	工程数量	计算过程
1	带形基础	m^3	38.52	$22.80 \times 2 + 10.5 + 6.9 + 9 = 72$ $(1.10 \times 0.35 + 0.5 \times 0.3) \times 72 = 38.52$
2	独立基础	m^3	1.55	$[1.2 \times 1.2 \times 0.35 + 1/3 \times 0.35 \times (1.20^2 + 0.36^2 + 1.2 \times 0.36)$ $+ 0.36 \times 0.36 \times 0.30] \times 2 = (0.504 + 0.234 + 0.039) \times 2 = 1.55$
3	带形基础垫层	m^3	9.36	$1.3 \times 0.1 \times 72 = 9.36$
4	独立基础垫层	m^3	0.39	$1.4 \times 1.4 \times 0.1 \times 2 = 0.39$

（2）分部分项工程量清单见表 8-5。

表 8-5 分部分项工程量清单与计价表

序号	项目编码	项目名称	项目特征描述	计量单位	工程量	综合单价	合价	其中：暂估价
1	010501001001	垫层	1. 混凝土强度等级：C15 2. 混凝土拌和料要求：外购商品混凝土	m^3	9.75			
2	010501002001	带形基础	1. 混凝土强度等级：C20 2. 混凝土拌和料要求：外购商品混凝土	m^3	38.52			
3	010501003001	独立基础	1. 混凝土强度等级：C20 2. 混凝土拌和料要求：外购商品混凝土	m^3	1.55			

（3）分部分项工程量清单综合单价分析表见表 8-6。

表 8-6 分部分项工程量清单综合单价分析表

序号	项目编码	项目名称	工程内容	人工费	材料费	机械使用费	管理费	利润	综合单价
1	010501001001	垫层	1. 槽底夯实 2. 垫层混凝土浇筑	49.42	261.65	11.03	16.11	12.88	351.09
2	010501002001	带形基础	基础混凝土浇筑	50.06	273.29	13.88	20.77	16.62	374.62

第二节　现浇混凝土柱

一、GB 50854—2013 相关规定

（一）工程量清单项目设置及工程量计算规则

GB 50854—2013 附录中现浇混凝土柱项目，包括矩形柱、构造柱和异形柱三项。工程量清单项目设置及工程量计算规则，应按表 8-7 的规定执行。

表 8-7　　　　　　　　　　　　现浇混凝土柱（编码：010502）

项目编码	项目名称	项目特征	计量单位	工程量计算规则	工作内容
010502001	矩形柱	1. 混凝土类别 2. 混凝土强度等级	m³	按设计图示尺寸以体积计算。 柱高： （1）有梁板的柱高，应自柱基上表面（或楼板上表面）至上一层楼板上表面之间的高度计算。 （2）无梁板的柱高，应自柱基上表面（或楼板上表面）至柱帽下表面之间的高度计算。 （3）框架柱的柱高：应自柱基上表面至柱顶高度计算。 （4）构造柱按全高计算，嵌接墙体部分（马牙槎）并入柱身体积。 （5）依附柱上的牛腿和升板的柱帽，并入柱身体积计算	1. 模板及支架（撑）制作、安装、拆除、堆放、运输及清理模内杂物、刷隔离剂等 2. 混凝土制作、运输、浇筑、振捣、养护
010502002	构造柱				
010502003	异形柱	1. 柱形状 2. 混凝土类别 3. 混凝土强度等级			

（二）GB 50854—2013 相关说明

（1）工程量计算规则中柱高的规定如图 8-8 所示。

（2）混凝土柱上的钢牛腿按钢构件编码列项。

二、《计价定额》相关规定及计价说明

（一）《计价定额》相关规定

（1）定额工程量的计算规则同工程量清单计算规则，按设计图示尺寸以体积计算。不扣除构件内钢筋、预埋铁件所占体积。其工程量计算公式：

$$现浇混凝土柱工程量＝柱断面面积×柱高$$
$$构造柱工程量＝构造柱断面面积×构造柱高＋马牙槎体积$$

（2）商品混凝土柱分别按矩形柱、构造柱、异形柱、圆形柱和钢管混凝土柱项目执行。

（3）多角形柱按异形柱项目执行。

（4）商品混凝土构造柱也适用于独立门框。

（5）阳台栏板的构造柱、女儿墙构造柱执行构造柱项目。

（6）构造柱马牙槎体积应计算，执行构造柱项目。

（7）L、Y、T、十字、Z 形等短墙单肢中心线长度不大于 0.4m，按异形柱定额项目执行；一字形短墙中心线长度不大于 0.4m，混凝土按柱定额项目执行。

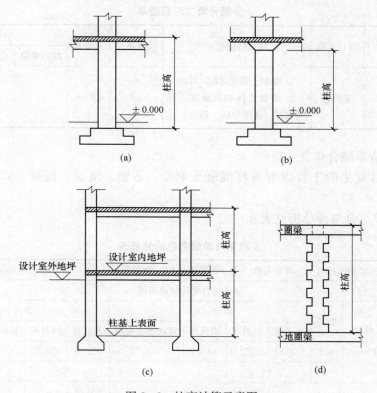

图 8-8 柱高计算示意图

(a) 有梁板；(b) 无梁板；(c) 框架柱；(d) 构造柱

（二）计价说明

工程量清单中混凝土柱项目对应《计价定额》的相应柱定额项目，表 8-8 列出了现浇混凝土矩形柱清单项目综合单价可供组合的相应计价定额项目。

表 8-8 现浇混凝土柱组价定额

项目编码	项目名称	可组合的定额项目	对应的定额编号	计量单位	工作内容
010502001	矩形柱	现浇混凝土矩形柱（C30）	AE0024	m³	混凝土制作、运输、浇筑、振捣、养护
		商品混凝土柱（C30）	AE0025		

三、应用案例

【例 8-3】 某工程基础面标高为 -1.2m，一层层高 3.9m，一层柱尺寸为 300mm× 400mm，共计 30 根，混凝土强度等级为 C30，采用中砂、现场砾石混凝土浇筑。试编制柱的工程量清单及报价。

解：1. 工程量清单的编制

柱高为 3.9+1.2＝5.1（m）

矩形柱清单工程量为 0.3×0.4×5.1×30＝18.36（m³）

编制的分部分项工程量清单见表 8-9。

表 8 - 9　　　　　　　　　　　　　　分部分项工程量清单

序号	项目编码	项目名称	项目特征描述	计量单位	工程量	金额（元）		
						综合单价	合价	其中：暂估价
1	010502001001	矩形柱	1. 混凝土强度等级：C30 2. 混凝土拌和料要求：现场搅拌、使用中砂、砾石	m³	18.36			

2. 工程量清单综合单价分析

矩形柱项目发生的工程内容有柱混凝土制作、运输、浇筑、振捣、养护，工程量为 18.36m³（见表 8 - 9）。

工程量清单综合单价分析见表 8 - 10。

表 8 - 10　　　　　　　　　　工程量清单综合单价分析表

项目编码	010502001001		项目名称		矩形柱		计量单位		m³	工程量		18.36

清单综合单价组成明细

定额编号	定额名称	定额单位	数量	单价（元）				合价（元）			
				人工费	材料费	机械费	管理费和利润	人工费	材料费	机械费	管理费和利润
1	AE0024	10 m³	0.1	952.81	3045.46	44.45	343.01	95.28	304.55	4.45	34.3
			小计					95.28	304.55	4.45	34.3
			未计价材料费					0			
		清单项目综合单价						438.58			

3. 分部分项工程量清单计价

分部分项工程量清单计价见表 8 - 11。

表 8 - 11　　　　　　　　　　分部分项工程量清单计价表

序号	项目编码	项目名称	项目特征描述	计量单位	工程量	金额（元）		
						综合单价	合价	其中：暂估价
1	010502001001	矩形柱	1. 混凝土强度等级：C30 2. 混凝土拌和料要求：现场搅拌、使用中砂、砾石	m³	18.36	438.58	8052.33	

第三节　现浇混凝土梁

一、GB 50854—2013 相关规定

GB 50854—2013 附录中现浇混凝土梁项目，包括基础梁、矩形梁、异形梁、圈梁、过梁、弧形和拱形梁六个分项工程项目。工程量清单项目设置及工程量计算规则，应按表 8 - 12 的规定执行。

表 8 - 12   现浇混凝土梁（编码：010503）

项目编码	项目名称	项目特征	计量单位	工程量计算规则	工作内容
010503001	基础梁	1. 混凝土类别 2. 混凝土强度等级	m³	按设计图示尺寸以体积计算。伸入墙内的梁头、梁垫并入梁体积内。梁长：（1）梁与柱连接时，梁长算至柱侧面。（2）主梁与次梁连接时，次梁长算至主梁侧面	1. 模板及支架（撑）制作、安装、拆除、堆放、运输及清理模内杂物、刷隔离剂等 2. 混凝土制作、运输、浇筑、振捣、养护
010503002	矩形梁				
010503003	异形梁				
010503004	圈梁				
010503005	过梁				
010503006	弧形、拱形梁				

二、《计价定额》相关规定及计价说明

（一）《计价定额》相关规定

现浇混凝土梁工程量，按设计图示断面尺寸以体积计算。不扣除构件内钢筋、预埋铁件所占体积，伸入墙内的梁头、梁垫并入梁体积内。

（1）梁长：梁与柱连接时，梁长算至柱侧面，伸入墙内的梁头，应计算在梁的长度内，如图 8-9 所示。

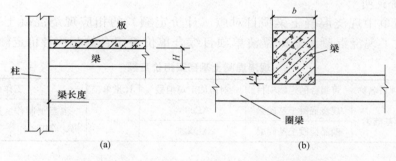

（a）   （b）

图 8-9　梁与柱、圈梁与梁连接时梁长的确定

（a）梁与柱连接；（b）圈梁与梁连接

H—梁的高度；b—梁的宽度；h—伸入梁内的高度

（2）圈梁与梁连接时，圈梁体积应扣除伸入梁内的圈梁体积。

（3）主梁与次梁连接时，次梁长算至主梁侧面；现浇梁头处有现浇梁垫者，梁垫体积并入梁体积内计算。

（4）梁高：梁底至顶面的距离。

（5）圈梁与过梁连接时，分别套用圈梁、过梁定额。过梁长度按设计规定计算。设计无规定时，按门窗洞口宽度两端各加 250mm 计算，如图 8-10 所示。房间与阳台连通，洞口上坪与圈梁连成一体的混凝土梁，按过梁的计算规则计算工程量，执行单梁子目。基础圈梁，按圈梁计算。

（6）圈梁外墙按中心线，内墙按净长线计算；圈梁带挑梁时，以墙的结构外皮为分界线，伸出墙外部分按梁计算，墙内部分按圈梁计算。圈梁与构造柱（柱）连接时，算至柱侧面，圈梁与板连接部分按圈梁计算。

（7）梁、圈梁带宽度不大于 300mm 线脚者按梁计算；梁、圈梁带宽度大于 300mm 线

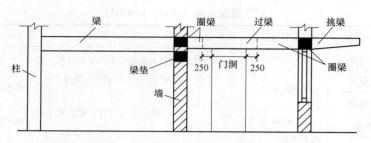

图 8-10　圈梁、过梁与挑梁的梁长

脚或带遮阳板者，按有梁板计算。

（8）飘窗板下方结构高度不大于 300mm 按梁计算；飘窗板下方结构高度大于 300mm 按墙计算。

（9）现浇混凝土叠合梁按现浇混凝土圈梁项目执行。

（10）商品混凝土梁分别按基础梁、矩形梁、异形梁、圈梁、过梁、弧形梁、拱形梁和斜梁项目执行。

（11）圆形梁按异形梁项目执行。

（二）计价说明

工程量清单中现浇混凝土梁项目对应《计价定额》的相应现浇混凝土梁定额项目。表 8-13 列出了现浇混凝土基础梁清单项目综合单价可组合的相应计价定额项目。

表 8-13　　　　　　　　　　　　现浇混凝土基础梁组价定额

项目编码	项目名称	可组合的定额项目	对应的定额编号	计量单位	工作内容
010503001	基础梁	现浇混凝土基础梁	AE0034	m³	混凝土制作、运输、浇筑、振捣、养护
		商品混凝土基础梁	AE0035		

三、梁平法施工图制图规则简介

梁平法施工图，系在梁平面布置图上，采用平面注写或截面注写方式表达。

平面注写方式系在梁平面布置图上，分别在不同编号的梁中各选一根梁，以在其上注写截面尺寸和配筋具体值的方式来表达梁平法施工图。

截面注写方式系在分标准层绘制的梁平面布置图上，分别在不同编号的梁中各选一根梁用剖面号引出配筋图，并以在其上注写截面尺寸和配筋具体值的方式来表达梁平法施工图。

平面注写方式包括集中标注与原位标注，如图 8-11 所示。集中标注表达梁的通用数值，原位标注表达梁的特殊数值。当集中标注中的某项数值不适用于梁某部位时，则将该项数值原位标注。施工时原位标注优先。

1. 梁集中标注内容有五项必注值及一项选注值

（1）梁编号由梁类型代号、序号、跨数及有无悬挑代号几项组成，如图 8-11 所示，中间集中标注指框架梁中的 1 号梁、2 跨一端有悬挑（A 为一端悬挑，B 为两端悬挑）。

（2）梁的截面尺寸。梁为等截面时，用 bh 表示；当有悬挑梁且根部和端部的高度不同时，用斜线分隔根部与端部的高度值，即为 bh_1/h_2。

（3）梁箍筋包括钢筋级别、直径、加密区与非加密区间距及肢数。箍筋加密区间距及肢数，箍筋加密区与非加密区的不同间距及肢数需用斜线分隔。当梁箍筋为同一种间距及肢数

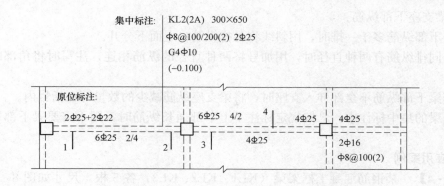

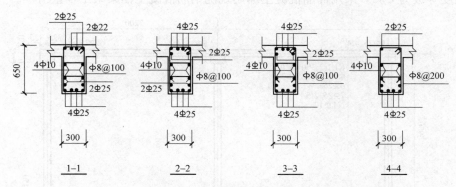

图 8 - 11　梁平面注写方式示例

时，则不需用斜线。当加密区与非加密区的箍筋肢数相同时，则将肢数注写一次。箍筋肢数应写在括号内。如图 8 - 11 中括号内的 2 表示双肢箍。

加密区应为纵向钢筋搭接长度范围，间距均按不大于 5d（d 为钢筋直径）及不大于 100mm 的加密箍筋计算。

（4）梁上部通长筋或架立筋。当同排纵筋中既有通长筋又有架立筋时，应用加号将通长筋和架立筋相连。角部纵筋写在加号的前面，架立筋写在加号后面的括号内，当全部采用架立筋时，则将其写入括号内。当梁的上部纵筋和下部纵筋为全跨相同，且多数跨配筋相同时，此项可加注下部纵筋的配筋值，用分号将上部与下部纵筋的配筋值分隔开来。

（5）梁侧面纵向构造钢筋或受扭钢筋配置。当梁腹板高度 h≥450mm 时，须配置构造筋。纵向构造钢筋或受扭钢筋注写值以大写字母 G 或 N 打头，注写配置在梁两侧的总配筋值，且对称配置。

（6）梁顶面标高差，该项为选注值。

2. 梁原位标注的内容规定

（1）梁支座上部纵筋，该部位含通长筋在内的所有纵筋。

1）当上部纵筋多于一排时，用斜线将各排纵筋自上而下分开。

2）当同排纵筋有两种直径时，用加号将两种直径的纵筋相连，注写时将角部的纵筋写在前面。

3）当梁中间支座两边的上部纵筋不同时，须在支座两边分别标注；当中间支座两边的上部纵筋相同时，可仅在支座的一边标注配筋值。

（2）梁支座下部纵筋：

1）当下部纵筋多于一排时，用斜线将各排纵筋自上而下分开。

2）当同排纵筋有两种直径时，用加号将两种直径的纵筋相连，注写时将角部的纵筋写在前面。

3）当梁下部纵筋不全部伸入支座时，将梁支座纵筋减少的数量写在括号内。

4）当梁的集中标注中，已按规定标注了上下部通长纵筋时，则不需要梁下部重复做原位标注。

四、应用案例

【例 8 - 4】　某钢筋混凝土框架梁（KL1、KL2、KL3）各 5 根，尺寸如图 8 - 12 所示。混凝土强度等级为 C30，采用商品混凝土编制现浇钢筋混凝土框架梁工程量清单。

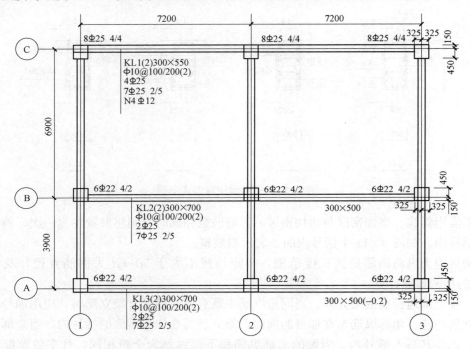

图 8 - 12　某钢筋混凝土框架梁平法标注图

解：　　　　　现浇混凝土梁工程量＝图示断面面积×梁长

现浇混凝土矩形梁工程量为$(0.30\times0.55+0.30\times0.70+0.30\times0.70)\times(7.20-0.325\times2)\times2\times5=38.32(\mathrm{m^3})$

编制工程量清单见表 8 - 14。

表 8 - 14　　　　　　　　　　　　　　　　　分部分项工程量清单

序号	项目编码	项目名称	项目特征描述	计量单位	工程量
1	010503002001	矩形梁	1. 混凝土强度等级：C30 2. 混凝土拌和料要求：商品混凝土	m³	38.32

第四节　现浇混凝土墙

一、GB 50854—2013 相关规定

（一）工程量清单项目设置及工程量计算规则

GB 50854—2013 附录中现浇混凝土墙项目，包括直形墙、弧形墙、短肢剪力墙、挡土墙四项。工程量清单项目设置及工程量计算规则，应按表 8-15 的规定执行。

表 8-15　　　　　　　　　　　现浇混凝土墙（编码：010504）

项目编码	项目名称	项目特征	计量单位	工程量计算规则	工作内容
010504001	直形墙	1. 混凝土类别 2. 混凝土强度等级	m³	按设计图示尺寸以体积计算。扣除门窗洞口及单个面积大于 0.3m² 的孔洞所占体积，墙垛及突出墙面部分并入墙体体积内计算	1. 模板及支架（撑）制作、安装、拆除、堆放、运输及清理模内杂物、刷隔离剂等 2. 混凝土制作、运输、浇筑、振捣、养护
010504002	弧形墙				
010504003	短肢剪力墙				
010504004	挡土墙				

（二）相关说明

短肢剪力墙是指截面厚度不大于 300mm、各肢截面高度与厚度之比的最大值大于 4 但不大于 8 的剪力墙。各肢截面高度与厚度之比的最大值不大于 4 的剪力墙按柱项目列项。

二、《计价定额》相关规定及计价说明

（一）《计价定额》相关规定

（1）墙按图示尺寸以立方米计算，应扣除门窗洞口面积大于 0.3m² 所占体积，墙垛及突出部分、三角八字、附墙柱（框架柱除外）并入墙体积内计算，执行墙项目；外墙长度按外墙中心线长度计算，内墙长度按内墙净长线计算。

（2）墙与现浇板连接时其高度算到板顶面。

（3）挡护墙厚度不大于 300mm 按墙计算。

（4）L、Y、T、十字、Z 形等短墙单肢中心线长度大于 0.4m 或不大于 0.8m，按短肢剪力墙的项目执行；一字形短墙中心线长度大于 0.4m 或不大于 1m，按短肢剪力墙的项目执行。

（5）现浇商品混凝土实心栏板厚度不大于 12cm 者，执行商品混凝土零星项目；厚度大于 12cm 者，执行现浇商品混凝土墙项目。

（6）现浇混凝土直形墙也适用于电梯井。

（7）商品混凝土墙适用于直形墙、电梯井壁、弧形墙。

（8）商品混凝土挡土墙适用于直形挡土墙和弧形挡土墙。

（二）计价说明

工程量清单中现浇混凝土墙项目对应《计价定额》的相应现浇混凝土墙定额项目。表 8-16 列出了现浇混凝土墙清单项目综合单价可组合的相应计价定额项目。

表 8 - 16 现浇混凝土墙组价定额

项目编码	项目名称	可组合的定额项目	对应的定额编号	计量单位	工作内容
010504001	直形墙	直形墙	AE0048～AE0050	m³	混凝土制作、运输、浇筑、振捣、养护
		商品混凝土墙	AE0051		

三、应用案例

【例 8 - 5】 某工程墙体为现浇钢筋混凝土墙，平面图如图 8 - 13 所示。轴线均与墙中心线重叠。已知层高 3.2m，门洞口高均为 2.1m。上一层结构情况：现浇板厚度 120mm，在大于等于 200mm 厚的墙体上设梁，梁高 700mm，梁宽与墙宽相同；在小于 200mm 厚的墙体上设 200mm×400mm 的梁；门洞上方设连梁 LL，高 400mm，长度为加伸入门洞每侧600mm。混凝土强度等级为 C25，采用商品混凝土。试编制墙的工程量清单。

解：

直形墙清单工程量：

250mm 厚墙为 $0.25\times[(7.2+0.2)\times(3.2-0.7)\times2-1.5\times2.1]-0.25\times0.4\times(1.5+0.6\times2)=8.19(\text{m}^3)$

200mm 厚墙为 $0.2\times\{[(7.2-0.2)+(6.6-0.25)\times2]\times(3.2-0.7)-1.2\times2.1\times3\}-0.2\times7\times0.4=7.78(\text{m}^3)$

120mm 厚墙为 $0.12\times(2.4-0.125-0.1)\times2\times(3.2-0.4)=1.46(\text{m}^3)$

直形墙工程量合计：$8.19+7.78+1.46=17.43(\text{m}^3)$

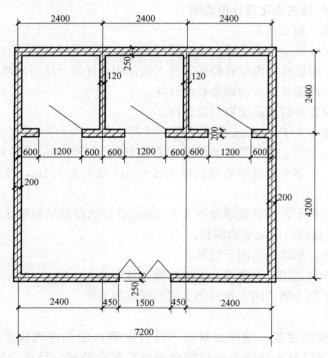

图 8 - 13 现浇钢筋混凝土墙平面图

编制工程量清单见表 8 - 17。

表 8 - 17   分部分项表工程量清单

序号	项目编码	项目名称	项目特征描述	计量单位	工程量
1	010504001001	直形墙	1. 墙类型: 直形墙 2. 墙厚度: 250mm、200mm、120mm 3. 混凝土强度等级: C25 4. 混凝土拌和料要求: 商品混凝土	m³	17.43

第五节 现浇混凝土板

一、GB 50854—2013 相关规定

(一) 工程量清单项目设置及工程量计算规则

GB 50854—2013 附录中现浇混凝土板项目,包括有梁板、无梁板、平板、拱板、薄壳板、栏板、天沟、雨篷、空心板和其他板九个分项。工程量清单项目设置及工程量计算规则,应按表 8 - 18 的规定执行。

表 8 - 18   现浇混凝土板 (编码: 010505)

项目编码	项目名称	项目特征	计量单位	工程量计算规则	工作内容
010505001	有梁板			按设计图示尺寸以体积计算,不扣除单个面积在 0.3m² 以内的柱、垛以及孔洞所占体积。 压形钢板混凝土楼板扣除构件内压形钢板所占体积。 有梁板(包括主、次梁与板)按梁、板体积之和计算,无梁板按板和柱帽体积之和计算,各类板伸入墙内的板头并入板体积内,薄壳板的肋、基梁并入薄壳体积内计算	1. 模板及支架(撑)制作、安装、拆除、堆放、运输及清理模内杂物、刷隔离剂等 2. 混凝土制作、运输、浇筑、振捣、养护
010505002	无梁板	1. 混凝土类别 2. 混凝土强度等级	m³		
010505003	平板				
010505004	拱板				
010505005	薄壳板				
010505006	栏板				
010505007	天沟(檐沟)、挑檐			按设计图示尺寸以体积计算	
010505008	雨篷、悬挑板、阳台板			按设计图示尺寸以墙外部分体积计算。包括伸出墙外的牛腿和雨篷反挑檐的体积	
010505009	空心板			按设计图示尺寸以体积计算。空心板(GBF 高强薄壁蜂巢芯板等)应扣除空心部分体积	
010505010	其他板			按设计图示尺寸以体积计算	

(二) 相关说明

现浇挑檐、天沟板、雨篷、阳台与板(包括屋面板、楼板)连接时,以外墙外边线为分

界线；与圈梁（包括其他梁）连接时，以梁外边线为分界线。外边线以外为挑檐、天沟、雨篷或阳台，如图 8-14 所示。

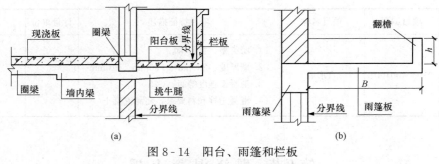

图 8-14　阳台、雨篷和栏板

（a）与圈梁连接；（b）与板连接

B—雨篷板宽度；h—翻檐高度

二、《计价定额》相关规定及计价说明

（一）《计价定额》相关规定

（1）斜梁（板）、坡屋面板按坡度大于 0°且不大于 30°综合考虑，斜梁（板）、坡屋面板坡度在 10°以内的执行梁、板项目；坡度大于 30°执行《四川省建筑工程工程量清单计价定额——仿古建筑工程》相应项目。

（2）现浇混凝土板工程量的计算规则同工程量清单计算规则。

（3）有梁板是指由一个方向或两个方向的梁（主梁、次梁）与板连成一体的板。有梁板包括主梁、次梁及板，工程量按梁、板体积之和计算，如图 8-15 所示。

现浇有梁板混凝土工程量＝图示长度×图示宽度×板厚＋主梁及次梁体积

主梁及次梁体积＝主梁长度×主梁宽度×肋高＋次梁长度×次梁宽度×肋高

（4）无梁板是指不带梁（圈梁除外）直接用柱子支承板。无梁板按板和柱帽体积之和计算，如图 8-16 所示。

现浇无梁板混凝土工程量＝图示长度×图示宽度×板厚＋柱帽体积

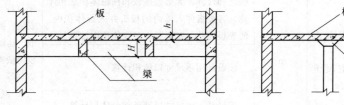

图 8-15　现浇有梁板

H—肋高；h—板厚

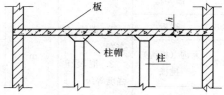

图 8-16　现浇无梁板

h—板厚

（5）平板是指直接支承在墙上的现浇楼板。平板按板图示体积计算，伸入墙内的板头、边沿的翻檐，均并入板体积内计算，如图 8-17 所示。

现浇平板混凝土工程量＝图示长度×图示宽度×板厚

（6）斜屋面板是斜屋面铺瓦用的钢筋混凝土基层板。斜屋面按板断面面积乘以斜长计算。有梁时，梁板合并计算。屋脊处八字脚的加厚混凝土已包括在消耗量内，不单独计算。若屋脊处八字脚的加厚混凝土配置钢筋作梁使用，应按设计尺寸并入斜板工程量内计算，如图 8-18 所示。

斜屋面板混凝土工程量＝图示板长度×板厚×斜坡长度＋板下梁体积

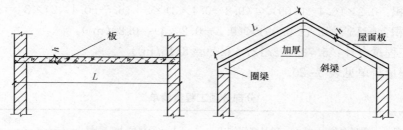

图 8-17　现浇平板
L—平板长度；h—板厚

图 8-18　现浇斜屋面板
L—斜板长度；h—板厚

（7）挑檐、天沟（檐沟）与板（包括屋面板、楼板）连接时以外墙外边线为分界线；与圈梁（包括其他梁）连接时，以梁外边线为分界线。雨篷、阳台板按设计图示尺寸以墙外部分体积计算，包括伸出墙外的牛腿和雨篷反挑檐的体积。

（8）现浇混凝土阶梯形（锯齿形）楼板每一梯步宽度大于 300mm 时，按板的项目执行，人工乘以系数 1.45。

（9）商品混凝土板分别按有梁板、无梁板、平板、拱板、薄壳板、栏板、天（檐）沟、挑檐板、雨篷板、斜梁（板）、坡屋面板、飘窗板、挂板、悬挑板、阳台板、预制板间补现浇板缝项目执行。

（10）预制板间补现浇板缝，适用于板缝小于预制板的模数，但需支模才能浇筑的混凝土板缝。

（二）计价说明

工程量清单中现浇混凝土板项目对应《计价定额》的相应现浇混凝土板定额项目。表8-19 列出了现浇混凝土其他板清单项目综合单价可组合的相应计价定额项目。

表 8-19　　　　　　　　　　　现浇混凝土其他板组价定额

项目编码	项目名称	可组合的定额项目	对应的定额编号	计量单位	工作内容
010505010	其他板	斜板、坡屋面板	AE0081～AE0082	m³	混凝土制作、运输、浇筑、振捣、养护
		飘窗板	AE0083～AE0084		
		挂板	AE0085～AE0086		

三、应用案例

【例 8-6】　某框架结构工程有梁板如图 8-19 所示。板厚 90mm，板底标高 3.79m，四周梁与柱边对齐，梁中与轴线重合，试编制有梁板的工程量清单及报价。图中所示柱为 KZ400mm × 400mm，LL 尺寸为 150mm × 300mm，KL 尺寸为 200mm×400mm，混凝土强度等级为 C25，现场搅拌、使用砾石、中砂。试编制柱的工程量清单。

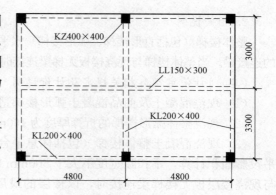

图 8-19　有梁板结构平面图

解：

板混凝土体积：（9.6＋0.2）×（6.3＋0.2）

×0.09＝5.733(m³)

KL 梁体积：0.2×(0.4－0.09)×[(9.8－0.4×3)×2＋(6.5－0.4×2)×3]＝2.127(m³)

LL 梁体积：0.15×(0.3－0.09)×(9.8－0.2×3)＝0.29(m³)

有梁板工程量合计：5.733＋2.127＋0.29＝8.15(m³)

编制工程量清单见表 8-20。

表 8-20　　　　　　　　　分部分项工程量清单

序号	项目编码	项目名称	项目特征描述	计量单位	工程量	综合单价	合价	其中：暂估价
						金额（元）		
1	010505001001	有梁板	1. 混凝土强度等级：C25 2. 混凝土拌和料要求：现场搅拌、使用砾石、中砂	m³	8.15			

第六节　现浇混凝土楼梯、其他构件及后浇带

一、现浇混凝土楼梯

（一）GB 50854—2013 相关规定

1. 工程量清单项目设置及工程量计算规则

GB 50854—2013 附录中现浇混凝土楼梯项目，包括直形楼梯和弧形楼梯两项。工程量清单项目设置及工程量计算规则，应按表 8-21 的规定执行。

表 8-21　　　　　　　　现浇混凝土楼梯（编码：010506）

项目编码	项目名称	项目特征	计量单位	工程量计算规则	工作内容
010506001	直形楼梯	1. 混凝土类别 2. 混凝土强度等级	1. m² 2. m³	（1）以平方米计量，按设计图示尺寸以水平投影面积计算。不扣除宽度不大于 500mm 的楼梯井，伸入墙内部分不计算。 （2）以立方米计量，按设计图示尺寸以体积计算	1. 模板及支架（撑）制作、安装、拆除、堆放、运输及清理模内杂物、刷隔离剂等 2. 混凝土制作、运输、浇筑、振捣、养护
010506002	弧形楼梯				

2. 相关说明

整体楼梯（包括直形楼梯、弧形楼梯）水平投影面积包括休息平台、平台梁、斜梁和楼层板的连接梁。当整体楼梯与现浇楼板无梯梁连接时，以楼梯的最后一个踏步边缘加 300mm 为界。

（二）《计价定额》相关规定及计价说明

（1）现浇混凝土及商品混凝土弧形楼梯适用于螺旋型和艺术型楼梯。

（2）现浇整体弧形楼梯的折算厚度为 160mm，一般楼梯、螺旋楼梯的折算厚度为 200mm。

（3）现浇混凝土整体楼梯（包括休息平台、平台梁、斜梁和楼层板的连接梁）分层按水平投影面积计算，不扣除宽度不大于 500mm 的楼梯井，伸入墙内部分不计算。当整体楼梯与现浇楼层板无楼梯梁连接时，以楼层的最后一个踏步外边缘加 300mm 为界，如图 8-20所示。

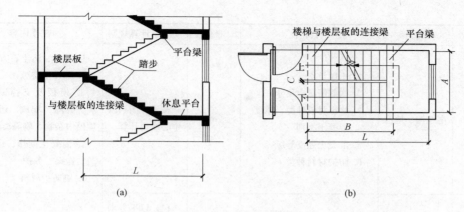

图 8-20　整体楼梯

(a) 示意图；(b) 平面图

A—楼梯宽度；*B*—楼梯水平投影长度；*C*—楼梯井宽度；

L—整体楼梯（包括休息平台、平台梁、斜梁和楼层板的连接梁）水平投影长度

当 $C \leqslant 500\text{mm}$ 时，楼梯水平投影面积 $S = A \times L$。

当 $C > 500\text{mm}$ 时，楼梯水平投影面积 $S = A \times L - B \times C$。

（4）工程量清单中现浇混凝土楼梯项目对应《计价定额》的相应现浇混凝土楼梯定额项目。表 8-22 列出了现浇混凝土直形楼梯清单项目综合单价可组合的相应计价定额项目。

表 8-22　　　　　　　　　　　现浇混凝土直形楼梯组价定额

项目编码	项目名称	可组合的定额项目	对应的定额编号	计量单位	工作内容
010506001	直形楼梯	直形楼梯	AE0089、AE0091	m³	混凝土制作、运输、浇筑、振捣、养护
		楼梯每增减 10mm	AE0090、AE0092		

二、现浇混凝土其他构件

（一）GB 50854—2013 相关规定

1. 工程量清单项目设置及工程量计算规则

GB 50854—2013 附录中现浇混凝土其他构件项目，包括散水、坡道，室外地坪，电缆沟、地沟，台阶，扶手、压顶，化粪池、检查井，其他构件七个分项项目。工程量清单项目设置及工程量计算规则，应按表 8-23 的规定执行。

表 8-23　　　　　　　　　现浇混凝土其他构件（编码：010507）

项目编码	项目名称	项目特征	计量单位	工程量计算规则	工作内容
010507001	散水、坡道	1. 垫层材料种类、厚度 2. 面层厚度 3. 混凝土类别 4. 混凝土强度等级 5. 变形缝填塞材料种类	m²	按设计图示尺寸以面积计算。不扣除单个面积不大于 0.3m² 的孔洞所占面积	1. 地基夯实 2. 铺设垫层 3. 模板及支撑制作、安装、拆除、堆放、运输及清理模内杂物、刷隔离剂等 4. 混凝土制作、运输、浇筑、振捣、养护 5. 变形缝填塞
010507002	室外地坪	1. 地坪厚度 2. 混凝土强度等级			

续表

项目编码	项目名称	项目特征	计量单位	工程量计算规则	工作内容
010507003	电缆沟、地沟	1. 土壤类别 2. 沟截面净空尺寸 3. 垫层材料种类、厚度 4. 混凝土类别 5. 混凝土强度等级 6. 防护材料种类	m	按设计图示以中心线长计算	1. 挖填、运土石方 2. 铺设垫层 3. 模板及支撑制作、安装、拆除、堆放、运输及清理模内杂物、刷隔离剂等 4. 混凝土制作、运输、浇筑、振捣、养护 5. 刷防护材料
010507004	台阶	1. 踏步高宽比 2. 混凝土类别 3. 混凝土强度等级	1. m² 2. m³	（1）以平方米计量，按设计图示尺寸水平投影面积计算。 （2）以立方米计量，按设计图示尺寸以体积计算	1. 模板及支撑制作、安装、拆除、堆放、运输及清理模内杂物、刷隔离剂等 2. 混凝土制作、运输、浇筑、振捣、养护
010507005	扶手、压顶	1. 断面尺寸 2. 混凝土类别 3. 混凝土强度等级	1. m 2. m³	（1）以米计量，按设计图示的延长米计算。 （2）以立方米计量，按设计图示尺寸以体积计算	1. 模板及支架（撑）制作、安装、拆除、堆放、运输及清理模内杂物、刷隔离剂等 2. 混凝土制作、运输、浇筑、振捣、养护
010507006	化粪池、检查井	1. 部位 2. 混凝土强度等级 3. 防水、抗渗要求	1. m³	（1）按设计图示尺寸以体积计算。不扣除构件内钢筋、预埋铁件所占体积。 （2）以座计量，按设计图示数量计算	1. 模板及支架（撑）制作、安装、拆除、堆放、运输及清理模内杂物、刷隔离剂等 2. 混凝土制作、运输、浇筑、振捣、养护
01050707	其他构件	1. 构件的类型 2. 构件规格 3. 部位 4. 混凝土类别 5. 混凝土强度等级	m³		

2. 相关说明

（1）现浇混凝土小型池槽、垫块、门框等，应按表 8-23 中其他构件项目编码列项。

（2）架空式混凝土台阶，按现浇楼梯计算。

（二）《计价定额》相关规定及计价说明

（1）小型构件是指单体体积在 0.1m³ 以内且本节未列项目的小型构件。

（2）现浇小型项目适用于小型池槽、垫块、砌体拉结带等。

（3）二次结构中的厨卫、阳台、女儿墙脚部按翻边（止水带）混凝土项目执行。

（4）混凝土散水、坡道、台阶、地沟、后浇带等均按图示尺寸以立方米计算。

（5）工程量清单现浇混凝土其他构件项目对应《计价定额》的相应现浇混凝土其他构件定额项目。表8-24列出了现浇混凝土散水、坡道清单项目综合单价可组合的相应计价定额项目。

表8-24　　　　　　　　　　　现浇混凝土散水、坡道组价定额

项目编码	项目名称	可组合的定额项目	对应的定额编号	计量单位	工作内容
010507001	散水、坡道	垫层	AE0001～AE0005	m³（m²、m）	混凝土制作、运输、浇筑、振捣、养护
		散水、坡道	AE0097～AE0098		
		变形缝填塞	AJ0097～AJ0118		

三、后浇带

（一）GB 50854—2013相关规定

GB 50854—2013附录中现浇混凝土后浇带工程量清单项目设置及工程量计算规则，应按表8-25的规定执行。

表8-25　　　　　　　　　　　后浇带（编码：010508）

项目编码	项目名称	项目特征	计量单位	工程量计算规则	工作内容
010508001	后浇带	1. 混凝土类别 2. 混凝土强度等级	m³	按设计图示尺寸以体积计算	1. 模板及支架（撑）制作、安装、拆除、堆放、运输及清理模内杂物、刷隔离剂等 2. 混凝土制作、运输、浇筑、振捣、养护及混凝土交接面、钢筋等的清理

后浇带项目适用于梁、墙、板等的后浇带。后浇带项目混凝土强度等级一般比相连接的梁、墙、板混凝土强度等级至少高一级，有的还要微膨胀。项目特征必须清楚描述。

后浇带是在建筑施工中为防止现浇钢筋混凝土结构由于自身收缩不均或沉降不均可能产生的有害裂缝，按照设计或施工规范要求，在基础底板、墙、梁相应位置留设的临时施工缝。将结构暂时划分为若干部分，经过构件内部收缩，在若干时间后再浇捣该施工缝混凝土，将结构连成整体的地带。

（二）《计价定额》相关规定及计价说明

工程量清单后浇带项目对应《计价定额》的相应后浇带定额项目。表8-26列出了后浇带清单项目综合单价可组合的相应计价定额项目。

表8-26　　　　　　　　　　　后浇带组价定额

项目编码	项目名称	可组合的定额项目	对应的定额编号	计量单位	工作内容
010508001	后浇带	后浇带	AE0347～AE0382	m³	混凝土制作、运输、浇筑、振捣、养护

四、应用案例

【例8-7】　某宿舍楼散水长90m、宽0.80m，浇筑C15混凝土80mm厚，塑料油膏嵌缝。试编制现浇混凝土散水工程量清单。

　　解： 现浇混凝土散水工程量＝(外墙外边线长度＋4×散水宽度－台阶长度)×散水宽度

$$＝90×0.80＝72.00(m^2)$$

编制的工程量清单见表 8 - 27。

表 8 - 27　　　　　　　　　　　　分部分项工程量清单

序号	项目编码	项目名称	项目特征描述	计量单位	工程量	金额（元）		
						综合单价	合价	其中：暂估价
1	010507001001	散水、坡道	1. 名称：混凝土散水 2. 混凝土强度等级：C15 3. 混凝土拌和料要求：现场搅拌中砂、砾石混凝土 4. 填塞材料种类：油膏嵌缝	m²	72.00			

　　【例 8 - 8】　　某专业设施运行控制楼的一端上部设有一室外楼梯。楼梯主要结构由现浇钢筋混凝土平台梁、平台板、梯梁和踏步板组成，其他部位不考虑。局部结构布置如图 8 - 21 所示，每个楼梯段梯梁侧面的垂直投影面积（包括平台板下部）可按 $5.01m^2$ 计算。现浇混凝土强度等级均为 C30，采用 5～20mm 粒径的碎石、中粗砂和 42.5 的硅酸盐水泥拌制。

　　问题：

　　(1) 按照图 8 - 21，在表 8 - 28 中，列式计算楼梯的现浇钢筋混凝土体积工程量。

　　(2) 按照 GB 50854—2013 的规定，列式以平方米计算现浇混凝土直形楼梯的工程量（列出计算过程）。

　　(3) 施工企业按企业定额和市场价格计算出每立方米楼梯现浇混凝土的人工费、材料费、机械使用费分别为 165、356.6、52.1 元。并以人工费、材料费、机械费之和为基数计取管理费（费率取 9%）和利润（利润率取 4%）。在表 8 - 29 中做现浇混凝土直形楼梯的工程量清单综合单价分析（现浇混凝土直形楼梯的项目编码为 010506001）。

　　(4) 按照 GB 50854—2013 的规定，在表 8 - 30 中，编制现浇混凝土直形楼梯工程量清单及计价表。

　　(注：除现浇混凝土工程量和工程量清单综合单价分析表中数量栏保留三位小数外，其余保两位小数)

　　解： (1) 编制的工程量计算表见表 8 - 28。

表 8 - 28　　　　　　　　　　　　工程量计算表　　　　　　　　　　　单位：m³

序号	项目名称	计算过程	工程量
1	平台梁	0.35×0.55×2.2×4＝1.694	1.694
2	平台板	0.1×1.85×2.2×4＝1.628	1.628
3	梯梁	5.01×0.25×4＝5.01	5.01
4	踏步板	0.3×17×1.1×0.1×4＝2.244	2.244
	合计		10.576

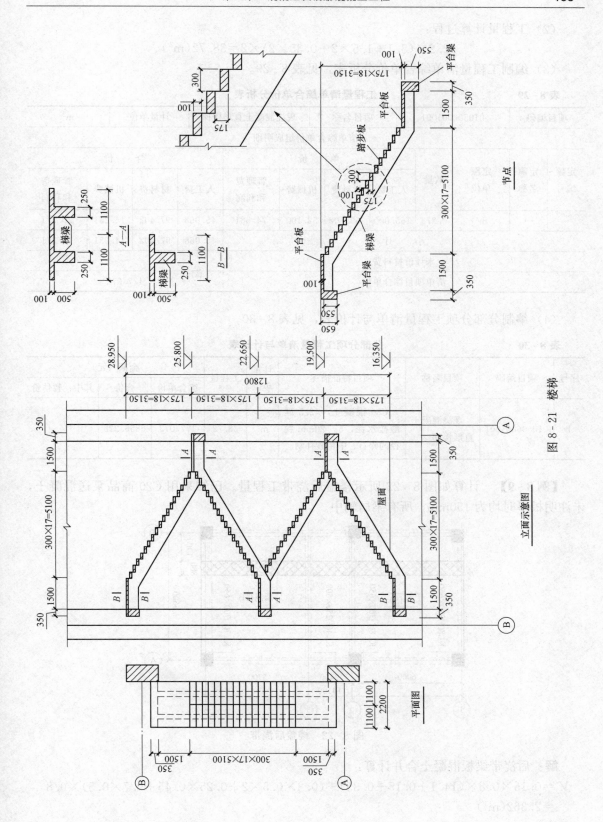

节点

A—A

B—B

立面示意图

平面图

图 8 - 21　楼梯

（2）工程量计算过程：

$$2.2 \times (5.1 + 1.5 \times 2 + 0.35 \times 2) \times 2 = 38.72 (m^2)$$

（3）编制工程量清单综合单价分析表，见表 8 - 29。

表 8 - 29　　　　　　　　　　　工程量清单综合单价分析表

项目编码	010506001001		项目名称		现浇混凝土直形楼梯		计量单位		m²	
清单综合单价组成明细										
定额编号	定额名称	定额单位	数量	单　价				合　价			
				人工费	材料费	机械费	管理费和利润	人工费	材料费	机械费	管理费和利润
—	—	m³	0.273	165.000	356.600	52.100	74.581	45.068	97.402	14.231	20.371
小　计								45.068	97.402	14.231	20.371
未计价材料费								—			
清单项目综合单价								177.072			

（4）编制分部分项工程量清单与计价表，见表 8 - 30。

表 8 - 30　　　　　　　　　　　分部分项工程量清单与计价表

序号	项目编码	项目名称	项目特征描述	计量单位	工程量	金额（元）		
						综合单价	合价	其中：暂估价
1	010506001001	现浇混凝土直形楼梯	C30 混凝土，42.5 硅酸盐水泥，5～20mm 粒径的碎石、中粗砂拌制	m²	38.72	177.072	6856.228	

【例 8 - 9】　计算如图 8 - 22 所示楼盖后浇带工程量。已知采用 C20 商品泵送混凝土，未注明板厚时均为 150mm，所有梁居轴中。

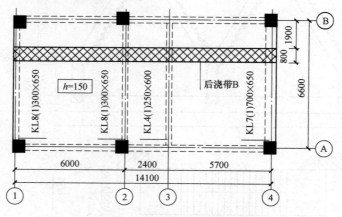

图 8 - 22　楼盖后浇带

解： 后浇带梁板混凝土合并计算：

$$V = 0.15 \times 0.8 \times (14.1 + 0.15 + 0.35) + (0.3 \times 0.5 \times 2 + 0.25 \times 0.45 + 0.7 \times 0.5) \times 0.8$$
$$= 2.362 (m^3)$$

第七节 预制混凝土构件

一、GB 50854—2013 相关规定

（一）工程量清单项目设置及工程量计算规则

GB 50854—2013 附录中预制混凝土构件项目，包括预制混凝土柱、预制混凝土梁、预制混凝土屋架、预制混凝土板、预制混凝土楼梯和其他预制构件六个分部工程项目。工程量清单项目设置及工程量计算规则，应分别按表 8-31～表 8-36 的规定执行。

表 8-31　　　　　　　　　　预制混凝土柱（编码：010509）

项目编码	项目名称	项目特征	计量单位	工程量计算规则	工作内容
010509001	矩形柱	1. 图代号 2. 单件体积 3. 安装高度 4. 混凝土强度等级 5. 砂浆（细石混凝土）强度等级、配合比	1. m³ 2. 根	（1）以立方米计量，按设计图示尺寸以体积计算。 （2）以根计量，按设计图示尺寸以数量计算	1. 模板制作、安装、拆除、堆放、运输及清理模内杂物、刷隔离剂等 2. 混凝土制作、运输、浇筑、振捣、养护 3. 构件运输、安装 4. 砂浆制作、运输 5. 接头灌缝、养护
010509002	异形柱				

表 8-32　　　　　　　　　　预制混凝土梁（编码：010510）

项目编码	项目名称	项目特征	计量单位	工程量计算规则	工作内容
010510001	矩形梁	1. 图代号 2. 单件体积 3. 安装高度 4. 混凝土强度等级 5. 砂浆强度等级、配合比	1. m³ 2. 根	（1）以立方米计量，按设计图示尺寸以体积计算。 （2）以根计量，按设计图示尺寸以数量计算	1. 模板制作、安装、拆除、堆放、运输及清理模内杂物、刷隔离剂等 2. 混凝土制作、运输、浇筑、振捣、养护 3. 构件运输、安装 4. 砂浆制作、运输 5. 接头灌缝、养护
010510002	异形梁				
010510003	过梁				
010510004	拱形梁				
010510005	鱼腹式吊车梁				
010510006	其他梁				

表 8-33　　　　　　　　　　预制混凝土屋架（编码：010511）

项目编码	项目名称	项目特征	计量单位	工程量计算规则	工作内容
010511001	折线型屋架	1. 图代号 2. 单件体积 3. 安装高度 4. 混凝土强度等级 5. 砂浆强度等级、配合比	1. m³ 2. 榀	（1）以立方米计量，按设计图示尺寸以体积计算。 （2）以榀计量，按设计图示尺寸以数量计算	1. 模板制作、安装、拆除、堆放、运输及清理模内杂物、刷隔离剂等 2. 混凝土制作、运输、浇筑、振捣、养护 3. 构件运输、安装 4. 砂浆制作、运输 5. 接头灌缝、养护
010511002	组合屋架				
010511003	薄腹屋架				
010511004	门式刚架屋架				
010511005	天窗架屋架				

表 8 - 34　　　　　　　　　　**预制混凝土板（编码：010512）**

项目编码	项目名称	项目特征	计量单位	工程量计算规则	工作内容
010512001	平板	1. 图代号 2. 单件体积 3. 安装高度 4. 混凝土强度等级 5. 砂浆强度等级、配合比	1. m³ 2. 块	（1）以立方米计量，按设计图示尺寸以体积计算。不扣除单个尺寸不大于 300mm×300mm 的孔洞所占体积，扣除空心板空洞体积。 （2）以块计量，按设计图示尺寸以数量计算	1. 模板制作、安装、拆除、堆放、运输及清理模内杂物、刷隔离剂等 2. 混凝土制作、运输、浇筑、振捣、养护 3. 构件运输、安装 4. 砂浆制作、运输 5. 接头灌缝、养护
010512002	空心板				
010512003	槽形板				
010512004	网架板				
010512005	折线板				
010512006	带肋板				
010512007	大型板				
010512008	沟盖板、井盖板、井圈	1. 单件体积 2. 安装高度 3. 混凝土强度等级 4. 砂浆强度等级、配合比	1. m³ 2. 块（套）	（1）以立方米计量，按设计图示尺寸以体积计算。不扣除构件内钢筋、预埋铁件所占体积。 （2）以块计量，按设计图示尺寸以数量计算	

表 8 - 35　　　　　　　　　　**预制混凝土楼梯（编码：010513）**

项目编码	项目名称	项目特征	计量单位	工程量计算规则	工作内容
010513001	楼梯	1. 楼梯类型 2. 单件体积 3. 混凝土强度等级 4. 砂浆强度等级	1. m³ 2. 段	（1）以立方米计量，按设计图示尺寸以体积计算。扣除空心踏步板空洞体积。 （2）以段计量，按设计图示数量计算	1. 模板制作、安装、拆除、堆放、运输及清理模内杂物、刷隔离剂等 2. 混凝土制作、运输、浇筑、振捣、养护 3. 构件运输、安装 4. 砂浆制作、运输 5. 接头灌缝、养护

表 8 - 36　　　　　　　　　　**其他预制构件（编码：010514）**

项目编码	项目名称	项目特征	计量单位	工程量计算规则	工作内容
010514001	垃圾道、通风道、烟道	1. 单件体积 2. 混凝土强度等级 3. 砂浆强度等级	1. m³ 2. m² 3. 根（块）	（1）以立方米计量，按设计图示尺寸以体积计算。不扣除单个面积不大于 300mm×300mm 的孔洞所占体积，扣除烟道、垃圾道、通风道的孔洞所占体积。 （2）以平方米计量，按设计图示尺寸以面积计算。不扣除单个面积不大于 300mm×300mm 的孔洞所占面积。 （3）以根计量，按设计图示尺寸以数量计算	1. 模板制作、安装、拆除、堆放、运输及清理模内杂物、刷隔离剂等 2. 混凝土制作、运输、浇筑、振捣、养护 3. 构件运输、安装 4. 砂浆制作、运输 5. 接头灌缝、养护
010514002	其他构件	1. 单件体积 2. 构件的类型 3. 混凝土强度等级 4. 砂浆强度等级			

（二）GB 50854—2013 相关释义及说明

（1）清单项目特征中应区分预制构件制作工艺，如是预应力构件应在清单中予以描述。

（2）以根计量，必须描述单件体积。

（3）以榀计量，必须描述单件体积。

（4）三角形屋架应按折线型屋架项目编码列项。

（5）以块、套计量，必须描述单件体积。

（6）不带肋的预制遮阳板、雨篷板、挑檐板、拦板等，应按预制混凝土板中平板项目编码列项。

（7）预制 F 形板、双 T 形板、单肋板和带反挑檐的雨篷板、挑檐板、遮阳板等，应按预制混凝土板中带肋板项目编码列项。

（8）预制大型墙板、大型楼板、大型屋面板等，应按大型板项目编码列项。

（9）以段计量，必须描述单件体积。

（10）预制钢筋混凝土小型池槽、压顶、扶手、垫块、隔热板、花格等，按其他预制构件中其他构件项目编码列项。

二、《计价定额》相关规定及计价说明

（一）《计价定额》相关规定

1. 预制构件项目适用范围

预制小型构件安装适用于烟囱、支撑、天窗侧板、上下档、垫头、压顶、扶手、窗台板、阳台隔板、壁龛、粪槽、池槽、雨水管、厨房壁柜、搁板、架空隔热板。

2. 预制构件制作、安装及灌浆

（1）预制构件项目中成品预制构件单价包含混凝土制作、钢筋制作安装、模板安拆及构件运输等费用。

（2）预制构件安装未包括铺垫道木、钢板、钢轨等的铺设及维修工料，发生时另行计算。

（3）构件灌浆工料已综合在项目中，不另计算。

3. 预制混凝土模板工程

预制小型构件模板适用于烟囱、支撑、天窗侧板、上（下）档、垫头、压顶、扶手、窗台板、阳台隔板、壁龛、粪槽、池槽、雨水管、厨房壁柜、搁板、架空隔热板等现场预制小型构件。

4. 工程量计算

（1）预制沟盖板、井盖板等均按设计图示尺寸以体积计算。不扣除构件内钢筋、预埋铁件所占体积。

（2）其他预制构件：支架及小型构件均按设计图示尺寸以体积计算，不扣除构件内钢筋、预埋铁件及单个尺寸不大于 300mm×300mm 的孔洞所占体积。

（3）预制混凝土构件模板工程：

1）预制构件模板工程量均按模板与混凝土接触面积以平方米计算，地模综合考虑，不另计算。

2）预制板、水磨石构件模板上单孔面积在 0.3m² 以内的孔洞不予扣除，洞侧壁模板亦不增加，单孔面积大于 $0.3m^2$ 时，应予扣除，洞侧壁模板面积并入墙、板模板工程量内计算。

5. 构件运输

构件运输工程量按图算量计算。

（二）计价说明

工程量清单项目中各类预制混凝土构件对应《计价定额》的相应预制混凝土构件定额项目。表 8-37 列出了预制混凝土沟盖板、井盖板、井圈清单项目综合单价可组合的相应计价定额项目。

表 8-37   预制混凝土沟盖板、井盖板、井圈组价定额

项目编码	项目名称	可组合的定额项目	对应的定额编号	计量单位	工作内容
010512008	沟盖板、井盖板、井圈	沟盖板、井盖板、安装	AE0128	m^3	1. 混凝土制作、运输、浇筑、振捣、养护 2. 构件运输、安装 3. 砂浆制作、运输 4. 接头灌缝、养护
			AE0123		

三、应用案例

【例 8-10】   某拟建项目机修车间，厂房设计方案采用预制钢筋混凝土排架结构，其上部结构系统平面布置图如图 8-23 所示，结构体系中现场预制标准构件和非标准构件的混凝土强度等级、设计控制参考钢筋含量等见表 8-38。

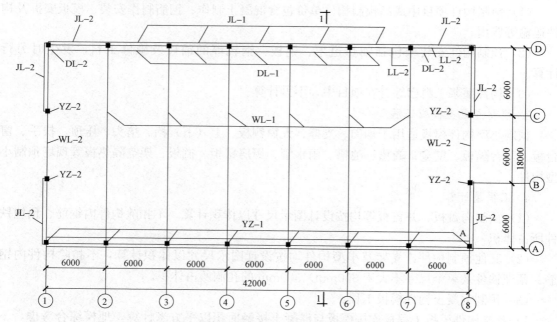

图 8-23　某机修车间上部结构系统平面布置图（一）

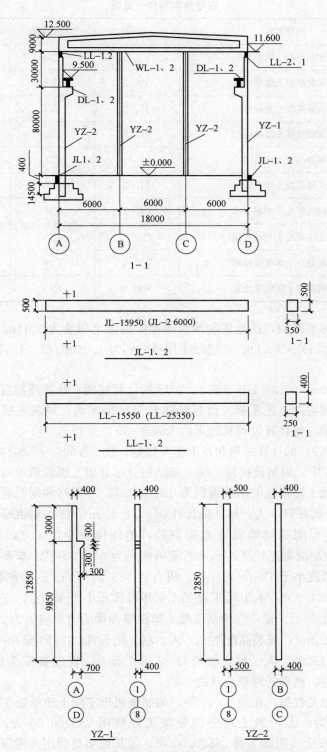

图 8 - 23　某机修车间上部结构系统平面布置图（二）

表 8 - 38 　　　　　　　　　　　　　　现场预制构件一览表

序号	构件名称	型号	强度等级	钢筋含量（kg/m³）
1	预制混凝土矩形柱	YZ - 1	C30	152.00
2	预制混凝土矩形柱	YZ - 2	C30	138.00
3	预制混凝土基础梁	JL - 1	C25	95.00
4	预制混凝土基础梁	JL - 2	C25	95.00
5	预制混凝土连系梁	LL - 1	C25	84.00
6	预制混凝土连系梁	LL - 2	C25	84.00
7	预制混凝土 T 型吊车梁	DL - 1	C35	141.00
8	预制混凝土 T 型吊车梁	DL - 2	C35	141.00
9	预制混凝土薄腹屋面梁	WL - 1	C35	135.00
10	预制混凝土薄腹屋面梁	WL - 2	C35	135.00

　　另经查阅国家标准图集，所选用的薄腹屋面梁混凝土用量为 3.11m³/根（厂房中）。预制混凝土 T 型吊车梁 DL - 1、DL - 2 混凝土用量分别为 1.08m³/根、1.13m³/根（厂房中）。
　　问题：
　　（1）按 GB 50500—2013、GB 50854—2013 的计算规则，计算预制混凝土矩形柱、预制混凝土基础梁、预制混凝土连系梁、预制混凝土 T 型吊车梁、预制混凝土薄腹屋面梁、预制构件钢筋的工程量。将计算过程及结果填入表 8 - 39。
　　（2）利用问题（1）的计算结果和以下相关数据，按 GB 50500—2013、GB 50854—2013 的要求，在表 8 - 40 中，编制该机修车间上部结构分部分项工程量清单与计价表，已知相关数据为：①预制混凝土矩形柱的清单编码为 010509001，本车间预制混凝土柱单件体积小于 3.5m³；就近插入基础杯口，人、材、机合计 513.71 元/m³；②预制混凝土基础梁的清单编号为 010510001，本车间基础梁就近地面安装，单件体积小于 1.2m³，人、材、机合计 402.98 元/m³；③预制混凝土柱顶连系梁的清单编码为 010510001，本车间连系梁单件体积小于 0.6m³，安装高度小于 12m，人、材、机合计 423.21 元/m³；④预制混凝土 T 型吊车梁的清单编码为 010510002，本车间 T 型吊车梁单件体积小于 1.2m³，安装高度小于 9.5m，人、材、机合计 530.38 元/m³；⑤预制混凝土薄腹屋面梁的清单编码为 010511003，本车间薄腹单件体积小于 3.2m³，安装高度 13m，人、材、机合计 561.35 元/m³；⑥预制构件钢筋的清单编码为 010515002，人、材、机合计 6018.7 元/t。管理费率为人、材、机合计的 10%，利润为人、材、机和管理费合计的 5%。
　　（3）利用以下相关数据，在表 8 - 41 中，编制该机修车间土建单位工程招标控制价汇总表。已知相关数据为：①一般土建分部分项工程费用 785000.00 元；②措施项目费用 62800.00 元，其中安全文明施工费 26500.00 元；③其他项目费用为屋顶防水专业分包暂估 70000.00 元；④规费以分部分项工程、措施项目、其他项目之和为基数计取，综合费率为 5.28%；⑤税率为 3.477%。

解：（1）分部分项工程量清单计算见表 8-39。

表 8-39　　　　　　　　　　　　分部分项工程量清单计算表

序号	项目名称	单位	数量	计算过程
1	预制混凝土矩形柱	m³	62.95	YZ-1 $V=16\times(0.4\times0.4\times3.0+0.4\times0.7\times9.85+0.4\times0.3\times0.3\times1/2+0.3\times0.3\times0.4)=52.67(m^3)$ YZ-2 $V=4\times0.4\times0.5\times12.85=10.28(m^3)$ 合计 $V=52.67+10.28=62.95(m^3)$
2	预制混凝土基础梁	m³	18.81	JL-1 $V=10\times0.35\times0.5\times5.95=10.41(m^3)$ JL-2 $V=8\times0.35\times0.5\times6.0=8.40(m^3)$ 合计 $V=10.41+8.40=18.81(m^3)$
3	预制混凝土连系梁	m³	7.69	LL-1 $V=10\times0.25\times0.4\times5.55=5.55(m^3)$ LL-2 $V=4\times0.25\times0.4\times5.35=2.14(m^3)$ 合计 $V=5.55+2.14=7.69(m^3)$
4	预制混凝土T型吊车梁	m³	15.32	DL-1 $V=10\times1.08=10.80(m^3)$ DL-2 $V=4\times1.13=4.52(m^3)$ 合计 $V=10.80+4.52=15.32(m^3)$
5	预制混凝土屋面梁	m³	24.88	WL-1 $V=6\times3.11=18.66(m^3)$ WL-2 $V=2\times3.11=6.22(m^3)$ 合计 $V=18.66+6.22=24.88(m^3)$
6	预制构件钢筋	t	17.38	预制柱 $m=52.67\times0.152+10.28\times0.138=9.42(t)$ 基础梁 $m=18.81\times0.095=1.79(t)$ 柱顶连系梁 $m=7.69\times0.084=0.65(t)$ 吊车梁 $m=15.32\times0.141=2.16(t)$ 屋面梁 $m=24.88\times0.135=3.36(t)$ 合计 $m=9.42+1.79+0.65+2.16+3.36=17.38(t)$

（2）分部分项工程量清单与计价见表 8-40。

表 8-40　　　　　　　　　　　　分部分项工程量清单与计价表

序号	项目编码	项目名称	项目特征	计量单位	工程量	综合单价	合价	暂估价
1	010509001001	预制混凝土矩形柱	单件体积小于 3.5m³ 就近插入基础杯口，混凝土强度 C30	m³	62.95	593.34	37350.75	
2	010510001001	预制混凝土基础梁	单件体积小于 1.2m³ 就近地面安装，混凝土强度 C25	m³	18.81	465.44	8754.93	

序号	项目编码	项目名称	项目特征	计量单位	工程量	金额		
						综合单价	合价	暂估价
3	010510001002	预制混凝土连系梁	单件体积小于 0.6m³，安装高度小于 12m，混凝土强度 C25	m³	7.69	488.81	3758.95	
4	0105100002001	预制混凝土T型吊车梁	单件体积小于 1.2m³，安装高度不小于 9.5m，混凝土强度 C35	m³	15.32	612.59	9384.88	
5	010511003001	预制混凝土屋面梁	单件体积小于 3.2m³，安装高度 13m，混凝土强度 C35	m³	24.88	648.36	16131.20	
6	010515002001	预制构件钢筋	钢筋直径 6～25mm	t	17.38	6951.60	120818.81	
							196199.52	

（3）单位工程招标控制价汇总见表 8-41。

表 8-41　　　　　　　　　　单位工程招标控制价汇总表

序号	项目名称	金额
1	分部分项工程量清单合价	785000
2	措施项目费	62800
2.1	安全文明施工费	26500
3	其他项目费	70000
3.1	专业工程暂估价	70000
4	规费：（1＋2＋3）×5.28%	48459.84
5	税金：（1＋2＋3＋4）×3.477%	33596.85
6	合计	999856.69

第八节　钢筋工程及螺栓、铁件

一、钢筋工程

（一）GB 50854—2013 相关规定

1. 工程量清单项目设置及工程量计算规则

GB 50854—2013 附录中钢筋工程项目，包括现浇混凝土钢筋、预制构件钢筋、钢筋网片、钢筋笼、先张法预应力钢筋、后张法预应力钢筋、预应力钢丝、预应力钢绞线、支撑钢筋（铁马）、声测管 10 个分项工程项目。工程量清单项目设置及工程量计算规则，应按表 8-42 的规定执行。

表 8 - 42　　　　　　　　　　钢筋工程（编码：010515）

项目编码	项目名称	项目特征	计量单位	工程量计算规则	工作内容
010515001	现浇构件钢筋	钢筋种类、规格		按设计图示钢筋（网）长度（面积）乘单位理论质量计算	1. 钢筋制作、运输 2. 钢筋安装 3. 焊接（绑扎）
01051502	预制构件钢筋				
010515003	钢筋网片				1. 钢筋网制作、运输 2. 钢筋网安装 3. 焊接（绑扎）
010515004	钢筋笼				1. 钢筋笼制作、运输 2. 钢筋笼安装 3. 焊接（绑扎）
010515005	先张法预应力钢筋	1. 钢筋种类、规格 2. 锚具种类		按设计图示钢筋长度乘单位理论质量计算	1. 钢筋制作、运输 2. 钢筋张拉
010515006	后张法预应力钢筋		t	按设计图示钢筋（丝束、绞线）长度乘单位理论质量计算。 （1）低合金钢筋两端均采用螺杆锚具时，钢筋长度按孔道长度减 0.35m 计算，螺杆另行计算。 （2）低合金钢筋一端采用镦头插片、另一端采用螺杆锚具时，钢筋长度按孔道长度计算，螺杆另行计算。 （3）低合金钢筋一端采用镦头插片、另一端采用帮条锚具时，钢筋增加 0.15m 计算；两端均采用帮条锚具时，钢筋长度按孔道长度增加 0.3m 计算。 （4）低合金钢筋采用后张混凝土自锚时，钢筋长度按孔道长度增加 0.35m 计算。 （5）低合金钢筋（钢绞线）采用 JM、XM、QM 型锚具，孔道长度不大于 20m 时，钢筋长度按孔道长度增加 1m 计算；孔道长度大于 20m 时，钢筋长度按孔道长度增加 1.8m 计算。 （6）碳素钢丝采用锥形锚具，孔道长度不大于 20m 时，钢丝束长度按孔道长度增加 1m 计算；孔道长度大于 20m 时，钢丝束长度按孔道长度增加 1.8m 计算。 （7）碳素钢丝采用镦头锚具时，钢丝束长度按孔道长度增加 0.35m 计算	1. 钢筋、钢丝、钢绞线制作、运输 2. 钢筋、钢丝、钢绞线安装 3. 预埋管孔道铺设 4. 锚具安装 5. 砂浆制作、运输 6. 孔道压浆、养护
010515007	预应力钢丝	1. 钢筋种类、规格 2. 钢丝种类、规格 3. 钢绞线种类、规格 4. 锚具种类 5. 砂浆强度等级			
010515008	预应力钢绞线				
010515009	支撑钢筋（铁马）	1. 钢筋种类 2. 规格		按钢筋长度乘以单位理论质量计算	钢筋制作、焊接、安装
01051510	声测管	1. 材质 2. 规格型号		按设计图示尺寸以质量计算	1. 检测管截断、封头 2. 套管制作、焊接 3. 定位、固定

2. 相关释义及说明

（1）声测管是灌注桩进行超声检测法时探头进入桩身内部的通道。它是灌注桩超声检测系统的重要组成部分，它在桩内的预埋方式及其在桩的横截面上的布置形式，将直接影响检测结果。

（2）现浇构件中伸出构件的锚固钢筋应并入钢筋工程量内。除设计（包括规范规定）标明的搭接外，其他施工搭接不计算工程量，在综合单价中综合考虑。

（3）现浇构件中固定位置的支撑钢筋、双层钢筋用的"铁马"在编制工程量清单时，其工程数量可为暂估量，结算时按现场签证数量计算。

（二）《计价定额》相关规定及计价说明

1.《计价定额》相关规定

（1）定额中的钢筋是以机制、手绑，部分电焊、对焊、点焊、电渣压力焊、窄间隙焊等编制的。定额中已包括钢筋除锈工料，不另行计算。

（2）现浇、预应力混凝土项目中未包括钢筋和预埋铁件的用量，另套用相应项目。

（3）现浇构件中固定钢筋位置的支撑钢筋、双层钢筋用的"铁马"、衬铁、伸出构件的锚固钢筋均按相应项目计算。短钢筋接长所需的工料、机械，项目内已综合考虑，不另计算。

（4）砌体钢筋加固执行现浇构件钢筋项目，钢筋用量乘以系数 0.97。

（5）弧型钢筋制作安装按相应项目执行，人工乘以系数 1.2。

（6）现浇构件中采用机械连接部分的钢筋，钢筋用量调整为 1.03，机械费乘以 0.4。

（7）混凝土柱上的钢牛腿制作安装，执行预埋件制作安装定额。

（8）预制板缝内设计要求加筋，执行现浇钢筋相应项目。

（9）定额中植钢筋、螺杆定额适用于构造柱、圈梁、过梁、墙体拉结等构件植筋，其他植筋项目按加固工程定额相应项目执行。植钢筋、螺杆定额不包括钢筋、螺杆的费用，钢筋、螺杆材料费用另计。

（10）钢筋（钢丝束、钢绞线）按设计图示长度乘以单位理论质量计算，项目中已综合考虑钢筋、铁件的制作损耗及钢筋的施工搭接用量，伸出构件的锚固钢筋并入钢筋工程量内，除设计（包括规范规定）标明的搭接外，其他施工搭接不计算工程量。

（11）螺杆铁件按设计图示尺寸以质量计算。

（12）后张法预应力钢筋工程量计算同清单计算规则。

（13）植钢筋、螺杆按钢筋、螺杆直径按设计施工图要求的锚固长度以米计算。

2. 计价说明

工程量清单中钢筋工程项目对应《计价定额》的相应钢筋工程项目。钢筋工程综合单价组价分析参见《四川省建设工程工程量清单计价定额应用指南》，其列出了钢筋工程每一清单项目可组合的主要内容以及对应的计价定额子目。表 8-43 列出了现浇混凝土钢筋清单项目可组合的主要内容以及对应的计价定额子目。

表 8-43   现浇混凝土钢筋组价定额

项目编码	项目名称	可组合的定额内容	对应的定额编号	项目特征	计量单位	工作内容
010515001	现浇混凝土钢筋	现浇构件钢筋	AE0141～AE0146	钢筋种类、规格	t	1. 钢筋（网、笼）制作、运输
		植钢筋、螺杆	AE0147～AE0156			2. 钢筋（网、笼）安装

（三）钢筋工程量的计算

1. 钢筋工程量计算相关说明

（1）钢筋单位长度理论质量，即

钢筋每米理论质量为

$$\frac{\pi}{4} \times d^2 \times 7850 \times 10^{-6} = 0.006165d^2 \, (\text{kg/m}) \, (d \text{ 为钢筋直径，mm})$$

根据钢筋的直径和以上公式，可计算钢筋单位每米质量，钢筋单位每米理论质量见表 8-44。

表 8-44　　　　　　　　　　　钢筋单位每米理论质量表

钢筋直径 d	$\phi 4$	$\phi 6.5$	$\phi 8$	$\phi 10$	$\phi 12$	$\phi 14$	$\phi 16$
理论质量（kg/m）	0.099	0.260	0.395	0.617	0.888	1.208	1.578
钢筋直径 d	$\phi 18$	$\phi 20$	$\phi 22$	$\phi 25$	$\phi 28$	$\phi 30$	$\phi 32$
理论质量（kg/m）	1.998	2.466	2.984	3.850	4.830	5.550	6.310

（2）混凝土保护层厚度确定。构件中普通钢筋及预应力筋的混凝土保护层厚度应满足下列要求：

1）构件中受力钢筋的保护层厚度不应小于钢筋的公称直径 d。

2）设计使用年限为 50 年的混凝土结构，最外层钢筋的保护层厚度应符合表 8-45 的规定；设计使用年限为 100 年的混凝土结构，最外层钢筋的保护层厚度不应小于表 8-45 中数值的 1.4 倍。

表 8-45　　　　　　　　　　混凝土保护层的最小厚度　　　　　　　　　　单位：mm

环境类别	板、墙、壳	梁、柱、杆	环境类别	板、墙、壳	梁、柱、杆
一	15	20	三 a	30	40
二 a	20	25	三 b	40	50
二 b	25	35			

注：1. 混凝土强度不大于 C25 时，表中保护层厚度数值应增加 5mm。

　　2. 钢筋混凝土基础宜设置混凝土垫层，基础中钢筋的混凝土保护层厚度应从垫层顶层算起，且不应小于 40mm。

（3）钢筋锚固长度确定。纵向受拉钢筋最小锚固长度（L_a）见表 8-46。

表 8-46　　　　　　　　　　纵向受拉钢筋最小锚固长度（L_a）　　　　　　　　单位：mm

钢筋种类		混凝土强度等级								
		C20		C25		C30		C35		≥C40	
		$d \leq 25$	$d > 25$	$d \leq 25$	$d > 25$	$d \leq 25$	$d > 25$	$d \leq 25$	$d > 25$	$d \leq 25$	$d > 25$
HPB235	普通钢筋	$31d$	$31d$	$27d$	$27d$	$24d$	$24d$	$22d$	$22d$	$20d$	$20d$
HRB335	普通钢筋	$39d$	$42d$	$34d$	$37d$	$30d$	$33d$	$27d$	$30d$	$25d$	$27d$
HRB400 RRB400	普通钢筋	$46d$	$51d$	$40d$	$44d$	$36d$	$39d$	$33d$	$36d$	$30d$	$33d$

抗震受拉钢筋的最小锚固长度 L_{aE}：

$$L_{aE} = K \times L_a$$

　　其中，K 值与抗震等级有关，一、二级抗震 K 值为 1.15，三级抗震 K 值为 1.05，四级抗震 K 值为 1，即四级按不抗震考虑。

　　（4）弯起钢筋增加长度和弯钩增加长度确定。弯起钢筋的增加长度与弯起角度有关，一般为 45°；当梁较高时，可取 60°；当梁较低时，可取 30°。为简化计算，可根据弯起角度预先算出有关数据，见表 8-47～表 8-49。

表 8-47　　　　　　　　　　　　　弯起钢筋增加长度

弯起角度	30°	45°	60°
增加长度（mm）	0.268h	0.414h	0.577h

注：h 为弯起钢筋上下弯起端距离。

表 8-48　　　　　　　　　　　　　每个弯钩长度的取值

弯钩形式	180°	90°	135°
增加长度（mm）	6.25d	3.5d	4.9d

表 8-49　　　　　　　　　　箍筋每个弯钩增加长度计算表

弯钩形式		180°	90°	135°
弯钩增加值	一般结构	8.25d	5.5d	6.9d
	有抗震要求结构	—	—	11.9d

　　弯钩形式如图 8-24 所示。

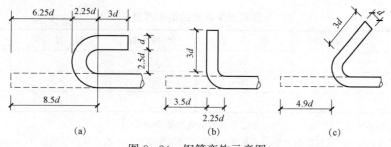

图 8-24　钢筋弯钩示意图
(a) 半圆弯钩；(b) 直弯钩；(c) 斜弯钩

　　2. 现浇及预制构件钢筋

　　（1）适用范围，适用所有现浇和预制混凝土构件钢筋。

　　（2）工程量计算。

　　按设计图示钢筋（网）长度（面积）乘以单位理论质量以吨计算，计算公式：

$$钢筋工程量 = 钢筋长度 \times 钢筋每米长质量$$

式中，钢筋长度＝构件图示长度（高度）－混凝土保护层厚度＋弯钩增加长度＋弯起增加长度＋锚固增加长度

　　注：该式为钢筋长度计算的通式，实际计算时应根据直钢筋、弯起钢筋、箍筋形状和施工方法进行计算。

　　各种类型钢筋长度计算如下：

　　1）直钢筋。

$$直钢筋长度 = 构件图示长度 - 两端混凝土保护层厚度$$

2）带弯钩直钢筋。

带弯钩直钢筋长度＝构件图示长度－两端混凝土保护层厚度＋弯钩增加长度

3）弯起钢筋。

弯起钢筋长度＝构件图示长度－两端混凝土保护层厚度＋弯钩增加长度＋弯起增加长度

4）箍筋（见图 8-25）。

$$箍筋长度＝每根箍筋长度×箍筋个数$$

单根箍筋长度＝构件截面周长－8×保护层厚度＋4×箍筋直径＋2×弯钩增加长度

$$箍筋根数＝箍筋配置范围/箍筋设置间距＋1$$

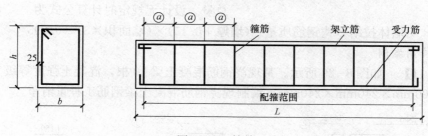

图 8-25　箍筋

5）吊筋（见图 8-26）。

吊筋夹角取值：梁高不大于 800mm 取 45°，大于 800mm 取 60°。

吊筋长度＝次梁宽＋2×50＋2×（梁高－2 保护层厚）/正弦 45°(60°)＋2×20d

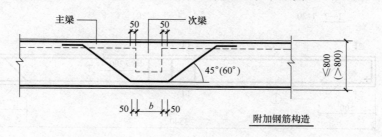

图 8-26　吊筋

6）拉筋（见图 8-27）。

拉筋直径取值：梁宽不大于 350mm 取 6mm，大于 350mm 取 8mm。

拉筋长度＝梁宽－2×保护层厚＋2×1.9d＋2×max（10d，75mm）

拉筋根数＝[（净跨长－50×2）/非加密间距×2＋1)]×排数

7）其他。

马凳是指用于支撑现浇混凝土板，或现浇雨篷板中的上部钢筋的铁件，如图 8-28 所示。马凳钢筋的质量，设计有规定的按设计规定计算；设计无规定时，马凳的材料应比底板钢筋降低一个规格。若底板钢筋规格不同，则按其中规格大的钢筋降低一个规格计算。长

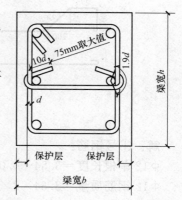

图 8-27　拉筋

度按底板厚度的两倍加 200mm 计算，每平方米 1 个，计入钢筋总量。设计无规定时计算公式为

$$马凳钢筋质量＝（板厚×2＋0.2）×板面积×受撑钢筋次规格的线密度$$

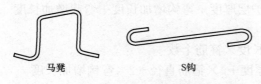

马凳   S钩

图 8-28 马凳、S 钩示意图

墙体拉结 S 钩，是指用于拉结现浇钢筋混凝土墙内受力钢筋的单支箍，如图 8-28 所示。

墙体拉结 S 钩钢筋质量，设计有规定的按设计规定计算；设计无规定按 $\phi8$ 钢筋，长度按墙厚加 150mm 计算，每平方米 3 个，计入钢筋总量。设计无规定时计算公式为

$$墙体拉结 S 钩钢筋质量＝（墙厚＋0.15）×（墙面积×3）×0.395$$

（四）应用案例

【例 8-11】   如图 8-29 所示。某现浇钢筋混凝土梁 10 根，混凝土强度等级为 C25，梁垫尺寸为 600mm×240mm×240mm。编制现浇钢筋混凝土梁钢筋工程量清单。

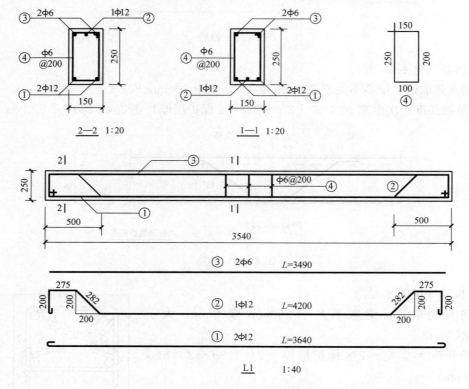

图 8-29 某现浇钢筋混凝土梁

解：①号钢筋：

$\Phi12$ 单根长度＝3.54－0.025×2＋6.25×0.012×2＝3.64(m)

$\Phi12$ 钢筋质量＝3.64×2×10×0.888＝64.65(kg)

②号钢筋：

$\Phi12$ 单根长度＝3.54－0.025×2＋2×0.414×(0.25－0.025×2)＋0.2×2＋6.25×

$0.012 \times 2 = 4.21(m)$

$\Phi12$ 钢筋质量 $= 4.21 \times 10 \times 0.888 = 37.38(kg)$

③号钢筋：

$\Phi6$ 单根长度 $= 3.54 - 0.025 \times 2 = 3.49(m)$

$\Phi6$ 钢筋质量 $= 3.49 \times 2 \times 10 \times 0.222 = 15.50(kg)$

④号钢筋：

$\Phi6$ 钢筋根数 $= (3.54 - 0.24 - 0.05)/0.2 + 1 = 18(根)$

$\Phi6$ 单根长度 $= (0.10 + 0.20) \times 2 + 0.10 = 0.70(m)$

$\Phi6$ 钢筋质量 $= 0.7 \times 18 \times 10 \times 0.222 = 27.97(kg)$

现浇构件圆钢筋（$\Phi12$）工程量 $= 64.65 + 37.38 = 102.03(kg)$

现浇构件圆钢筋（$\Phi6$）工程量 $= 15.50 + 27.97 = 43.47(kg)$

工程量清单见表 8 - 50。

表 8 - 50　　　　　　　　　　　**分部分项工程量清单**

工程名称：某工程

序号	项目编码	项目名称	项目特征描述	计量单位	工程量
1	010416001001	现浇混凝土钢筋	钢筋种类、规格：Ⅰ级钢筋（$\Phi12$）	t	0.102
2	010416001002	现浇混凝土钢筋	钢筋种类、规格：Ⅰ级钢筋（$\Phi6$）	t	0.043

【例 8 - 12】　某钢筋混凝土 KL1，混凝土强度等级为 C30，二级抗震设计，主筋保护层为 25mm，配筋图如图 8 - 30 所示，根据 03J101 - 1 图集，计算 KL1 的钢筋的长度。

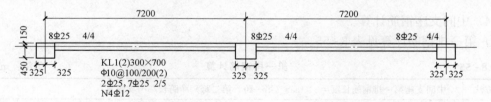

图 8 - 30　框架梁配筋图

解：（1）上部通筋计算见表 8 - 51。

判断是否直锚：$L_{aE} = 34 \times 25 = 850(mm)$，$650 - 25 = 625(mm)$，因 625mm＜850mm，所以必须弯锚。

表 8 - 51　　　　　　　　　　　**上部通筋长度计算**　　　　　　　　　单位：mm

计算方法	上部通筋长度＝净跨长＋左右支座锚固长度				
计算过程	净跨		左右支座锚固长度判断		结果	根数
	$7200 + 7200 - 325 - 325 = 13750$	锚固值	$650 - 25 + 15 \times 25 = 1000$		
计算式	$13750 + 1000 + 1000$			15750	2

（2）下部通筋计算见表 8 - 52。

表 8 - 52	下部通筋长度计算			单位：mm	
计算方法	上部通筋长度＝净跨长＋左右支座锚固长度				
计算过程	净跨		左右支座锚固长度判断（弯锚）	结果	根数
	7200＋7200－325－325＝13750	锚固值	650－25＋15×25＝1000		
计算式	13750＋1000＋1000			15750	7

（3）第一跨左支座钢筋计算。

1）第一排钢筋计算见表 8 - 53。

表 8 - 53	第一排钢筋计算			单位：mm	
计算方法	左支座第一排钢筋长度＝净跨长/3＋左支座锚固长度				
计算过程	净跨		左右支座锚固长度判断（弯锚）	结果	根数
	7200－325－325＝6550	锚固值	650－25＋15×25＝1000		
计算式	6550/3＋1000			3183	2

2）第二排钢筋计算见表 8 - 54。

表 8 - 54	第二排钢筋计算			单位：mm	
计算方法	左支座第二排钢筋长度＝净跨长/4＋左支座锚固长度				
计算过程	净跨		左右支座锚固长度判断（弯锚）	结果	根数
	7200－325－325＝6550	锚固值	650－25＋15×25＝1000		
计算式	6550/4＋1000			2638	4

（4）中间支座钢筋计算。

1）第一排钢筋计算见表 8 - 55。

表 8 - 55	第一排钢筋计算		单位：mm	
计算方法	中间支座第一排钢筋长度＝2×max（第一跨，第二跨）净跨长/3＋支座宽			
计算过程	第一跨净跨长	第二跨净跨长	结果	根数
	7200－325－325＝6550	7200－325－325＝6550		
	取大值 6550			
计算式	2×6550/3＋650		5017	2

2）第二排钢筋计算见表 8 - 56。

表 8 - 56	第二排钢筋计算		单位：mm	
计算方法	中间支座第二排钢筋长度＝2×max（第一跨，第二跨）净跨长/4＋支座宽			
计算过程	第一跨净跨长	第二跨净跨长	结果	根数
	7200－325－325＝6550	7200－325－325＝6550		
	取大值 6550			
计算式	2×6550/4＋650		3925	4

（5）第二跨右支座钢筋计算与第一跨左支座钢筋计算结果相同。

（6）受扭纵向钢筋计算见表 8 - 57。

判断是否直锚：$L_{aE}=34\times12=408$（mm）<625mm，可以进行直锚，不需弯锚。

表 8 - 57　　　　　　　　梁侧受扭纵向钢筋计算　　　　　　　　单位：mm

计算方法	梁侧受扭纵向钢筋长度＝净跨长＋左右支座直锚长度			
计算过程	净跨	左右支座直锚长度判断（直锚）	结果	根数
	7200＋7200－325－325＝13750	取大值 408	34×12＝408		
			0.5×650＋5×12＝385		
计算式	13750＋408＋408		14566	4

（7）箍筋计算。

1）第一跨

a）箍筋计算见表 8 - 58。

表 8 - 58　　　　　　　　　　　箍筋计算　　　　　　　　　　单位：mm

计算方法	箍筋长度＝2×（梁宽＋梁高－4×保护层）＋2×max(10d,75mm)＋2×1.9d＋4d			
计算过程	梁宽＋梁高－4×保护层	取大值	10d	结果
			75	
	300＋700－4×25＝900	100	10×10＝100	
			75	
计算式	2×900＋2×100＋2×1.9×10＋4×10			2078

b）箍筋根数计算见表 8 - 59。

表 8 - 59　　　　　　　　　　　箍筋根数计算

计算方法	箍筋根数＝左加密区根数＋右加密区根数＋非加密区根数		
计算过程	加密区根数	非加密区根数	结果
	(1.5×梁高－50)/加密间距＋1	(净跨长－左加密区－右加密区)/非加密区－1	
	(1.5×700－50)/100＋1	(7200－325×2－700×1.5×2)/200－1	
	11 根	22 根	
计算式	11×2＋22		44 根

2）第二跨中箍筋单根长度和总根数同第一跨。

（8）拉接筋计算见表 8 - 60。

表 8 - 60　　　　　　　　　　　拉接筋计算　　　　　　　　　　单位：mm

计算方法	拉结筋长度＝梁宽－2×保护层＋2×max (10d，75mm) ＋2×1.9d		
计算过程	梁宽－2×保护层	取大值	10d	结果
			75	
			10×6＝60	
	300－2×25＝250	75	75	
计算式	250＋2×75＋2×1.9×6			423

拉接筋总根数＝[(7200－325－325)/400＋1]×4＝72(根)

二、螺栓、铁件

（一）GB 50854—2013 相关规定

GB 50854—2013 附录中螺栓、铁件项目，包括螺栓、预埋铁件和机械连接三项。工程量清单项目设置及工程量计算规则，应按表 8 - 61 的规定执行。

表 8 - 61   **螺栓、铁件（编码：010516）**

项目编码	项目名称	项目特征	计量单位	工程量计算规则	工作内容
010516001	螺栓	1. 螺栓种类 2. 规格	t	按设计图示尺寸以质量计算	1. 螺栓、铁件制作、运输 2. 螺栓、铁件安装
010516002	预埋铁件	1. 钢材种类 2. 规格 3. 铁件尺寸	t		
010516003	机械连接	1. 连接方式 2. 螺纹套筒种类 3. 规格	个	按数量计算	1. 钢筋套丝 2. 套筒连接

相关说明：编制工程量清单时，如果设计未明确，其工程数量可为暂估量，实际工程量按现场签证数量计算。

（二）《计价定额》相关规定和说明

（1）铁件按设计图示尺寸以质量计算。

（2）金属构件中所用钢板，设计为多边形者，按矩形计算，矩形的边长以设计构件尺寸的最大矩形面积计算。

（3）混凝土柱上的钢牛腿制作安装，执行预埋件制作安装定额。

（4）计价说明，工程量清单中螺栓、铁件项目对应《计价定额》的相应螺栓、铁件项目。螺栓、铁件项目综合单价组价参见《四川省建设工程工程量清单计价定额应用指南》，其列出了螺栓、铁件每一清单项目可组合的主要内容以及对应的计价定额子目。

（三）应用案例

【例 8 - 13】   某钢筋混凝土组合屋架单榀用螺栓：$\phi 25$ 提筋，16.40kg；$\phi 16$ 提筋，9.51kg；$\phi 12$ 提筋，3.13kg；$\phi 25$ 螺栓，13.86kg；$\phi 16$ 串钉，0.47kg。铁件：$\phi 12$ 扒钉，3.72kg。梁垫预埋铁件如图 8 - 31 所示，每榀 2 个，共 10 榀屋架。编制工程量清单。

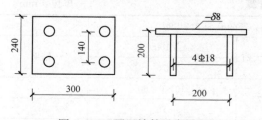

图 8 - 31 预埋铁件示意图

解： 螺栓、预埋铁件工程量的计算。

1. 螺栓工程量

$\phi 25$ 提筋工程量＝16.40×10＝164(kg)

$\phi 16$ 提筋工程量＝9.51×10＝95(kg)

$\phi 12$ 提筋工程量＝3.13×10＝31(kg)

$\phi 25$ 螺栓工程量＝13.86×10＝139(kg)

$\phi 16$ 串钉工程量＝0.47×10＝5(kg)

2. 预埋铁件工程量

$\phi 12$ 扒钉工程量＝$3.72 \times 10 = 37(\text{kg})$

梁垫预埋铁件工程量＝$(0.30 \times 0.24 \times 62.80 + 0.20 \times 4 \times 1.998) \times 2 \times 10 = 122(\text{kg})$

分部分项工程量清单见表 8 - 62。

表 8 - 62　　　　　　　　　　　　　　**分部分项工程量清单**

工程名称：某工程

序号	项目编码	项目名称	项目特征描述	计量单位	工程量
1	010516001001	螺栓	材质、规格：$\phi 25$ 提筋 3700mm	t	0.164
2	010516001002	螺栓	材质、规格：$\phi 16$ 提筋 2500mm	t	0.095
3	010516001003	螺栓	材质、规格：$\phi 12$ 提筋 1200mm	t	0.031
4	010516001004	螺栓	材质、规格：$\phi 25$ 螺栓 200mm	t	0.139
5	010516001005	螺栓	材质、规格：镀锌 $\phi 16$ 串钉	t	0.005
6	010516002001	预埋铁件	预埋规格：$\phi 12$ 扒钉 300mm	t	0.037
7	010516002002	预埋铁件	预埋规格：①300mm×240mm 钢板 8mm；②$\phi 18$ 钢筋锚杆 200mm	t	0.122

习　题

1. 某钢筋混凝土圆形烟囱基础设计尺寸，如图 8 - 32 和图 8 - 33 所示。其中基础垫层采用 C15 混凝土，圆形满堂基础采用 C30 混凝土。

问题：根据上述条件，按 GB 50854—2013 的计算规则，列式计算该烟囱基础的垫层和混凝土基础工程量。圆台体体积计算公式为 $V = 1/3 \times h \times \pi \times (r_1^2 + r_2^2 + r_1 \times r_2)$。

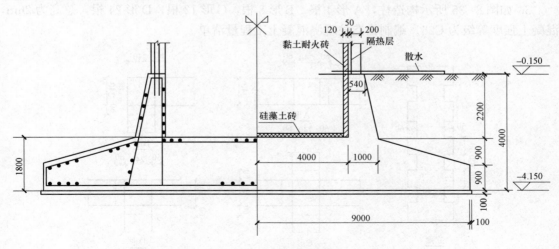

图 8 - 32　基础剖面图

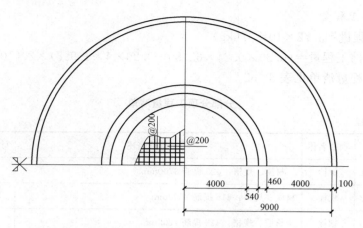

图 8-33　基础平面图

2. 有梁式满堂基础尺寸如图 8-34 所示。机械原土夯实，铺设混凝土垫层，混凝土强度等级为 C15，梁式满堂基础，混凝土强度等级为 C20，现场搅拌量。编制有梁式满堂基础工程量清单。

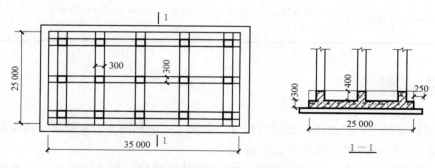

图 8-34　有梁式满堂基础尺寸图

3. 如图 8-35 所示构造柱，A 形 4 根，B 形 8 根，C 形 12 根，D 形 24 根，总高为 26m，混凝土强度等级为 C25。编制构造柱现浇混凝土工程量清单。

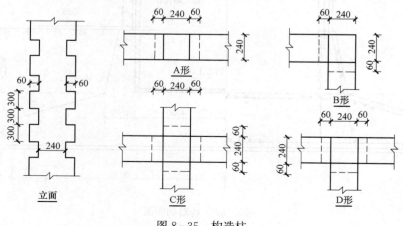

图 8-35　构造柱

4. 某现浇钢筋混凝土有梁板，如图 8-36 所示，墙厚 240mm，轴线为中心线，混凝土强度等级为 C30，商品混凝土，试计算有梁板的清单工程量。

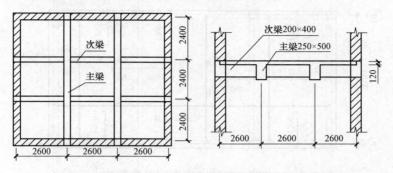

图 8-36　现浇钢筋混凝土有梁板

5. 某工程现浇钢筋混凝土无梁板，如图 8-37 所示。板顶标高 5.4m，混凝土强度等级为 C25，现场搅拌混凝土。编制现浇钢筋混凝土无梁板工程量。

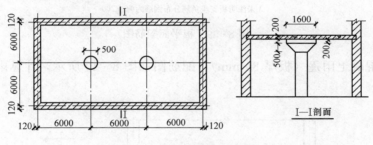

图 8-37　钢筋混凝土无梁板

6. 某工程现浇钢筋混凝土斜屋面板，如图 8-38 所示，老虎窗斜板坡度与屋面相同，檐口圈梁和斜屋面板混凝土强度等级均为 C25，现场搅拌混凝土。编制现浇钢筋混凝土斜屋面板及檐口圈梁工程量清单。

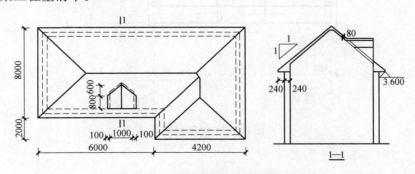

图 8-38　现浇钢筋混凝土斜屋面板

7. 某现浇 C25 混凝土有梁板楼板平面配筋图 8-39 所示，请根据《混凝土结构施工图平面整体表示方法制图规则和构造详图（现浇混凝土框架、剪力墙、梁、板）》（图集 16G101-1）有关构造要求，以及本题给定条件，其中板厚 100mm，钢筋保护层厚度板为 15mm，柱、梁为 20mm，钢筋锚固长度 $L_a = 35d$；板底部设置双向受力筋，板支座上部非贯通纵筋原位标注值为支座中线向跨内的伸出长度，计算该楼面板表中钢筋长度和根数。

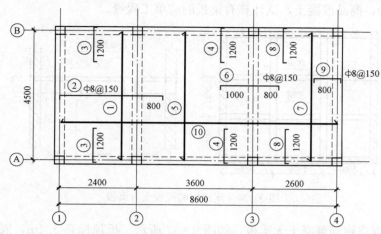

说明：1. 板底筋，负筋受力筋未注明均为Φ8@200。

2. 未注明梁宽均为250mm，高600mm。

3. 未注明板支座负筋分布钢筋为Φ6@200。

图8-39 板平面配筋图

8. 某钢筋混凝土雨篷（板厚80 mm），配筋图如图8-40所示，计算雨篷中的钢筋工程量。

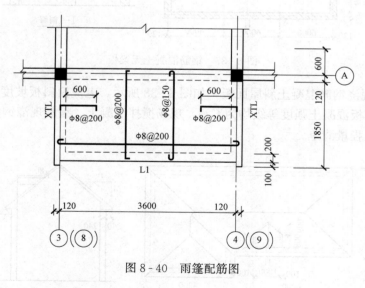

图8-40 雨篷配筋图

第九章

金属结构工程

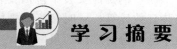

学习摘要

　　本章主要介绍金属结构工程，通过本章学习，读者应熟练掌握金属结构工程清单项目划分、工程量的计算方法和步骤以及清单综合单价的计价方法。

　　金属结构也称"钢结构"，它是由钢板、各种型钢通过焊接、铆接、螺栓连接等方式连接而成的结构。

　　金属结构工程的工程量清单有7个分部工程清单项目，包括钢网架，钢屋架、钢托架、钢桁架、钢桥架，钢柱，钢梁，钢楼层板、墙面板、屋面板，钢构件和金属制品等清单项目。该清单项目适用于建筑物、构筑物的钢结构工程。

　　GB 50854—2013关于金属结构工程共性问题的说明：

　　(1) 型钢混凝土柱、梁浇筑混凝土和压型钢板楼板上浇筑钢筋混凝土，其混凝土和钢筋应按"混凝土及钢筋混凝土工程"中的相关项目编码列项。

　　(2) 金属结构的拼装台的搭拆和材料摊销，应列入措施项目。

　　(3) 金属结构需探伤应包括在报价内。

　　(4) 金属结构除锈、刷防锈漆，其所需费用应计入相应项目报价内。

　　(5) 钢构件除了极少数外均按工厂成品化生产编制项目，对于刷油漆按两种方式处理：一是若购置成品价不含油漆，则单独按"油漆、涂料、裱糊工程"中相关工程量清单项目编码列项；二是若购置成品价含油漆，则工作内容中含"补刷油漆"。

　　(6) 金属构件的切边，不规则及多边形钢板发生的损耗在综合单价中考虑。

　　(7) 防火要求指耐火极限。

　　(8) 金属结构工程中部分钢构件按工厂成品化生产编制项目，购置成品价格或现场制作的所有费用应计入综合单价中。

　　《计价定额》金属结构工程关于共性问题的说明：

　　(1) 装配式钢结构工程包括一般工业与民用建筑常用钢构件安装、吊装、探伤项目。装配式钢结构定额，按成品考虑，若为现场制作钢结构，则按《四川省建设工程工程量清单计价定额——既有及小区改造房屋建筑维修与加固工程》相应项目执行，其中人工费乘以系数

0.80，机械费乘以系数 0.95。

（2）金属构件安装、吊装、探伤是按合理的施工方法，结合四川省现有的施工机械的实际情况进行综合考虑的。

（3）钢架桥适用于人行天桥、路桥、城市立交桥。钢架桥分为车行钢架桥和人行钢架桥，车行钢架桥适用于机动车辆通行桥。

（4）部分钢构件定额按钢板制作和型钢制作分别编制，定额选用时结合项目实际情况考虑。

（5）钢构件安装均按成品安装考虑，钢构件成品价包含钢构件制作工厂底漆及场外运输费用。钢构件成品价中未包括安装现场油漆、防火涂料的工料，应按《四川省建设工程工程量清单计价定额——房屋建筑与装饰工程（二）》中"P 油漆、涂料、裱糊工程"相应项目执行。

（6）钢构件安装中包括安装时所需的普通螺栓，若构件安装中需用高强螺栓，则按实际安装套数计算，同时按高强螺栓同等质量扣减螺栓用量，若全部使用高强螺栓，则应扣除定额中全部普通螺栓数量。

（7）钢构件施工图中未注明的节点板、加强箍、内衬管和接头主材用量（钢板、型钢、圆钢等）、熔嘴焊处增加的板条按实际用量计算，并入相应工程量内。

（8）钢构件按铆焊综合考虑，定额均按二级焊缝考虑。

（9）钢筋混凝土柱间及钢筋混凝土屋架的钢支撑按分部钢支撑项目计算。

（10）钢筋混凝土拱、拱形屋面、楼面等需设置钢拉杆时按钢拉条项目计算。组合钢构件（如组合屋架、三绞拱屋架、钢木组合屋架等）已包含钢拉杆的，钢拉杆不另计。

（11）钢墙架项目包括墙架柱、墙架梁和连接杆件。

（12）钢网架安装定额按平面网格结构编制，如设计为筒壳、球壳及其他曲面结构，其相应项目安装定额人工、机械费乘以系数 1.20。

（13）钢桁架安装按直线型桁架编制，如设计为曲线、折线形桁架，其相应项目安装定额人工、机械费乘以系数 1.20。

（14）钢架桥安装按直线型构件编制，如设计为曲线、折线形钢桥，其相应项目安装定额人工、机械费乘以系数 1.30。

（15）钢柱安装在混凝土柱上的，其机械费乘以系数 1.43。

（16）钢护栏定额适用于钢楼梯、钢平台及钢走道板等与金属结构相连的栏杆，其他部位的栏杆、扶手按《四川省建设工程工程量清单计价定额——房屋建筑与装饰工程（二）》中相应项目执行。

（17）钢构件安装定额中，不包括专门为钢构件安装所搭设的临时性脚手架、承重支架等特殊措施的费用，发生时另行计算。

（18）型钢混凝土柱及钢板楼板上浇筑钢筋混凝土，其混凝土和钢筋按《四川省建设工程工程量清单计价定额——房屋建筑与装饰工程（一）》中相应项目执行。

（19）高层建筑吊装费按相应定额项目乘以系数 1.65 计算。

（20）预埋件中钢筋、钢板、型钢应按《四川省建设工程工程量清单计价定额——房屋建筑与装饰工程（一）》相应项目执行，地脚螺栓执行本章相应定额。

（21）钢楼梯的钢柱、钢梁分别执行装配式钢结构定额中钢柱、钢梁相关项目。

（22）定额钢结构安装均按成品构件安装考虑，现场制作安装执行《四川省房屋建筑抗震加固工程计价定额》相应项目，人工、机械费乘以折减系数 0.8。

（23）装配式钢结构工程中若存在钢墙架（包括墙架柱、墙架梁和连接杆件），则执行钢挡风架定额。

（24）由型钢、钢管或组合截面杆件连接而成的杆系结构，一般由两个实腹式的柱肢组成，中间用缀条连接。此类构件执行格构式钢柱、钢梁定额。

（25）零星钢构件安装定额适用于本章未列项目且单件质量在 25kg 以内的小型钢构件安装。

（26）钢构件安装项目中已考虑现场拼装费用，但未考虑分块或整体吊装的钢网架、钢桁架地面平台拼装摊销，如发生，套用现场拼装平台摊销定额项目。

（27）钢支座定额适用于单独成品支座安装。

第一节　钢网架及钢屋架、钢托架、钢桁架、钢桥架

一、GB 50854—2013 相关规定

（一）工程量清单项目设置及工程量计算规则

GB 50854—2013 附录中钢网架及钢屋架、钢托架、钢桁架、钢桥架项目，包括钢网架、钢屋架、钢托架、钢桁架、钢桥架项目。工程量清单项目设置及工程量计算规则，应分别按表 9-1 和表 9-2 的规定执行。

表 9-1　钢网架（编码：010601）

项目编码	项目名称	项目特征	计量单位	工程量计算规则	工作内容
010601001	钢网架	1. 钢材品种、规格 2. 网架节点形式、连接方式 3. 网架跨度、安装高度 4. 探伤要求 5. 防火要求	t	按设计图示尺寸以质量计算。不扣除孔眼的质量，焊条、铆钉等不另增加质量	1. 拼装 2. 安装 3. 探伤 4. 补刷油漆

表 9-2　钢屋架、钢托架、钢桁架、钢桥架（编码：010602）

项目编码	项目名称	项目特征	计量单位	工程量计算规则	工作内容
010602001	钢屋架	1. 钢材品种、规格 2. 单榀质量 3. 屋架跨度、安装高度 4. 螺栓种类 5. 探伤要求 6. 防火要求	1. 榀 2. t	（1）以榀计量，按设计图示数量计算。 （2）以吨计量，按设计图示尺寸以质量计算。不扣除孔眼的质量，焊条、铆钉、螺栓等不另增加质量	1. 拼装 2. 安装 3. 探伤 4. 补刷油漆
010602002	钢托架	1. 钢材品种、规格 2. 单榀质量 3. 安装高度 4. 螺栓种类 5. 探伤要求 6. 防火要求	t	按设计图示尺寸以质量计算。不扣除孔眼的质量，焊条、铆钉、螺栓等不另增加质量	
010602003	钢桁架				
010602004	钢桥架	1. 桥架类型 2. 钢材品种、规格 3. 单榀质量 4. 安装高度 5. 螺栓种类 6. 探伤要求			

（二）相关释义及说明

（1）螺栓种类指普通螺栓或高强螺栓。

（2）钢网架中螺栓的质量要计算。

（3）钢屋架以榀计量，按标准图设计的应注明标准图代号，按非标准图设计的项目特征必须描述单榀屋架的质量。

二、《计价定额》相关规定及计价说明

（一）《计价定额》相关规定

（1）金属构件均按设计图示尺寸乘以理论质量计算，除钢网架外，不扣除单个面积在 $0.3m^2$ 以内的孔洞，焊条、铆钉、螺栓等不另增加质量，管桁架为空间结构，其斜腹杆的长度应以主杆与腹杆的轴线中心来计算长度。

（2）钢网架按设计图示尺寸以质量计算（包括螺栓球质量），不扣除孔眼的质量，焊条、铆钉等不另增加质量。

（3）金属探伤按探伤部位以延长米计算。

（4）钢构件安装连接使用的栓钉按数量以套为单位计算。

（5）钢构件现场拼装平台摊销工程量按实施拼装构件的工程量计算。

（二）计价说明

工程量清单项目中钢网架、钢屋架、钢托架、钢桁架、钢桥架项目对应《计价定额》的相应钢网架、钢屋架、钢托架、钢桁架、钢桥架定额项目。表9-3列出了钢托架清单项目可组合的主要内容以及对应的计价定额子目。

表 9-3　　　　　　　　钢托架组价定额

项目编码	项目名称	项目特征	计量单位	工程内容	可组合的定额内容	对应的定额编号
010602002	钢托架	1. 钢材品种、规格 2. 单榀质量 3. 安装高度 4. 螺栓种类 5. 探伤要求 6. 防火要求	t	1. 拼装 2. 吊装 3. 安装	钢托架安装、吊装	MB0014～MB0015
				4. 探伤	金属构件探伤	MB0130～MB0134
				5. 补刷油漆	金属面油漆	AP0223～AP0289

第二节　钢柱、钢梁及钢楼层板、墙面板、屋面板

一、GB 50854—2013 相关规定

（一）工程量清单项目设置及工程量计算规则

GB 50854—2013 附录中钢柱项目，包括实腹钢柱、空腹钢柱、钢管柱三个分项工程项目。其工程量清单项目设置及工程量计算规则，应按表9-4的规定执行。

表 9-4　　　　　　　　　　　　　　　钢柱（编码：010603）

项目编码	项目名称	项目特征	计量单位	工程量计算规则	工作内容
010603001	实腹钢柱	1. 柱类型 2. 钢材品种、规格 3. 单根柱质量 4. 螺栓种类 5. 探伤要求 6. 防火要求	t	按设计图示尺寸以质量计算。不扣除孔眼的质量，焊条、铆钉、螺栓等不另增加质量，依附在钢柱上的牛腿及悬臂梁等并入钢柱工程量内	1. 拼装 2. 安装 3. 探伤 4. 补刷油漆
010603002	空腹钢柱				
010603003	钢管柱	1. 钢材品种、规格 2. 单根柱质量 3. 螺栓种类 4. 探伤要求 5. 防火要求		按设计图示尺寸以质量计算。不扣除孔眼的质量，焊条、铆钉、螺栓等不另增加质量，钢管柱上的节点板、加强环、内衬管、牛腿等并入钢管柱工程量内	

　　GB 50854—2013 附录中钢梁项目，包括钢梁、钢吊车梁两个项目。其工程量清单项目设置及工程量计算规则，应按表 9-5 的规定执行。

表 9-5　　　　　　　　　　　　　　　钢梁（编码：010604）

项目编码	项目名称	项目特征	计量单位	工程量计算规则	工作内容
010604001	钢梁	1. 梁类型 2. 钢材品种、规格 3. 单根质量 4. 螺栓种类 5. 安装高度 6. 探伤要求 7. 防火要求	t	按设计图示尺寸以质量计算。不扣除孔眼的质量，焊条、铆钉、螺栓等不另增加质量，制动梁、制动板、制动桁架、车挡并入钢吊车梁工程量内	1. 拼装 2. 安装 3. 探伤 4. 补刷油漆
010604002	钢吊车梁	1. 钢材品种、规格 2. 单根质量 3. 螺栓种类 4. 安装高度 5. 探伤要求 6. 防火要求			

　　GB 50854—2013 附录中钢楼层板、墙面板、屋面板项目，包括钢楼层板、墙面板、屋面板三个工程项目。其工程量清单项目设置及工程量计算规则，应按表 9-6 的规定执行。

表 9-6　　　　　　　　钢楼层板、墙面板、屋面板（编码：010605）

项目编码	项目名称	项目特征	计量单位	工程量计算规则	工作内容
010605001	钢楼层板	1. 钢材品种、规格 2. 钢板厚度 3. 螺栓种类 4. 防火要求	m²	按设计图示尺寸以铺设水平投影面积计算。不扣除单个面积在 0.3m² 以内的柱、垛及孔洞所占面积	1. 拼装 2. 安装 3. 探伤 4. 补刷油漆

续表

项目编码	项目名称	项目特征	计量单位	工程量计算规则	工作内容
010605002	墙面板	1. 钢材品种、规格 2. 钢板厚度、复合板厚度 3. 螺栓种类 4. 复合板夹芯材料种类、层数、型号、规格 5. 防火要求	m²	按设计图示尺寸以铺挂展开面积计算。不扣除单个面积在 0.3 m² 以内的梁、孔洞所占面积，包角、包边、窗台泛水等不另加面积	1. 拼装 2. 安装 3. 探伤 4. 补刷油漆
010901002	屋面板	1. 型材品种、规格 2. 金属檩条材料品种、规格 3. 接缝、嵌缝材料种类		按设计图示尺寸以斜面积计算。不扣除房上烟囱、风帽底座、风道、小气窗、斜沟等所占面积。小气窗的出檐部分不增加面积	1. 檩条制作、运输、安装 2. 屋面型材安装 3. 接缝、嵌缝

（二）相关释义及说明

（1）实腹钢柱类型指十字、T、L、H 形等。

（2）空腹钢柱类型指箱形、格构式等。

（3）梁类型指 H、L、T 形，箱形，格构式等。

（4）型钢混凝土柱、梁浇筑钢筋混凝土，其混凝土和钢筋应按混凝土及钢筋混凝土工程中相关项目编码列项。

（5）钢楼层板上浇筑钢筋混凝土，其混凝土和钢筋应按混凝土及钢筋混凝土工程中相关项目编码列项。

（6）压型钢板楼板按钢楼层板项目编码列项。

二、《计价定额》相关规定及计价说明

（一）《计价定额》相关规定

（1）依附在钢柱上的牛腿及悬臂梁等并入钢柱工程量内。钢管柱上的节点板、加强环、内衬管及牛腿并入钢管柱工程量内。

（2）钢吊车梁上的制动梁、制动板、制动桁架、车档并入钢吊车梁工程量内。

（3）压型钢板楼板按设计图示尺寸以铺设面积计算，不扣除单个面积在 0.3m² 以内的柱、梁及孔洞所占面积。包角、包边、泛水等不另增加面积。

（4）彩钢夹芯板、采光板屋面按设计图示尺寸以铺设面积计算，不扣除单个面积在 0.3m² 以内的柱、梁及孔洞所占面积。包角、包边、泛水等不另增加面积。

（5）彩钢夹芯板、采光板墙板按设计图示尺寸以铺挂面积计算，不扣除单个面积在 0.3m² 以内的梁及孔洞所占面积。包角、包边、泛水等不另增加面积。

（6）金属探伤按探伤部位以延长米计算。

（7）钢构件安装连接使用的栓钉按数量以套为单位计算。

（8）钢构件现场拼装平台摊销工程量按实施拼装构件的工程量计算。

（二）计价说明

工程量清单项目中钢柱、钢梁及钢板楼板、墙板项目对应《计价定额》的相应钢柱、钢梁及钢板楼板、墙板定额项目。表 9-7 列出了钢实腹柱清单项目可组合的主要内容以及对应的计价定额子目。

表9-7 钢实腹柱组价定额

项目编码	项目名称	项目特征	计量单位	工程内容	可组合的定额内容	对应的定额编号
010603001	钢实腹柱	1. 钢材品种、规格 2. 单根柱质量 3. 探伤要求 4. 油漆品种、刷漆遍数	t	1. 拼装 2. 吊装 3. 安装	实腹柱安装、吊装	MB0034～MB0043
				4. 探伤	金属构件探伤	MB0130～MB0134
				5. 补刷油漆	金属面油漆	AP0223～AP0289

三、应用案例

【例9-1】 某工程空腹钢柱如图9-1所示（最底层钢板为12mm厚），共2根，加工厂制作，运输到现场拼装、安装、超声波探伤，耐火极限为二级。钢材单位理论质量见表9-8。试列出该工程空腹钢柱的分部分项工程量清单。

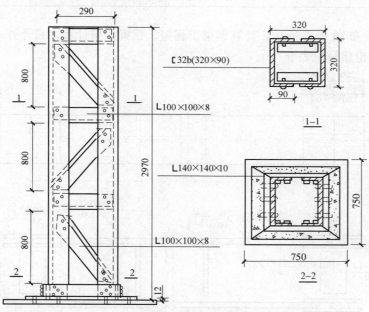

图9-1　某工程空腹钢柱示意图

表9-8 钢材单位理论质量表

规格	单位质量	备注	规格	单位质量	备注
[32b（320×90）	43.25kg/m	槽钢	L140×140×10	21.49kg/m	角钢
L100×100×8	12.28kg/m	角钢	—12	94.20kg/m	钢板

解： 工程量具体计算如下：

(1) 槽钢 [32b（320×90）：$m_1 = 2.97 \times 2 \times 43.25 \times 2 = 513.81(kg)$

(2) 角钢 L100×100×8：$m_2 = (0.29 \times 6 + \sqrt{0.8^2 + 0.29^2} \times 6) \times 12.28 \times 2 = 168.13(kg)$

(3) 角钢 L140×140×10：$m_3 = (0.32 + 0.14 \times 2) \times 4 \times 21.49 \times 2 = 103.15(kg)$

(4) 钢板 —12：$m_4 = 0.75 \times 0.75 \times 94.20 \times 2 = 105.98(kg)$

$m_1 + m_2 + m_3 + m_4 = 513.81 + 168.13 + 103.15 + 105.98 = 891.07(kg)$

空腹钢柱套用《计价定额》MB0054 和 MB0055。

空腹钢柱工程量清单综合单价为 6539.45＋243.91＝6783.36（元/t）

采用 GB 50500—2013 编写的该空腹钢柱的分部分项工程工程量清单与计价表见表 9-9。

表 9-9　　　　　　　　　　　分部分项工程工程量清单与计价表

序号	项目编码	项目名称	项目特征描述	计量单位	工程量	金额（元）	
						综合单价	合价
1	010603002001	空腹钢柱	1. 柱类型：简易箱形 2. 钢材品种、规格：槽钢、角钢、钢板，规格详图 3. 单根柱质量：0.446t 4. 螺栓种类：普通螺栓 5. 探伤要求：超声波探伤 6. 防火要求：耐火极限为二级	t	0.891	6783.36	6043.97

【例 9-2】　　如图 9-2 所示，计算钢梁工程量。钢梁按根计算，只计算一个端部的连接件。钢板单位理论质量见表 9-10。

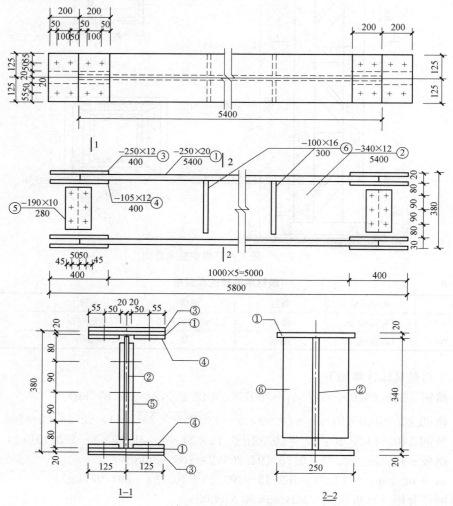

图 9-2　钢梁施工图

表 9 - 10			钢板单位理论质量表		
规格	单位质量	备注	规格	单位质量	备注
—20	157kg/m²	钢板	—10	78.60kg/m²	钢板
—12	94.20kg/m²	钢板	—6	47.16kg/m²	钢板

解： 腹板及翼板宽度按每边增加 25mm 计算。

（1）1 号翼板，厚 20mm。

面积：$(0.25+0.025 \times 2) \times 5.40 = 1.620 (m^2)$

个数：2 个（上、下翼板）

单个质量：$1.620 \times 157 = 254.34 (kg)$

总质量重：$254.34 \times 2 = 508.680 (kg)$

（2）2 号腹板，厚 12mm。

面积：$(0.34+0.025 \times 2) \times 5.40 = 2.106 (m^2)$

个数：1 个

质量：$2.106 \times 94.20 = 198.385 (kg)$

（3）3 号钢板，厚 12mm。

面积：$0.250 \times 0.40 = 0.10 (m^2)$

个数：2 个（上、下翼板处）

单个质量：$0.10 \times 94.20 = 9.420 (kg)$

总质量：$9.420 \times 2 = 18.840 (kg)$

（4）4 号钢板，厚 12mm。

面积：$0.105 \times 0.40 = 0.042 (m^2)$

个数：4 个（上、下翼板处）

单个质量：$0.042 \times 94.20 = 3.956 (kg)$

总质量：$3.956 \times 4 = 15.824 (kg)$

（5）5 号钢板，厚 10mm。

面积：$0.190 \times 0.280 = 0.0532 (m^2)$

个数：2 个（腹板两侧）

单个质量：$0.0532 \times 78.60 = 4.1815 (kg)$

总质量：$4.1815 \times 2 = 8.363 (kg)$

（6）6 号钢板，厚 6mm。

面积：$0.10 \times 0.30 = 0.030 (m^2)$

个数：8 个（腹板两侧）

单个质量：$0.030 \times 47.16 = 1.415 (kg)$

总质量：$1.415 \times 8 = 11.32 (kg)$

（7）此根钢梁工程量合计：

$508.680+198.385+18.840+15.824+8.363+11.32 = 761.412 (kg) \approx 0.761t$

分部分项工程量清单见表 9 - 11。

表 9 - 11　　　　　　　　　　　分部分项工程量清单

工程名称：

序号	项目编码	项目名称	项目特征	计量单位	工程量
1	010604001001	钢梁	1. 钢材品种、规格：钢板厚度为 20、12、10、6mm 2. 单根质量：0.761t 3. 安装高度：见详图 4. 探伤要求：超声波探伤	t	0.761

【例 9 - 3】　　如图 9 - 3 所示，计算浪型钢板的工程量。已知：浪型钢板厚 1.2mm，以平方米计算工程量。1.2mm 厚钢板单位理论质量为 9.43kg/m²。

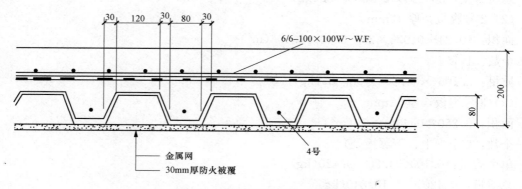

图 9 - 3　浪型钢板剖面图及配筋图

解：（1）浪型钢板展平后面积计算：

每一组凹槽宽为 $0.03+0.12+0.03+0.08=0.26(\text{m})$

每槽展平后的长度为 $\sqrt{0.03^2+0.08^2}+0.12+\sqrt{0.03^2+0.08^2}+0.08=0.371(\text{m})$

每米宽浪型钢板凹槽数为 $1/0.26=3.85(\text{个})$

每米浪型钢板展平后的面积为 $0.371\times3.85\times1=1.42835(\text{m}^2)$

（2）每平方米浪型钢板的质量（工程量）为 $1.42835\times9.43=13.469(\text{kg})$（不含损耗量）。

第三节　钢构件及金属制品

一、GB 50854—2013 相关规定

（一）工程量清单项目设置及工程量计算规则

GB 50854—2013 附录中钢构件项目，包括钢支撑、钢拉条，钢檩条，钢天窗架，钢挡风架，钢墙架，钢平台，钢走道，钢梯，钢护栏，钢漏斗，钢板天沟，钢支架，零星钢构件 13 个分项项目。其工程量清单项目设置及工程量计算规则，应按表 9 - 12 的规定执行。

表 9 - 12　　　　　　　　　　　　　钢构件（编码：010606）

项目编码	项目名称	项目特征	计量单位	工程量计算规则	工作内容
010606001	钢支撑、钢拉条、钢拉杆	1. 钢材品种、规格 2. 构件类型 3. 安装高度 4. 螺栓种类 5. 探伤要求 6. 防火要求			
010606002	钢檩条	1. 钢材品种、规格 2. 构件类型 3. 单根质量 4. 安装高度 5. 螺栓种类 6. 探伤要求 7. 防火要求			
010606003	钢天窗架	1. 钢材品种、规格 2. 单榀质量 3. 安装高度 4. 螺栓种类 5. 探伤要求 6. 防火要求	t	按设计图示尺寸以质量计算。不扣除孔眼的质量，焊条、铆钉、螺栓等不另增加质量	1. 拼装 2. 安装 3. 探伤 4. 补刷油漆
010606004	钢挡风架	1. 钢材品种、规格 2. 单榀质量 3. 螺栓种类 4. 探伤要求 5. 防火要求			
010606005	钢墙架				
010606006	钢平台	1. 钢材品种、规格 2. 螺栓种类 3. 防火要求			
010606007	钢走道				
010606008	钢梯	1. 钢材品种、规格 2. 钢梯形式 3. 螺栓种类 4. 防火要求			
010606009	钢护栏	1. 钢材品种、规格 2. 防火要求			

续表

项目编码	项目名称	项目特征	计量单位	工程量计算规则	工作内容
010606010	钢漏斗	1. 钢材品种、规格 2. 漏斗、天沟形式 3. 安装高度 4. 探伤要求	t	按设计图示尺寸以质量计算，不扣除孔眼的质量，焊条、铆钉、螺栓等不另增加质量，依附漏斗或天沟的型钢并入漏斗或天沟工程量内	1. 拼装 2. 安装 3. 探伤 4. 补刷油漆
010606011	钢板天沟				
010606012	钢支架	1. 钢材品种、规格 2. 单付质量 3. 防火要求		按设计图示尺寸以质量计算，不扣除孔眼的质量，焊条、铆钉、螺栓等不另增加质量	
010606013	零星钢构件	1. 构件名称 2. 钢材品种、规格			

GB 50854—2013 附录中金属制品项目，包括成品空调金属百页护栏、成品栅栏、成品雨篷、金属网栏、砌块墙钢丝、后浇带金属网等项目。其工程量清单项目设置及工程量计算规则，应按表 9-13 的规定执行。

表 9-13　　　　　　　　　　　　　　金属制品（编码：010607）

项目编码	项目名称	项目特征	计量单位	工程量计算规则	工作内容
010607001	成品空调金属百页护栏	1. 材料品种、规格 2. 边框材质	m²	按设计图示尺寸以框外围展开面积计算	1. 安装 2. 校正 3. 预埋铁件及安螺栓
010607002	成品栅栏	1. 材料品种、规格 2. 边框及立柱型钢品种、规格			1. 安装 2. 校正 3. 预埋铁件 4. 安螺栓及金属立柱
010607003	成品雨篷	1. 材料品种、规格 2. 雨篷宽度 3. 晾衣杆品种、规格	1. m 2. m²	（1）以米计量，按设计图示接触边以米计算 （2）以平方米计量，按设计图示尺寸以展开面积计算	1. 安装 2. 校正 3. 预埋铁件及安螺栓
010607004	金属网栏	1. 材料品种、规格 2. 边框及立柱型钢品种、规格	m²	按设计图示尺寸以框外围展开面积计算	1. 安装 2. 校正 3. 安螺栓及金属立柱
010607005	砌块墙钢丝网加固	1. 材料品种、规格 2. 加固方式		按设计图示尺寸以面积计算	1. 铺贴 2. 铆固
010607006	后浇带金属网				

（二）相关释义及说明

（1）钢墙架项目包括墙架柱、墙架梁和连接杆件。

（2）钢支撑、钢拉条类型指单式、复式；钢檩条类型指型钢式、格构式；钢漏斗形式指方形、圆形；天沟形式指矩形沟或半圆形沟。

（3）加工铁件等小型构件，应按零星钢构件项目编码列项。

（4）抹灰钢丝网加固按砌块墙钢丝网加固项目编码列项。

二、《计价定额》相关规定及计价说明

（一）《计价定额》相关规定

（1）钢丝网加固及金属网按设计图示尺寸以面积计算。

（2）雨篷按接触边以延长米计算。

（3）金属构件安装连接使用的高强螺栓、栓钉按数量以套为单位计算。

（4）空调百叶护栏按框外围面积以平方米计算，窗栅、防盗栅、栅栏案框外围垂直投影面积以平方米计算。

（5）金属探伤按探伤部位以延长米计算。

（6）依附漏斗的型钢并入钢漏斗工程量内，依附于天沟的型钢并入天沟工程量内。

（7）钢构件现场拼装平台摊销工程量按实施拼装构件的工程量计算。

（二）计价说明

工程量清单项目中钢构件、金属制品项目对应《计价定额》的相应钢构件、金属制品主要定额项目。表 9-14 列出了钢梯清单项目可组合的主要内容以及对应的计价定额子目。

表 9-14　　　　　　　　　　　　　钢梯组价定额

项目编码	项目名称	项目特征	计量单位	工程内容	可组合的定额内容	对应的定额编号
010606008	钢梯	1. 钢材品种、规格 2. 钢梯形式 3. 螺栓种类 4. 防火要求	t	1. 安装 2. 吊装	踏步式扶梯、U 形扶梯、爬式扶梯、螺栓式钢梯制作、安装	MB0109～MB0115
				3. 探伤	金属构件探伤	MB0130～MB0134
				4. 补刷油漆	金属面油漆	AP0223～AP0289

习　题

1. 钢构件包括哪些项目？

2. 金属制品项目包括哪些？

3. 钢实腹柱可组合的定额内容有哪些？

4. 金属构件运输怎么分类？

5. 某工厂机修车间轻型钢屋架系统，如图 9-4 和图 9-5 所示，钢屋架结构构件质量表见表 9-15。根据该轻型钢屋架工程施工图及技术参数，按 GB 50854—2013 的计算规则，列式计算表 9-16 中该轻型钢屋架系统分部分项工程量（屋架上、下弦水平支撑及垂直支撑仅在①～②，⑧～⑨，⑯～⑰柱间屋架上布置）。

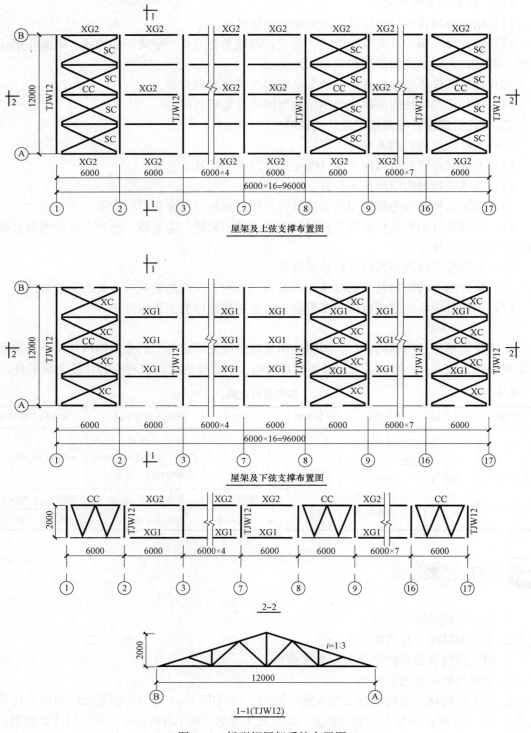

图 9-4　轻型钢屋架系统布置图

表 9 - 15　　　　　　　　　　　　　　钢屋架结构构件质量表

序号	构件名称	构件编号	构件单重（kg）
1	轻型钢屋架	TJW12	510.00
2	上弦水平支撑	SC	56.00
3	下弦水平支撑	XC	60.00
4	垂直支撑	CC	150.00
5	系杆1	XG1	45.00
6	系杆2	XG2	48.00

表 9 - 16　　　　　　　　　　　中该轻型钢屋架分部分项工程量计算表

序号	构件名称	计量单位	工程量	计算式
1	轻型钢屋架	T		
2	上弦水平支撑	T		
3	下弦水平支撑	T		
4	垂直支撑	T		
5	系杆1	T		
6	系杆2	T		

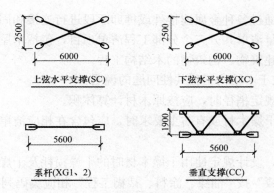

图 9 - 5　轻型钢屋架系统支撑及系杆图

第十章

木结构

学习摘要

　　本章主要介绍木结构工程，通过本章学习熟练掌握木结构工程清单项目的划分、工程量的计算方法和清单综合单价的计价方法，熟悉木结构工程工程量清单与计价编制的程序以及工程量清单与计价的格式。

　　木结构是指由木材通过各种金属连接件或榫卯手段进行连接和固定制成的结构。

　　木结构工程的工程量清单共分三个分部工程清单项目，包括木屋架、木构件、屋面木基层。本章木结构适用于建筑物、构筑物的木结构工程。

　　GB 50854—2013 关于木结构工程共性问题的说明：

　　（1）原木结构设计规定梢径时，应按原木材计算体积。

　　（2）设计规定使用干燥木材或有防虫要求时，应包含在相应清单项目的工程内容中，不单独编码列项。

　　（3）木材的出材率，设计规定使用干燥木材时的干燥损耗及干燥费应包括在报价内。

　　（4）木构件"刷油漆"按"油漆、涂料、裱糊工程"相应编码列项。

　　《计价定额》关于木结构工程共性问题的说明：

　　（1）木材的分类：

　　一类：红松、杉木。

　　二类：白松、杉松、杨柳木、椴木、樟子松、云杉。

　　三类：青松、水曲柳、黄花松、秋子木、马尾松、榆木、柏木、樟木、苦楝子、梓木、楠木、槐木、黄菠萝、椿木。

　　四类：柞木（稠木、青杠）、檀木、色木、红木、荔木、柚木、麻栗木、桦木。

　　（2）木结构工程按手工和机械操作、场内制作和场外集中加工综合编制。

　　（3）木结构工程消耗材积已考虑配断和操作损耗，需干燥木材和刨光的构件，项目材积内已考虑干燥木材和刨光损耗（屋架需刨光者除外）。改锯、开料损耗及出材率在材料价格内计算。

　　（4）所注明的直径、截面、长度或厚度均以设计尺寸为准。

（5）圆柱、梁等圆形截面构件是按直接采用原木加工考虑的，其余构件是按板枋材加工考虑的。

（6）凡未注明制作和安装的项目，均包括制作和安装的工料。

（7）木作是按现代做法编制的，若设计为仿古木作工程，则应按《四川省建设工程工程量清单计价定额——仿古建筑工程》相应项目执行。

（8）木楼梯，按《四川省建设工程工程量清单计价定额——仿古建筑工程》相应项目执行。

第一节　木　屋　架

一、GB 50854—2013 相关规定

（一）工程量清单项目设置及工程量计算规则

GB 50854—2013 附录中木屋架项目，包括木屋架和钢木屋架两个清单项目。其工程量清单项目设置及工程量计算规则，应按表 10-1 的规定执行。

表 10-1　　　　　　　　　　　　　　木屋架（编码：010701）

项目编码	项目名称	项目特征	计量单位	工程量计算规则	工作内容
010701001	木屋架	1. 跨度 2. 材料品种、规格 3. 刨光要求 4. 拉杆及夹板种类 5. 防护材料种类	1. 榀 2. m³	（1）以榀计量，按设计图示数量计算。 （2）以立方米计量，按设计图示的规格尺寸以体积计算	1. 制作 2. 运输 3. 安装 4. 刷防护材料
010701002	钢木屋架	1. 跨度 2. 木材品种、规格 3. 刨光要求 4. 钢材品种、规格 5. 防护材料种类	榀	以榀计量，按设计图示数量计算	

（二）相关释义及说明

（1）屋架的跨度应以上、下弦中心线两交点之间的距离计算。

（2）带气楼的屋架的马尾、折角和正交部分的半屋架示意图如图 10-1 所示，按相关屋架项目编码列项。

1）马尾指四坡水屋顶建筑物的两端屋面的端头坡面部位。

2）折角指构成 L 形的坡屋顶建筑横向和竖向相交部位。

3）正交部位指构成丁字形的坡屋顶建筑横向和竖向相交部位。

（3）屋架以榀计量，按标准图设计的项目特征必须标注标准图代号，按非标准图

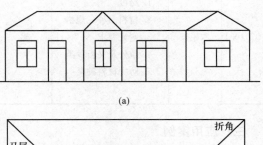

(a)

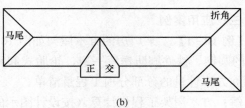

(b)

图 10-1　带气楼的屋架的马尾、折角和正交部分的半屋架示意图

(a) 立面图；(b) 平面图

设计的项目特征必须按表 10-1 的要求予以描述。

二、《计价定额》相关规定及计价说明

（一）《计价定额》相关规定

（1）屋架的跨度是指屋架两端上、下弦中心线交点之间的长度。

（2）屋架需刨光者，人工乘以系数 1.15，木材材积乘以系数 1.08。

（3）木屋架项目适用于各种方木、圆木屋架。与屋架相连接的挑檐木应包括在木屋架报价内。钢夹板构件、连接螺栓应包括在报价内。

（4）钢木屋架项目适用于各种方木、圆钢木屋架。应注意，钢拉杆（下弦拉杆）、受拉腹杆、钢夹板、连接螺栓应包括在报价内。

（5）木屋架、钢木屋架制作安装项目均按设计断面竣工木料以立方米计算，其后备长度及配制损耗均已包括在项目内，不另计算。

（6）附属于屋架的木夹板、垫木、风撑、与屋架连接的挑檐木均按竣工木材计算后并入相应的屋架内。

（7）与圆木屋架相连的挑檐木、风撑等如为方木时，应乘以系数 1.563 折合圆木，并入圆木屋架竣工木材材积内。

（8）屋架的马尾、折角和正交部分的半屋架应并入相连接的正屋架竣工材积内。

（9）木屋架、钢木屋架定额项目中的钢板、型钢、圆钢用量与设计不同时，可按设计数量另加 8% 损耗进行换算，其余不再调整。

（二）计价说明

工程量清单项目中木屋架对应《计价定额》的相应木屋架定额项目。表 10-2 列出了木屋架清单项目可组合的主要内容以及对应的计价定额子目。

表 10-2 木屋架组价定额

项目编码	项目名称	项目特征	计量单位	工程内容	可组合的定额内容	对应的定额编号
010701001	木屋架	1. 跨度 2. 材料品种、规格 3. 刨光要求 4. 拉杆及夹板种类 5. 防护材料种类	榀	1. 制作、安装	木屋架制作、安装	AG0001～AG0008
				2. 运输	参照仿古建筑	参照仿古建筑
				3. 刷防护材料、油漆	喷刷防火涂料	AP0372～AP0388

三、应用案例

【例 10-1】 某厂房的方木屋架如图 10-2 所示，共四榀，现场制作，不刨光，拉杆为 $\phi 10$ 的圆钢，铁件刷防锈漆一遍，轮胎式起重机安装，安装高度 6m。试列出该工程方木屋架以立方米计量的分部分项工程量清单。

解： 方木屋架工程量计算（按设计图示的规格尺寸以体积计算）：

下弦杆体积为 $0.15 \times 0.18 \times 6.6 \times 4 = 0.713$（$m^3$）

上弦杆体积为 $0.10 \times 0.12 \times 3.354 \times 2 \times 4 = 0.322$（$m^3$）

斜撑体积为 $0.06 \times 0.08 \times 1.677 \times 2 \times 4 = 0.064$（$m^3$）

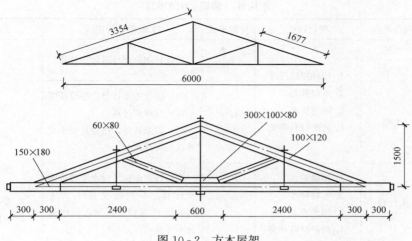

图 10 - 2　方木屋架

元宝垫木体积为 $0.30 \times 0.10 \times 0.08 \times 4 = 0.010(\text{m}^3)$

竣工木料工程量为 $0.713 + 0.322 + 0.064 + 0.010 = 1.11(\text{m}^3)$

方木人字屋架制作、安装（跨度不大于 10m）套用《计价定额》AG0002，则方木屋架清单综合单价为 2982.81 元/m^3。

该方木屋架分部分项工程量清单与计价表见表 10 - 3。

表 10 - 3　　　　　　　　　　分部分项工程量清单与计价表

序号	项目编码	项目名称	项目特征描述	计量单位	工程量	金额（元）		
						综合单价	合价	其中：暂估价
1	010701001001	方木屋架	1. 跨度：6.00m 2. 材料品种、规格：方木、规格详图 3. 刨光要求：不刨光 4. 拉杆及夹板种类：φ10 圆钢 5. 防护材料种类：铁件刷防锈漆一遍	m³	1.11	2982.81	3310.92	

第二节　木　构　件

一、GB 50854—2013 相关规定

（一）工程量清单项目设置及工程量计算规则

GB 50854—2013 附录中木构件项目，包括木柱、木梁、木檩、木楼梯及其他木构件。其工程量清单项目设置及工程量计算规则，应按表 10 - 4 的规定执行。

表 10 - 4   **木构件（编码：010702）**

项目编码	项目名称	项目特征	计量单位	工程量计算规则	工作内容
010702001	木柱	1. 构件规格尺寸 2. 木材种类 3. 刨光要求 4. 防护材料种类	m³	按设计图示尺寸以体积计算	1. 制作 2. 运输 3. 安装 4. 刷防护材料
010702002	木梁				
010702003	木檩		1. m³ 2. m	（1）以立方米计量，按设计图示尺寸以体积计算。 （2）以米计量，按设计图示尺寸以长度计算	
010702004	木楼梯	1. 楼梯形式 2. 木材种类 3. 刨光要求 4. 防护材料种类	m²	按设计图示尺寸以水平投影面积计算。不扣除宽度不大于300mm的楼梯井，伸入墙内部分不计算	
010702005	其他木构件	1. 构件名称 2. 构件规格尺寸 3. 木材种类 4. 刨光要求 5. 防护材料种类	1. m³ 2. m	（1）以立方米计量，按设计图示尺寸以体积计算。 （2）以米计量，按设计图示尺寸以长度计算	

（二）相关释义及说明

（1）木楼梯的栏杆（栏板）、扶手，应按"其他装饰工程"中的相关项目编码列项。

（2）以米计量，项目特征必须描述构件规格尺寸。

（3）木柱、木梁项目适用于建筑物各部位的木柱、木梁。应注意接地、嵌入墙内部分的防腐包括在报价内。

（4）木楼梯项目适用于楼梯和爬梯。其中楼梯的防滑条应包括在报价内。木楼梯的栏杆（栏板）、扶手，应按"其他装饰工程"中相关项目编码列项。

（5）其他木构件项目适用于木盖板、木搁板等构件。

二、《计价定额》相关规定及计价说明

（一）《计价定额》相关规定

（1）柱、梁、檩等以立方米计算，凡按立方米计算工程量者，以其长度乘以截面面积计算，长度和截面计算按下列规则：

1）圆柱形构件以其最大截面，矩形构件按矩形截面，多角形构件按多角形截面计算。

2）柱长按图示尺寸，有柱顶面（磉磴或连磉、软磉者）由其上皮算至梁、枋或檩的下皮，套顶榫按实长计入体积内。

3）梁端头为半榫或银锭榫的，其长度算至柱中，透榫或箍头榫算至榫头外端。

（2）木楼梯按设计图示尺寸以水平投影面积计算。不扣除宽度小于300mm的楼梯井，其踢脚板、平台和伸入墙内部分，不另计算。

（3）檩条长度按设计规定长度计算，搭接长度和搭角出头部分应计算在内。悬山出挑、歇山收山者，山面算至博风外皮，硬山算至排山梁架外皮，硬山搁檩者，算至山墙中心线。

（4）柱、梁项目综合考虑了其不同位置，采用卯榫连接。若使用箍头榫，则按《四川省建设工程工程量清单计价定额——仿古建筑工程》木作工程有关规定计算用工。

（5）圆木檩条项目内已包括刨光工料，如设计规定檩条需滚圆取直时，其木材材积乘以系数1.05，人工乘以系数1.22。

（6）木盖板、木搁板按图示尺寸以平方米计算。

（7）木作是按现代做法编制的，若设计为仿古木作工程，则应按《四川省建设工程工程量清单计价定额——仿古建筑工程》定额执行。

（二）计价说明

工程量清单木构件项目对应《计价定额》的相应木构件定额项目。表10-5列出了其他木构件清单项目可组合的主要内容以及对应的计价定额子目。

表10-5　　　　　　　　　　　其他木构件组价定额

项目编码	项目名称	项目特征	计量单位	工程内容	可组合的定额内容	对应的定额编号
010702005	其他木构件	1. 构件名称 2. 构件规格尺寸 3. 木材种类 4. 刨光要求 5. 防护材料种类	m³（m）	1. 制作、安装	其他木构件制作、安装	AG0018～AG0019
				2. 运输	参照仿古建筑	参照仿古建筑
				3. 刷防护材料、油漆	喷刷防火涂料	AP0372～AP0388

第三节　屋面木基层

一、GB 50854—2013 相关规定

（一）工程量清单项目设置及工程量计算规则

GB 50854—2013附录中屋面木基层项目工程量清单项目设置及工程量计算规则，应按表10-6的规定执行。

表10-6　　　　　　　　　　屋面木基层（编码：010703）

项目编码	项目名称	项目特征	计量单位	工程量计算规则	工作内容
010703001	屋面木基层	1. 椽子断面尺寸及椽距 2. 望板材料种类、厚度 3. 防护材料种类	m²	按设计图示尺寸以斜面积计算。不扣除房上烟囱、风帽底座、风道、小气窗、斜沟等所占面积。小气窗的出檐部分不增加面积	1. 椽子制作、安装 2. 望板制作、安装 3. 顺水条和挂瓦条制作、安装 4. 刷防护材料

（二）相关释义及说明

（1）屋面木基层示意图如图10-3所示。

（2）望板是平铺在椽子上的木板，以承托屋面的苫背和瓦件，分为顺望板、横望板。

二、《计价定额》相关规定及计价说明

（一）《计价定额》相关规定

（1）屋面板厚度是按毛料计算的，厚度不同时，一等薄板按比例换算，其他不变。

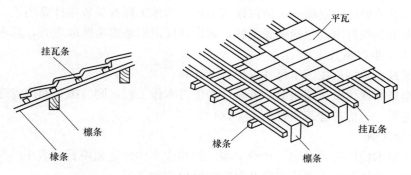

图 10-3　屋面木基层示意图

（2）水平支撑、剪刀撑按方檩木项目计算。

（3）屋面木基层工程量按斜面积以平方米计算。不扣除附墙烟囱、通风孔、通风帽底座、屋顶小气窗和斜沟的面积。天窗挑檐与屋面重叠部分另行计算，并入屋面木基层工程量内。

（二）计价说明

工程量清单项目中屋面木基层对应《计价定额》的相应屋面木基层项目。《四川省建设工程工程量清单计价定额应用指南》列出了每一清单项目可组合的主要内容以及对应的计价定额子目。表 10-7 列出了屋面木基层清单项目可组合的主要内容以及对应的计价定额子目。

表 10-7　　　　　　　　　　屋面木基层组价定额

项目编码	项目名称	项目特征	计量单位	工程内容	可组合的定额内容	对应的定额编号
010703001	屋面木基层	1. 椽子断面尺寸及椽距 2. 望板材料种类、厚度 3. 防护材料种类	m²	1. 制作、安装	屋面木基层制作、安装	AG0020～AG0029
				2. 刷防护材料、油漆	喷刷防火涂料	AP0372～AP0388

习　题

1. 木屋架可组合的定额内容有哪些？

2. 简述屋面木基层的构成。

3. 某临时仓库的方木屋架如图 10-2 所示，共四榀，现场制作，不刨光，铁件刷防锈漆一遍，轮胎式起重机安装，安装高度 6m。试编制方木屋架工程量清单（不调整钢拉杆用量）。

第十一章

屋面及防水工程

学习摘要

本章主要介绍屋面及防水工程，通过本章学习熟练掌握屋面及防水工程工程量清单项目的划分、工程量的计算方法和清单综合单价的计价方法，熟悉屋面及防水工程工程量清单与计价编制的程序以及工程量清单与计价的格式。

屋面及防水工程包括五个分部工程清单项目，包括瓦、型材及其他屋面，屋面防水及其他，墙面防水、防潮，楼（地）面防水、防潮，渗漏治理等清单项目。本章屋面及防水工程适用于建筑物屋面和墙、地面防水、防潮工程。

屋面及防水工程共性问题的说明：

（1）屋面、墙、楼（地）面防水项目，不包括垫层、找平层、保温层。

（2）石棉瓦、水泥平瓦、沥青瓦等，应按瓦屋面编码列项。

（3）金属压型钢板、彩色涂层钢板等，应按型材屋面编码列项。

（4）屋面刚性层是指屋面刚性防水。

（5）相关解释：

1）天沟、檐沟。

檐口是指平屋面或坡屋面伸出墙体的部位。

檐沟是屋檐下面横向的槽形排水沟，用于承接屋面的雨水，然后由竖管引到地面。屋面排水分有组织排水和无组织排水（自由排水），有组织排水一般是把雨水集到天沟内再由雨水管排下，集聚雨水的沟就被称为天沟。天沟分内天沟和外天沟，内天沟是指在外墙以内的天沟，一般有女儿墙；外天沟是挑出外墙的天沟，一般没女儿墙。天沟多用镀锌钢板或石棉水泥制成。

2）屋面变形缝、女儿墙以及天窗与屋面重叠部分示意，参见图 11-1。

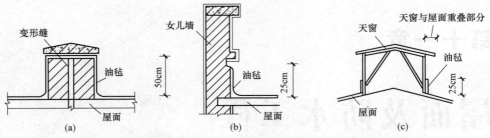

图 11-1　屋面变形缝、女儿墙以及天窗与屋面重叠部分示意

（a）变形缝；（b）女儿墙；（c）天窗与屋面重叠部分

第一节　瓦、型材及其他屋面

一、GB 50854—2013 相关规定

（一）工程量清单项目设置及工程量计算规则

GB 50854—2013 附录中瓦、型材及其他屋面项目，包括瓦屋面、型材屋面、阳光板屋面、玻璃钢屋面、膜结构屋面五个分项项目。其工程量清单项目设置及工程量计算规则，应按表 11-1 的规定执行。

表 11-1　　　　　　　　　　　　瓦、型材屋面（编码：010901）

项目编码	项目名称	项目特征	计量单位	工程量计算规则	工作内容
010901001	瓦屋面	1. 瓦品种、规格 2. 黏结层砂浆的配合比	m²	按设计图示尺寸以斜面积计算。不扣除房上烟囱、风帽底座、风道、小气窗、斜沟等所占面积。小气窗的出檐部分不增加面积	1. 砂浆制作、运输、摊铺、养护 2. 安瓦、作瓦脊
010901002	型材屋面	1. 型材品种、规格 2. 金属檩条材料品种、规格 3. 接缝、嵌缝材料种类			1. 檩条制作、运输、安装 2. 屋面型材安装 3. 接缝、嵌缝
010901003	阳光板屋面	1. 阳光板品种、规格 2. 骨架材料品种、规格 3. 接缝、嵌缝材料种类 4. 油漆品种、刷漆遍数		按设计图示尺寸以斜面积计算。不扣除屋面面积不大于 0.3m² 孔洞所占面积	1. 骨架制作、运输、安装、刷防护材料、油漆 2. 阳光板安装 3. 接缝、嵌缝
010901004	玻璃钢屋面	1. 玻璃钢品种、规格 2. 骨架材料品种、规格 3. 玻璃钢固定方式 4. 接缝、嵌缝材料种类 5. 油漆品种、刷漆遍数			1. 骨架制作、运输、安装、刷防护材料、油漆 2. 玻璃钢制作、安装 3. 接缝、嵌缝
010901005	膜结构屋面	1. 膜布品种、规格 2. 支柱（网架）钢材品种、规格 3. 钢丝绳品种、规格 4. 锚固基座做法 5. 油漆品种、刷漆遍数		按设计图示尺寸以需要覆盖的水平投影面积计算	1. 膜布热压胶接 2. 支柱（网架）制作、安装 3. 膜布安装 4. 穿钢丝绳、锚头锚固 5. 锚固基座挖土、回填 6. 刷防护材料，油漆

（二）相关释义及说明

（1）瓦屋面，若是在木基层上铺瓦，则项目特征不必描述黏结层砂浆的配合比，瓦屋面铺防水层，按屋面防水及其他中相关项目编码列项。

（2）型材屋面、阳光板屋面、玻璃钢屋面的柱、梁、屋架，按金属结构工程、木结构工程中相关项目编码列项。

二、《计价定额》相关规定及计价说明

（一）《计价定额》相关规定

（1）瓦屋面项目适用于石棉水泥瓦、彩色沥青瓦、镀锌铁皮屋面等，小青瓦、平瓦、筒瓦按《四川省建设工程工程量清单计价定额——仿古建筑工程》中的相应项目执行。

（2）玻璃钢瓦屋面铺在混凝土檩子上，按铺在钢檩上项目计算；阳光板屋面中铝结构、钢檩应按《四川省建设工程工程量清单计价定额——装配式建筑工程》相应项目及"N 天棚工程"相关项目计算。

（3）瓦屋面，按设计图示尺寸以斜面积计算。不扣除房上烟囱、风帽底座、风道、小气窗、斜沟等所占面积，小气窗的出檐部分也不增加面积，天窗出檐与屋面重叠部分的面积，应计入屋面工程量计算。

（4）石棉瓦屋面、GRC 屋面、镀锌铁皮屋面、彩色沥青瓦等屋面，按实铺面积计算。

（5）玻璃钢瓦屋面、金属压型钢板屋面、彩色涂层钢板屋面、阳光板屋面按实铺面积计算。

（6）膜结构（也称索膜结构），是一种由膜布与支撑（柱、网架等）和拉结结构（拉杆、钢丝绳等）组成的屋盖、篷顶结构；常用于候车亭、收费站和地下通道出口等。

（7）膜结构屋面，按设计图示尺寸以需要覆盖的水平投影面积计算。

（8）膜结构屋面适用于膜布屋面；膜结构中支撑和拉固膜布的钢柱、拉杆、金属网架、钢丝绳、锚固的锚头等已包括在项目内，不得另算；支撑柱的钢筋混凝土柱基、锚固的钢筋混凝土基础及地脚螺栓等应按"混凝土及钢筋混凝土工程"相关项目计算。

（二）计价说明

工程量清单项目中瓦、型材及其他屋面项目对应《计价定额》的相应瓦、型材及其他屋面定额项目。表 11 - 2 列出了膜结构屋面清单项目可组合的主要内容以及对应的计价定额子目。

表 11 - 2　　　　　　　　　　　　　膜结构屋面组价定额

项目编码	项目名称	计量单位	工程内容	可组合的定额内容	对应的定额编号
010901005	膜结构屋面	m²	1. 膜布热压胶接 2. 支柱（网架）制作、安装 3. 膜布安装 4. 穿钢丝绳、锚头锚固 5. 刷油漆	膜结构屋面	AJ0015

三、应用案例

【例 11 - 1】　计算瓦屋面石棉水泥瓦的工程量，如图 11 - 2 所示。

解： 瓦屋面按设计图示尺寸以斜面积计算。不扣除房上烟囱、风帽、风道、小气窗、斜沟等所占面积，小气窗的出檐部分不增加面积。

由坡度 $B/A = 1/1.5 = 0.667$，查表得延尺系数为 1.2015。

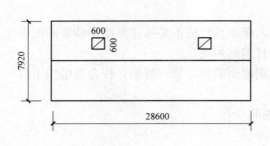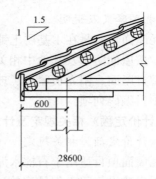

图 11-2　瓦屋面

28.600×7.920×1.2015＝272.15（m²）（烟囱所占面积不扣除）

分部分项工程量清单见表 11-3。

表 11-3　　　　　　　分部分项工程量清单

工程名称：某单层厂房

序号	项目编码	项目名称	项目特征	计量单位	工程量
1	010901001001	瓦屋面	1. 瓦品种、规格：石棉瓦 2. 黏结层砂浆的配合比：1:1:6	m²	272.15

第二节　屋面防水及其他

一、GB 50854—2013 相关规定

（一）工程量清单项目设置及工程量计算规则

GB 50854—2013 附录中屋面防水及其他项目，包括屋面卷材防水，屋面涂膜防水，屋面刚性层，屋面排水管，屋面排（透）气管，屋面（廊、阳台）泄（吐）水管，屋面天沟、檐沟和屋面变形缝等项目。其工程量清单项目设置及工程量计算规则，应按表 11-4 的规定执行。

表 11-4　　　　　　　屋面防水及其他（编码：010902）

项目编码	项目名称	项目特征	计量单位	工程量计算规则	工作内容
010902001	屋面卷材防水	1. 卷材品种、规格、厚度 2. 防水层数 3. 防水层做法	m²	按设计图示尺寸以面积计算。 （1）斜屋顶（不包括平屋顶找坡）按斜面积计算，平屋顶按水平投影面积计算。 （2）不扣除房上烟囱、风帽底座、风道、屋面小气窗和斜沟所占面积。 （3）屋面的女儿墙、伸缩缝和天窗等处的弯起部分，并入屋面工程量内	1. 基层处理 2. 刷底油 3. 铺油毡卷材、接缝
010902002	屋面涂膜防水	1. 防水膜品种 2. 涂膜厚度、遍数 3. 增强材料种类			1. 基层处理 2. 刷基层处理剂 3. 铺布、喷涂防水层
010902003	屋面刚性层	1. 刚性层厚度 2. 混凝土强度等级 3. 嵌缝材料种类 4. 钢筋规格、型号		按设计图示尺寸以面积计算。不扣除房上烟囱、风帽底座、风道等所占面积	1. 基层处理 2. 混凝土制作、运输、铺筑、养护 3. 钢筋制安

项目编码	项目名称	项目特征	计量单位	工程量计算规则	工作内容
010902004	屋面排水管	1. 排水管品种、规格 2. 雨水斗、山墙出水口品种、规格 3. 接缝、嵌缝材料种类 4. 油漆品种、刷漆遍数	m	按设计图示尺寸以长度计算。如设计未标注尺寸，以檐口至设计室外散水上表面垂直距离计算	1. 排水管及配件安装、固定 2. 雨水斗、山墙出水口、雨水箅子安装 3. 接缝、嵌缝 4. 刷漆
010902005	屋面排（透）气管	1. 排（透）气管品种、规格 2. 接缝、嵌缝材料种类 3. 油漆品种、刷漆遍数		按设计图示尺寸以长度计算	1. 排（透）气管及配件安装、固定 2. 铁件制作、安装 3. 接缝、嵌缝 4. 刷漆
010902006	屋面（廊、阳台）泄（吐）水管	1. 吐水管品种、规格 2. 接缝、嵌缝材料种类 3. 吐水管长度 4. 油漆品种、刷漆遍数	根（个）	按设计图示数量计算	1. 水管及配件安装、固定 2. 接缝、嵌缝 3. 刷漆
010902007	屋面天沟、檐沟	1. 材料品种、规格 2. 接缝、嵌缝材料种类	m²	按设计图示尺寸以展开面积计算	1. 天沟材料铺设 2. 天沟配件安装 3. 接缝、嵌缝 4. 刷防护材料
010902008	屋面变形缝	1. 嵌缝材料种类 2. 止水带材料种类 3. 盖缝材料 4. 防护材料种类	m	按设计图示以长度计算	1. 清缝 2. 填塞防水材料 3. 止水带安装 4. 盖缝制作、安装 5. 刷防护材料

（二）相关释义及说明

（1）屋面刚性层无钢筋，其钢筋项目特征不必描述。

（2）屋面找平层按楼地面装饰工程"平面砂浆找平层"项目编码列项。

（3）屋面防水搭接及附加层用量不另行计算，在综合单价中考虑。

（4）屋面保温找坡层按保温、隔热、防腐工程中"保温隔热屋面"项目编码列项。

二、《计价定额》相关规定及计价说明

（一）《计价定额》相关规定

（1）适用于屋面防水及其他。

（2）屋面防水刚性层项目内已包括刷素水泥浆用量。

（3）防水层项目内包括搭接用量，未含附加层用量，发生时按实际计算。

（4）防水层、屋面刚性层的找平及嵌缝未包括在项目内，应按相应定额项目另行计算。

（5）涂膜防水中的"二布三涂"或"一布二涂"，是指涂料构成防水层数，并非指涂刷遍数。每一层"涂层"刷二遍至数遍不等，每一层不论刷几遍，项目不做调整。

（6）铁皮排水项目中，铁皮材料与项目不同时，可以换算，但其他材料和用工均不做调整；铁皮咬口、卷边、搭接的工料，均已包括在项目内。

（7）采用镀锌钢板弯头时，按铁皮水落管项目执行。

（8）塑料水落管，按设计图示尺寸以长度计算，如设计未标注尺寸，以檐口至设计室外散水上表面垂直距离计算，若有延伸至地沟、明沟者，其延伸部分的长度应并入水落管工程量内。

（9）安装塑料水斗、山墙出水口、吐水管等按个数套相应项目。

（10）屋面天沟、檐沟，按设计图示尺寸以面积计算。铁皮和卷材天沟按展开面积计算。

（11）石棉水泥水斗、塑料吐水管、铝板穿墙出水口、钢筋混凝土排水槽按"个"计算。

（12）保温屋面镀锌铁皮排气管、镀锌铁皮通风帽按个计算。

（13）变形缝按屋面、墙面等部位，分别编制定额项目，变形缝包括温度缝、沉降缝、防震缝。

（14）变形缝按设计图示尺寸以长度计算。

（15）变形缝如内外双面填缝者，工程量按双面计算。

（16）建筑油膏、丙烯酸酯、非焦油聚氨酯变形缝断面按 30mm×25mm 计算，灌沥青、石油沥青玛蹄脂变形缝断面按 30mm×30mm 计算，其余变形缝定额项目以断面 30mm×150mm 计算；如设计变形缝断面或油膏断面与项目不同时，允许换算，但人工不变。

（17）止水带接头以环氧树脂为准，如采用其他材料黏接时，黏接剂可以换算，其他工料不变。

（18）止水带项目内已包括连接件、固定件，不得另行计算。

（19）屋面卷材、涂膜防水，按设计图示尺寸以面积计算。斜屋面（不包括平屋面找坡）按斜面积计算，平屋顶按水平投影面积计算；不扣除房上烟囱、风帽底座、风道、屋面小气窗和斜沟所占面积；屋面女儿墙、山墙、天窗、变形缝、天沟等处的弯起部分应按图示尺寸（如图纸无规定时，女儿墙和缝弯起高度可按 300mm、天窗可按 500mm）计算，并入屋面工程量内。

（20）屋面刚性防水，按设计图示尺寸以面积计算。不扣除房上烟囱、风帽底座、风道等所占面积。

（21）热塑聚烯烃（TPO）防水卷材定额子目已包含聚乙烯膜（含搭接用丁基胶带）、卷材固定件、立面胶黏剂、收口压条及密封膏等辅材及相应人工，不得另计。

（二）计价说明

工程量清单项目中屋面防水及其他项目对应《计价定额》的相应屋面及防水工程主要定额项目。表 11-5 列出了屋面排水管清单项目可组合的主要内容以及对应的计价定额子目。

表 11 - 5 屋面排水管组价定额

项目编码	项目名称	项目特征	计量单位	工程内容	可组合的定额内容	对应的定额编号
010902004	屋面排水管	1. 排水管品种、规格 2. 雨水斗、山墙出水口品种、规格 3. 接缝、嵌缝材料种类 4. 油漆品种、刷漆遍数	m	1. 排水管及配件安装、固定 2. 接缝、嵌缝	石棉水泥排水	AJ0075～AJ0076
					玻璃钢排水	AJ0077～AJ0084
					塑料水落管	AJ0073～AJ0074
				3. 雨水斗、山墙出水口、雨水算子安装	塑料山墙出水口（带水斗）	AJ0085～AJ0086
					铝板山墙出水口	AJ0087
					塑料落水口（带罩）	AJ0088～AJ0089
					钢筋混凝土水槽	AJ0090
				4. 刷漆	金属面油漆	AP0223～AP0289

三、应用案例

【**例 11 - 2**】 有一双坡排水，二毡三油一砂卷材屋面，尺寸如图 11 - 3 所示。屋面防水层构造层次为：预制钢筋混凝土空心板、1∶2 水泥砂浆找平层、冷底子油一道、二毡三油一砂防水层。试计算：

（1）当有女儿墙，屋面坡度为 1∶4 时的屋面防水工程量并套用定额及清单；

（2）当有女儿墙，屋面坡度为 3‰时的屋面防水工程量并套用定额及清单；

（3）当无女儿墙有挑檐，屋面坡度为 3‰时的屋面防水工程量并套用定额及清单。

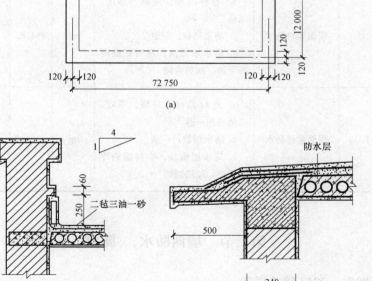

图 11 - 3 屋面防水构造
（a）平面图；（b）女儿墙；（c）挑檐

解：（1）屋面坡度为 $1：4$ 时，相应的角度为 $14°02'$，查得 $C=1.0308$。屋面防水工程量为

$$(72.75-0.24)×(12-0.24)×1.0308+0.25×(72.75-0.24+12-0.24)×2=921.12（m^2）$$

（2）有女儿墙，屋面坡度为 3%，因坡度很小，按平屋面计算屋面防水工程量，得出

$$(72.75-0.24)×(12-0.24)+(72.75+12-0.48)×2×0.25=894.85（m^2）$$

（3）无女儿墙有挑檐平屋面（坡度为 3%），如图 11-3（c）所示。

屋面防水工程量＝外墙外围水平面积＋（外墙外围长度＋$4×$檐宽）$×$檐宽

$$=(72.75+0.24)×(12+0.24)+[(72.75+12+0.48)×2+4×0.5]$$
$$×0.5=979.63（m^2）$$

查《计价定额》AJ0017 得防水层综合单价为 4817.44/100＝48.17（元/m^2）。

采用 GB 50500—2013 编写的屋面防水工程量清单与计价表参见表 11-6。

表 11-6 分部分项工程量清单与计价表

序号	项目编码	项目名称	项目特征描述	计量单位	工程量	金额（元）	
						综合单价	合价
1	010902001001	屋面卷材防水	1. 卷材品种、规格、厚度：二毡三油一砂 2. 防水层数：一道 3. 防水层做法：卷材底刷冷底子油、加热烤铺	m^2	921.12	48.17	44370.35
2	010902001002	屋面卷材防水	1. 卷材品种、规格、厚度：二毡三油一砂 2. 防水层数：一道 3. 防水层做法：卷材底刷冷底子油、加热烤铺	m^2	894.85	48.17	43104.92
3	010902001003	屋面卷材防水	1. 卷材品种、规格、厚度：二毡三油一砂 2. 防水层数：一道 3. 防水层做法：卷材底刷冷底子油、加热烤铺	m^2	979.63	48.17	47188.78

第三节 墙面防水、防潮

一、GB 50854—2013 相关规定

（一）工程量清单项目设置及工程量计算规则

GB 50854—2013 附录中墙面防水、防潮项目，包括墙面卷材防水、墙面涂膜防水、墙面砂浆防水（防潮）、墙面变形缝项目。其工程量清单项目设置及工程量计算规则，应按表 11-7 的规定执行。

表 11 - 7 墙面防水、防潮（编码：010903）

项目编码	项目名称	项目特征	计量单位	工程量计算规则	工作内容
010903001	墙面卷材防水	1. 卷材品种、规格、厚度 2. 防水层数 3. 防水层做法	m²	按设计图示尺寸以面积计算	1. 基层处理 2. 刷黏结剂 3. 铺防水卷材 4. 接缝、嵌缝
010903002	墙面涂膜防水	1. 防水膜品种 2. 涂膜厚度、遍数 3. 增强材料种类			1. 基层处理 2. 刷基层处理剂 3. 铺布、喷涂防水层
010903003	墙面砂浆防水（防潮）	1. 防水层做法 2. 砂浆厚度、配合比 3. 钢丝网规格			1. 基层处理 2. 挂钢丝网片 3. 设置分格缝 4. 砂浆制作、运输、摊铺、养护
010903004	墙面变形缝	1. 嵌缝材料种类 2. 止水带材料种类 3. 盖缝材料 4. 防护材料种类	m	按设计图示以长度计算	1. 清缝 2. 填塞防水材料 3. 止水带安装 4. 盖缝制作、安装 5. 刷防护材料

（二）相关释义及说明

（1）墙面防水搭接及附加层用量不另行计算，在综合单价中考虑。

（2）墙面变形缝，若做双面，则工程量乘以系数 2。

（3）墙面找平层按墙、柱面装饰与隔断工程"立面砂浆找平层"项目编码列项。

二、《计价定额》相关规定及计价说明

（一）《计价定额》相关规定

（1）防水层、防潮层项目内包括搭接用量，未含附加层用量，发生时，按实计算。

（2）防水层、防潮层的找平及嵌缝未包括在项目内，应另行计算。

（3）涂膜防水中的"二布三涂"或"一布二涂"，是指涂料构成防水层数，并非指涂刷遍数。每一层"涂层"刷二遍至数遍不等，每一层不论刷几遍，项目不做调整。

（4）变形缝包括温度缝、沉降缝、防震缝。

（5）变形缝如内外双面填缝者，工程量按双面计算。

（6）建筑油膏、丙烯酸酯、非焦油聚氨酯变形缝断面按 30mm×25mm 计算，灌沥青、石油沥青玛蒂脂变形缝断面按 30mm×30mm 计算，其余变形缝定额项目以断面 30mm×150mm 计算；设计变形缝断面或油膏断面与项目不同时，允许换算，但人工不变。

（7）止水带接头以环氧树脂为准，采用其他材料黏接时，黏接剂可以换算，其他工料不变。

（8）止水带项目内已包括连接件、固定件，不得另行计算。

（9）墙面防水、防潮按设计图示尺寸以面积计算。

（10）墙基防水。外墙按中心线，内墙按净长乘以宽度计算。

（11）墙面卷材防水、墙面涂膜防水不单独编制定额，按屋面防水及其他相应项目执行，其人工费按屋面防水及其他的 1.2 倍计算、机械费按屋面防水及其他的 1.05 倍计算。

（二）计价说明

工程量清单项目中墙面防水、防潮项目对应《计价定额》的相应墙面防水、防潮层及变形缝项目。表 11-8 列出了墙面涂膜防水清单项目可组合的主要内容以及对应的计价定额子目。

表 11-8　　　　　　　　　　墙面涂膜防水组价定额

项目编码	项目名称	项目特征	计量单位	工程内容	可组合的定额内容	对应的定额编号
010903002	墙面涂膜防水	1. 防水膜品种 2. 涂膜厚度、遍数 3. 增强材料种类	m²	1. 基层处理 2. 刷基层处理剂 3. 铺布、喷涂防水层	墙面涂膜防水层	AJ0037~AJ0062

第四节　楼（地）面防水、防潮

一、GB 50854—2013 相关规定

（一）工程量清单项目设置及工程量计算规则

GB 50854—2013 附录中楼（地）面防水、防潮项目，包括楼（地）面卷材防水、楼（地）面涂膜防水、楼（地）面砂浆防水（防潮）、楼（地）面变形缝项目。工程量清单项目设置及工程量计算规则，应按表 11-9 的规定执行。

表 11-9　　　　　　　　楼（地）面防水、防潮（编码：010904）

项目编码	项目名称	项目特征	计量单位	工程量计算规则	工作内容
010904001	楼（地）面卷材防水	1. 卷材品种、规格、厚度 2. 防水层数 3. 防水层做法	m²	按设计图示尺寸以面积计算。 （1）楼（地）面防水：按主墙间净空面积计算，扣除凸出地面的构筑物、设备基础等所占面积，不扣除间壁墙及单个面积在 0.3m² 以内的柱、垛、烟囱和孔洞所占面积。 （2）楼（地）面防水反边高度不大于 300mm 算作地面防水，反边高度大于 300mm 算作墙面防水	1. 基层处理 2. 刷黏结剂 3. 铺防水卷材 4. 接缝、嵌缝
010904002	楼（地）面涂膜防水	1. 防水膜品种 2. 涂膜厚度、遍数 3. 增强材料种类			1. 基层处理 2. 刷基层处理剂 3. 铺布、喷涂防水层
010904003	楼（地）面砂浆防水（防潮）	1. 防水层做法 2. 砂浆厚度、配合比			1. 基层处理 2. 砂浆制作、运输、摊铺、养护

续表

项目编码	项目名称	项目特征	计量单位	工程量计算规则	工作内容
010904004	楼（地）面变形缝	1. 嵌缝材料种类 2. 止水带材料种类 3. 盖缝材料 4. 防护材料种类	m	按设计图示以长度计算	1. 清缝 2. 填塞防水材料 3. 止水带安装 4. 盖缝制作、安装 5. 刷防护材料

（二）相关释义及说明

（1）楼（地）面防水找平层按楼地面装饰工程"平面砂浆找平层"项目编码列项。

（2）楼（地）面防水搭接及附加层用量不另行计算，在综合单价中考虑。

二、《计价定额》相关规定及计价说明

（一）《计价定额》相关规定

楼（地）面防水、防潮没有编制定额，按屋面防水及其他相应项目执行。

（二）计价说明

工程量清单项目中楼（地）面防水、防潮项目按《计价定额》的屋面防水及其他、墙面防水、防潮相应项目执行。表 11 - 10 列出了楼（地）面卷材防水清单项目可组合的主要内容以及对应的计价定额子目。

表 11 - 10　　　　　　　　　　楼（地）面卷材防水组价定额

项目编码	项目名称	项目特征	计量单位	工程内容	可组合的定额内容	对应的定额编号
010904001001	楼（地）面卷材防水	1. 卷材品种、规格、厚度 2. 防水层数 3. 防水层做法	m²	1. 基层处理 2. 抹找平层 3. 刷底油 4. 铺卷材、接缝、嵌缝	地面卷材防水层	AJ0016～AJ0036

习　题

1. 屋面卷材防水包含哪些工作内容？

2. 简述防水防潮层的适用范围。

3. 简述屋面防水的类型。

4. 变形缝有几种？各自有什么特点？

5. 如图 11 - 4 所示，已知屋面坡度为 0.5，计算带有天窗的石棉瓦屋面工程量。

6. 计算如图 11 - 5 所示二毡三油卷材平屋面工程量。

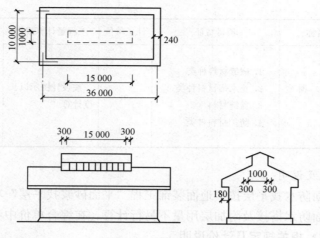

图 11 - 4　屋面示意图

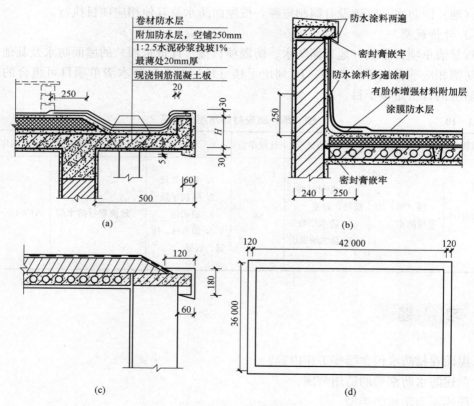

图 11 - 5　屋面防水构造

（a）有挑檐无女儿墙；（b）无挑檐有女儿墙；（c）无挑檐无女儿墙；（d）平面图

第十二章

保温、隔热、防腐工程

 学习摘要

　　本章主要介绍保温、隔热、防腐工程，通过本章学习熟练掌握保温、隔热、防腐工程工程量清单项目的划分、工程量的计算方法和步骤以及清单综合单价的计价方法，熟悉保温、隔热、防腐工程工程量清单与计价编制的程序以及工程量清单与计价的格式。

　　保温、隔热、防腐工程工程量清单有保温、隔热，防腐面层，其他防腐，防火工程 4 个分部工程 18 个项目。本章清单项目适用于工业与民用建筑的基础、地面、墙面、屋面防腐，楼地面、天棚、墙体、屋面及其他的保温隔热工程。

　　防腐、隔热、保温工程共性问题的说明：

　　（1）防腐工程中需酸化处理时应包括在报价内。

　　（2）防腐工程中的养护应包括在报价内。

　　（3）"保温隔热墙"项目包括内外墙保温的面层，其装饰面层应按装饰装修工程的相关项目编码列项。

　　（4）如遇池槽防腐，池底和池壁可合并列项，也可分别列项。

第一节　保温、隔热

一、GB 50854—2013 相关规定

（一）工程量清单项目设置及工程量计算规则

　　GB 50854—2013 附录中保温、隔热项目，包括保温隔热屋面，保温隔热天棚，保温隔热墙面，保温柱、梁，保温隔热楼地面，其他保温隔热项目。其工程量清单项目设置及工程量计算规则，应按表 12 - 1 的规定执行。

表 12 - 1　　　　　　　　　保温、隔热（编码：011001）

项目编码	项目名称	项目特征	计量单位	工程量计算规则	工作内容
011001001	保温隔热屋面	1. 保温隔热材料品种、规格、厚度 2. 隔气层材料品种、厚度 3. 黏结材料种类、做法 4. 防护材料种类、做法		按设计图示尺寸以面积计算。扣除面积大于0.3m²的孔洞及占位面积	1. 基层清理 2. 刷黏结材料 3. 铺粘保温层 4. 铺、刷（喷）防护材料
011001002	保温隔热天棚	1. 保温隔热面层材料品种、规格、性能 2. 保温隔热材料品种、规格及厚度 3. 黏结材料种类及做法 4. 防护材料种类及做法		按设计图示尺寸以面积计算。扣除面积大于0.3m²上的柱、垛、孔洞所占面积，与天棚相连的梁按展开面积计算并入天棚工程量内	
011001003	保温隔热墙面	1. 保温隔热部位 2. 保温隔热方式 3. 踢脚线、勒脚线保温做法 4. 龙骨材料品种、规格 5. 保温隔热面层材料品种、规格、性能 6. 保温隔热材料品种、规格及厚度 7. 增强网及抗裂防水砂浆种类 8. 黏结材料种类及做法 9. 防护材料种类及做法	m²	按设计图示尺寸以面积计算。扣除门窗洞口以及面积大于0.3m²的梁、孔洞所占面积；门窗洞口侧壁以及与墙相连的柱，并入保温墙体工程量内	1. 基层清理 2. 刷界面剂 3. 安装龙骨 4. 填贴保温材料 5. 保温板安装 6. 粘贴面层 7. 铺设增强格网、抹抗裂、防水砂浆面层 8. 嵌缝 9. 铺、刷（喷）防护材料
011001004	保温柱、梁			按设计图示尺寸以面积计算。 (1) 柱按设计图示柱断面保温层中心线展开长度乘保温层高度以面积计算，扣除面积大于0.3m²的梁所占面积 (2) 梁按设计图示梁断面保温层中心线展开长度乘保温层长度以面积计算	
011001005	保温隔热楼地面	1. 保温隔热部位 2. 保温隔热材料品种、规格、厚度 3. 隔气层材料品种、厚度 4. 黏结材料种类、做法 5. 防护材料种类、做法		按设计图示尺寸以面积计算。扣除面积大于0.3m²的柱、垛、孔洞所占面积。门洞、空圈、暖气包槽、壁龛的开口部分不增加面	1. 基层清理 2. 刷黏结材料 3. 铺粘保温层 4. 铺、刷（喷）防护材料
011001006	其他保温隔热	1. 保温隔热部位 2. 保温隔热方式 3. 隔气层材料品种、厚度 4. 保温隔热面层材料品种、规格、性能 5. 保温隔热材料品种、规格及厚度 6. 黏结材料种类及做法 7. 增强网及抗裂防水砂浆种类 8. 防护材料种类及做法	m²	按设计图示尺寸以展开面积计算。扣除面积大于0.3m²的孔洞及占位面积	1. 基层清理 2. 刷界面剂 3. 安装龙骨 4. 填贴保温材料 5. 保温板安装 6. 粘贴面层 7. 铺设增强格网、抹抗裂防水砂浆面层 8. 嵌缝 9. 铺、刷（喷）防护材料

（二）相关释义及说明

（1）保温隔热装饰面层，按楼地面装饰工程，墙、柱面装饰与隔断、幕墙工程，天棚工程，油漆、涂料、裱糊工程，其他装饰工程中相关项目编码列项；仅做找平层按平面砂浆找平层或立面砂浆找平层项目编码列项。

（2）柱帽保温隔热应并入天棚保温隔热工程量内。

（3）池槽保温隔热应按其他保温隔热项目编码列项。

（4）保温隔热方式指内保温、外保温、夹心保温。

（5）保温柱、梁只适用于不与墙、天棚相连的独立柱、梁，与墙、天棚相连的柱、梁应分别并入墙、天棚项目中。

二、《计价定额》相关规定及计价说明

（一）《计价定额》相关规定

（1）保温层的保温材料配合比、材质、厚度的设计规定与项目不同时，可以换算。

（2）干铺珍珠岩保温层适用于墙及天棚内填充保温。

（3）该保温隔热工程项目只包括保温隔热材料的铺贴，不包括隔气、防潮保护层或衬墙等。

（4）该隔热层铺贴，除稻壳、玻璃棉及矿棉为散装外，其他保温板材均以石油沥青 30号作为胶结材料，根据低温特性要求，一律不得采用砂浆玛蒂脂作为保温材料的胶结料。

（5）稻壳隔热项目已包括稻壳装填前的筛选、除尘工料。

（6）玻璃棉、矿渣棉在装填前，需用聚氯乙烯塑料薄膜袋包装，包装材料及人工均已包括在项目内。

（7）附墙铺贴板材，基层上涂刷沥青的工料均已包括在项目内，不另计算。

（8）"沥青玻璃棉""沥青矿渣棉""松散稻壳""沥青稻壳板"适用于墙面、天棚的隔热工程。"沥青稻壳板"还适用于柱子隔热，沥青稻壳板的质量比为 1：0.4（稻壳：沥青），板的密度为 300kg/m³；项目中已包括制作沥青稻壳板的工料。

（9）柱帽保温隔热应并入天棚保温隔热工程量。

（10）池槽保温隔热中，池底保温隔热按地面保温隔热项目执行，人工费乘以系数 1.2；池壁保温隔热按墙面保温隔热项目执行，人工费乘以系数 1.2。

（11）保温隔热墙的装饰面层，应按有关分部相应装饰项目计算。

（12）弧形墙墙面保温隔热层，按相应定额项目的人工乘以系数 1.1 计算。

（13）墙面岩棉板保温、聚苯乙烯板保温、保温装饰一体板、发泡水泥板子目如设计使用钢骨架者，钢骨架按定额有关分部相应定额执行。

（14）厚层保温腻子子目中，当保温腻子厚度小于 15mm 且为一遍成活时，人工乘以系数 0.8。

（15）屋面预制纤维板水泥架空板凳子目中板凳的规格如果与定额中不一致，就换算材料，其他不变。

（16）反射隔热涂料（覆盖）子目根据基层材料不同分为光面、毛面、砂壁。

（17）保温、隔热体的厚度，按保温隔热材料净厚（不包括打底及胶结材料的厚度）计算。

（18）屋面、天棚保温、隔热楼地面工程量按设计图示尺寸以立方米或平方米计算。不

扣除面积在 $0.3m^2$ 以内的孔洞、柱、垛所占面积。计算保温、隔热楼（地）面的工程量，其门洞、空圈、壁龛的开口部分不增加面积，与天棚相连的梁按展开面积计算，其工程量并入天棚内。

（19）保温隔热墙工程量计算规则：外墙外保温（板材），外墙内、外保温（浆料）项目工程量按设计图示尺寸以展开外围面积计算。其余项目工程量按设计图示尺寸以立方米计算。扣除门窗洞口以及面积大于 $0.3m^2$ 的梁、孔洞所占面积；门窗洞口侧壁及突出墙面的砖垛需做保温时，并入保温墙体工程量内。计算带木框或龙骨的保温隔热墙工程量，不扣除木框和龙骨所占面积。

（20）沥青贴软木、聚苯乙烯泡沫塑料板的柱、梁保温按设计图示尺寸以立方米计算。

（21）墙、柱、梁保温装饰板，应按设计图示尺寸以面积计算，扣除门窗洞口以及面积大于 $0.3m^2$ 的梁、孔洞所占面积，门窗洞口侧壁以及与墙相连的柱，并入保温墙体工程量内。

（22）其他保温隔热工程量按设计图示尺寸以展开面积计算。扣除面积大于 $0.3m^2$ 的孔洞及占位面积。

（23）屋面保温层排气管按设计图示尺寸以长度计算，不扣除管件所占长度，保温层排气孔以数量计算。

（24）反射隔热涂料按设计图示尺寸以面积计算。

（25）混凝土保温一体板按模板与混凝土构件接触面的设计图示尺寸以面积计算。

（26）防火隔离带工程量按设计图示尺寸以面积计算。

（二）计价说明

工程量清单项目中保温、隔热对应《计价定额》的相应隔热、保温项目。表 12 - 2 列出了保温隔热屋面、墙面清单项目可组合的主要内容以及对应的计价定额子目。

表 12 - 2　　　　　　　　　　　　　保温隔热屋面、墙面组价定额

项目编码	项目名称	计量单位	工程内容	可组合的定额内容	对应的定额编号
011001001	保温隔热屋面		1. 基层清理 2. 铺粘保温层	保温隔热屋面	AK0001～AK0043
			3. 刷防护材料	根据设计查相应定额项目	根据设计查定额编号
011001003	保温隔热墙面	m²	1. 保温隔热部位 2. 保温隔热方式 3. 踢脚线、勒脚线保温做法 4. 龙骨材料品种、规格 5. 保温隔热面层材料品种、规格、性能 6. 保温隔热材料品种、规格及厚度 7. 增强网及抗裂防水砂浆种类 8. 黏结材料种类及做法 9. 防护材料种类及做法	保温隔热墙面	AK0060～AK0111

三、应用案例

【例12-1】 某工程 SBS 改性沥青卷材防水屋面平面、剖面如图 12-1 所示,其结构层由下向上的做法为:钢筋混凝土板上 1:12 水泥珍珠岩找坡,坡度 2%,最薄处 60mm;保温隔热层上 1:3 水泥砂浆找平层反边高 300mm,在找平层上刷冷底子油,加热烤铺,贴 3mm 厚 SBS 改性沥青防水卷材一道(反边高 300mm),在防水卷材上抹 1:2.5 水泥砂浆找平层(反边高 300mm)。不考虑嵌缝,砂浆使用中砂为拌和料,女儿墙不计算,未列项目不补充。试列出该屋面找平层、保温及卷材防水分部分项工程量清单。

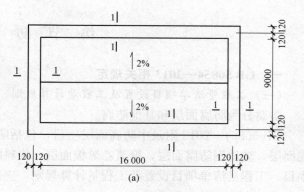

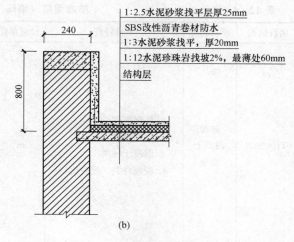

图 12-1 防水屋面平面、剖面图
(a) 图面平面图;(b) 1—1 剖图

解:(1)屋面保温隔热层工程量:

平均厚度为$(4500 \times 0.02 + 60 + 60) \div 2 = 105 (mm)$

$16 \times 9 \times 0.105 = 15.12 (m^3)$

(2)屋面卷材防水工程量为

$16 \times 9 + (16 + 9) \times 2 \times 0.3 = 159 (m^2)$

(3)屋面找平层工程量为

$16 \times 9 + (16 + 9) \times 2 \times 0.3 = 159 (m^2)$

分别查《计价定额》AK0005、AJ0017、AL0063 和 AL0062 计算综合单价,编写的分部分项工程量清单与计价表参见表 12-3。

表 12-3 分部分项工程量清单与计价表

序号	项目编码	项目名称	项目特征描述	计量单位	工程量	综合单价	合价
1	011001001001	屋面保温	1. 材料品种:1:12 水泥珍珠岩 2. 保温厚度:最薄处 60mm	m^3	15.12	407.28	6158.07
2	010902001001	屋面卷材防水	1. 卷材品种、规格、厚度:3mm 厚 SBS 改性沥青防水卷材 2. 防水层数:一层 3. 防水层做法:卷材底刷冷底子油、加热烤铺	m^2	159	48.17	7659.03
3	011101001001	屋面砂浆找平层	找平层厚度、砂浆配合比:20mm 厚 1:3 水泥砂浆找平层(防水底层)、25mm 厚 1:2.5 水泥砂浆找平层(防水面层)	m^2	159	39.99	6358.41

金额(元)

第二节　防　腐

一、GB 50854—2013 相关规定

（一）工程量清单项目设置及工程量计算规则

防腐分为防腐面层和其他防腐。

GB 50854—2013 附录中防腐面层项目，包括防腐混凝土面层，防腐砂浆面层，防腐胶泥面层，玻璃钢防腐面层，聚氯乙烯板面层，块料防腐面层，池、槽块料防腐面层七个清单项目。工程量清单项目设置及工程量计算规则，应按表 12 - 4 的规定执行。

表 12 - 4　　　　　　　　　　防腐面层（编码：011002）

项目编码	项目名称	项目特征	计量单位	工程量计算规则	工作内容
011002001	防腐混凝土面层	1. 防腐部位 2. 面层厚度 3. 混凝土种类 4. 胶泥种类、配合比	m²	按设计图示尺寸以面积计算。 （1）平面防腐：扣除凸出地面的构筑物、设备基础等以及面积大于 0.3m² 的孔洞、柱、垛所占面积。 （2）立面防腐：扣除门、窗、洞口以及面积大于 0.3m² 的孔洞、梁所占面积，门、窗、洞口侧壁、垛突出部分按展开面积并入墙面积内	1. 基层清理 2. 基层刷稀胶泥 3. 混凝土制作、运输、摊铺、养护
011002002	防腐砂浆面层	1. 防腐部位 2. 面层厚度 3. 砂浆、胶泥种类、配合比			1. 基层清理 2. 基层刷稀胶泥 3. 砂浆制作、运输、摊铺、养护
011002003	防腐胶泥面层	1. 防腐部位 2. 面层厚度 3. 胶泥种类、配合比	m²	按设计图示尺寸以面积计算。 （1）平面防腐：扣除凸出地面的构筑物、设备基础等以及面积大于 0.3m² 的孔洞、柱、垛所占面积。 （2）立面防腐：扣除门、窗、洞口以及面积大于 0.3m² 的孔洞、梁所占面积，门、窗、洞口侧壁、垛突出部分按展开面积并入墙面积内	1. 基层清理 2. 胶泥调制、摊铺
011002004	玻璃钢防腐面层	1. 防腐部位 2. 玻璃钢种类 3. 贴布材料的种类、层数 4. 面层材料品种			1. 基层清理 2. 刷底漆、刮腻子 3. 胶浆配制、涂刷 4. 粘布、涂刷面层
011002005	聚氯乙烯板面层	1. 防腐部位 2. 面层材料品种、厚度 3. 黏结材料种类			1. 基层清理 2. 配料、涂胶 3. 聚氯乙烯板铺设
011002006	块料防腐面层	1. 防腐部位 2. 块料品种、规格 3. 黏结材料种类 4. 勾缝材料种类			1. 基层清理 2. 铺贴块料 3. 胶泥调制、勾缝

续表

项目编码	项目名称	项目特征	计量单位	工程量计算规则	工作内容
011002007	池、槽块料防腐面层	1. 防腐池、槽名称、代号 2. 块料品种、规格 3. 黏结材料种类 4. 勾缝材料种类	m²	按设计图示尺寸以展开面积计算	1. 基层清理 2. 铺贴块料 3. 胶泥调制、勾缝

GB 50854—2013 附录中其他防腐项目，包括隔离层、砌筑沥青浸渍砖、防腐涂料三个清单项目。其工程量清单项目设置及工程量计算规则，应按表 12-5 的规定执行。

表 12-5　　　　　　　　　　　其他防腐（编码：011003）

项目编码	项目名称	项目特征	计量单位	工程量计算规则	工作内容
011003001	隔离层	1. 隔离层部位 2. 隔离层材料品种 3. 隔离层做法 4. 粘贴材料种类	m²	按设计图示尺寸以面积计算。 （1）平面防腐：扣除凸出地面的构筑物、设备基础等以及面积大于 $0.3m^2$ 的孔洞、柱、垛所占面积。 （2）立面防腐：扣除门、窗、洞口以及面积大于 $0.3m^2$ 的孔洞、梁所占面积，门、窗、洞口侧壁、垛突出部分按展开面积并入墙面积内	1. 基层清理、刷油 2. 煮沥青 3. 胶泥调制 4. 隔离层铺设
011003002	砌筑沥青浸渍砖	1. 砌筑部位 2. 浸渍砖规格 3. 胶泥种类 4. 浸渍砖砌法	m³	按设计图示尺寸以体积计算	1. 基层清理 2. 胶泥调制 3. 浸渍砖铺砌
011003003	防腐涂料	1. 涂刷部位 2. 基层材料类型 3. 刮腻子的种类、遍数 4. 涂料品种、刷涂遍数	m²	按设计图示尺寸以面积计算。 （1）平面防腐：扣除凸出地面的构筑物、设备基础等以及面积大于 $0.3m^2$ 的孔洞、柱、垛所占面积。 （2）立面防腐：扣除门、窗、洞口以及面积大于 $0.3m^2$ 的孔洞、梁所占面积，门、窗、洞口侧壁、垛突出部分按展开面积并入墙面积内	1. 基层清理 2. 刮腻子 3. 刷涂料

（二）相关释义及说明

（1）防腐踢脚线，应按楼地面装饰工程"踢脚线"项目编码列项。

（2）浸渍砖砌法指平砌、立砌。

二、《计价定额》相关规定及计价说明

（一）《计价定额》相关规定

（1）各种胶泥砂浆配合比、混凝土强度等级以及各种整体面层厚度和各种块料面层的结合层砂浆或胶泥厚度，当设计规定与项目不同时，可以换算。

（2）整体面层和隔离层的防腐工程项目适用于平面、立面的防腐蚀面层，包括沟、池、槽。

（3）除水玻璃耐酸胶泥、砂浆、混凝土的粉料是按石英粉：铸石粉＝1：0.9外，其他耐酸胶泥、砂浆、混凝土的粉料均按石英粉计算；实际采用填料不同时，可以换算。

（4）水玻璃类面层及块料的水玻璃类结合层项目中均包括涂稀胶泥工料。树脂类、沥青类面层及块料树脂类、沥青类结合层项目中，均未包括树脂打底及刷冷底子油工料；发生时，按"打底"及"屋面及防水工程"相应项目计算。

（5）浇灌硫黄混凝土需支模时，按每平方米接触面积增加二等锯材 0.01m³ 计算。

（6）耐酸防腐是按自然法养护考虑的。

（7）各种面层均不包括踢脚线；除聚氯乙烯塑料地面外，其他整体面层踢脚线，按整体面层相应项目计算，其人工乘以系数1.6；块料面层踢脚线，按块料面层相应项目计算，其人工乘以系数1.56，当做法与定额不同时，按定额相应项目执行。

（8）隔离层刷冷底子油是按二遍考虑的。

（9）块料面层以平面砌块料面层为准，立面砌块料面层，执行平面砌块料面层相应项目，其人工乘以系数1.38。

（10）池、沟、槽块料面层按相应项目计算。

（11）防腐涂料适用于平面、立面防腐工程的混凝土及抹灰面表面的刷涂。

（12）防腐工程量按设计图示尺寸以平方米或立方米计算。平面防腐扣除凸出地面的构筑物、设备基础等以及面积大于 0.3 m² 的孔洞、柱、垛等所占面积，门洞、空圈、暖气包槽、壁龛的开口部分不增加面积。立面防腐扣除门、窗、洞口以及面积大于 0.3 m² 的孔洞、梁所占面积，门、窗、洞口侧壁、垛突出部分按展开面积并入墙面积内。

（13）池、槽块料防腐面层按设计图示尺寸以展开面积计算。

（14）砌双层耐酸块料面层应按相应定额项目加倍计算。

（15）砌筑沥青浸渍砖工程量按设计图示尺寸以面积计算。

（二）计价说明

工程量清单项目中防腐面层、其他防腐对应《计价定额》的相应防腐面层和其他防腐项目。表 12-6 列出了防腐涂料清单项目可组合的主要内容以及对应的计价定额子目。

表 12-6　　　　　　　　　　　　　　　防腐涂料组价定额

项目编码	项目名称	项目特征	计量单位	工程内容	可组合的定额内容		对应的定额编号
011003003	防腐涂料	1. 涂刷部位 2. 基层材料类型 3. 刮腻子的种类、遍数 4. 涂料品种、刷涂遍数	m²	1. 基层清理 2. 刮腻子 3. 刷涂料	聚氨酯	混凝土面	AK0228～AK0236
						抹灰面	AK0237～AK0245
					沥青	混凝土面、抹灰面	AK0252～AK0253
					氯磺化聚乙烯	混凝土面	AK0254～AK0257
						抹灰面	AK0258～AK0260

三、应用案例

【例 12 - 2】 某库房地面做 $1:0.533:0.533:3.121$ 不发火沥青砂浆防腐面层，踢脚线抹 $1:2$ 水泥砂浆特细砂，厚度均为 20mm，踢脚线高度 200mm，如图 12 - 2 所示。墙厚均为 240mm，门洞地面做防腐面层，侧边不做踢脚线。试列出该库房工程防腐面层及踢脚线的分部分项工程量清单。

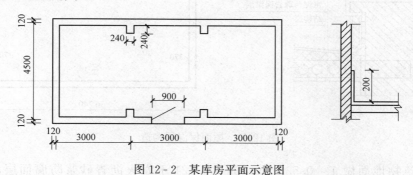

图 12 - 2 某库房平面示意图

解：

（1）防腐砂浆面层。依据 GB 50854—2013 的规定，防腐地面不扣除面积在 $0.3m^2$ 以内的垛所占面积，不增加门洞开口部分面积。

$$S=(9-0.24)\times(4.5-0.24)=37.32(m^2)$$

（2）砂浆踢脚线。

$$S=[(9.00-0.24+0.24\times4+4.5-0.24)\times2-0.90]\times0.2=5.412(m^2)$$

根据《计价定额》计算得防腐砂浆及踢脚线的综合单价，编写的分部分项工程量清单与计价表参见表 12 - 7。

表 12 - 7　　　　　　　　　　　　分部分项工程量清单与计价表

序号	项目编码	项目名称	项目特征描述	计量单位	工程量	综合单价	合价
						金额（元）	
1	011002002001	防腐砂浆面层	1. 防腐部位：地面 2. 面层厚度：20mm 3. 砂浆种类、配合比：不发火沥青砂浆 $1:0.533:0.533:3.121$	m²	37.32	108.74	4058.18
2	011105001001	水泥砂浆踢脚线	1. 踢脚线高度：200mm 2. 厚度、砂浆配合比：20mm，铁屑砂浆 $1:0.3:1.5:4$	m²	5.41	68.14	368.64

习　　题

1. 保温隔热的方式有哪些？

2. 简述防腐面层的做法。

3. 计算图 12 - 3 所示屋面保温层的工程量。已知保温层最薄处为 60mm，坡度为 5％ 。

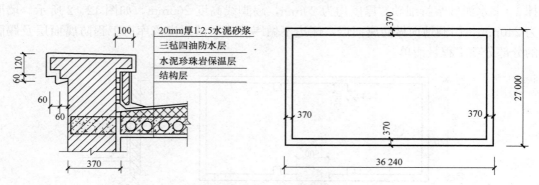

图 12 - 3　屋面保温层构造

4. 某建筑物地面做 1 ∶ 0.533 ∶ 0.533 ∶ 3.121 不发火沥青砂浆防腐面层，厚度均为 20mm，如图 12 - 4 所示。试列出该建筑物防腐面层的分部分项工程量清单。

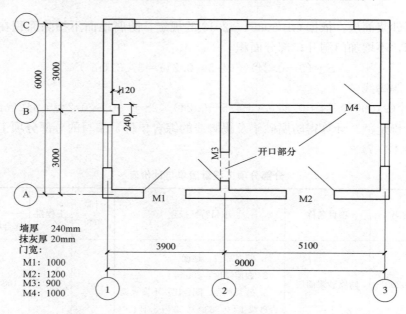

墙厚　240mm
抹灰厚 20mm
门宽：
　M1：1000
　M2：1200
　M3：900
　M4：1000

图 12 - 4　某建筑平面图

5. 某冷藏工作室内（包括柱子）均用石油沥青粘贴 100mm 厚的聚苯乙烯泡沫塑料板，尺寸如图 12 - 5 所示。保温门尺寸为 800mm×2000mm，先铺顶棚、地面，后铺墙、柱面，保温门居内安装，洞口周围不需另铺保温材料。试编制保温隔热天棚、墙、柱、地面工程量清单。

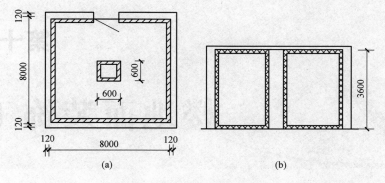

图 12 - 5　某冷藏工作室示意图
(a) 平面示意图；(b) 立面示意图

第十三章

楼地面装饰工程

学习摘要

  本章主要介绍楼地面装饰工程项目的清单计量与计价，通过本章的学习，熟悉楼地面工程的清单项目设置、工程量计算规则和综合单价的组成，掌握楼地面装饰工程工程量清单编制及工程量清单计价。

  楼地面装饰工程的工程量清单共分为八个分部工程清单项目，即整体面层及找平层、块料面层、橡塑面层、其他材料面层、踢脚线、楼梯面层、台阶装饰、零星装饰项目等。本章适用于各类房屋建筑物的楼地面装饰工程的项目列项。

  GB 50854—2013 关于楼地面装饰工程共性问题的说明：

  (1) 地面工程工作内容中的"垫层"内容，混凝土垫层按附录"E.1 垫层"项目编码列项，除混凝土以外的其他材料垫层按附录"D.4 垫层"项目编码列项。

  (2) 楼地面工程：整体面层、块料面层工作内容中包括抹找平层，但附录又列有"平面砂浆找平层"项目，只适用于仅做找平层的平面抹灰。

  (3) "扶手、栏杆、栏板"按附录"Q.3 扶手、栏杆、栏板装饰"相应项目编码列项。

  (4) 楼地面工程中，防水工程项目按附录 J 屋面及防水工程相关项目编码列项。

  《计价定额》关于楼地面装饰工程共性问题的说明：

  (1) 该分部整体面层及块料面层楼地面垫层按"D 砌筑工程"及"E 混凝土及钢筋混凝土工程"相应垫层项目执行。

  (2) 定额已包括石材施工现场的侧边磨平，其他磨边按"Q 其他装饰工程"相应定额执行。

  (3) 螺旋形楼梯装饰面执行相应楼梯项目，乘以系数 1.15。

  (4) 木龙骨未包括刷防火涂料，按"P 油漆、涂料、裱糊工程"相应定额项目执行。

  (5) 木地板中地龙骨为 30mm×45mm（毛料），间距为 300mm，地台主龙骨为 53mm×103mm（毛料），间距为 600mm，次龙骨为 43mm×63mm（毛料），间距为 600mm。实际工程用量与定额不同时，可以换算项目中的锯材用量，其损耗率为 3%。

  (6) 零星装饰项目是指楼梯、楼地面波打线、台阶牵边和侧面装饰及 0.5m² 以内少量分散的楼地面装修。

第一节　整体面层及找平层

一、GB 50854—2013 相关规定

（一）工程量清单项目设置及工程量计算规则

GB 50854—2013 附录中整体面层及找平层项目，包括水泥砂浆楼地面、现浇水磨石楼地面、细石混凝土楼地面、菱苦土楼地面、自流坪楼地面和平面砂浆找平层六个分项工程项目。其工程量清单项目设置及工程量计算规则，应按表 13-1 的规定执行。

表 13-1　　　　　　　　　　整体面层及找平层（编码：011101）

项目编码	项目名称	项目特征	计量单位	工程量计算规则	工作内容
011101001	水泥砂浆楼地面	1. 找平层厚度、砂浆配合比 2. 素水泥浆遍数 3. 面层厚度、砂浆配合比 4. 面层做法要求	m²	按设计图示尺寸以面积计算。扣除凸出地面构筑物、设备基础、室内铁道、地沟等所占面积，不扣除间壁墙及面积在 0.3m² 以内的柱、垛、附墙烟囱及孔洞所占面积。门洞、空圈、暖气包槽、壁龛的开口部分不增加面积	1. 基层清理 2. 抹找平层 3. 抹面层 4. 材料运输
011101002	现浇水磨石楼地面	1. 找平层厚度、砂浆配合比 2. 面层厚度、水泥石子浆配合比 3. 嵌条材料种类、规格 4. 石子种类、规格、颜色 5. 颜料种类、颜色 6. 图案要求 7. 磨光、酸洗、打蜡要求			1. 基层清理 2. 抹找平层 3. 面层铺设 4. 嵌缝条安装 5. 磨光、酸洗打蜡 6. 材料运输
011101003	细石混凝土楼地面	1. 找平层厚度、砂浆配合比 2. 面层厚度、混凝土强度等级			1. 基层清理 2. 抹找平层 3. 面层铺设 4. 材料运输
011101004	菱苦土楼地面	1. 找平层厚度、砂浆配合比 2. 面层厚度 3. 打蜡要求			1. 基层清理 2. 抹找平层 3. 面层铺设 4. 打蜡 5. 材料运输
011101005	自流坪楼地面	1. 找平层厚度、砂浆配合比 2. 界面剂材料种类 3. 中层漆材料种类、厚度 4. 面漆材料种类、厚度 5. 面层材料种类			1. 基层清理 2. 抹找平层 3. 涂界面剂 4. 涂刷中层漆 5. 打磨、吸尘 6. 镘自流平面漆（浆） 7. 拌和自流平浆料 8. 铺面层
011101006	平面砂浆找平层	找平层砂浆配合比、厚度		按设计图示尺寸以面积计算	1. 基层处理 2. 抹找平层 3. 材料运输

（二）相关释义及说明

（1）整体面层是整体式楼地面的面层，即整片浇筑而成，分为水泥砂浆、现浇水磨石、细石混凝土、菱苦土和自流坪面层。

1）水泥砂浆面层。适用于地面、楼梯、踢脚线、台阶。常见构造做法：刷水泥浆一道（内掺建筑胶），20～25mm 厚 1：2 水泥砂浆抹面。结构层不平整时应先用细石混凝土找平，再做面层。

2）现浇水磨石面层。适用于地面、楼梯、踢脚线、台阶。常见构造做法：刷素水泥浆一道（内掺建筑胶），30mm 厚 1：3 水泥砂浆找平，按设计图案固定分格条（玻璃条、铝条、铜条），浇注 12～18mm 厚 1：2.5 水泥石碴浆抹平，硬结后用磨石子机和水磨光，酸洗（草酸）清洗油渍、污渍，打蜡（蜡胆、松香水、鱼油、煤油等按设计要求配合），如图 13-1 所示。按标准不同有本色水磨石（普通水泥）、彩色水磨石（白水泥掺颜料）。

图 13-1　水磨石面层

3）细石混凝土面层。常见构造做法：刷水泥浆一道（内掺建筑胶），C15 细石混凝土 40mm 厚，表面撒 1：2 水泥砂浆随捣随抹，如图 13-2 所示。

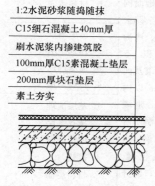

图 13-2　细石混凝土面层

4）菱苦土面层。菱苦土楼地面是用菱苦土、锯木屑和氯化镁溶液等拌和料铺设而成的。菱苦土楼地面可铺设成单层或双层。单层楼地面厚度一般为 12～15mm，双层楼地面的面层厚度一般为 8～10mm，下层厚度一般为 12～15mm。

5）自流坪面层。适用于食品加工厂、洁净厂、实验室、医院等工程的地面，常用面层的材料有自流坪胶泥或自流坪砂浆。

（2）水泥砂浆面层处理是拉毛还是提浆压光应在面层做法要求中描述。

（3）平面砂浆找平层只适用于仅做找平层的平面抹灰。

（4）间壁墙指墙厚不大于 120mm 的墙。

（5）楼地面混凝土垫层另按附录"E.1 垫层"项目编码列项，除混凝土外的其他材料垫层按附录"D.4 垫层"项目编码列项。

二、《计价定额》相关规定及计价说明

（一）《计价定额》相关规定

（1）水泥砂浆整体面层的砂浆厚度与定额不同时，按平面水泥砂浆找平层"每增减"相应定额项目调整。

（2）整体面层除楼梯外，定额均未包括踢脚线工料，按相应定额项目计算。

（3）水磨石楼地面如采用金属嵌条时，取消定额中的玻璃条用量。

（4）彩色水磨石楼地面嵌条分色以四边形分格为准，如采用多边形或美术图案者，人工乘以系数 1.2。

（5）彩色水磨石楼地面定额项目中，颜料是按矿物颜料考虑的，如设计规定颜料用量和品种与定额不同时，允许调整（颜料损耗 3%）。

（6）整体面层及找平层工程量计算规则：楼地面面层、找平层按墙与墙间的净面积计算，应扣除凸出地面的构筑物、设备基础、室内铁道、单个面积大于 $0.3m^2$ 的落地沟槽、放物柜、炉灶、柱和不做面层的地沟盖板等所占的面积。不扣除垛、间壁墙（厚 120mm 以内的砌体）、烟囱及单个面积在 $0.3m^2$ 以内的孔洞、柱所占面积，但门洞圈开口部分亦不增加。

（二）计价说明

工程量清单项目中各类整体面层对应《计价定额》的相应整体面层项目，表 13 - 2 列出了水泥砂浆楼地面清单项目综合单价可组合的相应计价定额项目。

表 13 - 2　　　　　　　　　　水泥砂浆楼地面定额组价

项目编码	项目名称	可组合的定额项目	对应的定额编号	计量单位	工作内容
011101001	水泥砂浆楼地面	水泥砂浆楼地面	AL0001～AL0017	m^2	1. 基层清理 2. 抹找平层 3. 抹面层 4. 材料运输

三、应用案例

【例 13 - 1】　某建筑平面图如图 13 - 3 所示。卧室楼面构造做法：150mm 现浇钢筋混凝土楼板，素水泥浆一道，20mm 厚 1∶2 水泥砂浆抹面压光。客厅楼面构造做法：22mm 厚 1∶3 水泥砂浆找平（特细砂）。

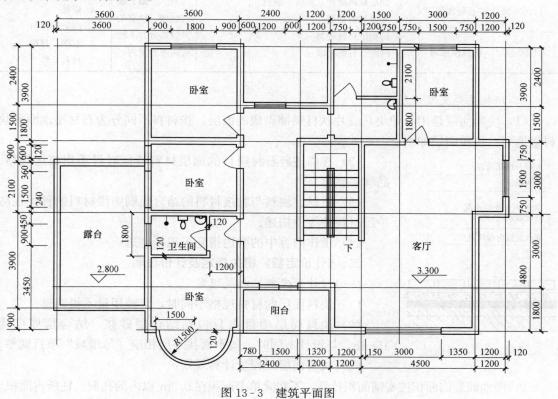

图 13 - 3　建筑平面图

问题：

（1）按清单规则计算带卫生间的卧室楼地面工程量。

（2）试确定 22mm 厚 1：3 水泥砂浆找平层的基价。

解：（1）带卫生间的卧室楼地面工程量为

$(3.6-0.24)\times(4.8-0.24)+3.14\times1.5^2/2+0.12\times3-(1.8-0.12+0.06)\times(2.4-0.12)=15.25(\text{m}^2)$

（2）套用《计价定额》AL0066 及 AL0069。22mm 厚 1：3 水泥砂浆找平层的基价为 $1687.37+377.33\times2/5=1838.30(\text{元}/100\text{m}^2)$

第二节　块　料　面　层

一、GB 50854—2013 相关规定

（一）工程量清单项目设置及工程量计算规则

GB 50854—2013 附录中块料面层项目，包括石材楼地面、碎石材楼地面和块料楼地面三个分项工程项目。其工程量清单项目设置及工程量计算规则，应按表 13-3 的规定执行。

表 13-3　　　　　　　　　　　　　块料面层（编码：011102）

项目编码	项目名称	项目特征	计量单位	工程量计算规则	工作内容
011102001	石材楼地面	1. 找平层厚度、砂浆配合比 2. 结合层厚度、砂浆配合比 3. 面层材料品种、规格、颜色 4. 嵌缝材料种类 5. 防护层材料种类 6. 酸洗、打蜡要求	m²	按设计图示尺寸以面积计算。门洞、空圈、暖气包槽、壁龛的开口部分并入相应的工程量内	1. 基层清理 2. 抹找平层 3. 面层铺设、磨边 4. 嵌缝 5. 刷防护材料 6. 酸洗、打蜡 7. 材料运输
011102002	碎石材楼地面				
011102003	块料楼地面				

（二）相关释义及说明

（1）块料面层是用各种块状或片状材料铺砌成的面层，按材料不同分为石材楼地面和块料楼地面。块料面层如图 13-4 所示。

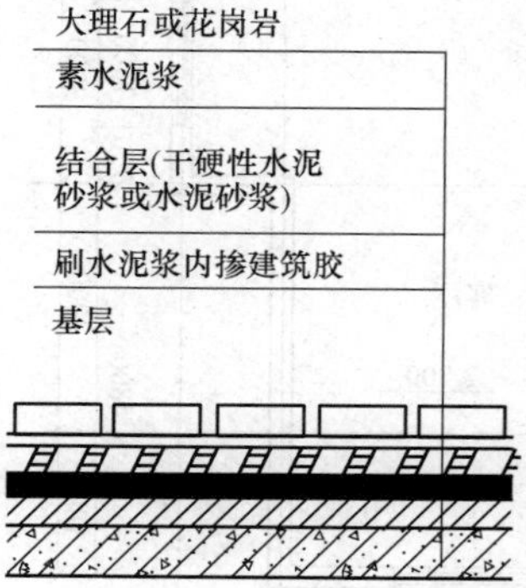

（2）在描述碎石材项目的面层材料特征时可不用描述规格、品牌、颜色。

（3）石材、块料与黏接材料的结合面刷防渗材料的种类在防护层材料种类中描述。

（4）工作内容中的磨边指施工现场磨边。

二、《计价定额》相关规定及计价说明

（一）《计价定额》相关规定

（1）块料面层的材料规格不同时，定额用量不得调整。

（2）块料面层项目内只包括结合层砂浆，结合层厚度为 15mm，与设计不同时，按平面找平层相应"每增减"项目调整。

（3）块料面层工程量计算规则：

1）楼地面装饰面积按实铺面积计算，不扣除单个面积在 0.3m² 以内的孔洞、柱所占面积。

图 13-4　块料面层

2) 点缀拼花按点缀实铺面积计算，在计算主体铺贴地面面积时，不扣除点缀拼花所占的面积。

（二）计价说明

工程量清单项目中各类块料面层对应《计价定额》的相应块料面层项目，表 13 - 4 列出了块料楼地面清单项目综合单价可组合的相应计价定额项目。

表 13 - 4　　　　　　　　　　　　　块料楼地面定额组价

项目编码	项目名称	可组合的定额项目	对应的定额编号	计量单位	工作内容
011102003	块料楼地面	块料楼地面	AL0116～AL0149	m²	1. 基层清理 2. 抹找平层 3. 面层铺设、磨边 4. 嵌缝 5. 刷防护材料 6. 酸洗、打蜡 7. 材料运输
		平面砂浆找平层	AL0061～AL0079		

三、应用案例

【例 13 - 2】　某工程楼面建筑平面如图 13 - 5 所示，根据定额有关计算规则及消耗量。

（1）已知卧室铺贴 600mm×600mm 地砖面层，门扇与开启方向的内墙齐平。试求卧室楼面块料定额工程量。

（2）如卧室结合层采用 30mm 厚 1∶3 水泥砂浆铺贴 600mm×600mm 地砖面层，求面层基价。

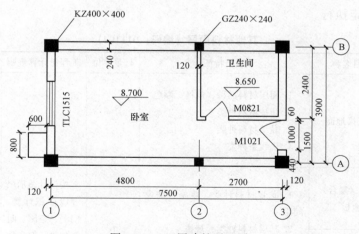

图 13 - 5　三层建筑平面图

解：（1）卧室地面块料楼地面工程量为

(3.9−0.12×2)×(4.8−0.12−0.06)+(1.5−0.12−0.06)×(2.7−0.12+0.06)+0.8×0.12=20.49(m²)

如门 M1021 的门扇中间放置，则工程量增加

1×0.12=0.12(m²)

（2）套《计价定额》AL0119 地砖楼地面，由于结合层为 30mm，块料面层项目内包括

结合层砂浆厚度为 15mm，还应套《计价定额》AL0069 增加厚度，换后基价为

$$8929.91+377.33\times3=10061.90(元/100m^2)$$

第三节　橡塑及其他材料面层

一、GB 50854—2013 相关规定

（一）工程量清单项目设置及工程量计算规则

GB 50854—2013 附录中橡塑面层项目，包括橡胶板楼地面、橡胶板卷材楼地面、塑料板楼地面、塑料卷材楼地面四个分项工程项目。其工程量清单项目设置及工程量计算规则，应按表 13-5 的规定执行。

表 13-5　　　　　　　　　　　　橡塑面层 （编码：011103）

项目编码	项目名称	项目特征	计量单位	工程量计算规则	工作内容
011103001	橡胶板楼地面	1. 黏结层厚度、材料种类 2. 面层材料品种、规格、颜色 3. 压线条种类	m²	按设计图示尺寸以面积计算。门洞、空圈、暖气包槽、壁龛的开口部分并入相应的工程量内	1. 基层清理 2. 面层铺贴 3. 压缝条装钉 4. 材料运输
011103002	橡胶板卷材楼地面				
011103003	塑料板楼地面				
011103004	塑料卷材楼地面				

GB 50854—2013 附录中其他材料面层项目，包括地毯楼地面、竹木地板、金属复合地板、防静电活动地板四个分项工程项目。其工程量清单项目设置及工程量计算规则，应按表 13-6 的规定执行。

表 13-6　　　　　　　　　　　　其他材料面层 （编码：011104）

项目编码	项目名称	项目特征	计量单位	工程量计算规则	工作内容
011104001	地毯楼地面	1. 面层材料品种、规格、颜色 2. 防护材料种类 3. 黏结材料种类 4. 压线条种类	m²	按设计图示尺寸以面积计算。门洞、空圈、暖气包槽、壁龛的开口部分并入相应的工程量内	1. 基层清理 2. 铺贴面层 3. 刷防护材料 4. 装钉压条 5. 材料运输
011104002	竹木（复合）地板	1. 龙骨材料种类、规格、铺设间距 2. 基层材料种类、规格 3. 面层材料品种、规格、颜色 4. 防护材料种类			1. 基层清理 2. 龙骨铺设 3. 基层铺设 4. 面层铺贴 5. 刷防护材料 6. 材料运输
011104003	金属复合地板				
011104004	防静电活动地板	1. 支架高度、材料种类 2. 面层材料品种、规格、颜色 3. 防护材料种类			1. 基层清理 2. 固定支架安装 3. 活动面层安装 4. 刷防护材料 5. 材料运输

（二）相关释义及说明

1. 橡塑面层

橡胶板、橡胶卷材主要是以天然橡胶或含有适量的填料制成的复合材料。构造做法：在垫层上用1：3的水泥砂浆找平20~30mm厚或C20细石混凝土找平40~50mm厚；铺30~50mm厚的软质垫层；504胶黏剂粘贴橡胶板。

常用的塑料板以聚氯乙烯树脂为主要原料，规格有305mm×305mm、303mm×303mm，厚度为1.5~2.5mm，颜色有仿水磨石、仿木纹、防地砖。

2. 其他材料面层

其他材料面层主要包括地毯、竹木地板、防静电活动地板等。

（1）地毯种类包括羊毛地毯、化纤地毯等，铺设形式有满铺和局部铺，固定形式包括不固定式和固定式。构造做法：20mm厚1：3水泥砂浆找平，弹性垫层，铺设地毯，用铜质压条或木质带钩压条固定。

（2）竹木地板按面层分有硬木地板、硬木拼花地板、长条复合地板（中间为芯板，两面贴薄板）、软木地板（分树脂软木地板、橡胶软木地板）、强化地板等类别。竹木地板基层常用的材料有木龙骨（断面尺寸为30mm×40mm，间距200~400mm）、毛地板（宽100~120mm、长400~1200mm、厚22~25mm）、细木工板（9~20mm）。毛地板、木龙骨、细木工板表面应刷防腐油。

硬木地板铺设形式可分为粘贴式、架空式、实铺式。

二、《计价定额》相关规定及计价说明

（一）《计价定额》相关规定

工程量计算规则：

（1）楼地面装饰面积按实铺面积计算，不扣除单个面积在0.3m²以内的孔洞、柱所占面积。

（2）点缀拼花按点缀实铺面积计算，在计算主体铺贴地面面积时，不扣除点缀拼花所占的面积。

（二）计价说明

工程量清单项目中各类橡塑面层对应《计价定额》的相应橡塑面层项目，表13-7列出了橡胶板楼地面清单项目综合单价可组合的相应计价定额项目。

表13-7   **橡胶板楼地面定额组价**

项目编码	项目名称	可组合的定额项目	对应的定额编号	计量单位	工作内容
011103001	橡胶板楼地面	橡胶板楼地面	AL0150~AL0151	m²	1. 基层清理 2. 面层铺贴 3. 压缝条装钉 4. 材料运输

第四节 踢脚线、楼梯面层及台阶、零星装饰

一、GB 50854—2013 相关规定

（一）工程量清单项目设置及工程量计算规则

GB 50854—2013附录中踢脚线项目，包括水泥砂浆踢脚线、石材踢脚线、块料踢脚线、

塑料板踢脚线、木质踢脚线、金属踢脚线、防静电踢脚线七个分项工程项目。其工程量清单项目设置及工程量计算规则，应按表 13 - 8 的规定执行。

表 13 - 8　　　　　　　　　　　　　踢脚线（编码：011105）

项目编码	项目名称	项目特征	计量单位	工程量计算规则	工作内容
011105001	水泥砂浆踢脚线	1. 踢脚线高度 2. 底层厚度、砂浆配合比 3. 面层厚度、砂浆配合比	1. m² 2. m	（1）以平方米计量，按设计图示长度乘高度以面积计算。 （2）以米计量，按延长米计算	1. 基层清理 2. 底层和面层抹灰 3. 材料运输
011105002	石材踢脚线	1. 踢脚线高度 2. 粘贴层厚度、材料种类 3. 面层材料品种、规格、颜色 4. 防护材料种类			1. 基层清理 2. 底层抹灰 3. 面层铺贴、磨边 4. 擦缝 5. 磨光、酸洗、打蜡 6. 刷防护材料 7. 材料运输
011105003	块料踢脚线				
011105004	塑料板踢脚线	1. 踢脚线高度 2. 黏结层厚度、材料种类 3. 面层材料种类、规格、颜色			1. 基层清理 2. 基层铺贴 3. 面层铺贴 4. 材料运输
011105005	木质踢脚线	1. 踢脚线高度 2. 基层材料种类、规格 3. 面层材料品种、规格、颜色			
011105006	金属踢脚线				
011105007	防静电踢脚线				

　　GB 50854—2013 附录中楼梯面层项目，包括石材楼梯面层、块料楼梯面层、拼碎块料面层、水泥砂浆楼梯面层、现浇水磨石楼梯面层、地毯楼梯面层、木板楼梯面层、橡胶板楼梯面层、塑料板楼梯面层九个分项工程项目。其工程量清单项目设置及工程量计算规则，应按表 13 - 9 的规定执行。

表 13 - 9　　　　　　　　　　　　　楼梯面层（编码：011106）

项目编码	项目名称	项目特征	计量单位	工程量计算规则	工作内容
011106001	石材楼梯面层	1. 找平层厚度、砂浆配合比 2. 黏结层厚度、材料种类 3. 面层材料品种、规格、颜色 4. 防滑条材料种类、规格 5. 勾缝材料种类 6. 防护层材料种类 7. 酸洗、打蜡要求	m²	按设计图示尺寸以楼梯（包括踏步、休息平台及不大于 500mm 的楼梯井）水平投影面积计算。楼梯与楼地面相连时，算至梯口梁内侧边沿；无梯口梁者，算至最上一层踏步边沿加 300mm	1. 基层清理 2. 抹找平层 3. 面层铺贴、磨边 4. 贴嵌防滑条 5. 勾缝 6. 刷防护材料 7. 酸洗、打蜡 8. 材料运输
011106002	块料楼梯面层				
011106003	拼碎块料面层				

项目编码	项目名称	项目特征	计量单位	工程量计算规则	工作内容
011106004	水泥砂浆楼梯面层	1. 找平层厚度、砂浆配合比 2. 面层厚度、砂浆配合比 3. 防滑条材料种类、规格			1. 基层清理 2. 抹找平层 3. 抹面层 4. 抹防滑条 5. 材料运输
011106005	现浇水磨石楼梯面层	1. 找平层厚度、砂浆配合比 2. 面层厚度、水泥石子浆配合比 3. 防滑条材料种类、规格 4. 石子种类、规格、颜色 5. 颜料种类、颜色 6. 磨光、酸洗打蜡要求	m²	按设计图示尺寸以楼梯（包括踏步、休息平台及不大于500mm的楼梯井）水平投影面积计算。楼梯与楼地面相连时，算至梯口梁内侧边沿；无梯口梁者，算至最上一层踏步边沿加300mm	1. 基层清理 2. 抹找平层 3. 抹面层 4. 贴嵌防滑条 5. 磨光、酸洗、打蜡 6. 材料运输
011106006	地毯楼梯面层	1. 基层种类 2. 面层材料品种、规格、颜色 3. 防护材料种类 4. 黏结材料种类 5. 固定配件材料种类、规格			1. 基层清理 2. 铺贴面层 3. 固定配件安装 4. 刷防护材料 5. 材料运输
011106007	木板楼梯面层	1. 基层材料种类、规格 2. 面层材料品种、规格、颜色 3. 黏结材料种类 4. 防护材料种类			1. 基层清理 2. 基层铺贴 3. 面层铺贴 4. 刷防护材料 5. 材料运输
011106008	橡胶板楼梯面层	1. 黏结层厚度、材料种类 2. 面层材料品种、规格、颜色 3. 压线条种类			1. 基层清理 2. 面层铺贴 3. 压缝条装钉 4. 材料运输
011106009	塑料板楼梯面层				

GB 50854—2013 附录中台阶装饰项目，包括石材台阶面、块料台阶面、拼碎块料台阶面、水泥砂浆台阶面、现浇水磨石台阶面、剁假石台阶面六个分项工程项目。其工程量清单项目设置及工程量计算规则，应按表 13-10 的规定执行。

表 13 - 10　　　　　　　　　台阶装饰（编码：011107）

项目编码	项目名称	项目特征	计量单位	工程量计算规则	工作内容
011107001	石材台阶面	1. 找平层厚度、砂浆配合比 2. 黏结层材料种类 3. 面层材料品种、规格、颜色 4. 勾缝材料种类 5. 防滑条材料种类、规格 6. 防护材料种类	m²	按设计图示尺寸以台阶（包括最上层踏步边沿加 300mm）水平投影面积计算	1. 基层清理 2. 抹找平层 3. 面层铺贴 4. 贴嵌防滑条 5. 勾缝 6. 刷防护材料 7. 材料运输
011107002	块料台阶面				
011107003	拼碎块料台阶面				
011107004	水泥砂浆台阶面	1. 找平层厚度、砂浆配合比 2. 面层厚度、砂浆配合比 3. 防滑条材料种类			1. 基层清理 2. 抹找平层 3. 抹面层 4. 抹防滑条 5. 材料运输
011107005	现浇水磨石台阶面	1. 找平层厚度、砂浆配合比 2. 面层厚度、水泥石子浆配合比 3. 防滑条材料种类、规格 4. 石子种类、规格、颜色 5. 颜料种类、颜色 6. 磨光、酸洗、打蜡要求			1. 清理基层 2. 抹找平层 3. 抹面层 4. 贴嵌防滑条 5. 打磨、酸洗、打蜡 6. 材料运输
011107006	剁假石台阶面	1. 找平层厚度、砂浆配合比 2. 面层厚度、砂浆配合比 3. 剁假石要求			1. 清理基层 2. 抹找平层 3. 抹面层 4. 剁假石 5. 材料运输

　　GB 50854—2013 附录中零星装饰项目，包括石材零星项目、拼碎石材零星项目、块料零星项目、水泥砂浆零星项目四个分项工程项目。其工程量清单项目设置及工程量计算规则，应按表 13 - 11 的规定执行。

表 13 - 11　　　　　　　　　零星装饰项目（编码：011108）

项目编码	项目名称	项目特征	计量单位	工程量计算规则	工作内容
011108001	石材零星项目	1. 工程部位 2. 找平层厚度、砂浆配合比 3. 贴结合层厚度、材料种类 4. 面层材料品种、规格、颜色 5. 勾缝材料种类 6. 防护材料种类 7. 酸洗、打蜡要求	m²	按设计图示尺寸以面积计算	1. 清理基层 2. 抹找平层 3. 面层铺贴、磨边 4. 勾缝 5. 刷防护材料 6. 酸洗、打蜡 7. 材料运输
011108002	拼碎石材零星项目				
011108003	块料零星项目				
011108004	水泥砂浆零星项目	1. 工程部位 2. 找平层厚度、砂浆配合比 3. 面层厚度、砂浆厚度			1. 清理基层 2. 抹找平层 3. 抹面层 4. 材料运输

（二）相关释义及说明

（1）踢脚线。踢脚线的高度一般为120～150mm，常用的材料有整体面层材料、块料、木质材料、塑料板、金属复合板等。与墙面的关系可分为相平、突出或凹进。

（2）石材、块料与黏接材料的结合面刷防渗材料的种类在防护层材料种类中描述。

（3）在描述碎石材项目的面层材料特征时可不用描述规格、品牌、颜色。

（4）楼梯、台阶牵边和侧面镶贴块料面层，小于等于0.5m²的少量分散的楼地面镶贴块料面层，应按零星装饰项目执行。

二、《计价定额》相关规定及计价说明

（一）《计价定额》相关规定

工程量计算规则：

1. 踢脚线

按设计图示长度乘以高度以面积计算。

2. 楼梯、台阶

（1）找平层、水泥砂浆、水泥豆石浆及水磨石、石材、块料楼梯面层以水平投影面积（包括踏步、休息平台、锁口梁）计算。楼梯井宽500mm以内者不予扣除。楼梯与楼层相连接时，算至最后一个踏步外边缘加300mm。

（2）台阶：按设计图示尺寸以台阶（包括最上层踏步外沿加300mm）水平投影面积计算。

（3）楼梯压辊、压板按延长米计算。

3. 其他

（1）零星装饰项目按设计图示尺寸以面积计算。

（2）防滑条、嵌条、封口条按设计图示尺寸以延长米计算。楼梯防滑条按楼梯踏步两端间距离减300mm，以延长米计算。

（二）计价说明

工程量清单项目中各类踢脚线对应《计价定额》的相应踢脚线项目，表13-12列出了水泥砂浆踢脚线清单项目综合单价可组合的相应计价定额项目。

表13-12　　　　　　　　　　　　水泥砂浆踢脚线定额组价

项目编码	项目名称	可组合的定额项目	对应的定额编号	计量单位	工作内容
011105001	水泥砂浆踢脚线	水泥砂浆踢脚线	AL0184～AL0193	m²	1. 基层清理 2. 底层和面层抹灰 3. 材料运输

三、应用案例

【例13-3】　某工程楼面建筑平面图如图13-6所示。墙体厚度为240mm，图中所有轴线均居中。该层楼面做法：细石混凝土30mm找平，1：2.5砂浆密缝铺贴450mm×450mm×8mm地砖，踢脚线高150mm（门窗框厚100mm，居中布置，C1尺寸为1.8m×1.8m，M1尺寸为0.9m×2.4m，M2尺寸为0.9m×2.4m，门窗尺寸均为装饰后净尺寸）。

如踢脚线采用15mm厚1：3水泥砂浆打底，10mm厚1：2水泥砂浆面，按《计价定额》计算规则，试确定室内踢脚线工程量并按定额确定基价。

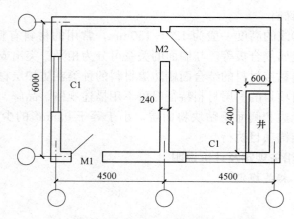

图 13-6　某工程楼面建筑平面图

解： 水泥砂浆踢脚线清单工程量为

$[(6-0.24)\times4+(4.5-0.24)\times4-0.9\times2-0.9+(0.24-0.1)\times3]\times0.15=5.67(m^2)$

查《计价定额》AL0185，定额中包括找平层和面层的费用。

定额基价为 6814.40 元/100m²。

习　题

1. 整体面层工程量计算规则是什么？
2. 块料面层和整体面层工程量计算的差异是什么？
3. 门框的布置对踢脚线工程量计算有什么影响？
4. 楼梯装饰要算哪些工程量？
5. 哪些项目属于楼地面装饰工程里面的零星装饰项目？
6. 某展览厅花岗石地面如图 13-7 和图 13-8 所示。墙厚 240mm，门洞口宽 1000mm，门扇与开启方向的内墙齐平。地面构造做法：C20 现场搅拌细石混凝土 30mm 厚找平，20mm 厚 1：2.5 水泥砂浆结合层粘贴面层，酸洗打蜡。地面中有钢筋混凝土柱 8 根，直径 800mm；3 个花岗石图案为圆形，直径 1.8m，图案外边线为 2.4m×2.4m；其余为规格块料和点缀图案，规格块料为 600mm×600mm，点缀 32 个，尺寸为 150mm×150mm。250mm 宽花岗岩围边。根据定额有关计算规则及消耗量标准，完成以下各题。

（1）试确定细石混凝土找平层工程量。
（2）试确定圆形图案工程量。
（3）试确定展厅花岗岩铺贴工程量。
（4）试确定展厅花岗岩围边工程量。
（5）试确定花岗岩点缀工程量。
（6）试确定展厅花岗岩酸洗打蜡工程量。
（7）试列出石材楼地面清单项目并按《计价定额》报价。

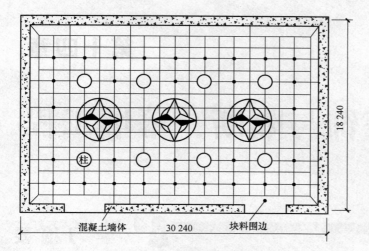

图 13 - 7　某展览厅花岗石地面

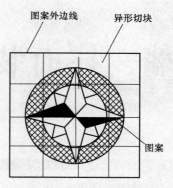

图 13 - 8　圆形图案详图

第十四章

墙、柱面装饰与隔断、幕墙工程

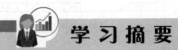

学习摘要

　　本章主要介绍墙、柱面装饰与隔断、幕墙工程项目的清单计量与计价，通过本章的学习，熟悉墙、柱面装饰与隔断、幕墙工程的清单项目设置、工程量计算规则和综合单价的组成，掌握墙、柱面装饰与隔断、幕墙工程工程量清单编制及工程量清单计价。

　　墙、柱面装饰与隔断、幕墙工程的工程量清单共分为 10 个分部工程清单项目，即墙面抹灰、柱（梁）面抹灰、零星抹灰、墙面块料面层、柱（梁）面镶贴块料、镶贴零星块料、墙饰面、柱（梁）饰面、幕墙工程及隔断项目等。本章适用于各类房屋建筑物的墙、柱面装饰与隔断、幕墙工程的项目列项。

　　GB 50854—2013 关于墙、柱面装饰与隔断、幕墙工程共性问题的说明：

　　（1）墙、柱面的抹灰项目，工作内容仍包括"底层抹灰"；墙、柱（梁）的镶贴块料项目，工作内容仍包括"黏结层"，附录列有"立面砂浆找平层""柱、梁面砂浆找平""零星项目砂浆找平"项目，只适用于仅做找平层的立面抹灰。

　　（2）飘窗凸出外墙面增加的抹灰并入外墙工程量内，以外墙线作为分界线。

　　（3）使用规范时注意应按规范所列的一般抹灰与装饰抹灰进行区别编码列项。

　　（4）附录列有"墙面装饰浮雕"项目，在使用规范时，凡不属于仿古建筑工程的项目，可按此附录编码列项。

　　（5）附录有关墙面装饰项目，不含立面防腐、防水、保温以及刷油漆的工作内容。防水按附录 J "屋面及防水工程"相应项目编码列项；保温按附录 K "保温、隔热、防腐工程"相应项目编码列项；刷油漆按附录 P "油漆、涂料、裱糊工程"相应项目编码列项。

　　《计价定额》关于墙、柱面装饰与隔断、幕墙工程共性问题的说明：

　　（1）本章定额柱、梁的抹灰、粘贴块料及饰面等适用于不与墙或天棚相连的独立柱、梁。

　　（2）柱、梁面及零星项目干挂石材的钢骨架按墙面干挂石材钢骨架项目执行，人工乘以系数 1.1。

第一节　墙、柱面抹灰

一、GB 50854—2013 相关规定

（一）工程量清单项目设置及工程量计算规则

GB 50854—2013 附录中墙面抹灰项目，包括墙面一般抹灰、墙面装饰抹灰、墙面勾缝、立面砂浆找平层四个分项工程项目。其工程量清单项目设置及工程量计算规则，应按表 14-1 的规定执行。

表 14-1　　　　　　　　　　　　墙面抹灰（编码：011201）

项目编码	项目名称	项目特征	计量单位	工程量计算规则	工作内容
011201001	墙面一般抹灰	1. 墙体类型 2. 底层厚度、砂浆配合比 3. 面层厚度、砂浆配合比 4. 装饰面材料种类 5. 分格缝宽度、材料种类		按设计图示尺寸以面积计算。扣除墙裙、门窗洞口及单个面积大于 0.3m² 的孔洞面积，不扣除踢脚线、挂镜线和墙与构件交接处的面积，门窗洞口和孔洞的侧壁及顶面不增加面积。附墙柱、梁、垛、烟囱侧壁并入相应的墙面面积内。	1. 基层清理 2. 砂浆制作、运输 3. 底层抹灰 4. 抹面层 5. 抹装饰面 6. 勾分格缝
011201002	墙面装饰抹灰				
011201003	墙面勾缝	1. 勾缝类型 2. 勾缝材料种类	m²	（1）外墙抹灰面积按外墙垂直投影面积计算。 （2）外墙裙抹灰面积按其长度乘以高度计算。 （3）内墙抹灰面积按主墙间的净长乘以高度计算。 　1）无墙裙的，高度按室内楼地面至天棚底面计算。 　2）有墙裙的，高度按墙裙顶至天棚底面计算。 　3）有吊顶天棚抹灰，高度算至天棚底。 （4）内墙裙抹灰面按内墙净长乘以高度计算	1. 基层清理 2. 砂浆制作、运输 3. 勾缝
011201004	立面砂浆找平层	1. 墙体类型 2. 找平层砂浆厚度、配合比			1. 基层清理 2. 砂浆制作、运输 3. 抹灰找平

　　GB 50854—2013 附录中柱（梁）面抹灰项目，包括柱（梁）面一般抹灰、柱（梁）面装饰抹灰、柱（梁）面砂浆找平、柱面勾缝四个分项工程项目。其工程量清单项目设置及工程量计算规则，应按表 14 - 2 的规定执行。

表 14 - 2　　　　　　　　　　　柱（梁）面抹灰（编码：011202）

项目编码	项目名称	项目特征	计量单位	工程量计算规则	工作内容
011202001	柱、梁面一般抹灰	1. 柱（梁）体类型 2. 底层厚度、砂浆配合比 3. 面层厚度、砂浆配合比 4. 装饰面材料种类 5. 分格缝宽度、材料种类	m²	（1）柱面抹灰：按设计图示柱断面周长乘高度以面积计算。 （2）梁面抹灰：按设计图示梁断面周长乘长度以面积计算	1. 基层清理 2. 砂浆制作、运输 3. 底层抹灰 4. 抹面层 5. 勾分格缝
011202002	柱、梁面装饰抹灰				
011202003	柱、梁面砂浆找平	1. 柱（梁）体类型 2. 找平的砂浆厚度、配合比			1. 基层清理 2. 砂浆制作、运输 3. 抹灰找平
011202004	柱面勾缝	1. 勾缝类型 2. 勾缝材料种类		按设计图示柱断面周长乘高度以面积计算	1. 基层清理 2. 砂浆制作、运输 3. 勾缝

　　GB 50854—2013 附录中零星抹灰项目，包括零星项目一般抹灰、零星项目装饰抹灰、零星项目砂浆找平三个分项工程项目。其工程量清单项目设置及工程量计算规则，应按表 14 - 3 的规定执行。

表 14 - 3　　　　　　　　　　　零星抹灰（编码：011203）

项目编码	项目名称	项目特征	计量单位	工程量计算规则	工作内容
011203001	零星项目一般抹灰	1. 墙体类型、部位 2. 底层厚度、砂浆配合比 3. 面层厚度、砂浆配合比 4. 装饰面材料种类 5. 分格缝宽度、材料种类	m²	按设计图示尺寸以面积计算	1. 基层清理 2. 砂浆制作、运输 3. 底层抹灰 4. 抹面层 5. 抹装饰面 6. 勾分格缝
011203002	零星项目装饰抹灰	1. 墙体类型、部位 2. 底层厚度、砂浆配合比 3. 面层厚度、砂浆配合比 4. 装饰面材料种类 5. 分格缝宽度、材料种类			
011203003	零星项目砂浆找平	1. 基层类型、部位 2. 找平的砂浆厚度、配合比			1. 基层清理 2. 砂浆制作、运输 3. 抹灰找平

　　（二）相关释义及说明

　　（1）抹石灰砂浆、水泥砂浆、混合砂浆、聚合物水泥砂浆、麻刀石灰浆、石膏灰浆等按墙面一般抹灰列项，水刷石、斩假石、干黏石、假面砖等按墙面装饰抹灰列项。

（2）立面砂浆找平项目适用于仅做找平层的立面抹灰。

（3）飘窗凸出外墙面增加的抹灰并入外墙工程量内。

（4）有吊顶天棚的内墙面抹灰，抹至吊顶以上部分在综合单价中考虑。

（5）柱（梁）面砂浆找平项目适用于仅做找平层的柱（梁）面抹灰。

（6）柱（梁）面抹石灰砂浆、水泥砂浆、混合砂浆、聚合物水泥砂浆、麻刀石灰浆、石膏灰浆等按柱（梁）面一般抹灰编码列项，柱（梁）面水刷石、斩假石、干黏石、假面砖等按柱（梁）面装饰抹灰编码列项。

（7）零星项目抹石灰砂浆、水泥砂浆、混合砂浆、聚合物水泥砂浆、麻刀石灰浆、石膏灰浆等按零星项目一般抹灰编码列项，零星项目水刷石、斩假石、干黏石、假面砖等按零星项目装饰抹灰编码列项。

（8）零星抹灰项目包括墙、柱（梁）面小于等于 0.5m² 的少量分散的抹灰。

二、《计价定额》相关规定及计价说明

（一）《计价定额》相关规定

（1）本章设计砂浆种类、厚度与定额不同时，允许材料耗量按比例调整，人工工日不变。

（2）墙、柱面设计抹灰厚度与定额不同时，按相应立面砂浆找平层每增减一遍的项目调整。

（3）墙面水泥砂浆分为普通和高级：

1）普通抹灰：一遍底层、一遍中层、一遍面层，三遍成活。

2）高级抹灰：二遍底层、一遍中层、一遍面层，四遍成活。

（4）本章考虑的抹灰厚度如下：

1）一般抹灰：石灰砂浆 15mm，混合砂浆 21mm，水泥砂浆（普通）18mm，水泥砂浆（高级）25mm。混凝土基层在此基础上另增一遍 4mm 水泥砂浆刮糙层。抹灰饰面的组成如图 14-1 所示。

2）块料面层结合层砂浆厚度为 8mm。

（5）一般抹灰和装饰抹灰定额内均不包括基层刷素水泥浆工料，另按相应项目计算。

（6）护角线工料已包括在抹灰定额内，不另计算。

（7）门窗洞口和空圈侧壁、顶面抹灰已包括在定额内，不再单独计算。

（8）圆弧形、锯齿形、不规则形墙、柱面抹灰，按相应项目人工乘以系数 1.15 计算。

（9）凡使用白水泥、彩色石子或白水泥、白石子浆掺颜料者，均属彩色水磨石、美术水刷石、美术干黏石、美术剁假石。

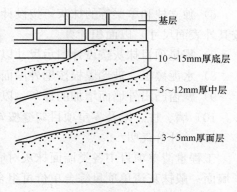

图 14-1　抹灰饰面的组成

（10）立面砂浆找平项目适用于仅做找平的立面抹灰。

（11）墙面、柱（梁）面、零星项目机械喷涂预拌砂浆抹灰厚度不同按立面砂浆找平层厚度增减项目执行。

（12）机械喷涂柱（梁）面和零星项目砂浆找平层按以下规定执行：

1）柱（梁）面砂浆找平层按立面砂浆找平层项目执行，其人工费乘以系数 1.05，机械费乘以系数 1.03。

2）零星项目砂浆找平层按立面砂浆找平层项目执行。

（13）抹灰工程量定额计算规则：

1）本章抹灰工程量均按设计结构尺寸（有保温隔热、防潮层者，按其外表面尺寸）计算。扣除墙裙、门窗洞口及单个孔洞大于 $0.3m^2$ 的面积，不扣除踢脚线、挂镜线和墙与构件交接处的面积，单个孔洞面积在 $0.3m^2$ 以内的侧壁及顶面不增加面积。附墙柱、梁、垛、烟囱侧壁并入相应的墙面面积内。

2）内墙抹灰计算规则：

（a）内墙抹灰的长度，以墙与墙间图示净长尺寸计算，其高度按下列规定计算：

无墙裙的，其高度以室内地坪面至板底面计算；

有墙裙的，其高度按墙裙顶点至板底面计算；

吊顶天棚，其高度以室内地坪面（或墙裙顶点）至天棚下皮，另加 200mm 计算。

（b）内墙面和内墙裙抹灰面积，按设计图示尺寸以面积计算。

（c）对于清水房未安装门窗的抹灰处理，门窗洞口侧壁按 10cm 宽展开计算该部分抹灰面积，并入相应墙面抹灰工程量内。

3）外墙面抹灰计算规则：

（a）外墙面和外墙裙抹灰面积，按外墙垂直投影以平方米计算。

（b）外墙裙抹灰面积按其长度乘以其高度以平方米计算。

（c）单独的外窗台抹灰长度，如设计图纸无规定时，可按窗洞宽度两边共加 200mm 计算，窗台展开宽度按 360mm 计算。

4）墙面立面砂浆找平，应将门窗洞口侧壁面积展开并入墙面找平项目内计算。

5）抹灰分格、嵌缝按抹灰面面积计算。

6）独立柱和单梁等的抹灰，按设计图示柱断面周长乘以高度（有保温隔热、防潮层者，按其外表面尺寸）以面积计算。

7）零星项目抹灰按设计图示尺寸以展开面积计算。

8）水泥黑板、玻璃黑板按框外围面积计算。

9）飘窗凸出外墙面增加的抹灰，以外墙外边线为分界线分别并入内、外墙工程量。

10）墙、柱、梁及零星项目勾缝按勾缝面的面积以平方米计算。

（二）计价说明

工程量清单项目中各类墙面抹灰对应《计价定额》的相应墙面抹灰项目，表 14-4 列出了墙面一般抹灰清单项目综合单价可组合的相应计价定额项目。

表 14-4 墙面一般抹灰定额组价

项目编码	项目名称	可组合的定额项目	对应的定额编号	计量单位	工作内容
011201001	墙面一般抹灰	墙面一般抹灰	AM0001～AM0058	m^2	1. 基层清理 2. 砂浆制作、运输 3. 底层抹灰 4. 抹面层 5. 抹装饰面 6. 勾分格缝
		立面砂浆找平层	AM0114～AM0137		

三、应用案例

【例 14-1】 如图 14-2 所示建筑平面图，窗洞口尺寸均为 1500mm×1800mm，门洞口尺寸为 1200mm×2400mm，室内地面至天棚底面净高为 3.2m，内墙采用水泥砂浆抹灰（无墙裙），具体工程做法为砖墙为基层；13mm 厚 1：1：6 水泥石膏砂浆打底扫毛；5mm 厚 1：0.3：2.5 水泥石膏砂浆抹面压实抹光；喷乳胶漆两遍。试编制内墙面抹灰工程工程量清单。

解：1. 计算内墙抹灰工程量

$$S=(9-0.24+6-0.24)\times2\times3.2-1.5\times1.8\times5-1.2\times2.4=76.55(\text{m}^2)$$

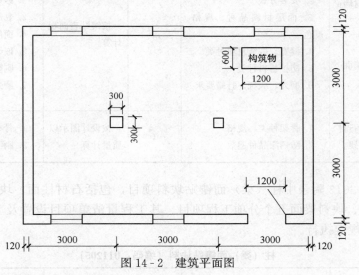

图 14-2 建筑平面图

2. 编制工程量清单

内墙抹灰工程工程量清单见表 14-5。

表 14-5 分部分项工程量清单与计价表

工程名称：×××××　　　　　　　　　　　　标段：　　　　　　　　　　第　页　共　页

序号	项目编码	项目名称	项目特征	计量单位	工程量	金额		
						综合单价	合价	其中暂估价
1	011201001001	墙面一般抹灰	1. 墙体类型：内砖墙 2. 底层厚度、砂浆配合比：13mm 厚 1：1：6 水泥石膏砂浆打底扫毛 3. 面层厚度、砂浆配合比：5mm 厚 1：0.3：2.5 水泥石膏砂浆抹面压实抹光	m²	76.55			

第二节　墙、柱面镶贴块料

一、GB 50854—2013 相关规定

（一）工程量清单项目设置及工程量计算规则

GB 50854—2013 附录中墙面块料面层项目，包括石材墙面、拼碎石材墙面、块料墙面、干挂石材钢骨架四个分项工程项目。工程量清单项目设置及工程量计算规则，应按表 14 - 6 的规定执行。

表 14 - 6 墙面块料面层（编码：011204）

项目编码	项目名称	项目特征	计量单位	工程量计算规则	工作内容
011204001	石材墙面	1. 墙体类型 2. 安装方式 3. 面层材料品种、规格、颜色 4. 缝宽、嵌缝材料种类 5. 防护材料种类 6. 磨光、酸洗、打蜡要求	m²	按镶贴表面积计算	1. 基层清理 2. 砂浆制作、运输 3. 黏结层铺贴 4. 面层安装 5. 嵌缝 6. 刷防护材料 7. 磨光、酸洗、打蜡
011204002	拼碎石材墙面				
011204003	块料墙面				
011204004	干挂石材钢骨架	1. 骨架种类、规格 2. 防锈漆品种遍数	t	按设计图示以质量计算	1. 骨架制作、运输、安装 2. 刷漆

GB 50854—2013 附录中柱（梁）面镶贴块料项目，包括石材柱面、块料柱面、拼碎块柱面、石材梁面、块料梁面五个分项工程项目。其工程量清单项目设置及工程量计算规则，应按表 14 - 7 的规定执行。

表 14 - 7 柱（梁）面镶贴块料（编码：011205）

项目编码	项目名称	项目特征	计量单位	工程量计算规则	工作内容
011205001	石材柱面	1. 柱截面类型、尺寸 2. 安装方式 3. 面层材料品种、规格、颜色 4. 缝宽、嵌缝材料种类 5. 防护材料种类 6. 磨光、酸洗、打蜡要求	m²	按镶贴表面积计算	1. 基层清理 2. 砂浆制作、运输 3. 黏结层铺贴 4. 面层安装 5. 嵌缝 6. 刷防护材料 7. 磨光、酸洗、打蜡
011205002	块料柱面				
011205003	拼碎块柱面				
011205004	石材梁面	1. 安装方式 2. 面层材料品种、规格、颜色 3. 缝宽、嵌缝材料种类 4. 防护材料种类 5. 磨光、酸洗、打蜡要求			
011205005	块料梁面				

GB 50854—2013 附录中镶贴零星块料项目，包括石材零星项目、块料零星项目、拼碎块零星项目三个分项工程项目。其工程量清单项目设置及工程量计算规则，应按表 14 - 8 的规定执行。

表 14-8　　　　　　　　　　　　　镶贴零星块料（编码：011206）

项目编码	项目名称	项目特征	计量单位	工程量计算规则	工作内容
011206001	石材零星项目	1. 基层类型、部位 2. 安装方式 3. 面层材料品种、规格、颜色 4. 缝宽、嵌缝材料种类 5. 防护材料种类 6. 磨光、酸洗、打蜡要求	m²	按镶贴表面积计算	1. 基层清理 2. 砂浆制作、运输 3. 面层安装 4. 嵌缝 5. 刷防护材料 6. 磨光、酸洗、打蜡
011206002	块料零星项目				
011206003	拼碎块零星项目				

（二）相关释义及说明

（1）石材面层。石材面层的基层类型有砖墙（柱）、毛石墙（柱）、混凝土墙（柱）、砌块墙（柱）等，其中柱分为方柱、圆柱、柱墩和柱帽。石材一般指大理石、花岗岩等，与基层镶贴方式有湿挂、干挂和粘贴，其中粘贴可分为水泥砂浆粘贴和干粉型粘贴剂粘贴。对于尺寸和厚度较大、镶贴位置较高的饰面板材，应采用湿挂或干挂的方法。

湿挂法是在基层上预埋铁件固定竖筋，按板材高度同定横筋，在板材上下沿钻孔或开槽口。用金属丝或金属扣件将板材绑挂在横筋上，板材与墙面的缝隙分层灌入 1：2.5 的水泥砂浆。石材规格一般墙面是 600mm×600mm，柱面是 400mm×600mm。湿挂石材如图 14-3 所示。

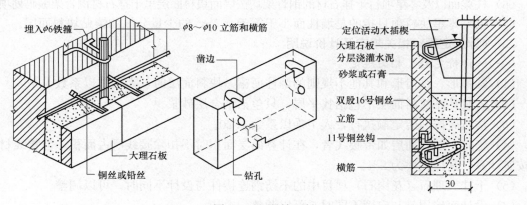

图 14-3　湿挂石材

干挂法分无龙骨体系、有龙骨体系。石板装饰面分密缝和勾缝两种。石板规格墙面一般为 600mm×600mm，柱面一般为 400mm×600mm。干挂石材如图 14-4 所示。

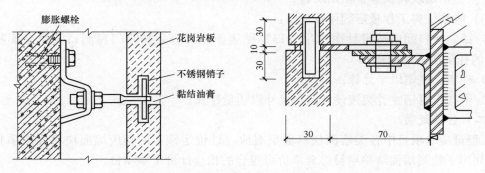

图 14-4　无龙骨干挂石材

（2）块料面层。块料面层的基层类型有砖墙（柱）、毛石墙（柱）、混凝土墙（柱）、砌块墙（柱）等。块料种类常见的有釉面砖（瓷砖）、墙地砖、陶瓷锦砖（马赛克）、文化石、凸凹麻石、小规格陶板、水磨石板等。墙面镶贴块料如图 14-5 所示。

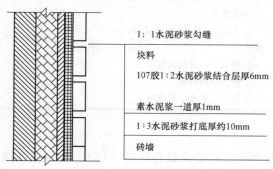

图 14-5　墙面镶贴块料

（3）在描述碎块项目的面层材料特征时可不用描述规格、品牌、颜色。

（4）石材、块料与黏接材料的结合面刷防渗材料的种类在项目特征里的防护层材料种类中描述。

（5）项目特征里的安装方式可描述为砂浆或黏接剂粘贴、挂贴、干挂等，不论哪种安装方式，都要详细描述与组价相关的内容。

（6）柱梁面以及零星项目干挂石材的钢骨架均按墙面块料面层里干挂石材钢骨架编码列项。

（7）镶贴零星块料项目指的是墙柱面小于等于 $0.5m^2$ 的少量分散的镶贴块料面层。

二、《计价定额》相关规定及计价说明

（一）《计价定额》相关规定

（1）圆弧形、锯齿形和其他不规则的墙柱面镶贴块料面层时，人工乘以系数 1.15。

（2）砂浆粘贴块料面层不包括找平层，只包括结合层砂浆。

（3）仿石砖按面砖定额执行，人工乘以系数 1.20。

（4）瓷砖、面砖面层如带腰线者，在计算面层面积时不扣除腰线所占面积，但腰线材料费按实计算，其损耗率为 2%。

（5）干挂大理石（花岗石）项目中的不锈钢连接件与设计不同时，可以调整。

（6）设计面砖用量与定额不同时，可以调整。

（7）带美术图案的陶瓷艺术砖按面砖定额执行，人工乘以系数 1.20。

（8）零星抹灰和零星镶贴块料项目适用于面积小于等于 $0.5m^2$ 少量分散的装饰，门窗、空圈、侧壁粘贴块料及零星粘贴块料。

（9）镶贴块料工程量定额计算规则：

1）镶贴块料面层按设计图示尺寸以镶贴表面积计算，扣除门窗洞口及单个面积大于 $0.3m^2$ 的孔洞所占的面积。

2）柱墩、柱帽以个计算。

3）干挂石材钢龙骨架按设计图示尺寸以质量计算。

（二）计价说明

工程量清单项目中各类墙面块料面层对应《计价定额》的相应墙面块料面层项目，表 14-9 列出了块料墙面清单项目综合单价可组合的相应计价定额项目。

表 14 - 9　　　　　　　　　　　　块料墙面定额组价

项目编码	项目名称	可组合的定额项目	对应的定额编号	计量单位	工作内容
011204003	块料墙面	块料墙面	AM0300～AM0348	m²	1. 基层清理 2. 砂浆制作、运输 3. 黏结层铺贴 4. 面层安装 5. 嵌缝 6. 刷防护材料 7. 磨光、酸洗、打蜡
		立面砂浆找平层	AM0114～AM0137		

三、应用案例

【例 14 - 2】　　某房屋工程平面图、立面图如图 14 - 6 所示，门居墙内平安装，M1 洞口尺寸是 700mm×2100mm，窗安装居墙中，离地高度为 1100mm，C1 为 1000mm×1500mm，门窗框厚 90mm；外墙面 1：3 水泥砂浆打底厚 15mm，50mm×250mm×8mm 外墙砖 1：2 水泥砂浆厚 5mm 粘贴，灰缝宽 8mm。雨篷底面一般抹灰，1：3 水泥砂浆打底厚 12mm，6mm 厚 1：2.5 水泥砂浆面层。外墙裙、雨篷翻沿做斩假石，1：3 水泥砂浆打底厚 12mm，1：2 水泥白石屑浆厚 10mm，腰线做水刷石，腰线外挑 100mm，1：3 水泥砂浆打底厚 12mm，素水泥浆二道，1：2 水泥白石子厚 10mm。

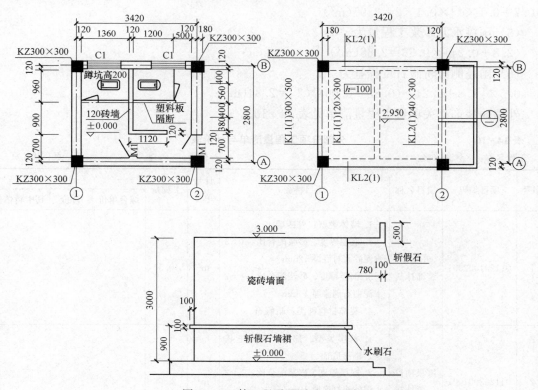

图 14 - 6　某工程平面图及立面图

试计算：（1）外墙面水泥砂浆打底工程量；（2）外墙瓷砖工程量；（3）墙裙装饰抹灰工程量；（4）腰线装饰抹灰工程量；（5）雨篷一般抹灰工程量；（6）雨篷侧面斩假石工程量。

　　若腰线水刷石抹灰及雨篷斩假石按清单零星项目装饰抹灰列项，雨篷一般抹灰按清单零星项目一般抹灰列项，门窗洞口侧壁及顶面按零星镶贴块料列项，试编制外墙面装饰相关项目工程量清单。

　　解：（1）外墙面 15mm 厚水泥砂浆打底工程量为

$$[(3.42+0.24+2.8+0.24)\times2]\times(3.0-0.9)-1\times1.5\times2-0.7\times(2.1-0.9)+0.06\times8\times(3.0-0.9)=25.31(\text{m}^2)$$

　　（2）外墙瓷砖工程量为

$$(3.42+0.24+0.028\times2+2.8+0.24+0.028\times2)\times2\times(3.0-0.9)-(1-0.028\times2)\times(1.5-0.028\times2)\times2-(0.7-0.028\times2)\times(2.1-0.9-0.028)+0.06\times8\times(3.0-0.9)-(2.8+0.24)\times0.1=25.83(\text{m}^2)$$

　　外墙零星镶贴块料（门窗洞口侧壁及顶面）工程量为

$$[(0.7-0.028\times2)+(2.1-0.028)\times2]\times(0.24-0.09)+(1.0-0.028\times2)+(1.5-0.028\times2)\times2\times(0.24-0.09)/2\times2=2.10(\text{m}^2)$$

　　（3）墙裙斩假石工程量为

$$[(3.42+0.24+2.8+0.24)\times2-0.7]\times(0.9-0.1)+0.06\times8\times(0.9-0.1)=10.54(\text{m}^2)$$

　　（4）腰线水刷石工程量为

$$[(3.42+0.24+2.8+0.24)\times2-0.7+0.1\times8]\times0.1+[(3.42+0.24+2.8+0.24)\times2-0.7+0.1\times4]\times0.1\times2=3.97(\text{m}^2)$$

　　（5）雨篷水泥砂浆工程量为

$$(2.8+0.24)\times0.88=2.68(\text{m}^2)$$

　　（6）雨篷侧面斩假石工程量为

$$0.5\times[2.8+0.24+(0.88-0.06)\times2]=2.34(\text{m}^2)$$

　　外墙面装饰相关项目工程量清单见表 14-10。

表 14-10　　　　　　　　　**分部分项工程量清单与计价表**

工程名称：×××××　　　　　　　　　　　　标段：　　　　　　　　　　第 页 共 页

序号	项目编码	项目名称	项目特征	计量单位	工程量	金额		
						综合单价	合价	其中暂估价
1	011201002001	外墙裙装饰抹灰	1. 墙体类型：外砖墙 2. 底层厚度、砂浆配合比：1：3 水泥砂浆打底厚 12mm 3. 面层厚度、砂浆配合比：1：2 水泥白石屑浆厚 10mm 4. 装饰材料种类：斩假石	m²	10.54			
2	011203001001	零星项目一般抹灰	1. 基层类型、部位：混凝土基层，雨篷底面 2. 底层厚度、砂浆配合比：1：3 水泥砂浆打底厚 12mm 3. 面层厚度、砂浆配合比：1：2.5 水泥砂浆面层厚 6mm	m²	2.68			

序号	项目编码	项目名称	项目特征	计量单位	工程量	金额		
						综合单价	合价	其中暂估价
3	011203002001	零星项目装饰抹灰（水刷石）	1. 基层类型、部位：混凝土基层，外墙腰线 2. 底层厚度、砂浆配合比：1：3水泥砂浆打底厚12mm，素水泥浆二道 3. 面层厚度、砂浆配合比：1：2水泥白石子厚10mm 4. 装饰材料种类：水刷石	m²	3.97			
4	011203002002	零星项目装饰抹灰（斩假石）	1. 基层类型、部位：混凝土基层，雨篷翻沿侧面 2. 底层厚度、砂浆配合比：1：3水泥砂浆打底厚12mm 3. 面层厚度、砂浆配合比：1：2水泥白石屑浆厚10mm 4. 装饰材料种类：斩假石	m²	2.34			
5	011204003001	墙面镶贴块料	1. 墙体类型：外砖墙 2. 安装方式：1：3水泥砂浆打底厚15mm，1：2水泥砂浆厚5mm粘贴 3. 面层材料品种、规格、颜色：50mm×250mm×8mm外墙砖 4. 缝宽、嵌缝材料种类：8mm	m²	25.83			
6	011206002001	块料零星项目	1. 基层类型、部位：砖墙基层，门窗洞口侧面及顶面 2. 安装方式：1：3水泥砂浆打底厚15mm，1：2水泥砂浆厚5mm粘贴 3. 面层材料品种、规格、颜色：50mm×250mm×8mm外墙砖 4. 缝宽、嵌缝材料种类：8mm	m²	2.10			

第三节　墙、柱饰面及幕墙、隔断

一、GB 50854—2013 相关规定

（一）工程量清单项目设置及工程量计算规则

GB 50854—2013 附录中墙饰面项目，包括墙面装饰板、墙面装饰浮雕两个分项工程项目。工程量清单项目设置及工程量计算规则，应按表 14 - 11 的规定执行。

表 14 - 11　　　　　　　　　　　墙饰面（编码：011207）

项目编码	项目名称	项目特征	计量单位	工程量计算规则	工作内容
011207001	墙面装饰板	1. 龙骨材料种类、规格、中距 2. 隔离层材料种类、规格 3. 基层材料种类、规格 4. 面层材料品种、规格、颜色 5. 压条材料种类、规格	m²	按设计图示墙净长乘净高以面积计算。扣除门窗洞口及单个面积大于 0.3m²的孔洞所占面积	1. 基层清理 2. 龙骨制作、运输、安装 3. 钉隔离层 4. 基层铺钉 5. 面层铺贴
011207002	墙面装饰浮雕	1. 基层类型 2. 浮雕材料种类 3. 浮雕样式	m²	按设计图示尺寸以面积计算	1. 基层清理 2. 材料制作、运输 3. 安装成型

GB 50854—2013 附录中柱（梁）饰面项目，包括柱（梁）面装饰、成品装饰柱两个分项工程项目。工程量清单项目设置及工程量计算规则，应按表 14 - 12 的规定执行。

表 14 - 12　　　　　　　　　　　柱（梁）饰面（编码：011208）

项目编码	项目名称	项目特征	计量单位	工程量计算规则	工作内容
011208001	柱（梁）面装饰	1. 龙骨材料种类、规格、中距 2. 隔离层材料种类 3. 基层材料种类、规格 4. 面层材料品种、规格、颜色 5. 压条材料种类、规格	m²	按设计图示饰面外围尺寸以面积计算。柱帽、柱墩并入相应柱饰面工程量内	1. 清理基层 2. 龙骨制作、运输、安装 3. 钉隔离层 4. 基层铺钉 5. 面层铺贴
011208002	成品装饰柱	1. 柱截面、高度尺寸 2. 柱材质	1. 根 2. m	（1）以根计量，按设计数量计算 （2）以米计量，按设计长度计算	柱运输、固定、安装

GB 50854—2013 附录中幕墙工程项目，包括带骨架幕墙、全玻（无框玻璃）幕墙两个分项工程项目。工程量清单项目设置及工程量计算规则，应按表 14 - 13 的规定执行。

表 14 - 13　　　　　　　　　　　幕墙工程（编码：011209）

项目编码	项目名称	项目特征	计量单位	工程量计算规则	工作内容
011209001	带骨架幕墙	1. 骨架材料种类、规格、中距 2. 面层材料品种、规格、颜色 3. 面层固定方式 4. 隔离带、框边封闭材料品种、规格 5. 嵌缝、塞口材料种类	m²	按设计图示框外围尺寸以面积计算。与幕墙同种材质的窗所占面积不扣除	1. 骨架制作、运输、安装 2. 面层安装 3. 隔离带、框边封闭 4. 嵌缝、塞口 5. 清洗
011209002	全玻（无框玻璃）幕墙	1. 玻璃品种、规格、颜色 2. 黏结塞口材料种类 3. 固定方式		按设计图示尺寸以面积计算。带肋全玻幕墙按展开面积计算	1. 幕墙安装 2. 嵌缝、塞口 3. 清洗

GB 50854—2013 附录中隔断项目，包括木隔断、金属隔断、玻璃隔断、塑料隔断、成品隔断、其他隔断六个分项工程项目。工程量清单项目设置及工程量计算规则，应按表 14 - 14 的规定执行。

表 14 - 14　　　　　　　　　　　　隔断（编码：011210）

项目编码	项目名称	项目特征	计量单位	工程量计算规则	工作内容
011210001	木隔断	1. 骨架、边框材料种类、规格 2. 隔板材料品种、规格、颜色 3. 嵌缝、塞口材料品种 4. 压条材料种类	m²	按设计图示框外围尺寸以面积计算。不扣除单个面积在 0.3m² 以内的孔洞所占面积；浴厕门的材质与隔断相同时，门的面积并入隔断面积内	1. 骨架及边框制作、运输、安装 2. 隔板制作、运输、安装 3. 嵌缝、塞口 4. 装钉压条
011210002	金属隔断	1. 骨架、边框材料种类、规格 2. 隔板材料品种、规格、颜色 3. 嵌缝、塞口材料品种			1. 骨架及边框制作、运输、安装 2. 隔板制作、运输、安装 3. 嵌缝、塞口
011210003	玻璃隔断	1. 边框材料种类、规格 2. 玻璃品种、规格、颜色 3. 嵌缝、塞口材料品种		按设计图示框外围尺寸以面积计算。不扣除单个面积在 0.3m² 以内的孔洞所占面积	1. 边框制作、运输、安装 2. 玻璃制作、运输、安装 3. 嵌缝、塞口
011210004	塑料隔断	1. 边框材料种类、规格 2. 隔板材料品种、规格、颜色 3. 嵌缝、塞口材料品种			1. 骨架及边框制作、运输、安装 2. 隔板制作、运输、安装 3. 嵌缝、塞口
011210005	成品隔断	1. 隔断材料品种、规格、颜色 2. 配件品种、规格	1. m² 2. 间	（1）以平方米计算，按设计图示框外围尺寸以面积计算。 （2）以间计算，按设计间的数量计算	1. 隔断运输、安装 2. 嵌缝、塞口
011210006	其他隔断	1. 骨架、边框材料种类、规格 2. 隔板材料品种、规格、颜色 3. 嵌缝、塞口材料品种	m²	按设计图示框外围尺寸以面积计算。不扣除单个面积在 0.3m² 以内的孔洞所占面积	1. 骨架及边框安装 2. 隔板安装 3. 嵌缝、塞口

（二）相关释义及说明

1. 饰面工程

饰面工程一般是指室内墙（柱）面装饰。基层类型有砖墙（柱）、混凝土墙（柱）、砌块墙、（柱）及内墙、外轻质隔墙等。其中柱分为方柱、圆柱、方柱包圆等。饰面基层龙骨一般用杉木规格为 30mm×40mm，间距为 300mm×300mm，龙骨与面层之间设置胶合板做饰面的垫层。饰面基层的形式有平面状、弧状和凸凹状。饰面材料种类常见的有玻璃面砖、金属饰面板、塑料饰面板、木质饰面板、矿物型板材。其基本构造为在墙体中预埋木砖或预埋铁件，刷热沥青或粘贴油毡防潮层，固定木骨架或金属骨架，在骨架上钉面板（或钉垫层板再做饰面材料），粘贴各种饰面板，油漆罩面。木质饰面板如图 14-7 所示。

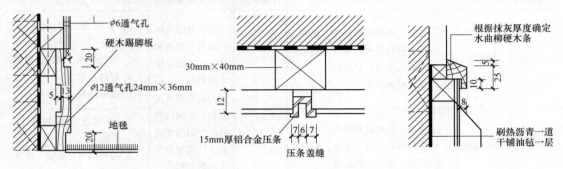

图 14-7　木质饰面板

2. 幕墙工程

幕墙一般适用于外墙做围护。幕墙按有无骨架分为有骨架幕墙（明框、隐框、半隐框）和全玻幕墙；骨架材料有型钢、铝合金、不锈钢等；幕墙面材板分为玻璃（钢化玻璃、夹层玻璃、夹丝玻璃、吸热玻璃、镜面玻璃、中空玻璃）、金属、石板、复合材料板等。

3. 隔断

隔断是指专门作为分隔室内空间的立面，按固定方式分为固定式、移动式；按限定程度分为空透式（如花格、博古架、落地罩等）、隔墙式（玻璃隔断）；按启闭方式分为折叠式、直滑式、拼装式。常用的材料有竹木、玻璃、金属、水泥花格、硬质隔断、软质隔断、帷幕式隔断、家具式隔断、屏风式隔断等。连接固定采用预埋件、预留筋、镶嵌、压条等。

二、《计价定额》相关规定及计价说明

（一）《计价定额》相关规定

（1）本章木作墙柱面是按龙骨、基层、面层分别列项编制的。综合单（基）价中已含普通防腐处理。若有特殊工艺要求的防腐处理，则费用按实计入木材材料单价中。

（2）凡是本章说明了材料规格、龙骨间距者，如设计与定额不同时，允许换算。

（3）本章木龙骨未包括刷防火涂料，应按"P 油漆、涂料、裱糊工程"分部相应定额项目调整。

（4）饰面面层定额中均未包括墙裙压顶线、压条、踢脚线、阴（阳）角线、装饰线等，设计要求时，按"Q 其他装饰工程"分部相应定额计算。

（5）墙、柱梁面的凸凹造型，龙骨、基层、面层每平方米凸凹造型增加细木工 0.1 工日。

（6）墙、柱面装饰面层，如果用两种及以上材料构成，执行拼色拼图案项目，人工乘以系数 1.30，材料乘以系数 1.10。

（7）墙、柱饰面定额未包括刷油漆、涂料、裱糊工程内容，应按"P 油漆、涂料、裱糊工程"分部相应定额项目调整。

（8）幕墙上带窗者，增加的工料按相应定额计算。

（9）幕墙龙骨架材料与设计用量不同时，可按设计调整，损耗按7%计算。

（10）墙柱饰面工程工程量定额计算规则：

1）墙、柱、梁面木装饰龙骨、基层、面层工程量按设计图示墙净长乘以净高以面积计算，附墙垛、门窗侧壁、柱帽柱墩按展开面积并入相应的墙柱面面积内。扣除门窗洞口及单个面积大于0.3m²的孔洞所占的面积。

2）墙、柱、梁面的凹凸造型展开计算，合并在相应的墙柱梁面面积内。

3）墙面装饰浮雕按设计图示尺寸以面积计算。

4）成品装饰柱按设计图示尺寸以面积计算。

（11）幕墙工程量定额计算规则：

1）幕墙按设计图示框外围尺寸以面积计算。与幕墙同种材质的窗所占面积不扣除。

2）幕墙与建筑顶端、两端的封边按图示尺寸以平方米计算，自然层的水平隔离与建筑物的连接按延长米计算。

3）全玻幕墙按设计图示尺寸以面积计算。如有加强肋者，按平面展开面积并入幕墙工程量面积计算。

4）AM0538～AM0544项目如为弧形幕墙，则弧形部分的弯弧费按相应定额人工乘以系数1.10计算。

（12）隔断工程量定额计算规则：

1）按设计图示框外围尺寸以面积计算。扣除单个面积大于0.3m²的孔洞所占的面积。

2）浴厕门的材质与隔断相同时，门的面积并入隔断面积内。

3）全玻隔断的不锈钢边框工程量按边框展开面积计算。

（二）计价说明

工程量清单项目中各类墙饰面对应《计价定额》的相应墙饰面项目，表14-15列出了墙饰面清单项目综合单价可组合的相应计价定额项目。

表14-15　　　　　　　　　　　　　　墙饰面定额组价

项目编码	项目名称	可组合的定额项目	对应的定额编号	计量单位	工作内容
011207001	墙面装饰板	墙面装饰板	AM0467～AM0507	m²	1. 基层清理 2. 龙骨制作、运输、安装 3. 钉隔离层 4. 基层铺钉 5. 面层铺贴

三、应用案例

【例14-3】　某工程有独立柱4根，柱高为6m，柱结构断面尺寸为400mm×400mm，饰面厚度为51mm，具体工程做法为：30mm×40mm单向木龙骨，间距400mm；18mm厚细木工板基层；3mm厚红胡桃面板；醇酸清漆五遍成活。试编制柱饰面工程工程量清单。

解：1. 计算柱饰面工程量

$S_z = [0.4 + 0.051(饰面厚度) \times 2] \times 4 \times 6 = 12.05(m^2)$

2. 编制工程量清单

柱面饰面工程工程量清单见表14-16。

表 14 - 16　　　　　　　　　**分部分项工程量清单与计价表**

工程名称：×××××　　　　　　　　　　　　　　　　标段：　　　　　第 页 共 页

序号	项目编码	项目名称	项目特征	计量单位	工程量	金额		
						综合单价	合价	其中：暂估价
1	011208001001	柱面饰面	1. 龙骨材料种类、规格、中距：30mm×40mm单向木龙骨，间距400mm 2. 基层材料种类、规格：18mm厚细木工板基层 3. 面层材料品种、规格、颜色：3mm厚红胡桃面板，醇酸清漆五遍成活	m²	12.05			

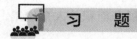

习　题

1. 墙面抹灰的清单计算规则是什么？

2. 立面砂浆找平层适用范围是什么？

3. 块料墙面与抹灰墙面在清单计算规则上有什么差异？

4. 各类勾缝如何计算？

5. 干挂石材钢骨架如何计算，列项有哪些规定？

6. 某工程有现浇钢筋混凝土矩形柱 10 根，柱结构断面尺寸为 500mm×500mm，柱高为 2.8m，柱面采用水泥砂浆抹灰（无墙裙），具体工程做法为：喷乳胶漆两遍；5mm 厚 1：0.3：2.5 水泥石膏砂浆抹面压实抹光；13mm 厚 1：1：6 水泥石膏砂浆打底扫毛；刷素水泥浆一道（内掺水重 3‰～5‰的 108 胶）；混凝土基层。试编制柱面抹灰工程工程量清单并按照《计价定额》计价。

第十五章

天棚工程

学习摘要

本章主要介绍天棚工程的内容。 通过本章的学习熟悉天棚工程中清单项目的划分， 掌握工程量的计算方法和工程量清单的编制及工程量清单计价方法。

天棚又称顶棚、天花板，是室内装饰工程中的一个重要组成部分。分为直接式和悬吊式两种，悬吊式也称吊顶。它不仅具有保温、隔热、隔声和吸声的作用，也是电气、暖卫、通风空调等管线的隐蔽层。按材料不同可分为抹灰天棚、纸面石膏板天棚、金属饰面天棚等。按功能不同可分为发光天棚，艺术装饰天棚，吸声、隔声天棚等。按施工方法和装饰材料不同可分为直接喷浆天棚、悬吊式直接抹灰天棚、直接粘贴式天棚。

GB 50854—2013 将天棚工程分为天棚抹灰、天棚吊顶、采光天棚工程、天棚其他装饰四个分部工程项目。

第一节 天 棚 抹 灰

天棚抹灰多为一般抹灰，材料及组成同墙柱面的一般抹灰。

一、GB 50854—2013 相关规定

（一）工程量清单项目设置及工程量计算规则

GB 50854—2013 附录中天棚抹灰项目，工程量清单项目的设置及项目特征描述的内容、计量单位、工程量计算规则应按表 15-1 的规定执行。

表 15-1　　　　　　　　　　　天棚抹灰（编码：011301）

项目编码	项目名称	项目特征	计量单位	工程量计算规则	工作内容
011301001	天棚抹灰	1. 基层类型 2. 抹灰厚度、材料种类 3. 砂浆配合比	m²	按设计图示尺寸以水平投影面积计算。不扣除间壁墙、垛、柱、附墙烟囱、检查口和管道所占的面积，带梁天棚、梁两侧抹灰面积并入天棚面积内，板式楼梯底面抹灰按斜面积计算，锯齿形楼梯底板抹灰按展开面积计算	1. 基层清理 2. 底层抹灰 3. 抹面层

（二）相关释义及说明

（1）天棚抹灰一般包括水泥砂浆抹灰、石灰砂浆抹灰、混合砂浆抹灰及水泥砂浆底纸筋灰面抹灰。工程无论采用何种形式的抹灰，在编制清单时一律采用天棚抹灰的项目名称。具体的抹灰方式、抹灰厚度和材料种类、砂浆配合比等可在项目特征描述中表达，便于投标人进行报价。

（2）天棚抹灰项目基层类型是指混凝土现浇板、预制混凝土板、钢板网、木板条等，抹灰面材料有水泥砂浆、混合砂浆、石灰砂浆等。

二、《计价定额》相关规定及计价说明

（一）《计价定额》相关规定

（1）天棚抹灰定额内已包括基层刷水泥 801 胶浆一遍的工料。

（2）装饰线系指天棚面或内墙面抹灰起线，形成突出的棱角，每一个突出棱角为一道线。装饰线抹灰定额中只包括突出部分的工料，不包括底层抹灰的工料。

（3）井字梁天棚系指井内面积不大于 5m² 的密肋小梁天棚。

（4）天棚抹灰面积按墙与墙间的净空面积计算，不扣除间壁墙（厚度不大于 120mm 的墙体）、垛、附墙烟囱、检查洞、天棚装饰线脚、管道以及 0.3m² 以内的占位面积。

（5）槽形板底、混凝土折瓦板底、密肋板底、井字梁板底抹灰工程量按表 15 - 2 的规定乘以系数计算。

表 15 - 2   槽形板底、混凝土折瓦板底、密肋板底、井字梁板底抹灰工程量系数

项目	系数	工程量计算方法
槽形底板、混凝土折瓦板底	1.35	梁肋不展开，以长乘以宽计算
密肋板底、井字梁板底	1.50	

（6）有梁板底抹灰按展开面积计算，梁两侧抹灰面积并入天棚面积内。

（7）天棚抹灰定额内已综合考虑了小圆角的工料，如带有装饰线角者，分别按小于或等于三道线或小于或等于五道线，以延长米计算。

（8）阳台底面抹灰按设计图示尺寸以水平投影面积计算，并入相应天棚抹灰面积内。阳台如带悬臂梁者，其工程量乘以系数 1.30。

（9）雨篷底面抹灰按设计图示尺寸以水平投影面积计算，并入相应天棚抹灰面积内。雨篷如带悬臂梁者，其工程量乘以系数 1.20。

（10）檐口天棚的抹灰，并入相应的天棚抹灰工程量内计算。

（11）板式楼梯底面抹灰按斜面积计算，锯齿形楼梯底面抹灰按展开面积计算。

（二）计价说明

工程量清单项目中的天棚抹灰项目对应《计价定额》的相应定额项目。表 15 - 3 列出了天棚抹灰清单项目可组合的主要内容以及对应的计价定额子目。

表 15 - 3   天棚抹灰组价定额

项目编码	项目名称	可组合的定额内容	对应的定额编号	项目特征	计量单位	工作内容
011301001	天棚抹灰	纸筋灰浆面 麻刀砂浆面 石膏灰浆面 水泥砂浆面 混合砂浆面	AN0001～AN0014	1. 基层类型 2. 抹灰厚度、材料种类 3. 砂浆配合比级	m²	1. 基层清理 2. 底层抹灰 3. 抹面层

三、应用案例

【例 15-1】 如图 15-1 所示，某工程共有两个房间，房间均采用水泥砂浆抹灰天棚，该工程所有墙体均为 240mm 厚，试编制该居室 1 和居室 2 房间天棚抹灰工程量清单。

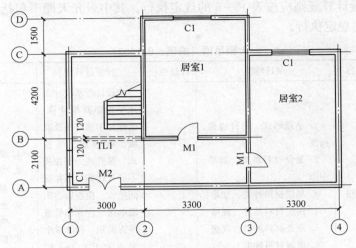

图 15-1 某工程首层平面图

解： 居室 2：$S_2=(3.3-0.24)\times(2.1+4.2-0.24)=18.54(\text{m}^2)$

居室 1：$S_1=(3.3-0.24)\times(1.5+4.2-0.24)=16.71(\text{m}^2)$

总工程量：$S=S_2+S_1=18.54+16.71=35.25(\text{m}^2)$

分部分项工程量清单见表 15-4。

表 15-4　　　　　　　　　　分部分项工程量清单

序号	项目编码	项目名称	项目特征描述	计量单位	工程量
1	011301001001	天棚抹灰	基层类型：混凝土 抹灰砂浆：水泥砂浆	m²	35.25

第二节 天棚吊顶

悬吊式天棚又称"吊顶"，它离屋顶或楼板的下表面有一定的距离，通过悬挂物与主体结构联结在一起。这类顶棚类型较多，构造复杂。较常见的是纸面石膏板吊顶、铝扣板吊顶等。主要构造包括吊筋、龙骨和面板。吊筋常用的材料有钢筋、型钢、木条、钢丝等。龙骨按材料不同可分为木骨架和金属骨架，金属骨架又可分为轻钢骨架和铝合金骨架。骨架主要由主龙骨、次龙骨和横撑龙骨等几部分组成。面板按不同材料可分为以下几类：植物型板材（如胶合板、水泥木丝板、刨花板等）；矿物型板材（如石膏板、矿棉装饰吸声板、纤维水泥加压板等）；塑料板材（如塑料装饰罩面板）；玻璃板材（如玻璃棉装饰吸声板、玻璃饰面板等）；金属板材（如铝合金罩面板、金属微孔吸声板等）。

天棚吊顶区分不同的吊顶类型，有吊顶天棚、格栅吊顶、吊筒吊顶、藤条造型悬挂吊顶、织物软雕吊顶、网架（装饰）吊顶六个清单项目。

一、《计量规范》相关规定

（一）工程量清单项目设置及工程量计算规则

GB 50854—2013 附录中天棚吊顶项目，工程量清单项目的设置及项目特征描述的内容、计量单位、工程量计算规则应按表 15-5 的规定执行。其中采光天棚不包括在其中，单独列项，按表 15-6 的规定执行。

表 15-5　　　　　　　　　　　　　　天棚吊顶（编码：011302）

项目编码	项目名称	项目特征	计量单位	工程量计算规则	工作内容
011302001	吊顶天棚	1. 吊顶形式、吊杆规格、高度 2. 龙骨材料种类、规格、中距 3. 基层材料种类、规格 4. 面层材料品种、规格 5. 压条材料种类、规格 6. 嵌缝材料种类 7. 防护材料种类	m²	按设计图示尺寸以水平投影面积计算。天棚面中的灯槽及跌级、锯齿形、吊挂式、藻井式天棚面积不展开计算。不扣除间壁墙、检查口、附墙烟囱、柱垛和管道所占面积，扣除单个面积大于 0.3m² 的孔洞、独立柱及与天棚相连的窗帘盒所占的面积	1. 基层清理、吊杆安装 2. 龙骨安装 3. 基层板铺贴 4. 面层铺贴 5. 嵌缝 6. 刷防护材料
011302002	格栅吊顶	1. 龙骨材料种类、规格、中距 2. 基层材料种类、规格 3. 面层材料品种、规格 4. 防护材料种类		按设计图示尺寸以水平投影面积计算	1. 基层清理 2. 龙骨安装 3. 基层板铺贴 4. 面层铺贴 5. 刷防护材料
011302003	吊筒吊顶	1. 吊筒形状、规格 2. 吊筒材料种类 3. 防护材料种类			1. 基层清理 2. 吊筒制作安装 3. 刷防护材料
011302004	藤条造型悬挂吊顶	1. 骨架材料种类、规格 2. 面层材料品种、规格			1. 基层清理 2. 龙骨安装 3. 铺贴面层
011302005	织物软雕吊顶				
011302006	网架（装饰）吊顶	网架材料品种、规格			1. 基层清理 2. 网架制作安装

表 15-6　　　　　　　　　　　　　　采光天棚工程（编码：011303）

项目编码	项目名称	项目特征	计量单位	工程量计算规则	工作内容
011303001	采光天棚	1. 骨架类型 2. 固定类型、固定材料品种、规格 3. 面层材料品种、规格 4. 嵌缝、塞口材料种类	m²	按框外围展开面积计算	1. 清理基层 2. 面层制作安装 3. 嵌缝、塞口 4. 清洗

（二）相关释义及说明

（1）天棚吊顶一般包含龙骨、基层材料和面层材料三部分。

（2）格栅吊顶适用于木格栅、金属格栅、塑料格栅等。

（3）吊筒吊顶适用于木质吊筒、竹质吊筒、金属吊筒、塑料吊筒及圆形、矩形、扁钟形吊筒等。

（4）天棚吊顶油漆防护，应该按油漆、涂料、裱糊工程中相应分项工程的工程量清单项目编码列项。

（5）天棚压线、装饰线，应该按其他工程中相应分项工程的工程量清单项目编码列项。

（6）当天棚设置隔热、保温层时，应该按隔热、保温中相应分项工程的工程量清单项目编码列项。

（7）采光天棚骨架应单独按金属结构工程相关项目编码列项。

二、《计价定额》相关规定及计价说明

（一）《计价定额》相关规定

（1）天棚吊顶是按龙骨、基层、面层分别列项编制的，使用时，根据设计选用。

（2）天棚龙骨是按常用材料、规格和常用做法编制的，如与设计要求不同时，材料允许调整，人工及其他材料不变。

（3）天棚木龙骨未包括刷防火涂料，按"P 油漆、涂料、裱糊工程"中相应定额项目执行。

（4）天棚龙骨项目未包括灯具、电气设备等安装所需的吊挂件，发生时另行计算。

（5）吊筋安装，定额中上人型按预埋铁件计算，不上人型按射钉固定计算。如为砖墙上钻洞、搁放骨架者，按相应天棚项目，每 100m^2 增加一般装饰技工 1.4 工日；上人型天棚吊筋改为射钉固定者，每 100m^2 减少一般装饰技工 0.25 工日，吊筋 3.8kg，增加钢板 27.6kg，射钉 585 个。不上人型天棚龙骨吊筋改为预埋时，每 100m^2 增加一般装饰技工 0.97 工日，吊筋 30kg。

（6）天棚圆木骨架，用于板条、钢板网、木丝板天棚面层时，扣除定额中的 1.13m^3 的原木；天棚方木骨架，用于板条、钢板网、木丝板天棚面层时，扣除定额中的 0.904m^3 的锯材。

（7）天棚面层定额中已包括检查孔的工料，不另计算，但未包括各种装饰线条，设计要求时，另行计算。

（8）天棚面层在同一标高者为平面天棚，天棚面层不在同一标高者为跌级天棚。跌级造型天棚，其面层安装人工费乘以系数 1.20。

（9）胶合板如钻吸声孔时，每 100m^2 增加一般装饰技工 6.5 工日。

（10）中空玻璃采光天棚、钢化玻璃采光天棚的金属结构骨架按金属分部相应定额项目计算。

（11）天棚龙骨按主墙间净空面积计算，不扣除间壁墙、检查口、附墙烟囱、柱、垛和管道所占的面积，但天棚中的折线、迭落等圆弧形、高低灯槽等面积也不展开计算。

（12）天棚基层及面层按实铺面积计算，扣除大于 0.3m^2 的占位面积及与天棚相连的窗帘盒所占的面积。天棚中的折线、迭落等圆弧形、拱形、高低灯槽及其他艺术形式天棚面层，按展开面积计算。

（13）楼梯底面的装饰工程量按实铺面积计算。

（14）凹凸天棚按展开面积计算。

（15）镶贴镜面按实铺面积计算。

（16）采光天棚按框外围展开面积计算。

（二）计价说明

工程量清单项目中的天棚吊顶、采光天棚项目分别对应《计价定额》的相应天棚吊顶、采光天棚等定额项目。

三、应用案例

【例 15 - 2】   如图 15 - 2 所示，某天棚吊顶做法为：龙牌 U 形轻型龙骨不上人，细木工板基层，石膏板面层，板缝贴胶带、点锈、刷白色乳胶漆 2 遍。试编制天棚吊顶工程量清单。

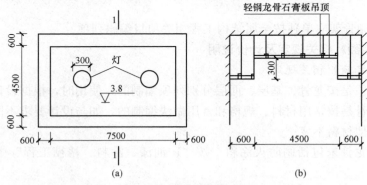

图 15 - 2 某房间天棚吊顶

（a）平面图；（b）1—1 剖面图

解： 吊顶工程量为

$$(7.5+0.6+0.6)\times(4.5+0.6+0.6)=49.59(\text{m}^2)$$

其工程量清单见表 15 - 7。

表 15 - 7   **分部分项工程量清单**

工程名称：某装饰工程

序号	项目编码	项目名称	项目特征描述	计量单位	工程量
1	011302001001	天棚吊顶	U38 轻型龙骨不上人，细木工板基层，石膏板面层，板缝贴胶带、点锈、刷白色乳胶漆两遍	m²	49.59

【例 15 - 3】   某建筑平面图如图 15 - 3 所示，墙厚 240mm，天棚基层类型为混凝土现浇板，方柱尺寸为 400mm×400mm。若装潢为天棚吊顶，试计算天棚的清单工程量。

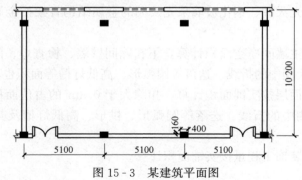

图 15 - 3 某建筑平面图

解: 天棚吊顶工程量＝天棚抹灰的工程量－独立柱的工程量

$$=(5.1\times3-0.24)\times(10.2-0.24)-0.4\times0.4\times2=149.68(m^2)$$

其工程量清单见表 15-8。

表 15-8　　　　　　　　　　　　　分部分项工程量清单

序号	项目编码	项目名称	项目特征描述	计量单位	工程量
1	011302001	天棚吊顶	基层材料：现浇混凝土板	m²	149.68

第三节　天棚其他装饰

一、GB 50854—2013 相关规定

（一）工程量清单项目设置及工程量计算规则

GB 50854—2013 附录中天棚其他装饰项目，工程量清单项目的设置及项目特征描述的内容、计量单位、工程量计算规则应按表 15-9 的规定执行。

表 15-9　　　　　　　　　　　天棚其他装饰（编码：011304）

项目编码	项目名称	项目特征	计量单位	工程量计算规则	工作内容
011304001	灯带（槽）	1. 灯带型式、尺寸 2. 格栅片材料品种、规格 3. 安装固定方式	m²	按设计图示尺寸以框外围面积计算	安装、固定
011304002	送风口、回风口	1. 风口材料品种、规格 2. 安装固定方式 3. 防护材料种类	个	按设计图示数量计算	1. 安装、固定 2. 刷防护材料

（二）相关释义及说明

（1）灯带格栅包括不锈钢格栅、铝合金格栅、玻璃类格栅。

（2）送风口、回风口包括金属、塑料、木质风口。

二、《计价定额》相关规定及计价说明

（1）灯带、灯槽：按设计图示尺寸以框外围面积计算。

（2）送风口、回风口：按设计图示数量以个计算。

（3）工程量清单项目中的天棚其他装饰项目对应《计价定额》的相应天棚其他装饰定额项目。表 15-10 列出了天棚其他装饰清单项目可组合的主要内容以及对应的计价定额子目。

表 15-10　　　　　　　　　　　天棚其他装饰组价定额

项目编码	项目名称	可组合的定额内容	对应的定额编号	计量单位	工作内容
011304001	灯带（灯槽）	天棚灯片	AN0156～AN0159	m²	安装、固定
011304002	送风口、回风口	送风口	AN0160～AN0161	个	1. 安装、固定
		回风口	AN0162～AN0163		2. 刷防护材料
		根据设计执行相应的定额			

习　题

1. 某办公室建筑平面如图 15‑4 所示，现浇混凝土天棚抹灰采用含 107 胶素水泥一道，混合砂浆底，腻子 2 遍，乳胶漆 2 遍。已知 M 尺寸为 900mm×2100mm，C 尺寸为 1500mm×1800mm，墙厚均为 240mm，墙中心线居中轴线。试编制天棚抹灰工程量清单并计价。

2. 某会议室不上人型装配式 U 形轻钢龙骨跌级吊顶，如图 15‑5 所示，试计算顶棚龙骨、基层板、面层板工程量并确定定额项目。

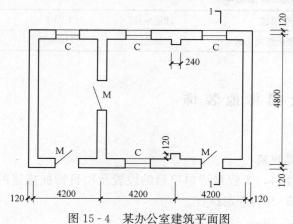

图 15‑4　某办公室建筑平面图

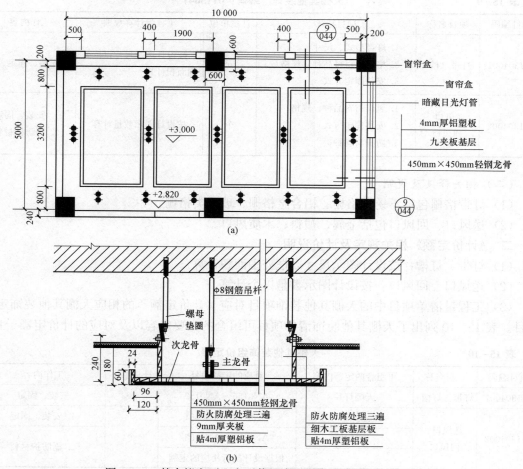

图 15‑5　某会议室不上人型装配式 U 形轻钢龙骨跌级吊顶

第十六章

门窗工程

学习摘要

本章主要内容包括木门窗、金属门窗、五金等项目工程量的计算及计价相关知识。通过本章学习，熟悉门窗的分类；熟悉厂房大门工程量的计算；重点掌握门窗及五金安装工程量计算及计价。

门窗是重要的建筑构件，同时也是重要的装饰构件。门窗的种类按材料的不同可分为木门窗、钢门床、铝合金门窗、塑钢门窗、玻璃门窗等。

GB 50854—2013 附录中门窗工程分为木门；金属门；金属卷帘门；厂库房大门、特种门；其他门；木窗；金属窗；门窗套；窗台板；窗帘、窗帘盒、轨等清单项目。

《计价定额》关于门窗工程的共性问题说明：

该分部门窗（厂、库房大门除外）均以成品安装编制项目，成品门窗单价，包括成品制作及运输费用。若采用现场制作的门窗，应包括制作的所有费用。

第一节　木门、木窗

木门的门框均用木料制作，按其门芯板材料一般可分为镶板门（门芯板用数块木板拼合而成）、胶合板门（门芯板用整块三合板）、半截玻璃门、全玻门以及拼板门等。常用的木门门扇有：

（1）镶板门，是广泛使用的一种门，由边挺、上冒头、中冒头（可作数根）和下冒头组成骨架，内装门芯板而构成。门扇由骨架和门芯板组成。芯板可为木板、胶合板、硬质纤维板、塑料板、玻璃等。门芯板为玻璃时，则为玻璃门。门芯为纱或百页时，则为纱门或百叶门。

（2）夹板门，用断面较小的方木做成骨架，两面粘贴面板而成。

（3）拼板门，拼板门的门扇由骨架和条板组成。

一、GB 50854—2013 相关规定

（一）工程量清单项目设置及工程量计算规则

GB 50854—2013 附录中木门、木窗项目，工程量清单项目的设置及项目特征描述的内

容、计量单位、工程量计算规则应分别按表 16-1 和表 16-2 的规定执行。

表 16-1　　　　　　　　　木门（编码：010801）

项目编码	项目名称	项目特征	计量单位	工程量计算规则	工作内容
010801001	木质门	1. 门代号及洞口尺寸 2. 镶嵌玻璃品种、厚度	1. 樘 2. m²	（1）以樘计量，按设计图示数量计算 （2）以平方米计量，按设计图示洞口尺寸以面积计算	1. 门安装 2. 玻璃安装 3. 五金安装
010801002	木质门带套
010801003	木质连窗门
010801004	木质防火门
010801005	木门框	1. 门代号及洞口尺寸 2. 框截面尺寸 3. 防护材料种类	1. 樘 2. m	（1）以樘计量，按设计图示数量计算。 （2）以米计量，按设计图示框的中心线以延长米计算	1. 木门框制作、安装 2. 运输 3. 刷防护材料
010801006	门锁安装	1. 锁品种 2. 锁规格	个（套）	按设计图示数量计算	安装

表 16-2　　　　　　　　　木窗（编码：010806）

项目编码	项目名称	项目特征	计量单位	工程量计算规则	工作内容
010806001	木质窗	1. 窗代号及洞口尺寸 2. 玻璃品种、厚度	1. 樘 2. m²	（1）以樘计量，按设计图示数量计算。 （2）以平方米计量，按设计图示洞口尺寸以面积计算	1. 窗安装 2. 五金、玻璃安装
010806002	木飘（凸）窗
010806003	木橱窗	1. 窗代号 2. 框截面及外围展开面积 3. 玻璃品种、厚度 4. 防护材料种类		（1）以樘计量，按设计图示数量计算。 （2）以平方米计量，按设计图示尺寸以框外围展开面积计算	1. 窗制作、运输、安装 2. 五金、玻璃安装 3. 刷防护材料
010806004	木纱窗	1. 窗代号及框的外围尺寸 2. 窗纱材料品种、规格		（1）以樘计量，按设计图示数量计算。 （2）以平方米计量，按框外围尺寸以面积计算	1. 窗安装 2. 五金安装

（二）相关释义及说明

1. 木门

（1）木质门应区分镶板木门、企口木板门、实木装饰门、胶合板门、夹板装饰门、木纱门、全玻门（带木质扇框）、木质半玻门（带木质扇框）等项目，分别编码列项。

（2）木门五金应包括折页、插销、门碰珠、弓背拉手、搭机、木螺钉、弹簧折页（自动门）、管子拉手（自由门、地弹门）、地弹簧（地弹门）、角铁、门轧头（地弹门、自由门）等。

（3）木质门带套计量按洞口尺寸以面积计算，不包括门套的面积，但门套应计算在综合单价中。

（4）以樘计量，项目特征必须描述洞口尺寸；以平方米计量，项目特征可不描述洞口尺寸。

（5）单独制作安装木门框按木门框项目编码列项。

2. 木窗

（1）木质窗应区分木百叶窗、木组合窗、木天窗、木固定窗、木装饰空花窗等项目，分别编码列项。

（2）以樘计量，项目特征必须描述洞口尺寸，没有洞口尺寸必须描述窗框外围尺寸；以平方米计量，项目特征可不描述洞口尺寸及框的外围尺寸。

（3）以平方米计量，无设计图示洞口尺寸，按窗框外围以面积计算。

（4）木橱窗、木飘（凸）窗以樘计量，项目特征必须描述框截面及外围展开面积。

（5）木窗五金包括折页、插销、风钩、木螺钉、滑楞滑轨（推拉窗）等。

二、《计价定额》相关规定及说明

（一）《计价定额》相关规定

1. 木门窗说明

（1）该分部木门框所注明的框断面是以边立挺设计净断面为准，框截面如为钉条者，应加钉条的断面计算。刨光损耗包括在定额内，不另计算。

（2）各类门窗的区别如下：

1）全部用冒头结构镶板者，称"镶板门"。

2）在同一门扇上装玻璃和镶板（钉板）者，玻璃面积大于或等于镶板（钉板）面积的1/2者，称"半玻门"。

3）在同一门扇上无镶板（钉板），全部装玻璃者，称"全玻门"。

4）用上下冒头或一根中冒头钉企口板，板面起三角槽者，称"拼板门"。

（3）门窗安装定额内已包括门窗框刷防腐油、安放木砖和框边填石灰麻刀浆、水泥砂浆或嵌油灰等的工料。

（4）"镶板、胶合板门带窗""镶板、胶合板门带窗带纱"分别按该分部门、窗相应项目执行。

（5）木质"半玻自由门""全玻自由门"按木质自由门项目执行。

（6）该分部门窗定额项目包括普通五金及配件，不包括特殊五金及门锁，设计要求时执行门锁、特殊五金相应定额项目。

（7）该分部门窗定额项目不包括木门扇的镶嵌雕花等工艺制作及其材料。

2. 木门窗工程量计算规则

（1）木质门、木质门带套、木质防火门、木质窗安装工程量，按设计门窗洞口尺寸以面积计算，无框者按扇外围面积计算。

（2）木纱窗、装饰空花木窗安装工程量，按框外围面积计算。

（3）木门框制作安装工程量，按设计门洞口尺寸以面积计算。

（二）计价说明

工程量清单项目中的木门、木窗项目对应《计价定额》的相应定额项目。木质门的组价定额参照表 16 - 3。

表 16 - 3　　　　　　　　　　木质门组价定额

项目编码	项目名称	可组合的定额内容	对应的定额编号	计量单位	工作内容
010801001	木质门	镶板门带框	AH0001～AH0002	1. 樘 2. m²	1. 门安装 2. 玻璃安装 3. 五金安装
		胶合板门带框	AH0001～AH0002		
		门锁安装	AH00271～AH0030		
		特殊五金安装	AH0031～AH0034		

三、应用案例

【例 16 - 1】　如图 16 - 1 所示，某家庭套房装修镶板木门。根据招标人提供的资料：门洞尺寸为 800mm×2000mm，镶板木门 3 樘，实木门框断面尺寸为 50mm×100mm，门面刷油底漆一遍，刮腻子、调和漆两遍。依据 GB 50500—2013 计算原则，编制镶板木门分部分项工程量清单，说明项目特征。

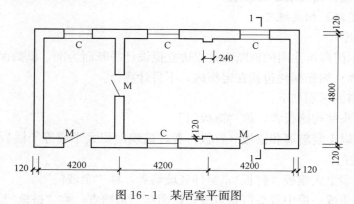

图 16 - 1　某居室平面图

解：分部分项工程量清单见表 16 - 4。

表 16 - 4　　　　　　　　　　分部分项工程量清单

序号	项目编码	项目名称	项目特征描述	计量单位	工程量
1	010801001001	镶板门	1. 门类型：实木镶板门 2. 框截面尺寸、单扇面积：50mm×100mm，1.60m² 3. 油漆品种、刷漆遍数：底漆一遍，调和漆两遍	樘	3

第二节　金属门、金属窗

一、GB 50854—2013 相关规定

（一）工程量清单项目设置及工程量计算规则

GB 50854—2013 附录中金属门、金属窗项目，工程量清单项目的设置及项目特征描述的内容、计量单位、工程量计算规则应分别按表 16 - 5 和表 16 - 6 的规定执行。

表 16 - 5　　　　　　　　　　　金属门（编码：010802）

项目编码	项目名称	项目特征	计量单位	工程量计算规则	工作内容
010802001	金属（塑钢）门	1. 门代号及洞口尺寸 2. 门框或扇外围尺寸 3. 门框、扇材质 4. 玻璃品种、厚度	1. 樘 2. m²	（1）以樘计量，按设计图示数量计算。 （2）以平方米计量，按设计图示洞口尺寸以面积计算	1. 门安装 2. 五金安装 3. 玻璃安装
010802002	彩板门	1. 门代号及洞口尺寸 2. 门框或扇外围尺寸			
010802003	钢质防火门	1. 门代号及洞口尺寸 2. 门框或扇外围尺寸 3. 门框、扇材质			
010702004	防盗门	1. 门代号及洞口尺寸 2. 门框或扇外围尺寸 3. 门框、扇材质			1. 门安装 2. 五金安装

表 16 - 6　　　　　　　　　　　金属窗（编码：010807）

项目编码	项目名称	项目特征	计量单位	工程量计算规则	工作内容
010807001	金属（塑钢、断桥）窗	1. 窗代号及洞口尺寸 2. 框、扇材质 3. 玻璃品种、厚度	1. 樘 2. m²	（1）以樘计量，按设计图示数量计算。 （2）以平方米计量，按设计图示洞口尺寸以面积计算	1. 窗安装 2. 五金、玻璃安装
010807002	金属防火窗				
010807003	金属百叶窗				
010807004	金属纱窗	1. 窗代号及洞口尺寸 2. 框材质 3. 窗纱材料品种、规格		（1）以樘计量，按设计图示数量计算。 （2）以平方米计量，按框外围尺寸以面积计算	1. 窗安装 2. 五金安装
010807005	金属格栅窗	1. 窗代号及洞口尺寸 2. 框外围尺寸 3. 框、扇材质		（1）以樘计量，按设计图示数量计算。 （2）以平方米计量，按设计图示洞口尺寸以面积计算	
010807006	金属（塑钢、断桥）橱窗	1. 窗代号 2. 框外围展开面积 3. 框、扇材质 4. 玻璃品种、厚度 5. 防护材料种类		（1）以樘计量，按设计图示数量计算。 （2）以平方米计量，按设计图示尺寸以框外围展开面积计算	1. 窗制作、运输、安装 2. 五金、玻璃安装 3. 刷防护材料
010807007	金属（塑钢、断桥）飘（凸）窗	1. 窗代号 2. 框外围展开面积 3. 框、扇材质 4. 玻璃品种、厚度			
010807008	彩板窗	1. 窗代号及洞口尺寸 2. 框外围尺寸 3. 框、扇材质 4. 玻璃品种、厚度		（1）以樘计量，按设计图示数量计算。 （2）以平方米计量，按设计图示洞口尺寸或框外围以面积计算	1. 窗安装 2. 五金、玻璃安装
010807009	复合材料窗				

（二）相关释义及说明

1. 金属门

（1）金属门应区分金属平开门、金属推拉门、金属地弹门、全玻门（带金属扇框）、金属半玻门（带扇框）等项目，分别编码列项。

（2）铝合金门五金包括地弹簧、门锁、拉手、门插、门铰、螺钉等。

（3）金属门五金包括 L 型执手插锁（双舌）、执手锁（单舌）、门轨头、地锁、防盗门机、门眼（猫眼）、门碰珠、电子锁（磁卡锁）、闭门器、装饰拉手等。

（4）以樘计量，项目特征必须描述洞口尺寸，没有洞口尺寸必须描述门框或扇外围尺寸；以平方米计量，项目特征可不描述洞口尺寸及框、扇的外围尺寸。

（5）以平方米计量，无设计图示洞口尺寸，按门框、扇外围以面积计算。

2. 金属窗

（1）金属窗应区分金属组合窗、防盗窗等项目，分别编码列项。

（2）以樘计量，项目特征必须描述洞口尺寸，没有洞口尺寸必须描述窗框外围尺寸；以平方米计量，项目特征可不描述洞口尺寸及框的外围尺寸。

（3）以平方米计量，无设计图示洞口尺寸，按窗框外围以面积计算。

（4）金属橱窗、飘（凸）窗以樘计量，项目特征必须描述框外围展开面积。

（5）金属窗五金包括卡锁、滑轮、铰拉、执手、拉把、拉手、风撑、角码、牛角制等。

二、《计价定额》相关规定及说明

1. 金属门窗说明

（1）空腹钢门、钢窗均按钢门窗定额计算。

（2）门窗定额内已包括预埋铁件、水泥脚和玻璃卡以及水泥砂浆或混凝土嵌缝的工料等。

（3）双层窗按定额单价乘以系数 2 计算。

（4）金属门窗定额项目包括普通五金及附件、毛条（胶条）、玻璃胶，不包括特殊五金及门锁。

（5）钢百叶窗按塑钢百叶窗定额项目执行。

（6）彩板窗的副框按彩板门副框定额项目执行。

2. 金属门窗工程量计算规则

（1）钢门窗、塑钢门窗、铝合金门窗、断桥铝合金门窗、铝合金地弹门、不锈钢地弹门安装工程量，按设计门窗洞口面积以平方米计算。

（2）钢质防火门、防盗门、金属防火窗、金属百叶窗、彩板门窗安装工程量，按设计门窗洞口面积以平方米计算，金属纱门窗按框外围面积计算。

（3）防盗窗、金属格栅窗按框外围面积计算。

（4）彩板组角门附框安装按延长米计算，彩板组角窗附框按彩板门附框项目执行。

（5）金属（塑钢、断桥）飘（凸）窗按展开面积计算，套相应金属（塑钢、断桥）窗定额。

（6）金属（塑钢、断桥）橱窗制作、安装。

1）橱窗封边按设计图示饰面外围尺寸展开面积以平方米计算。

2）橱窗玻璃安装按设计图示封边框内边缘尺寸以平方米计算。

3）玻璃肋安装按设计图示肋的尺寸以平方米计算。

4）玻璃磨边以延长米计算。

三、应用案例

【例 16 - 2】　按图 16 - 2 设计要求制作安装铝合金门带窗 40 樘，试计算其清单工程量。

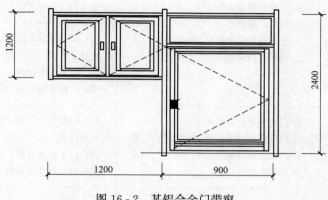

图 16 - 2　某铝合金门带窗

解： 其工程量计算如下：

清单工程量为 40 樘或铝合金门工程量为

$$0.9 \times 2.4 \times 40 = 86.4(\text{m}^2)$$

铝合金窗工程量为

$$1.2 \times 1.2 \times 40 = 57.6(\text{m}^2)$$

其工程量清单见表 16 - 7。

表 16 - 7　　　　　　　　　　　　　分部分项工程量清单

序号	项目编码	项目名称	项目特征描述	计量单位	工程量
1	010802001001	金属平开门	1. 门类型：铝合金，平开 2. 框截面尺寸：900mm×2400mm	m²	86.4
2	010807001001	金属平开窗	1. 窗类型：铝合金，平开 2. 框截面尺寸：1200mm×1200mm	m²	57.6

第三节　厂房大门、特种门

一、GB 50854—2013 相关规定

（一）工程量清单项目设置及工程量计算规则

GB 50854—2013 附录中厂房大门、特种门项目，工程量清单项目的设置及项目特征描述的内容、计量单位、工程量计算规则应按表 16 - 8 的规定执行。

表 16 - 8　　厂库房大门、特种门（编码：010804）

项目编码	项目名称	项目特征	计量单位	工程量计算规则	工作内容
010804001	木板大门			（1）以樘计量，按设计图示数量计算。	
010804002	钢木大门	1. 门代号及洞口尺寸 2. 门框或扇外围尺寸 3. 门框、扇材质 4. 五金种类、规格 5. 防护材料种类		（2）以平方米计量，按设计图示洞口尺寸以面积计算。	1. 门（骨架）制作、运输 2. 门、五金配件安装 3. 刷防护材料
010804003	全钢板大门			（1）以樘计量，按设计图示数量计算。	
010804004	防护铁丝门			（2）以平方米计量，按设计图示门框或扇以面积计算	
010804005	金属格栅门	1. 门代号及洞口尺寸 2. 门框或扇外围尺寸 3. 门框、扇材质 4. 启动装置的品种、规格	1. 樘 2. m²	（1）以樘计量，按设计图示数量计算。 （2）以平方米计量，按设计图示洞口尺寸以面积计算	1. 门安装 2. 启动装置、五金配件安装
010804006	钢质花饰大门	1. 门代号及洞口尺寸 2. 门框或扇外围尺寸 3. 门框、扇材质		（1）以樘计量，按设计图示数量计算。 （2）以平方米计量，按设计图示门框或扇以面积计算	1. 门安装 2. 五金配件安装
010804007	特种门			（1）以樘计量，按设计图示数量计算。 （2）以平方米计量，按设计图示洞口尺寸以面积计算	

（二）相关释义及说明

（1）特种门应区分冷藏门、冷冻间门、保温门、变电室门、隔声门、防射电门、人防门、金库门等项目，分别编码列项。

（2）以樘计量，项目特征必须描述洞口尺寸，没有洞口尺寸必须描述门框或扇外围尺寸；以平方米计量，项目特征可不描述洞口尺寸及框、扇的外围尺寸。

（3）以平方米计量，无设计图示洞口尺寸，按门框、扇外围以面积计算。

二、《计价定额》相关规定及说明

1. 厂、库房大门、特种门说明

（1）厂、库房大门木材种类均以一、二类木种为准，如采用三、四类木种时，制作、安装人工费、机械费乘以系数 1.26。

（2）金属格栅门、钢质花饰大门、特种门均按工厂制品、现场安装编制。

（3）厂、库房大门、特种门的五金按实计算。

（4）厂、库房大门安装定额内已包括门窗框刷防腐油、安放木砖、框边填石灰麻刀浆或嵌油灰以及安装一般五金等的工料。

（5）全钢板大门和围墙铁丝门项目定额内已包括刷一遍红丹酚醛防锈漆的工料。

（6）全钢板大门和围墙铁丝门的五金（包括折页、门轴、门闩、插销等）均已考虑，地

（滑）轮、滑轨、阻扁轮或轴承等零件，应按设计要求另行计算。

（7）定额项目内所列的垫铁（或铁件），是为施工中调整偏差和标高使用的。

（8）门窗扇包镀锌铁皮，以双面为准，如设计规定为单面包铁皮时，其工料乘系数 0.67。

2. 厂、库房大门、特种门计算规则

（1）厂、库房大门运输定额项目包括框和扇的运输，工程量按门窗洞口面积计算。若单运框或扇时定额项目乘以系数 0.5。

（2）木板大门、钢木大门制作安装项目中标明有框的按洞口面积计算工程量，无框的按扇外围面积计算工程量。

（3）特种门安装工程量，按设计门窗洞口尺寸以面积计算。

（4）全钢板大门、防护铁丝门制作安装工程量，按设计门扇外围面积计算。

（5）金属格栅门安装工程量，按框外围面积计算。

（6）钢质花饰大门安装工程量，按扇外围面积计算。

（7）大门钢骨架按设计图示尺寸以质量计算，不扣除孔眼、切边的质量，焊条、铆钉等不另增加质量，不规则或多边形钢板以其外接矩形面积乘以厚度，以单位理论质量计算。

三、应用案例

【例 16 - 3】　求如图 16 - 3 所示全钢板大门的工程量。

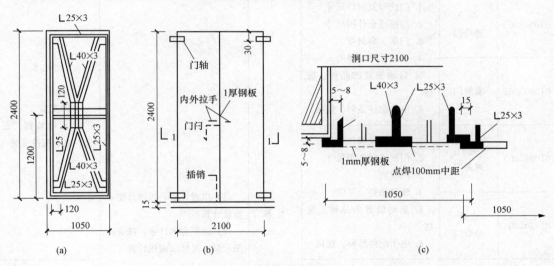

图 16 - 3　某钢板大门示意图
(a) 骨架背立面；(b) 立面；(c) 1—1 剖面

解： 定额工程量：$2.1 \times 2.4 = 5.04$（m^2）

清单工程量计算方法同定额工程量。

清单工程量计算见表 16 - 9。

表 16 - 9　　　　　　　　　　　　**分部分项工程量清单**

项目编码	项目名称	项目特征描述	计量单位	工程量
010804003001	全钢板大门	尺寸为 2100mm×2400mm	m^2	5.04

第四节　金属卷帘门及其他门

一、GB 50854—2013 相关规定

（一）工程量清单项目设置及工程量计算规则

GB 50854—2013 附录中金属卷帘门及其他门项目，工程量清单项目的设置及项目特征描述的内容、计量单位、工程量计算规则应分别按表 16 - 10 和表 16 - 11 的规定执行。

表 16 - 10　　　　　金属卷帘（闸）门（编码：010803）

项目编码	项目名称	项目特征	计量单位	工程量计算规则	工作内容
010803001	金属卷帘（闸）门	1. 门代号及洞口尺寸 2. 门材质 3. 启动装置品种、规格	1. 樘 2. m²	（1）以樘计量，按设计图示数量计算。 （2）以平方米计量，按设计图示洞口尺寸以面积计算	1. 门运输、安装 2. 启动装置、活动小门、五金安装
010803002	防火卷帘（闸）门				

表 16 - 11　　　　　其他门（编码：010805）

项目编码	项目名称	项目特征	计量单位	工程量计算规则	工作内容
010805001	电子感应门	1. 门代号及洞口尺寸 2. 门框或扇外围尺寸 3. 门框、扇材质 4. 玻璃品种、厚度 5. 启动装置的品种、规格 6. 电子配件品种、规格	1. 樘 2. m²	（1）以樘计量，按设计图示数量计算。 （2）以平方米计量，按设计图示洞口尺寸以面积计算	1. 门安装 2. 启动装置、五金、电子配件安装
010805002	旋转门				
010805003	电子对讲门	1. 门代号及洞口尺寸 2. 门框或扇外围尺寸 3. 门材质 4. 玻璃品种、厚度 5. 启动装置的品种、规格 6. 电子配件品种、规格			
010805004	电动伸缩门				
010805005	全玻自由门	1. 门代号及洞口尺寸 2. 门框或扇外围尺寸 3. 框材质 4. 玻璃品种、厚度			1. 门安装 2. 五金安装
010805006	镜面不锈钢饰面门	1. 门代号及洞口尺寸 2. 门框或扇外围尺寸 3. 框、扇材质 4. 玻璃品种、厚度			
010805007	复合材料门				

（二）相关释义及说明

1. 金属卷帘（闸）门

以樘计量，项目特征必须描述洞口尺寸；以平方米计量，项目特征可不描述洞口尺寸。

2. 其他门

（1）以樘计量，项目特征必须描述洞口尺寸，没有洞口尺寸必须描述门框或扇外围尺寸；以平方米计量，项目特征可不描述洞口尺寸及框、扇的外围尺寸。

（2）以平方米计量，无设计图示洞口尺寸，按门框、扇外围以面积计算。

二、《计价定额》相关规定及说明

（1）不锈钢板包门框、门窗套、门窗筒子板按展开面积计算。成品门窗套按设计图示尺寸以延长米计算，若只包单面时，人工乘以系数 0.65。

（2）电子感应门按门扇面积计算，电磁感应装置按套计算。

（3）不锈钢电动伸缩门和旋转门以樘计算。

（4）复合塑料门按设计门洞口尺寸以面积计算。

（5）电子对讲门按设计门洞口尺寸以面积计算。

（6）全玻自由门按设计门扇面积以平方米计算。

（7）卷闸门安装按其安装高度乘以门的实际宽度以平方米计算，安装高度算至滚筒顶点。带卷筒罩的按展开面积增加。电动装置安装以套计算，小门安装以个计算，小门面积不扣除。

三、应用案例

【例 16 - 4】 某门面为如图 16 - 4 所示卷闸门，安装遥控电动铝合金卷帘门（带卷筒罩）3 樘（安装于门洞外）。经安装测量，卷筒罩展开面积为 3m²，卷帘门上有一活动小门，尺寸为 2000mm×2400mm，试编制其工程量清单。

解：（1）计算铝合金卷帘门清单工程量。清单工程量为 3 樘或清单工程量为

$$3 \times 3 \times 2.4 = 21.6 (m^2)$$

（2）编制工程量清单见表 16 - 12。

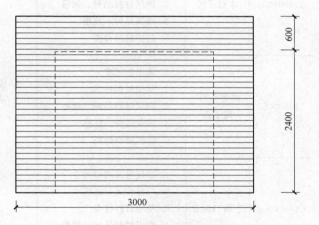

图 16 - 4 某铝合金电动卷帘门示意图

表 16 - 12   分部分项工程量清单

序号	项目编码	项目名称	项目特征	计量单位	工程量
1	010803001001	金属卷帘门	1. 门材质、框外围尺寸尺寸：铝合金卷帘门，3000mm×3000mm 2. 启动装置品种、规格：电动遥控装置 3. 活动小门：2000mm×2400mm	樘	3

第五节　门窗套及其他

一、GB 50854—2013 相关规定

（一）工程量清单项目设置及工程量计算规则

GB 50854—2013 附录中门窗套，窗台板及窗帘、窗帘盒、轨项目，工程量清单项目的设置及项目特征描述的内容、计量单位、工程量计算规则应分别按表 16-13～表 16-15 的规定执行。

表 16-13　　　　　　　　门窗套（编码：010808）

项目编码	项目名称	项目特征	计量单位	工程量计算规则	工作内容
010808001	木门窗套	1. 窗代号及洞口尺寸 2. 门窗套展开宽度 3. 基层材料种类 4. 面层材料品种、规格 5. 线条品种、规格 6. 防护材料种类	1. 樘 2. m² 3. m	（1）以樘计量，按设计图示数量计算。 （2）以平方米计量，按设计图示尺寸以展开面积计算。 （3）以米计量，按设计图示中心以延长米计算	1. 清理基层 2. 立筋制作、安装 3. 基层板安装 4. 面层铺贴 5. 线条安装 6. 刷防护材料
010808002	木筒子板	1. 筒子板宽度 2. 基层材料种类 3. 面层材料品种、规格 4. 线条品种、规格 5. 防护材料种类			
010808003	饰面夹板、筒子板	1. 筒子板宽度 2. 基层材料种类 3. 面层材料品种、规格 4. 线条品种、规格 5. 防护材料种类			
010808004	金属门窗套	1. 窗代号及洞口尺寸 2. 门窗套展开宽度 3. 基层材料种类 4. 面层材料品种、规格 5. 防护材料种类			1. 清理基层 2. 立筋制作、安装 3. 基层板安装 4. 面层铺贴 5. 刷防护材料
010808005	石材门窗套	1. 窗代号及洞口尺寸 2. 门窗套展开宽度 3. 底层厚度、砂浆配合比 4. 面层材料品种、规格 5. 线条品种、规格			1. 清理基层 2. 立筋制作、安装 3. 基层抹灰 4. 面层铺贴 5. 线条安装

项目编码	项目名称	项目特征	计量单位	工程量计算规则	工作内容
010808006	门窗木贴脸	1. 门窗代号及洞口尺寸 2. 贴脸板宽度 3. 防护材料种类	1. 樘 2. m	（1）以樘计量，按设计图示数量计算。 （2）以米计量，按设计图示尺寸以延长米计算	安装
010808007	成品 木门窗套	1. 窗代号及洞口尺寸 2. 门窗套展开宽度 3. 门窗套材料品种、规格	1. 樘 2. m² 3. m	（1）以樘计量，按设计图示数量计算。 （2）以平方米计量，按设计图示尺寸以展开面积计算。 （3）以米计量，按设计图示中心以延长米计算	1. 清理基层 2. 立筋制作、安装 3. 板安装

表 16-14　　　　　　　　　　窗台板（编码：010809）

项目编码	项目名称	项目特征	计量单位	工程量计算规则	工作内容
010809001	木窗台板	1. 基层材料种类 2. 窗台面板材质、规格、颜色 3. 防护材料种类	m²	按设计图示尺寸以展开面积计算	1. 基层清理 2. 基层制作、安装 3. 窗台板制作、安装 4. 刷防护材料
010809002	铝塑窗台板				
010809003	金属窗台板				
010809004	石材窗台板	1. 黏结层厚度、砂浆配合比 2. 窗台板材质、规格、颜色			1. 基层清理 2. 抹找平层 3. 窗台板制作、安装

表 16-15　　　　　　　　　窗帘、窗帘盒、轨（编码：010810）

项目编码	项目名称	项目特征	计量单位	工程量计算规则	工作内容
010810001	窗帘（杆）	1. 窗帘材质 2. 窗帘高度、宽度 3. 窗帘层数 4. 带幔要求	1. m 2. m²	（1）以米计量，按设计图示尺寸以长度计算。 （2）以平方米计量，按图示尺寸以展开面积计算	1. 制作、运输 2. 安装
010810002	木窗帘盒	1. 窗帘盒材质、规格 2. 防护材料种类	m	按设计图示尺寸以长度计算	1. 制作、运输、安装 2. 刷防护材料
010810003	饰面夹板、塑料窗帘盒				
010810004	铝合金窗帘盒				
010810005	窗帘轨	1. 窗帘轨材质、规格 2. 防护材料种类			

（二）相关释义及说明

1. 门窗套

（1）门窗套、门窗贴脸、筒子板的区别如图 16-5 所示。门窗套包括门窗贴脸和筒子板，筒子板指 B 面，贴脸指 A 面。

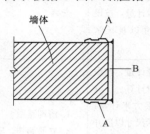

图 16-5　门窗套、门窗贴脸、筒子板示意

A—门窗贴脸；B—筒子板；A+B—门窗套

（2）以樘计量，项目特征必须描述洞口尺寸、门窗套展开宽度。

（3）以平方米计量，项目特征可不描述洞口尺寸、门窗套展开宽度。

（4）以米计量，项目特征必须描述门窗套展开宽度、筒子板及贴脸宽度。

（5）木门窗套适用于单独门窗套的制作、安装。

2. 窗帘、窗帘盒、轨

（1）窗帘若是双层，项目特征必须描述每层材质。

（2）窗帘以米计量，项目特征必须描述窗帘高度和宽。

二、《计价定额》相关规定及说明

1. 相关说明

（1）不锈钢片包门框中，木骨架枋材断面按 40mm×45mm 计算。如果设计与定额不同时，允许换算。

（2）电动伸缩门长度与定额含量不同时，伸缩门及钢轨允许换算。打凿混凝土工程量另行计算。

（3）窗台板厚度为 25mm，窗帘盒展开宽度为 430mm。设计与定额不同时，材料用量允许调整。

（4）门窗套龙骨定额内不包括刷防火涂料的工料，设计要求时执行"P 油漆、涂料工程"相应定额项目。

（5）木门窗套、木筒子板、木窗台板（除特殊注明外）木材种类均以一、二类木种为准，如采用三、四类木种时，制作、安装人工费、机械费乘以系数 1.35。

（6）木门窗套（成品除外）不包括线条，设计要求时按"Q 其他装饰工程"相应定额项目执行。

2. 计算规则

（1）门窗贴脸、窗帘盒、窗帘轨按延长米计算。

（2）窗台板按设计图示尺寸以面积计算。

习　题

1. 某住宅楼为一类工程，有单扇无亮无纱镶板门（900mm×2100mm）60 樘，业主提供的工程量清单见表 16-16，试确定该分部分项工程综合单价。

表 16-16 分部分项工程量清单

序号	项目编码	项目名称	项目特征	计量单位	工程量
1	020401001001	镶板木门	单扇无亮无纱镶门 框断面尺寸为 60mm×60mm 调和漆两遍	樘	60

2. 某住宅用带纱镶木板门 45 樘，洞口尺寸如图 16-6 所示，刷底油一遍，计算镶木板门制作、安装、门锁及附件工程量。

3. 某工程采用如图 16-7 所示半圆木窗，共 12 樘，试计算其工程量，编制工程量清单。

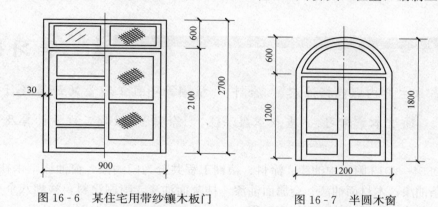

图 16-6 某住宅用带纱镶木板门　　　　　图 16-7 半圆木窗

4. 如图 16-8 所示的单层木窗，中间部分为框上装玻璃，框断面尺寸为 66cm^2，共 22 樘，计算工程量并计价。

5. 某中学教学楼设计中采用了部分门连窗，如图 16-9 所示，共 40 樘，其中 28 樘只带纱门窗，12 樘只带纱窗扇，计算该门连窗部分的制作、安装工程量并计价。

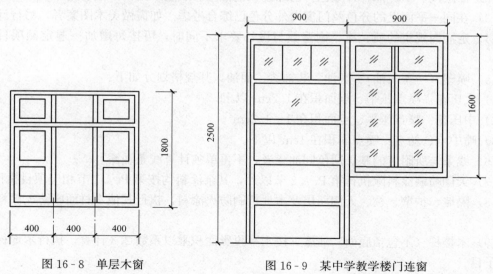

图 16-8 单层木窗　　　　　图 16-9 某中学教学楼门连窗

第十七章

油漆、涂料、裱糊工程

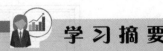 学习摘要

　　本章主要内容包括油漆、涂料、裱糊等项目工程量的计算及计价相关规定。通过本章学习，重点掌握油漆、涂料、裱糊工程量计算及计价。

　　GB 50854—2013 附录中油漆、涂料、裱糊工程共分为门油漆，窗油漆，木扶手及其他板条、线条油漆，木材面油漆，金属面油漆，抹灰面油漆，喷刷涂料，裱糊八个分部项目。适用于门窗油漆、金属、抹灰面油漆工程。

　　《计价定额》关于油漆、涂料、裱糊工程共性问题的说明：

　　(1) 刷涂、刷油采用手工操作；喷塑、喷涂采用机械操作。操作方法不同时，不予调整。

　　(2) 油漆浅、中、深各种颜色，已综合在定额内。颜色不同，不做调整。

　　(3) 在同一平面上的分色及门窗内外分色已综合考虑。如需做美术图案者，另行计算。

　　(4) 定额内规定的喷、涂、刷遍数与设计要求不同时，可按每增加一遍定额项目进行调整。

　　(5) 喷塑（一塑三油）、底油、装饰漆、面油，其规格划分如下：

　　1) 大压花：喷点压平、点面积在 1.2cm² 以上。

　　2) 中压花：喷点压平、点面积在 1～1.2cm²。

　　3) 喷中点、幼点：喷点面积在 1cm² 以下。

　　(6) 线条与所附着的基层同色同油漆者，不再单独计算线条油漆。

　　(7) 天棚喷刷涂料除执行第 P.7.2 节以外，其余涂料均按第 P.7.1 节相应项目执行。

　　(8) 隔墙、护壁、柱、天棚面层及木地板刷防火涂料，执行其他木材面刷防火涂料相应子目。

　　(9) 木楼梯（不包括底面）油漆，按水平投影面积乘以系数 2.3 计算，执行木地板油漆相应子目。

　　(10) 由于涂料品种繁多，如材料品种不同时，可以换算，人工、机械不变。

第一节　门　窗　油　漆

一、GB 50854—2013 的相关规定

（一）工程量清单项目设置及工程量计算规则

GB 50854—2013 附录中门、窗油漆项目，工程量清单项目的设置及项目特征描述的内容、计量单位、工程量计算规则应分别按表 17 - 1 和表 17 - 2 的规定执行。另外，木扶手及其他板条、线条油漆工程量清单项目设置、项目特征描述的内容、计量单位、工程量计算规则应按表 17 - 3 的规定执行。

表 17 - 1　　　　　　　　　　　门油漆（编号：011401）

项目编码	项目名称	项目特征	计量单位	工程量计算规则	工作内容
011401001	木门油漆	1. 门类型 2. 门代号及洞口尺寸 3. 腻子种类 4. 刮腻子遍数 5. 防护材料种类 6. 油漆品种、刷漆遍数	1. 樘 2. m²	（1）以樘计量，按设计图示数量计量。 （2）以平方米计量，按设计图示洞口尺寸以面积计算	1. 基层清理 2. 刮腻子 3. 刷防护材料、油漆
011401002	金属门油漆				1. 除锈、基层清理 2. 刮腻子 3. 刷防护材料、油漆

表 17 - 2　　　　　　　　　　　窗油漆（编号：011402）

项目编码	项目名称	项目特征	计量单位	工程量计算规则	工作内容
011402001	木窗油漆	1. 窗类型 2. 窗代号及洞口尺寸 3. 腻子种类 4. 刮腻子遍数 5. 防护材料种类 6. 油漆品种、刷漆遍数	1. 樘 2. m²	（1）以樘计量，按设计图示数量计量。 （2）以平方米计量，按设计图示洞口尺寸以面积计算	1. 基层清理 2. 刮腻子 3. 刷防护材料、油漆
011402002	金属窗油漆				1. 除锈、基层清理 2. 刮腻子 3. 刷防护材料、油漆

表 17 - 3　　　　　　木扶手及其他板条、线条油漆（编号：011403）

项目编码	项目名称	项目特征	计量单位	工程量计算规则	工作内容
011403001	木扶手油漆	1. 断面尺寸 2. 腻子种类 3. 刮腻子遍数 4. 防护材料种类 5. 油漆品种、刷漆遍数	m	按设计图示尺寸以长度计算	1. 基层清理 2. 刮腻子 3. 刷防护材料、油漆
011403002	窗帘盒油漆				
011403003	封檐板、顺水板油漆				
011403004	挂衣板、黑板框油漆				
011403005	挂镜线、窗帘棍、单独木线油漆				

（二）相关释义及说明

1. 门油漆

（1）木门油漆应区分木大门、单层木门、双层（一玻一纱）木门、双层（单裁口）木门、全玻自由门、半玻自由门、装饰门及有框门或无框门等项目，分别编码列项。

（2）金属门油漆应区分平开门、推拉门、钢制防火门等项目，分部编码列项。

（3）以平方米计量，项目特征可不必描述洞口尺寸。

2. 窗油漆

（1）木窗油漆应区分单层木窗、双层（一玻一纱）木窗、双层框扇（单裁口）木窗、双层框三层（二玻一纱）木窗、单层组合窗、双层组合窗、木百叶窗、木推拉窗等项目，分别编码列项。

（2）金属窗油漆应区分平开窗、推拉窗、固定窗、组合窗、金属隔栅窗分别列项。

（3）以平方米计量，项目特征可不必描述洞口尺寸。

3. 木扶手

木扶手应区分带托板与不带托板，分别编码列项，若是木栏杆代扶手，木扶手不应单独列项，应包含在木栏杆油漆中。

二、《计价定额》相关规定及说明

（1）定额中的双层木门窗（单裁口）是指双层框扇。三层二玻一纱窗是指双层框三层扇。

（2）定额中的单层木门刷油是按双面刷油考虑的。如采用单面刷油，其定额含量乘以系数 0.49。

（3）定额中的木扶手油漆为不带托板考虑。

（4）执行木门油漆的其他项目，工程量乘以表 17-4 规定的相应系数。

表 17-4　　　　　　　木门油漆的其他项目工程量系数和计算方法

项目名称	系数	工程量计算方法
单层木门油漆	1.00	按设计图示单面洞口尺寸以面积计算
双层（一玻一纱）木门油漆	1.36	
双层（单裁口）木门油漆	2.00	
单层全玻门油漆	0.83	
木百叶门油漆	1.25	
厂库房大门油漆	1.10	
装饰门扇	0.90	按扇外围面积计算

（5）执行金属门窗油漆的其他项目，工程量乘以表 17-5 规定的相应系数。

表 17-5　　　　　　金属门窗油漆的其他项目工程量系数和计算方法

项目名称	系数	工程量计算方法
单层钢门窗油漆	1.00	洞口面积
双层（一玻一纱）钢门窗油漆	1.48	
钢百叶钢门油漆	2.74	
半截百叶钢门油漆	2.22	
钢门或包铁皮门油漆	1.63	
钢折叠门油漆	2.30	
射线防护门油漆	2.96	
厂库房平开、推拉门油漆	1.70	框（扇）外围面积
钢丝网大门油漆	0.81	

续表

项目名称	系数	工程量计算方法
金属间壁油漆	1.90	长×宽
平板屋面油漆	0.74	斜长×宽
瓦楞板屋面油漆	0.89	
排水、伸缩缝盖板油漆	0.78	展开面积
吸气罩油漆	1.63	水平投影面积

（6）执行木窗油漆的其他项目，工程量乘以表 17-6 规定的相应系数。

表 17-6　　　　　　　　木窗油漆的其他项目工程量系数和计算方法

项目名称	系数	工程量计算方法
单层玻璃窗油漆	1.00	
双层（一玻一纱）木窗油漆	1.36	
双层（单裁口）木窗油漆	2.00	
双层框三层（二玻一纱）木窗油漆	2.60	按设计图示单面洞口尺寸以面积计算
单层组合窗油漆	0.83	
双层组合窗油漆	1.13	
木百叶窗油漆	1.50	

（7）执行木扶手油漆的其他项目，工程量乘以表 17-7 规定的相应系数。

表 17-7　　　　　　　　木扶手油漆的其他项目工程量系数和计算方法

项目名称	系数	工程量计算方法
木扶手油漆（不带托板）	1.00	
木扶手油漆（带托板）	2.60	
窗帘盒油漆	2.04	
封檐板、搏风板油漆	1.74	按设计图示尺寸以长度计算
挂衣板、黑板框、单独木线条油漆 100mm 以外	0.52	
挂镜线、窗帘棍、单独木线条油漆 100mm 以内	0.40	

三、应用案例

【例 17-1】　某工程设计木门共 8 樘单层夹板门，采用聚酯清漆 4 遍，门洞尺寸为 1500mm×2400mm，试编制门油漆工程量清单。

解：门油漆工程量为 8 樘，或工程量为 1.5×2.4×8＝28.8（m²）。

其分部分项工程量清单见表 17-8。

表 17-8　　　　　　　　分部分项工程量清单

序号	项目编码	项目名称	项目特征	计量单位	工程量
1	011401001001	木门油漆	门类型：单层夹板门 门洞尺寸：1500mm×2400mm 油漆种类、刷漆遍数：聚酯清漆 4 遍	樘	8

第二节　木材面、金属面、抹灰面油漆

一、GB 50854—2013 相关规定

（一）工程量清单项目设置及工程量计算规则

GB 50854—2013 附录中木材、金属、抹灰面油漆项目，工程量清单项目的设置及项目特征描述的内容、计量单位、工程量计算规则应分部按表 17-9～表 17-11 的规定执行。

表 17-9　　　　　　　　　　　　　　　木材面油漆（编号：011404）

项目编码	项目名称	项目特征	计量单位	工程量计算规则	工作内容
011404001	木护墙、木墙裙油漆	1. 腻子种类 2. 刮腻子遍数 3. 防护材料种类 4. 油漆品种、刷漆遍数	m²	按设计图示尺寸以面积计算	1. 基层清理 2. 刮腻子 3. 刷防护材料、油漆
011404002	窗台板、筒子板、盖板、门窗套、踢脚线油漆				
011404003	清水板条天棚、檐口油漆				
011404004	木方格吊顶天棚油漆				
011404005	吸声板墙面、天棚面油漆				
011404006	暖气罩油漆				
011404007	其他木材面				
011404008	木间壁、木隔断油漆			按设计图示尺寸以单面外围面积计算	
011404009	玻璃间壁露明墙筋油漆				
011404010	木栅栏、木栏杆（带扶手）油漆				
011404011	衣柜、壁柜油漆			按设计图示尺寸以油漆部分展开面积计算	
011404012	梁柱饰面油漆				
011404013	零星木装修油漆				
011404014	木地板油漆			按设计图示尺寸以面积计算。空洞、空圈、暖气包槽、壁龛的开口部分并入相应的工程量内	
011404015	木地板烫硬蜡面	1. 硬蜡品种 2. 面层处理要求			1. 基层清理 2. 烫蜡

表 17-10　　　　　　　　　　　　　　　金属面油漆（编号：011405）

项目编码	项目名称	项目特征	计量单位	工程量计算规则	工作内容
011405001	金属面油漆	1. 构件名称 2. 腻子种类 3. 刮腻子要求 4. 防护材料种类 5. 油漆品种、刷漆遍数	1. t 2. m²	1. 以吨计量，按设计图示尺寸以质量计算 2. 以平方米计量，按设计展开面积计算	1. 基层清理 2. 刮腻子 3. 刷防护材料、油漆

表 17 - 11　　　　　　　　　　抹灰面油漆（编号：011406）

项目编码	项目名称	项目特征	计量单位	工程量计算规则	工作内容
011406001	抹灰面油漆	1. 基层类型 2. 腻子种类 3. 刮腻子遍数 4. 防护材料种类 5. 油漆品种、刷漆遍数	m²	按设计图示尺寸以面积计算	1. 基层清理 2. 刮腻子 3. 刷防护材料、油漆
011406002	抹灰线条油漆	1. 线条宽度、道数 2. 腻子种类 3. 刮腻子遍数 4. 防护材料种类 5. 油漆品种、刷漆遍数	m	按设计图示尺寸以长度计算	
011406003	满刮腻子	1. 基层类型 2. 腻子种类 3. 刮腻子遍数	m²	按设计图示尺寸以面积计算	1. 基层清理 2. 刮腻子

（二）相关释义及说明

（1）工程量以面积计算的油漆项目，线角、线条、压条等不展开。

（2）有线角、线条、压条的油漆面的工料消耗应该包括在报价内。

（3）木护墙、木墙裙油漆按垂直投影面积计算。木护墙、木墙裙油漆应该区分有造型和无造型分别列项。

（4）清单项目列有"木扶手"和"木栏杆"的油漆项目，若是木栏杆带扶手，木扶手不应单独列项，应包括在木栏杆油漆中。

（5）抹灰面油漆和刷涂料工作内容中包括"刮腻子"，但单独列有"满刮腻子"项目，此项目只适用于仅做"满刮腻子"的项目，不得将抹灰面油漆和刷涂料中"刮腻子"内容单独分出执行"满刮腻子"项目。

（6）清水板条天棚、檐口油漆、木方格吊顶天棚油漆以水平投影面积计算，不扣除空洞面积。

（7）暖气罩油漆，垂直面按垂直投影面积计算，突出墙面的水平面按水平投影面积计算，不扣除空洞。

（8）木板、纤维板、胶合板油漆，单面油漆按单面面积计算，双面油漆按双面面积计算，并应该依据其使用部位不同，分别按照"木材面油漆"中相应工程量清单项目编码列项。

（9）金属面油漆应该依据金属面油漆调整系数的不同，区分金属面和金属构件，分别编码列项。

（10）抹灰面油漆、涂料应该注意基层的类型，如一般抹灰墙柱面与拉条灰、拉毛灰、甩毛灰等油漆、涂料的人工、材料消耗量有所不同。

二、《计价定额》相关规定及说明

（1）木材面油漆，执行木护墙、木墙裙油漆的其他项目，工程量乘以表 17 - 12 规定的相应系数。

表 17 - 12　　　　木护墙、木墙裙油漆的其他项目工程量系数和计算方法

项目名称	系数	工程量计算方法
木板、纤维板、胶合板天棚油漆	1.00	按设计图示尺寸以面积计算
木护墙、木墙裙油漆	1.00	
窗台板、筒子板、盖板油漆	0.82	
门窗套、踢脚线油漆	1.00	
清水板条天棚、檐口油漆	1.07	
木方格吊顶天棚油漆	1.20	
鱼鳞板墙油漆	2.48	
吸声板墙面、天棚面油漆	0.87	
木间壁、木隔断油漆	1.90	按设计图示尺寸以单面外围面积设计
玻璃间壁露明墙筋油漆	1.65	
木栅栏、木栏杆（带扶手）油漆	1.82	
衣柜、壁柜油漆	1.00	按设计图示尺寸以油漆部分展开面积计算
零星木装修油漆	0.87	
梁、柱饰面油漆	1.00	
木地板油漆	1.00	按设计图示尺寸以面积计算。空洞、空圈、暖气包槽、壁龛的开口部分并入相应的工程量内
木地板烫硬蜡面	1.00	

　　（2）金属面油漆，执行平板屋面油漆的其他项目，工程量乘以表 17 - 13 规定的相应系数。

表 17 - 13　　　　平板屋面油漆的其他项目工程量系数和计算方法

项目名称	系数	工程量计算方法
平板屋面油漆	1.00	斜长×宽
瓦楞板屋面油漆	1.20	
排水、伸缩缝盖板油漆	1.05	展开面积
吸气罩油漆	2.20	水平投影面积
包镀锌铁皮门油漆	2.20	洞口面积

　　（3）抹灰面油漆：

　　1）抹灰面油漆、涂料、满刮腻子（除另有规定和说明外）按设计图示尺寸以喷、刷面积计算。

　　2）表 17 - 14 中的抹灰面油漆计算方法仅供参考，不作为办理结算的依据。

表 17 - 14　　　　抹灰面油漆工程量系数和计算方法

项目名称	系数	工程量计算方法
楼地面、天棚、墙、柱、梁面油漆	1.00	展开面积
混凝土楼梯底油漆（斜平顶）	1.30	水平投影面积（包括休息平台）
混凝土楼梯底油漆（锯齿形）	1.50	水平投影面积（包括休息平台）
混凝土花格窗、栏杆花饰油漆	1.82	单面外围面积

　　（4）按质量计算的金属构件油漆，可参考表 17 - 15 计算，但不作为办理结算的依据。

表 17 - 15	金属构件油漆面积换算参考表
项目名称	每吨面积（m²）
钢屋架、天窗架、挡风架、屋架梁、支撑、檩条	38
墙架（空腹式）	19
墙架（格板式）	1.05
钢柱、吊车梁、花式	2.20
包镀锌铁皮门油漆	2.20

（5）金属构件面油漆工程量：实体构件单体质量不大于 500kg 和空心构件单体质量不大于 250kg 者，按图示尺寸以质量计算；构件单体质量大于 500kg 和空心构件单体质量大于 250kg 者，按涂刷面积以平方米计算。单体是指能够独立完成基本功能的构件，如钢柱、钢梁、钢屋架、钢网架等；构成单体构件的杆件，如钢屋架、钢网架的杆件、节点等不应视为单体构件；金属栏杆、栅栏、围网等均按图示尺寸以质量计算工程量套用定额。

三、应用案例

【例 17 - 2】　某经理室如图 17 - 1 所示尺寸，室内地面刷过氯乙烯涂料，内墙上三合板木墙裙上润油粉，刷硝基清漆六遍，内墙面、顶棚刷乳胶漆三遍（光面），计算清单工程量，并确定定额项目。（注：不增加门侧壁）

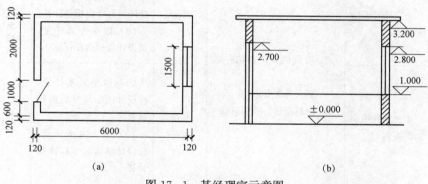

图 17 - 1　某经理室示意图
(a) 平面图；(b) 立面图

解：地面刷涂料工程量为 $(6.00-0.24)\times(3.60-0.24)=19.35(\mathrm{m}^2)$

墙裙刷硝基清漆工程量为 $[(6.00-0.24)\times(3.60-0.24)\times2-1.00]\times1.00=37.7(\mathrm{m}^2)$

顶棚刷乳胶漆工程量为 $(6.00-0.24)\times(3.60-0.24)=19.35(\mathrm{m}^2)$

墙面刷乳胶漆工程量为 $(5.76+3.36)\times2\times(3.20-1)-1.00\times(2.70-1.00)-1.50\times1.80=35.73(\mathrm{m}^2)$（注：扣除墙裙高）

参考 AP0294 - AP0297、AP0298 - AP0301 相应定额子目。

第三节　喷　刷　涂　料

一、GB 50854—2013 相关规定

（一）工程量清单项目设置及工程量计算规则

GB 50854—2013 附录中喷刷涂料项目，工程量清单项目的设置及项目特征描述的内容、

计量单位、工程量计算规则应按表 17 - 16 的规定执行。

表 17 - 16   **喷刷涂料（编号：011407）**

项目编码	项目名称	项目特征	计量单位	工程量计算规则	工作内容
011407001	墙面喷刷涂料	1. 基层类型 2. 喷刷涂料部位 3. 腻子种类 4. 刮腻子要求 5. 涂料品种、喷刷遍数	m²	按设计图示尺寸以面积计算	1. 基层清理 2. 刮腻子 3. 刷、喷涂料
011407002	天棚喷刷涂料				
011407003	空花格、栏杆刷涂料	1. 腻子种类 2. 刮腻子遍数 3. 涂料品种、刷喷遍数	m²	按设计图示尺寸以单面外围面积计算	1. 基层清理 2. 刮腻子 3. 刷、喷涂料
011407004	线条刷涂料	1. 基层清理 2. 线条宽度 3. 刮腻子遍数 4. 刷防护材料、油漆	m	按设计图示尺寸以长度计算	
011407005	金属构件刷防火涂料	1. 喷刷防火涂料构件名称 2. 防火等级要求 3. 涂料品种、喷刷遍数	1. m² 2. t	（1）以吨计量，按设计图示尺寸以质量计算。 （2）以平方米计量，按设计展开面积计算	1. 基层清理 2. 刷防护材料、油漆
011407006	木材构件喷刷防火涂料		1. m² 2. m³	（1）以平方米计量，按设计图示尺寸以面积计算。 （2）以立方米计量，按设计结构尺寸以体积计算	1. 基层清理 2. 刷防火材料

（二）GB 50854—2013 相关释义及说明

（1）喷刷墙面涂料部位要注明内墙或外墙。

（2）刷涂料时，抹灰面、栏杆、金属面、木材面等面层喷刷涂料要按第四级编码予以区分。

（3）空花格、栏杆刷涂料工程量按外框单面垂直投影面积计算，其展开面积工料消耗应包括在报价内。

二、《计价定额》相关规定及说明

定额中的隔墙、护壁、柱、天棚木龙骨及木地板中木龙骨带毛地板，刷防火涂料工程量计算规则如下：

（1）隔墙、护壁木龙骨按其面层正立面投影面积计算。

（2）柱木龙骨按其面层外围面积计算。

（3）天棚木龙骨按其水平投影面积计算。

（4）木地板油漆按设计图示尺寸以面积计算。空洞、空圈、暖气包槽、壁龛的开口部分并入相应的工程量内。

三、应用案例

【例 17 - 3】 某天棚平面图如图 17 - 2 所示，方木骨架胶合板面层天棚，骨架基层刷防火漆两遍，面层刷胶砂涂料，已知：M 尺寸为 900mm × 2100mm，C 尺寸为 1500mm × 1800mm，墙厚 240mm，轴线居中。试计算天棚油漆的清单工程量、定额工程量。编制该项目的工程量清单。

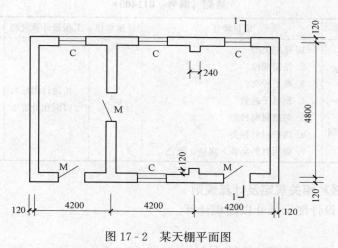

图 17 - 2 某天棚平面图

解： 方木骨架按单面外围面积计算执行方木格吊顶天棚油漆项目，而天棚面层涂料按设计图示尺寸以面积计算执行天棚涂料项目。定额中方木格吊顶天棚油漆工程乘以系数 1.2。

1. 计算清单工程量

（1）刷喷涂料工程量为

$$(4.2-0.24)\times(4.8-0.24)+(8.4-0.24)\times(4.8-0.24)=55.27(m^2)$$

（2）木方格吊顶天棚油漆工程量为 55.27m² 。

2. 计算该项目内容中的定额工程量

（1）刷喷涂料工程量为 55.27m² 。

（2）木方格吊顶天棚油漆工程量为 $55.27\times1.2=66.32(m^2)$

3. 编制该项目的分部分项工程量清单

该项目的分部分项工程量清单见表 17 - 17。

表 17 - 17 分部分项工程量清单

序号	项目编码	项目名称	项目特征	计量单位	工程量
1	011404004001	木方格吊顶天棚油漆	刷防火漆两遍	m²	55.27
2	011407002001	天棚喷刷涂料	天棚面层刷胶砂涂料	m²	55.27

第四节 裱 糊

除了涂料以外，裱糊是目前建筑装饰中广泛使用的墙面装饰材料。其中壁纸按被涂基物的性质不同可分为纸、布、塑料、玻璃纤维布等。按花饰图案的不同分为印花、压花、发泡等。按质地不同分为聚氯乙烯、玻璃纤维、化纤纺织等。

一、GB 50854—2013 相关规定

GB 50854—2013 附录中裱糊项目，工程量清单项目的设置及项目特征描述的内容、计量单位、工程量计算规则应按表 17 - 18 的规定执行。

表 17 - 18　　　　　　　　　　　　裱糊（编号：011408）

项目编码	项目名称	项目特征	计量单位	工程量计算规则	工作内容
011408001	墙纸裱糊	1. 基层类型 2. 裱糊部位 3. 腻子种类 4. 刮腻子遍数 5. 黏结材料种类 6. 防护材料种类 7. 面层材料品种、规格、颜色	m²	按设计图示尺寸以面积计算	1. 基层清理 2. 刮腻子 3. 面层铺粘 4. 刷防护材料
011408002	织锦缎裱糊				

二、《计价定额》相关规定及计算规则

裱糊工程：按设计图示尺寸以面积计算。

三、应用案例

【例 17 - 4】　某门卫室，外墙面尺寸如图 17 - 3（a）所示，C 尺寸为 1800mm×1500mm、1200mm×1200mm，门连窗如图 17 - 3（b）所示，门全玻璃门、推拉窗、居中立樘，框厚 80mm，墙厚 240mm。木墙裙高 1000 mm，上润油粉、刮腻子、油色、清漆四遍、磨退出亮；内墙抹灰面满刮腻子两遍，贴对花墙纸，挂镜线尺寸为 25mm×50mm，刷底油一遍、调和漆两遍，挂镜线以上墙面及顶棚刷仿瓷涂料两遍。试计算木墙裙、墙纸裱糊、挂镜线和防瓷涂料工程量。

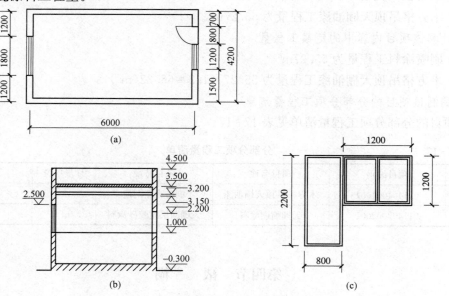

图 17 - 3　某门卫室平面及外墙立面
（a）某门卫室平面图；（b）外墙立面图；（c）某门卫室门连窗示意图

解： 木墙裙的工程量，因木墙裙项目已包括油漆，不另计算。

墙纸裱糊工程量＝内墙净长×裱糊高度－门窗洞口面积＋洞口侧面面积

$$＝(5.76＋3.96)×2×2.15－2×1.2－1.8×1.5＋6.6×0.08＋5.6×0.08$$
$$＝41.79－2.4－2.7＋0.528＋0.448$$
$$＝37.67(m^2)$$

挂镜线工程量＝$(6－0.12×2＋4.2－0.12×2)×2$

$$＝(5.76＋3.96)×2$$
$$＝19.44(m)$$

墙面仿瓷涂料工程量＝$(6－0.12×2＋4.2－0.12×2)×2×(3.5－3.2)$
$$＝5.83(m^2)$$

天棚仿瓷涂料工程量＝$(6－0.12×2)×(4.2－0.12×2)$
$$＝22.81(m^2)$$

其工程量清单见表 17-19。

表 17-19　　　　　　　　　　分部分项工程量清单

序号	项目编码	项目名称	项目特征	计量单位	工程量
1	011408001001	墙纸裱糊	贴对花墙纸	m²	37.67
2	011403005001	挂镜线油漆	挂镜线尺寸为 25mm×50mm，刷底油一遍、调和漆两遍	m²	19.44
3	011407001001	墙面喷刷涂料	刷仿瓷涂料两遍	m²	22.81
4	011407002001	天棚喷刷涂料	顶棚刷仿瓷涂料两遍	m²	5.83

习　　题

1. 单层玻璃推拉木窗，洞口尺寸为 1500mm×2500mm，面刷底油两遍、调和漆两遍、清漆两遍，试计算其油漆工程量并计价。

2. 已知窗帘盒的总长度为 20m，高 300mm，刷调和漆两遍、底油一遍，试计算其油漆工程量及计价。

3. 某房间内墙面净长为 8m，净高为 3m，墙面涂乳胶漆两遍，试计算其工程量并计价。

4. 全玻璃门，尺寸如图 17-4 所示，油漆为底油一遍、调和漆三遍，计算工程量，确定定额项目。

5. 如图 17-5 所示内墙、天棚仿瓷涂料；墙裙绿色调和漆两遍；单层木门窗，外面红色调和漆两遍，内面白色调和漆两遍。混合砂浆粉刷内墙，层高 3.6m，预应力空心板，1.2m 水泥砂浆墙裙，窗下墙 900mm。试编制门、窗、墙裙油漆工程量，内墙涂料、天棚涂料工程量清单。

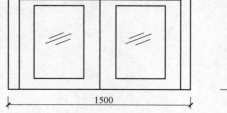

图 17-4　全玻璃门

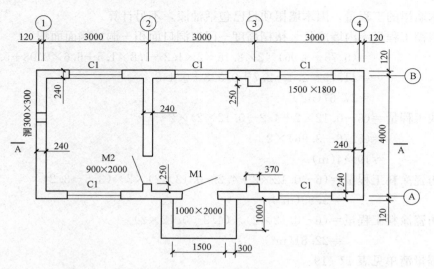

图 17-5　某工程平面示意图

6. 某餐厅室内装修，地面净面积为 14.76m×11.76m，四周一砖墙上有单层钢窗（1.8m×1.8m）8 樘，单层木门（1.0m×2.1m）2 樘，单层全玻门（1.5m×2.7m）2 樘，门均为外开。木墙裙高 1.2m，木质窗帘盒（比窗洞每边宽 100mm、高 300mm），木方格吊顶天棚。以上项目均刷调和漆。试求相应项目油漆工程量。

第十八章

其他装饰工程

学习摘要

　　本章主要介绍其他装饰工程的工程量清单计量与计价。通过本章学习掌握其他装饰工程量清单项目划分及工程量的计算方法；熟悉工程量清单与计价编制的程序及方法。

　　其他装饰工程清单包括柜类、货架，暖气罩，浴厕配件，压条、装饰线，雨篷、旗杆，招牌、灯箱，美术字七个分项项目。适用于装饰物件的制作、安装工程。

　　GB 50854—2013 关于其他装饰工程共性问题的说明：

　　（1）柜类、货架、涂刷配件、雨篷、旗杆、招牌、灯箱、美术字等单件项目，工作内容中包括了"刷油漆"，主要考虑整体性。不得单独将油漆分离，单列油漆清单项目；其他项目，工作内容中没有包括"刷油漆"可单独按 GB 50854—2013 中"油漆、涂料、裱糊工程"相应项目编码列项。

　　（2）当清单工程量计算规则中出现多个单位时，根据实际需要选取作为计量单位。

　　（3）凡栏杆、栏板含扶手的项目，不得单独将扶手进行编码列项。

　　《计价定额》关于其他装饰工程共性问题的说明：

　　（1）本章分部项目材质相同而规格品种不同时，可以换算。

　　（2）其他装饰项目按项目表中所示计量单位计算。

第一节　柜类、货架

　　柜类设施的材料主要有木材、钢材、钢筋混凝土、玻璃、铝合金型材、不锈钢饰材、铜条、铜管、大理石、花岗石板材，防火板、胶合板饰面板、木线条等。

一、GB 50854—2013 相关规定

（一）工程量清单项目设置及工程量计算规则

GB 50854—2013 关于货柜、货架项目的工程量清单项目设置、项目特征描述的内容、计量单位、工程量计算规则应按表 18－1 的规定执行。

表 18 - 1　　　　　　　　　　　　柜类、货架（编号：011501）

项目编码	项目名称	项目特征	计量单位	工程量计算规则	工作内容
011501001	柜台				
011501002	酒柜				
011501003	衣柜				
011501004	存包柜				
011501005	鞋柜				
011501006	书柜			（1）以个计量，按设计图示数量计量。	1. 台柜制作、运输、安装（安放）
011501007	厨房壁柜				
011501008	木壁柜				
011501009	厨房低柜	1. 台柜规格 2. 材料种类、规格 3. 五金种类、规格 4. 防护材料种类 5. 油漆品种、刷漆遍数	1. 个 2. m 3. m³	（2）以米计量，按设计图示尺寸以延长米计算。	2. 刷防护材料、油漆 3. 五金件安装
011501010	厨房吊柜				
011501011	矮柜				
011501012	吧台背柜			（3）以立方米计量，按设计图示尺寸以体积计算	
011501013	酒吧吊柜				
011501014	酒吧台				
011501015	展台				
011501016	收银台				
011501017	试衣间				
011501018	货架				
011501019	书架				
011501020	服务台				

（二）相关释义及说明

壁柜和吊柜的区别：嵌入墙内为壁柜，以支架固定在墙上的为吊柜。

二、《计价定额》相关规定及计价说明

（一）《计价定额》相关规定

（1）本部分项目材质相同而规格品种不同时，可以换算。

（2）柜类项目不包括柜门拼花；定额中的材料与设计含量不同时，可以调整。

（3）柜台项目分别按龙骨、面板（隔板）、柜类五金及装饰线套用相应定额项目。

（4）酒柜、衣柜、存包柜、鞋柜、书柜、厨房壁柜、木壁柜、厨房低柜、厨房吊柜、矮柜、吧台背柜、酒吧吊柜、酒吧台、展台、收银台、试衣间、货架、书架、服务台等均按柜台相应定额项目执行。

（二）《计价定额》计算规则

柜台龙骨按延长米计算，镶板龙骨、面板（隔板）按展开面积计算，柜类五金柜锁、执手、合页、玻璃夹等按数量计算，金属滑槽（轮）按延长米计算。

（三）计价说明

为了便于在实际工作中指导清单项目设置和综合单价计算，《计价定额》列出了每一项清单项目可对应的定额项目。如柜台组价定额参见表 18 - 2。

表 18 - 2　　　　　　　　　柜台组价定额

项目编码	项目名称	项目特征	计量单位	可组合的定额项目	对应的定额编号
011501001	柜台	1. 台柜规格 2. 材料种类、规格 3. 五金种类、规格 4. 防护材料种类 5. 油漆品种、刷漆遍数	个	龙骨	AQ0001～AQ0005
				面层	AQ0006～AQ0008
				柜类五金	AQ0009～AQ0013
				刷防护涂料	AP0338～AP0383
				油漆	AP0001～AP0289

三、应用案例

【例 18 - 1】　某房间有附墙矮柜 1600mm×450mm×850mm 3 个，1200mm×400mm×800mm 2 个。试计算清单工程量。

解：编制矮柜的工程量清单见表 18 - 3。

表 18 - 3　　　　　　　　分部分项工程量清单及计价表

序号	项目编码	项目名称	项目特征	计量单位	工程数量	综合单价	合价	其中：暂估价
1	011501011001	矮柜	1600mm×450mm×850mm	个	3			
2	011501011002	矮柜	1200mm×400mm×800mm	个	2			

第二节　暖气罩及浴厕配件

一、暖气罩

暖气罩按照安装方式不同，分为挂板式、明式和平墙式；按照使用的材质主要分为木质、塑料板和金属质三种类型。目前最为流行的是木质暖气罩。

（一）GB 50854—2013 相关规定

暖气罩工程量清单项目设置、项目特征描述的内容、计量单位、工程量计算规则应按表 18 - 4 规定执行。

表 18 - 4　　　　　　　　暖气罩（编号：011504）

项目编码	项目名称	项目特征	计量单位	工程量计算规则	工作内容
011504001	饰面板暖气罩	1. 暖气罩材质 2. 防护材料种类	m²	按设计图示尺寸以垂直投影面积（不展开）计算	1. 暖气罩制作、运输、安装 2. 刷防护材料、油漆
011504002	塑料板暖气罩				
011504003	金属暖气罩				

（二）《计价定额》相关规定

因四川省气候条件不适用暖气罩，因此在《计价定额》中未编制该定额项目，如有发生，结合其他省计价定额计价。

二、浴厕配件

（一）GB 50854—2013 相关规定

1. 工程量清单项目设置及工程量计算规则

浴厕配件工程量清单项目设置、项目特征描述的内容、计量单位、工程量计算规则应按表 18-5 的规定执行。

表 18-5　　　　　　　　　　浴厕配件（编号：011505）

项目编码	项目名称	项目特征	计量单位	工程量计算规则	工作内容
011505001	洗漱台	1. 材料品种、规格、品牌、颜色 2. 支架、配件品种、规格、品牌	1. m² 2. 个	（1）按设计图示尺寸以台面外接矩形面积计算。不扣除孔洞、挖弯、削角所占面积，挡板、吊沿板面积并入台面面积内。 （2）按设计图示数量计算	1. 台面及支架、运输、安装 2. 杆、环、盒、配件安装 3. 刷油漆
011505002	晒衣架	1. 材料品种、规格、品牌、颜色 2. 支架、配件品种、规格、品牌	个	按设计图示数量计算	1. 台面及支架、运输、安装 2. 杆、环、盒、配件安装 3. 刷油漆
011505003	帘子杆				
011505004	浴缸拉手				
011505005	卫生间扶手				
011505006	毛巾杆（架）		套		1. 台面及支架制作、运输、安装 2. 杆、环、盒、配件安装 3. 刷油漆
011505007	毛巾环		副		
011505008	卫生纸盒		个		
011505009	肥皂盒				
011505010	镜面玻璃	1. 镜面玻璃品种、规格 2. 框材质、断面尺寸 3. 基层材料种类 4. 防护材料种类	m²	按设计图示尺寸以边框外围面积计算	1. 基层安装 2. 玻璃及框制作、运输、安装
011505011	镜箱	1. 箱材质、规格 2. 玻璃品种、规格 3. 基层材料种类 4. 防护材料种类 5. 油漆品种、刷漆遍数	个	按设计图示数量计算	1. 基层安装 2. 箱体制作、运输、安装 3. 玻璃安装 4. 刷防护材料、油漆

2. 相关释义及说明

（1）挡板是指镜面玻璃下边沿至洗漱台面和侧墙与台面接触的部位的竖挡板（一般挡板与台面使用同材料品种，不同材料品种应另行计算）。

（2）吊沿是指台面外边沿下方的竖挡板。

（3）洗漱台项目适用于石质（天然石材、人造石材）、玻璃等。

（4）凡栏杆、栏板含扶手的项目，不得单独将扶手进行编码列项。

（二）《计价定额》相关规定及计价说明

为了便于在实际工作中指导清单项目设置和综合单价计算，《计价定额》列出了每一项清单项目可对应的定额项目。镜箱组价定额参见表 18 - 6。

表 18 - 6　　　　　　　　　　　　　　镜箱组价定额

项目编码	项目名称	项目特征	计量单位	可组合的定额项目	对应的定额编号
011505011	镜箱	1. 箱材质、规格 2. 玻璃品种、规格 3. 基层材料种类 4. 防护材料种类 5. 油漆品种、刷漆遍数	个	镜箱	AQ0098～AQ0099
				镜箱油漆	AP0001～AP0289

三、应用案例

【例 18 - 2】　某卫生间洗漱台平面图如图 18 - 1 所示，1500mm×1050mm 车边镜，20mm 厚孔雀绿大理石台饰。试计算大理石洗漱台清单工程量。

解： 洗漱台的工程量＝台面面积＋挡板面积＋吊沿面积

　　　　　　　　　　＝2×0.6＋0.15×(2＋0.6＋0.6)＋2×(0.15－0.02)

　　　　　　　　　　＝1.2＋0.15×3.2＋2×0.13＝1.94(m²)

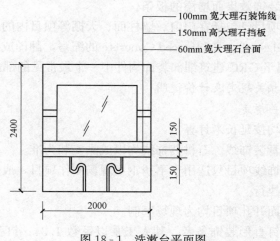

100mm 宽大理石装饰线
150mm 高大理石挡板
60mm 宽大理石台面

图 18 - 1　洗漱台平面图

第三节　压条、装饰线及雨篷、旗杆

一、压条、装饰线

（一）GB 50854—2013 相关规定

1. 工程量清单项目设置及工程量计算规则

压条、装饰线适用于各种材料（如金属、木质、石材、石膏、镜面玻璃、铝塑、塑料等）制作的压条、装饰线。其工程量清单项目设置、项目特征描述的内容、计量单位、工程量计算规则应按表 18 - 7 的规定执行。

表 18 - 7　　　　　　　　　　　压条、装饰线（编号：011502）

项目编码	项目名称	项目特征	计量单位	工程量计算规则	工作内容
011502001	金属装饰线	1. 基层类型 2. 线条材料品种、规格、颜色 3. 防护材料种类			1. 线条制作、安装 2. 刷防护材料
011502002	木质装饰线				
011502003	石材装饰线				
011502004	石膏装饰线				
011502005	镜面玻璃线	1. 基层类型 2. 线条材料品种、规格、颜色 3. 防护材料种类	m	按设计图示尺寸以长度计算	
011502006	铝塑装饰线				
011502007	塑料装饰线				
011502007	GRC装饰线条	1. 基层类型 2. 线条规格 3. 线条安装部位 3. 填充材料种类			线条制作、安装

2. 相关释义及说明

（1）压条是指在安装某物时，为了安装牢固，而用一些条状的物，压在边上进行固定。即用在各种交接面（平接面、相交面、对接面）沿接口的压板线条。装饰线指分界面、层次面、封口线以及为增添装饰效果而增添的板条。

（2）压条、装饰线项目已包括在门窗、墙柱面、天棚等项目内的，不再单独列项。

（3）GRC 是英语 Glassfibre Reinforced Concrete 的缩写，翻译成中文为玻璃纤维增强混凝土。GRC 装饰线条属于 GRC 建筑细部装饰构件中一个最常见的部品分类。

（二）《计价定额》相关规定及计价说明

1.《计价定额》相关规定

（1）压条、装饰条均按延长米计算。

（2）木装饰线、石膏装饰线、石材装饰线均以成品安装为准。

（3）镜面不锈钢装饰线项目只适用于不锈钢板现场制作项目，成品不锈钢装饰线项目按压条、角线、槽线项目执行。

（4）石材磨边、台面开孔项目均为现场磨制。

（5）如在天棚面上钉直形装饰条者，其人工乘以系数 1.34；钉弧形装饰条者，其人工乘以系数 1.6，材料乘以系数 1.1。

（6）墙面安装弧形装饰线条者，人工乘以系数 1.2，材料乘以系数 1.1。

（7）装饰线条做图案者，人工乘以系数 1.8，材料乘以系数 1.1。

2. 计价说明

为了便于在实际工作中指导清单项目设置和综合单价计算，《计价定额》列出了每一项清单项目可对应的定额项目。

二、雨篷、旗杆

（一）GB 50854—2013 相关规定

1. 工程量清单项目设置及工程量计算规则

雨篷、旗杆工程量清单项目设置、项目特征描述的内容、计量单位、工程量计算规则应按表 18-8 的规定执行。

表 18-8　　　　雨篷、旗杆（编号：011506）

项目编码	项目名称	项目特征	计量单位	工程量计算规则	工作内容
011506001	雨篷吊挂饰面	1. 基层类型 2. 龙骨材料种类、规格、中距 3. 面层材料品种、规格、品牌 4. 吊顶（天棚）材料品种、规格、品牌 5. 嵌缝材料种类 6. 防护材料种类	m²	按设计图示尺寸以水平投影面积计算	1. 底层抹灰 2. 龙骨基层安装 3. 面层安装 4. 刷防护材料、油漆
011506002	金属旗杆	1. 旗杆材料、种类、规格 2. 旗杆高度 3. 基础材料种类 4. 基座材料种类 5. 基座面层材料、种类、规格	根	按设计图示数量计算	1. 土石挖、填、运 2. 基础混凝土浇筑 3. 旗杆制作、安装 4. 旗杆台座制作、饰面
011506003	玻璃雨篷	1. 玻璃雨篷固定方式 2. 龙骨材料种类、规格、中距 3. 玻璃材料品种、规格 4. 嵌缝材料种类 5. 防护材料种类	m²	按设计图示尺寸以水平投影面积计算	1. 龙骨基层安装 2. 面层安装 3. 刷防护材料、油漆

2. 相关释义及说明

旗杆按单件项目计算，工作内容包括土石挖、填、运，基础混凝土浇筑，旗杆制作、安装，旗杆台座制作、饰面，主要考虑整体性。

（二）《计价定额》相关规定及计价说明

1.《计价定额》相关规定

（1）雨篷吊挂饰面其龙骨、基层、面层按天棚工程相应定额计算。

（2）旗杆基座按《计价定额》相应定额计算，其基座装饰按楼地面和墙、柱面工程相应定额计算。

（3）杆体按设计另行计算。

2. 计价说明

为了便于在实际工作中指导清单项目设置和综合单价计算，《计价定额》列出了每一项清单项目可对应的定额项目。

第四节　招牌灯箱及美术字

一、招牌、灯箱

（一）GB 50854—2013 相关规定

1. 工程量清单项目设置及工程量计算规则

招牌、灯箱工程量清单项目设置、项目特征描述的内容、计量单位、工程量计算规则应按表 18 - 9 规定执行。

表 18 - 9　　　　　　　　　招牌、灯箱（编号：011507）

项目编码	项目名称	项目特征	计量单位	工程量计算规则	工作内容
011507001	平面、箱式招牌	1. 箱体规格 2. 基层材料种类 3. 面层材料种类 4. 防护材料种类	m²	按设计图示尺寸以正立面边框外围面积计算。复杂型的凸凹造型部分不增加面积	1. 基层安装 2. 箱体及支架制作、运输、安装 3. 面层制作、安装 4. 刷防护材料、油漆
011507002	竖式标箱				
011507003	灯箱				
011507004	信报箱	1. 箱体规格 2. 基层材料种类 3. 面层材料种类 4. 防护材料种类 5. 户数	个	按设计图示数量计算	

2. 相关释义及说明

（1）招牌又称广告牌，一般由衬底和招牌字或图案组成，附在商店的立面上，服从于立面的整体设计，成为店面的有机组成部分。它反映了店面装饰水平，是商店招引顾客的重要手段。灯箱按照用途可分为路牌灯箱、银行灯箱、视力表灯箱、对色灯箱、广告灯箱、指示牌灯箱等。本节内容包含竖式标箱、竖式标箱、信报箱三个子目。

（2）广告牌不包括所需喷绘、灯饰、灯光及配套机械。

（3）未包括安装所需脚手架。

（二）《计价定额》相关规定及计价说明

1.《计价定额》相关规定

（1）平面招牌是指安装在门前的墙面上；箱式招牌、竖式标箱是指六面体固定在墙体上。沿雨篷、檐口、阳台走向立式招牌，套用平面招牌的复杂项目。

（2）招牌基层。

1）平面招牌是指安装在门前的墙面上；箱式招牌、竖式标箱是指六面体固定在墙体上。沿雨篷、檐口、阳台走向立式招牌，套用平面招牌的复杂项目。

2）一般招牌和矩形招牌是指正立面平整无凸出面，复杂招牌和异形招牌是指正立面有凸起或造型。招牌的灯饰均不包括在定额内。

3）招牌的面层套用天棚相应面层项目，其人工费乘以系数 0.8。

4）雨篷吊挂饰面的龙骨、基层、面层按天棚工程相应项目计算。

（3）平面招牌基层按正立面面积计算，复杂型凹凸造型部分不增减。

（4）沿雨篷、檐口或阳台走向的立式招牌基层按平面招牌复杂形执行时，应按展开面积计算。

（5）箱式招牌和竖式标箱基层按外围体积计算。突出箱外的灯饰、店徽及其他艺术装潢等，另行计算。

2. 计价说明

为了便于在实际工作中指导清单项目设置和综合单价计算，《计价定额》列出了每一项清单项目可对应的定额项目。竖式标箱组价定额参见表 18-10。

表 18-10　　竖式标箱组价定额

项目编码	项目名称	项目特征	计量单位	可组合的定额内容	对应的定额编号
011507003	竖式标箱	1. 箱体规格 2. 基层材料种类 3. 面层材料种类 4. 防护材料种类	m²	竖式招牌	AQ0111~AQ0125

二、美术字

美术字按材质分为泡沫塑料字、有机玻璃字、木质字、金属字、吸塑字五种。字底基面有大理石面、混凝土地墙面、砖墙面和其他面四种。

（一）GB 50854—2013 相关规定

美术字工程量清单项目设置、项目特征描述的内容、计量单位、工程量计算规则应按表 18-11 的规定执行。

表 18-11　　美术字（编号：011508）

项目编码	项目名称	项目特征	计量单位	工程量计算规则	工作内容
011508001	泡沫塑料字	1. 基层类型 2. 镶字材料品种、颜色 3. 字体规格 4. 固定方式 5. 油漆品种、刷漆遍数	个	按设计图示数量计算	1. 字制作、运输、安装 2. 刷油漆
011508002	有机玻璃字				
011508003	木质字				
011508004	金属字				
011508005	吸塑字				

（二）《计价定额》相关规定及计价说明

（1）美术字安装按字的最大外接矩形面积以"个"计算。

（2）美术字不分字体均执行本定额。

（3）其他面指铝合金扣板面、钙塑板面。

三、应用案例

【例 18-3】 某平面招牌如图 18-2 所示，钢骨架质量为 325kg，面层铝塑板，支架手刷三遍防锈漆。试编制平面招牌的工程量清单。

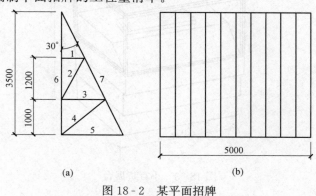

图 18-2　某平面招牌

(a) 立面图；(b) 侧面图

解：（1）清单工程量。

平面招牌清单工程量为 $5 \times 3.5 = 17.5$（m^2）

（2）定额工程量。

平面招牌钢骨架基层定额工程量为 $5 \times 3.5 = 17.5$（m^2）

面层定额工程量为 $5 \times 3.5 = 17.5$（m^2）

金属油漆质量为 $325 \times 1.32 = 429$（kg）$= 0.43t$

（3）编制工程量清单见表 18 - 12。

表 18 - 12 　　　　　　　　　　分部分项工程量清单及计价表

序号	项目编码	项目名称	项目特征	计量单位	工程数量	金额（元）		
						综合单价	合价	其中：暂估价
1	011507001001	平面、箱式招牌	1. 基层材料种类：钢骨架 2. 面层材料种类：铝塑板 3. 防护材料种类：支架手刷三遍防锈漆	m^2	17.5			

习　题

1. 店面橱窗怎样分类？其构造做法应考虑哪些内容？

2. 怎样计算货架、高货柜收银台的工程量？

3. 什么是展台？展台通常如何制作？

4. 金属装饰条和金属装饰线有什么区别？

5. 常见的雨篷形式有哪些？如何计算其工程量？

6. 如图 18 - 3 所示，某商业类的小百货展台，下部是木质，上部是透明玻璃，长 2000mm、高 950mm、宽 900mm，共 5 个。试编制其工程量清单及报价。

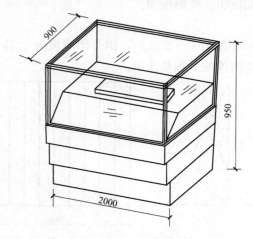

图 18 - 3　小百货展台

第十九章

措施项目

学习摘要

    本章主要介绍措施项目内容。 措施项目工程计算是房屋建筑与装饰工程计量的重要组成部分。 通过本章学习明确措施项目的相关概念， 掌握脚手架工程、 混凝土模板剂支架 （撑）、 垂直运输、 超高层施工增加、 大型机械进出场及安拆等项目工程量及费用的计算。

第一节 脚 手 架 工 程

    脚手架是专门为高空施工作业、堆放和运送材料、保证施工过程工人安全而设置的架设工具或操作平台。脚手架不形成工程实体，属于措施项目。

    本节内容由综合脚手架、外脚手架、里脚手架、悬空脚手架、挑脚手架、满堂脚手架、整体提升架、外装饰吊篮组成。

一、GB 50854—2013 相关规定

（一）工程量清单项目设置及工程量计算规则

    脚手架工程工程量清单项目设置、项目特征描述的内容、计量单位及工程量计算规则，应按表 19-1 的规定执行。

表 19-1   脚手架工程 （编码：011701）

项目编码	项目名称	项目特征	计量单位	工程量计算规则	工作内容
011701001	综合脚手架	1. 建筑结构形式 2. 檐口高度	m²	按建筑面积计算	1. 场内、场外材料搬运 2. 搭、拆脚手架、斜道、上料平台 3. 安全网的铺设 4. 选择附墙点与主体连接 5. 测试电动装置、安全锁等 6. 拆除脚手架后材料的堆放

续表

项目编码	项目名称	项目特征	计量单位	工程量计算规则	工作内容
011701002	外脚手架	1. 搭设方式 2. 搭设高度 3. 脚手架材质	m²	按所服务对象的垂直投影面积计算	1. 场内、场外材料搬运 2. 搭、拆脚手架、斜道、上料平台 3. 安全网的铺设 4. 拆除脚手架后材料的堆放
011701003	里脚手架				
011701004	悬空脚手架	1. 搭设方式 2. 悬挑宽度 3. 脚手架材质		按搭设的水平投影面积计算	
011701005	挑脚手架		m	按搭设长度乘以搭设层数以延长米计算	
011701006	满堂脚手架	1. 搭设方式 2. 搭设高度 3. 脚手架材质	m²	按搭设的水平投影面积计算	
011701007	整体提升架	1. 搭设方式及启动装置 2. 搭设高度	m²	按所服务对象的垂直投影面积计算	1. 场内、场外材料搬运 2. 选择附墙点与主体连接 3. 搭、拆脚手架、斜道、上料平台 4. 安全网的铺设 5. 测试电动装置、安全锁等 6. 拆除脚手架后材料的堆放
011701008	外装饰吊篮	1. 升降方式及启动装置 2. 搭设高度及吊篮型号	m²	按所服务对象的垂直投影面积计算	1. 场内、场外材料搬运 2. 吊篮的安装 3. 测试电动装置、安全锁、平衡控制器等 4. 吊篮的拆卸

（二）相关释义及说明

（1）使用综合脚手架项目时，不再使用外脚手架、里脚手架等单项脚手架。综合脚手架是针对整个房屋建筑的土建和装饰装修部分，适用于能够按"建筑面积计算规则"计算建筑面积的建筑工程脚手架，不适用于房屋加层、构筑物及附属工程脚手架。

（2）同一建筑物有不同檐高时，按建筑物竖向切面分别按不同檐高编列清单项目。

（3）整体提升架已包括2m高的防护架体设施。

（4）建筑面积计算按GB/T 50353—2013执行。

（5）脚手架材质可以不描述，但应注明由投标人根据工程实际情况按照《建筑施工扣件式钢管脚手架安全技术规范》（JGJ130）、《建筑施工附着升降脚手架管理规定》（建建〔2000〕230号）等规范自行确定。

（6）项目特征使用范围和部位的不同，分别列项按要求进行描述。

二、《计价定额》相关规定及计价说明

（一）《计价定额》相关规定

1. 一般说明

本定额综合脚手架和单项脚手架已综合考虑了斜道、上料平台、安全网，不再另行计算。

2. 综合脚手架说明

（1）凡能够按"建筑面积计算规则"计算建筑面积的房屋建筑与装饰工程均按综合脚手架定额项目计算脚手架摊销费。

（2）综合脚手架已综合考虑了砌筑、浇筑、吊装、抹灰、油漆、涂料等脚手架费用。满堂基础（独立柱基或设备基础投影面积超过 20m²）、宽度 3m 以上的条形基础、抗水板按满堂脚手架基本层费用乘以 50%计取，当使用泵送混凝土时则按满堂脚手架基本层费用乘以 40%计取。连同土建一起施工的装饰工程，装饰工程使用土建的外脚手架时，外墙装饰（以单项脚手架计取脚手架摊销费除外）按外脚手架项目乘以系数 40%计算；单独搭设的装饰外脚手架（包括风貌整治工程单独搭设的装饰外脚手架）按相应外脚手架项目执行，材料费乘以系数 40%，其余费用不变。

（3）本定额的檐口高度系指檐口滴水高度，平屋顶系指屋面板底高度，凸出屋面的电梯间、水箱间不计算檐高。

（4）檐口高度大于 50m 的综合脚手架中，外墙脚手架是按附着式外脚手架综合的，实际施工不同时，不做调整。

3. 单项脚手架说明

（1）凡不能按"建筑面积计算规则"计算建筑面积的房屋建筑与装饰工程，但施工组织设计规定需搭设脚手架时，均按相应单项脚手架定额计算脚手架摊销费。

（2）用于地下室外墙防水、保温施工的脚手架已包含在建筑工程综合脚手架内，不另计算；地下室外墙防水保护墙的砌筑脚手架未包含在建筑工程综合脚手架内，可根据批准的施工方案及实际搭设情况套用相应单项脚手架定额项目。

（3）装饰工程施工高度超过 3.6m 时，需搭设脚手架的，按批准的施工组织设计，套用相应的单项脚手架。

（4）满堂基础、高度不小于 4.5m 时的天棚抹灰及吊顶工程按满堂脚手架项目执行，计算满堂脚手架后，墙面装饰工程则不再单独计算脚手架。

（5）砌筑高度大于 1.2m 的管沟墙及砖基础，按设计图示砌筑长度乘以高度以面积计算，套用里脚手架项目。

（6）砌筑高度大于 1.2m 的屋顶烟囱的脚手架，按设计图示烟囱外围周长另加 3.6m 乘以烟囱出屋顶高度以面积计算，套用里脚手架项目。

（7）女儿墙高度大于 1.2m 时，女儿墙内侧按设计图示砌筑长度乘以高度以面积计算，套用单排脚手架项目。

（二）《计价定额》计量规则

1. 综合脚手架计算规则

（1）综合脚手架应分单层、多层和不同檐高，按建筑面积计算。地下室与主楼水平投影面积重叠部分的建筑面积按主楼檐高套用相应脚手架定额。

（2）不能计算建筑面积的屋面构架、封闭空间等附加面积，按以下规则计算：

1）结构内的封闭空间（含空调间）净高满足 $1.2m < h \leqslant 2.1m$ 时，按 1/2 面积计算，净高 $h > 2.1m$ 时按全面积计算。

2）高层建筑设计室外不加以利用的板或有梁板，按水平投影面积的 1/2 计算。

（3）满堂基础、宽度 3m 以上的条形基础、抗水板脚手架工程量按其底板面积计算。

2. 单项脚手架计算规则

（1）计算里、外脚手架时，均不扣除门、窗、洞口、空圈等所占面积。同一建筑物高度不同时，应按不同高度分别计算。

（2）外脚手架、里脚手架、整体提升架均按所服务对象的垂直投影面积计算。

（3）砌砖工程高度在 1.35～3.6m 以内者，按里脚手架计算。高度在 3.6m 以上者按外脚手架计算。独立砖柱高度在 3.6m 以内者，按柱外围周长乘以实砌高度按里脚手架计算；高度在 3.6m 以上者，按柱外围周长加 3.6m 乘以实砌高度按单排脚手架计算；独立混凝土柱按柱外围周长加 3.6m 乘以浇筑高度按外脚手架计算；建筑装饰造型及其他功能需要的构架，其高度超过 2.2m 时，按构架外围周长加 3.6m 乘以构架高度按外脚手架计算。

（4）砌石工程（包括砌块）高度超过 1m 时，按外脚手架计算。独立石柱高度在 3.6m 以内者，按柱外围周长乘以实砌高度计算工程量；高度在 3.6m 以上者，按柱外围周长加 3.6m 乘以实砌高度计算工程量。

（5）围墙高度从自然地坪至围墙顶计算，长度按墙中心线计算，不扣除门所占的面积，但门柱和独立门柱的砌筑脚手架不增加。

（6）凡高度超过 1.2m 的室内外混凝土贮水（油）池、贮仓、设备基础以构筑物的外围周长乘以高度按外脚手架计算。池底按满堂基础脚手架计算。

（7）挑脚手架按搭设长度乘以搭设层数以延长米计算。

（8）悬空脚手架按搭设的水平投影面积计算。

（9）满堂脚手架按搭设的水平投影面积计算，不扣除垛、柱所占的面积。满堂脚手架高度从设计地坪至施工顶面计算，高度在 4.5～5.2m 时，按满堂脚手架基本层计算；高度超过 5.2m 时，每增加 0.6～1.2m，按增加一层计算，增加层的高度若在 0.6m 内时，舍去不计。例如：设计地坪到施工顶面为 9.2m，其增加层数为 (9.2−5.2)/1.2＝3（层），余 0.4m 舍去不计。

（10）吊篮脚手架按外墙垂直投影面积计算，不扣除门窗洞口所占面积。

（11）吊顶装修工程搭设满堂脚手架，高度从设计地坪算至结构板底或吊顶龙骨的支承面。

（三）计价说明

为了便于在实际工作中指导清单项目设置和综合单价计算，《计价定额》列出了每一项清单项目可对应的定额项目。脚手架综合单价的组价定额参见《计价定额》。

三、应用案例

【例 19 - 1】　某 3 层建筑顶层结构平面布置如图 19 - 1 所示，已知：楼板为预应力空心板，KJL、LL、L 的梁底净高分别为 3.36、3.32、3.36m，柱子断面尺寸为 600mm×600mm。梁宽均为 250mm，试计算第三层框架梁柱的脚手架工程量。

解：（1）第 3 层框架单梁脚手架工程量的计算。

根据四周的梁应执行单排架手架的规定，KJ - 1、LL - 1、KJ - 4、LL - 5 应计取单层梁脚手架工程量为 14.8×3.36×2＋20.40×3.32×2＝234.91(m²)

（2）第 3 层框架单梁脚手架工程量的计算。根据内部的主、次梁应执行单梁脚手架的规定，KJ - 2、KJ - 3、LL - 2、LL - 3、LL - 4、L - 1 应计取单层梁脚手架。

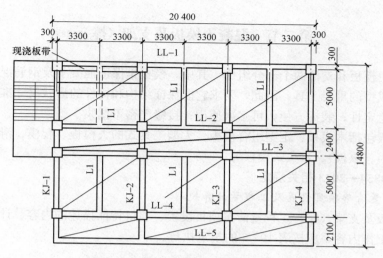

图 19-1　某 3 层建筑顶层结构平面布置图

工程量为 $14.80 \times 3.36 \times 2 + 20.40 \times 3.32 \times 3 + 5.10 \times 3.36 \times 6 = 405.46 (\mathrm{m}^2)$

（3）柱子脚手架包括在梁脚手架内，不另计算。

【例 19-2】　某工程如图 19-2 所示，现浇框架结构建筑物，钢筋混凝土基础深度 $H = 5.2\mathrm{m}$，每层建筑面积 $800\mathrm{m}^2$，天棚面积 $720\mathrm{m}^2$，楼板厚 100mm。计算：（1）综合脚手架费用；（2）天棚抹灰脚手架费用；（3）试编制脚手架的工程量清单及报价。

解：（1）综合脚手架费用。

底层层高 $H = 8\mathrm{m} > 6\mathrm{m}$，工程量为 $800\mathrm{m}^2$；

$2 \sim 5$ 层层高 $H < 6\mathrm{m}$，中间有一个技术层层高 2.2m，按全面积计算。

综合脚手架工程量为 $800 \times 5 = 4000 (\mathrm{m}^2)$

檐高 $H = 19.8 + 0.3 = 20.1 (\mathrm{m}) > 15\mathrm{m}$，

套 24m 以内《计价定额》AS0009；

定额基价：2558.72/100m²

综合脚手架费用为 $2558.72 \times 4000/100 = 102348.80$（元）

（2）天棚抹灰脚手架费用。综合脚手架费用已包括考虑了天棚抹灰脚手架费用。

（3）措施项目清单与计价表见表 19-2。

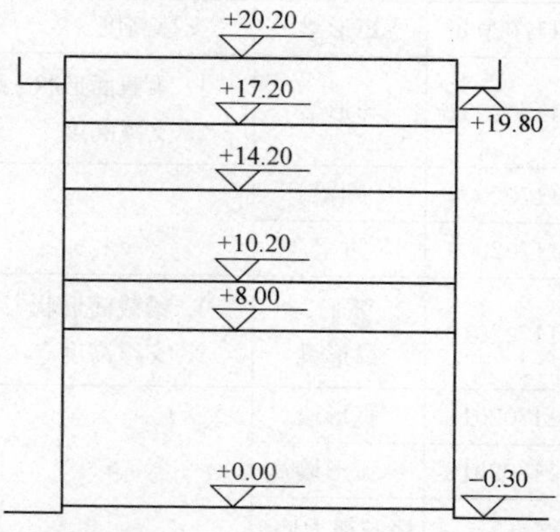

图 19-2　某工程层高图

表 19-2　　　　　　　　　　　　　措施项目清单与计价表

序号	编码	项目名称	计量单位	工程数量	金额（元）		
					综合单价	合价	其中：定额人工费
1	011701001001	综合脚手架	m²	4000.00	25.59	102348.80	58640.00

第二节　混凝土模板及支架（撑）

模板系统由模板和支撑两个部分组成。其中，模板是保证混凝土及钢筋混凝土构件按设计形状和尺寸成型的重要工具。因此，要求它能保证结构和构件的形状尺寸准确；有足够的强度、刚度和稳定性；装拆方便，可多次使用；接缝严密不漏浆。

常用的模板包括木模板、定型组合模板、大型工具式的大模板、爬模、滑升模板、隧道模、台模（飞模、桌模）、永久式模板等。

一、GB 50854—2013 相关规定

（一）工程量清单项目设置及工程量计算规则

混凝土模板及支架（撑）工程量清单项目设置、项目特征描述的内容、计量单位、工程量计算规则及工作内容，应按表 19-3 的规定执行。

表 19-3　　　　　　　　混凝土模板及支架（撑）（编码：011702）

项目编码	项目名称	项目特征	计量单位	工程量计算规则	工作内容
011702001	基础	基础形状	m²	按模板与现浇混凝土构件的接触面积计算。 （1）现浇钢筋混凝土墙、板单孔面积在 0.3m² 以内的孔洞不予扣除，洞侧壁模板亦不增加；单孔面积大于 0.3m² 时应予扣除，洞侧壁模板面积并入墙、板工程量内计算。 （2）现浇框架分别按梁、板、柱有关规定计算；附墙柱、暗梁、暗柱并入墙内工程量内计算。 （3）柱、梁、墙、板相互连接的重叠部分，均不计算模板面积。 （4）构造柱按图示外露部分计算模板面积	1. 模板制作 2. 模板安装、拆除、整理堆放及场内外运输 3. 清理模板黏结物及模内杂物、刷隔离剂等
011702002	矩形柱				
011702003	构造柱				
011702004	异形柱	柱截面形状			
011702005	基础梁	梁截面形状			
011702006	矩形梁	支撑高度			
011702007	异形梁	1. 梁截面形状 2. 支撑高度			
011702008	圈梁				
011702009	过梁				
011702010	弧形、拱形梁	1. 梁截面形状 2. 支撑高度			
011702011	直形墙				
011702012	弧形墙				
011702013	短肢剪力墙、电梯井壁				
011702014	有梁板				
011702015	无梁板				
011702016	平板				
011702017	拱板	支撑高度			
011702018	薄壳板				
011702019	空心板				
011702020	其他板				
011702021	栏板				

续表

项目编码	项目名称	项目特征	计量单位	工程量计算规则	工作内容
011702022	天沟、檐沟	构件类型	m²	按模板与现浇混凝土构件的接触面积计算	1. 模板制作 2. 模板安装、拆除、整理堆放及场内外运输 3. 清理模板黏结物及模内杂物、刷隔离剂等
011702023	雨篷、悬挑板、阳台板	1. 构件类型 2. 板厚度		按图示外挑部分尺寸的水平投影面积计算，挑出墙外的悬臂梁及板边不另计算	
011702024	楼梯	类型		按楼梯（包括休息平台、平台梁、斜梁和楼层板的连接梁）的水平投影面积计算，不扣除宽度不大于500mm的楼梯井所占面积，楼梯踏步、踏步板、平台梁等侧面模板不另计算，伸入墙内部分亦不增加	
011702025	其他现浇构件	构件类型		按模板与现浇混凝土构件的接触面积计算	
011702026	电缆沟、地沟	1. 沟类型 2. 沟截面	m²	按模板与电缆沟、地沟接触的面积计算	1. 模板制作 2. 模板安装、拆除、整理堆放及场内外运输 3. 清理模板黏结物及模内杂物、刷隔离剂等
011702027	台阶	台阶踏步宽度		按图示台阶水平投影面积计算，台阶端头两侧不另计算模板面积。架空式混凝土台阶，按现浇楼梯计算	
011702028	扶手	扶手断面尺寸		按模板与扶手的接触面积计算	
011702029	散水			按模板与散水的接触面积计算	
011702030	后浇带	后浇带部位		按模板与后浇带的接触面积计算	
011702031	化粪池	1. 化粪池部位 2. 化粪池规格		按模板与混凝土接触面积	
011702032	检查井	1. 检查井部位 2. 检查井规格			

（二）相关释义及说明

（1）原槽浇灌的混凝土基础、垫层，不计算模板。

（2）混凝土模板及支撑（架）项目，只适用于以平方米计量，按模板与混凝土构件的接触面积计算。以立方米计量，模板及支撑（支架）不再单列，按混凝土及钢筋混凝土实体项目执行，综合单价中应包含模板及支撑（支架），如混凝土垫层等。

（3）采用清水模板时，应在特征中注明。

（4）若现浇混凝土梁、板支撑高度超过 3.6m，则项目特征应描述支撑高度。

二、《计价定额》相关规定及计价说明

（一）《计价定额》相关规定

（1）现浇混凝土模板是按组合钢模、木模、复合板和目前施工技术、方法编制的。复合模板项目适用于木、竹胶合板、复合纤维板等品种的复合模板；建筑工程砖砌现浇混凝土构件地胎膜按零星砌砖项目计算，抹灰工程按零星抹灰计算。

（2）现浇混凝土梁、板、柱、墙，支模高度是按层高不大于 3.9m 编制的，层高超过 3.9m 时，超过部分梁、板、柱、墙均应按完整构件的混凝土模板工程量套用相应梁、板、柱、墙支撑高度超高费定额项目，按梁、板、柱、墙支撑高度超高费每超过 1m 增加模板费项目以层高计算，超高不足 1m 的，按 1m 计算。

（3）高支模适用于支模高度不小于 8m 或者板厚不小于 500mm 的高大支撑体系。

（4）高支模支架定额子目按支模高度大于 8m 且不小于 10m 或板厚不小于 500mm 综合考虑编制的，支模高度大于 10m 时，超过部分按每超过 1m 增加费套用相应定额项目，支模高度超高费每超过 1m 增加费项目以板底高度计算，超高不足 1m 的按 1m 计算。

（5）清水模板按相应定额项目执行，其人工按表 19 - 4 增加技工工日，其他费用不变。

表 19 - 4　　　　　　　　　　　　　清水模板人工增加工日　　　　　　　　　　　单位：100m²

项目	柱			梁			墙	有梁板、无梁板、平板
	矩形柱	圆形柱	异形柱	矩形梁	拱、弧形梁	异形梁		
工日	4	5.2	6.2	5	5.2	5.8	3	4

（6）别墅（独立别墅、连排别墅）各模板按相应定额项目执行，材料用量乘以系数 1.2。

（7）异形柱指模板接触面超过 4 个面的柱，异形柱组合钢模板适用于圆形柱、多边形柱模板。

（8）圈梁模板适用于叠合梁模板。

（9）异形梁模板适用于圆形梁模板。

（10）直形墙模板适用于电梯井壁模板。

（11）模板中的"对拉螺栓"用量按 12 次摊销进入材料费。周转使用的对拉螺栓摊销量按定额执行不做调整，如经批准的施工组织设计为一次性摊销使用的，则按一次性摊销使用（含铁件）进入材料费，并扣除定额已含的铁件用量及对拉螺栓塑料管用量。

（12）后浇带模板按相应构件模板项目综合单价乘以系数 2.5 计算，包含后浇带模板、支架的保留，重新搭设、恢复、清理等费用。

（13）现浇混凝土 L、Y、T、Z、十字形等短墙单肢中心线长度不大于 0.4m 的，其模板按异形柱项目执行；现浇混凝土 L、Y、T、Z、十字形等短墙单肢中心线长度不大于 0.8m 的，其模板按墙定额执行，定额乘以系数 1.4；现浇混凝土一字形短墙中心线长度大于 0.4m 且不大于 1m 的，其模板按墙的定额项目执行，定额乘以系数 1.2；现浇混凝土一

字形短墙中心线长度不大于 0.4m 的，其模板按矩形柱定额项目执行。

（14）有梁板模板定额项目已综合考虑了有梁板中弧形梁的情况，梁和板应作为整体套用。弧形梁模板为独立弧形梁模板。圈梁、基础梁的弧形部分模板按相应圈梁、基础梁模板套用定额乘以系数 1.2 计算。

（15）凸出混凝土柱、梁、墙面的线条，并入相应构件计算，再按凸出的线条道数执行模板增加费项目；凸出宽度大于 200mm 的凸出部分执行雨篷项目，不再执行线条模板增加费项目。

（二）《计价定额》计量规则

（1）现浇混凝土及钢筋混凝土模板工程量，按混凝土与模板接触面的面积以平方米计算。

（2）现浇混凝土构件模板工程量的分界规则与现浇混凝土构件工程量分界规则一致。

（3）现浇钢筋混凝土墙、板上单孔面积在 $0.3m^2$ 以内的孔洞不予扣除，洞侧壁模板亦不增加，单孔面积大于 $0.3m^2$ 时应予扣除，洞侧壁模板面积并入墙、板模板工程量内计算。

（4）柱与梁、柱与墙、梁与梁等连接重叠部分以及伸入墙内的梁头、板头与砖接触部分，均不计算模板面积。

（5）构造柱外露面均应按图示外露部分计算模板面积。构造柱与墙接触面不计算模板面积。带马牙槎构造柱的宽度按马牙槎处的宽度计算。

（6）现浇钢筋混凝土悬挑板（挑檐、雨篷、阳台）按图示外挑部分尺寸的水平投影面积计算。挑出墙外的牛腿梁及板边模板不另计算。

（7）现浇钢筋混凝土楼梯，以图示露明尺寸的水平投影面积计算，不扣除小于 500mm 楼梯井所占面积。楼梯的踏步、踏步板平台梁等侧面模板，不另计算。阶梯形（锯齿形）现浇楼板每一梯步宽度大于 300mm 时，模板工程按板的相应项目执行，综合单价乘以系数 1.65。

（8）现浇混凝土台阶按图示台阶尺寸的水平投影面积计算，台阶端头两侧不另计算模板面积。

（9）现浇空心板成品蜂巢芯板（块）安装按设计图示面积计算，不包括肋梁、暗梁面积，现浇空心板管状芯模按设计图示尺寸以长度计算。

（10）凸出的线条模板增加费，以凸出棱线的道数分别按长度计算，两条及多条线条相互之间的净距小于 100mm 的，每两条按一条计算，不足一条按一条计算。

（11）对拉螺栓堵眼增加费按相应部位构件的模板面积计算。

（12）高支模支架按梁、板水平投影面积（扣除与其相连的柱、墙的水平投影面积）乘以梁、板底支撑高度（斜梁、斜板按照平均高度）以立方米计算。

（三）计价说明

为了便于在实际工作中指导清单项目设置和综合单价计算，《计价定额》列出了每一项清单项目可对应的定额项目。模板及支撑的组价定额参见《计价定额》。

三、应用案例

【例 19-3】 如图 19-3 为某一层框架结构工程的基础平面图和剖面图，基础顶面标高-0.45mm，室外地坪标高-0.15mm。试计算基础部分的模板工程的工程量。（注：混凝土现场现浇，强度基础为 C20，垫层 C10；模板采用木模板；图中轴线均为梁中）。

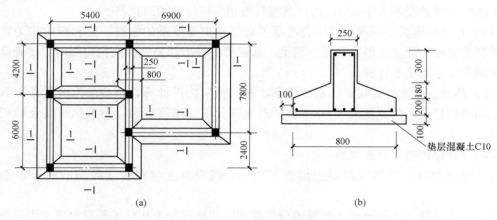

图 19 - 3　某一层框架结构工程

(a) 基础平面图；(b) 剖面图

解： 带形基础模板

$(0.2+0.3)\times2\times[(10.2+12.3)\times2+5.4-0.25+7.8-0.25]=57.7(\text{m}^2)$

垫层模板

$0.1\times2\times[(10.2+12.3)\times2+5.4-1.0+7.8-1.0]-0.1\times1.0\times4=10.84(\text{m}^2)$

第三节　垂　直　运　输

一、GB 50854—2013 相关规定

（一）工程量清单项目设置及工程量计算规则

垂直运输工程量清单项目设置、项目特征描述的内容、计量单位、工程量计算规则应按表 19 - 5 的规定执行。

表 19 - 5　　　　　　　　　　　　垂直运输 (011703)

项目编码	项目名称	项目特征	计量单位	工程量计算规则	工作内容
011703001	垂直运输	1. 建筑物建筑类型及结构形式 2. 地下室建筑面积 3. 建筑物檐口高度、层数	1. m² 2. 天	(1) 按建筑面积计算。 (2) 按施工工期日历天数	1. 垂直运输机械的固定装置、基础制作、安装 2. 行走式垂直运输机械轨道的铺设、拆除、摊销

（二）相关释义及说明

（1）建筑物的檐口高度是指设计室外地坪至檐口滴水的高度（平屋顶系指屋面板底高度），突出主体建筑物屋顶的电梯机房、楼梯出口间、水箱间、瞭望塔、排烟机房等不计入檐口高度。

（2）垂直运输机械指施工工程在合理工期内所需垂直运输机械。

（3）同一建筑物有不同檐高时，按建筑物的不同檐高做纵向分割，分别计算建筑面积，以不同檐高分别编码列项。

二、《计价定额》相关规定及计价说明

（一）《计价定额》相关规定

（1）定额中的工作内容包括单位工程在合理工期内完成所承包的全部工程项目所需的垂直运输机械费。除本定额有特殊规定外，其他垂直运输机械的场外往返运输、一次安拆费用已包括在台班单价中。

（2）同一建筑物带有裙房者或檐高不同者，应分别计算建筑面积，分别套用不同檐高的定额项目。

（3）同一檐高建筑物多种结构类型按不同结构类型分别计算，分别计算后的建筑物檐高均以该建筑物总檐高为准。

（4）檐高不大于 3.6m 的单层建筑物，不计算垂直运输机械费。

（5）垂直运输项目是按檐高不大于 20m（6 层）和檐高大于 20m（6 层）分别编制的，檐高不大于 20m（6 层）（包括地面以上层高大于 2.2m 的技术层）的建筑，不分檐高和层数；超过 6 层的建筑物均以檐高为准。

（6）定额中的垂直运输机械系综合考虑，不论实际采用何种机械均应执行本定额。

（7）连同土建一起施工的装饰工程，其垂直运输机械费不再单独计算。

（8）地下室垂直运输的规定：

1）地下室无地面建筑物（或无地面建筑物的部分），按设计室外地坪至地下室底板结构上表面高差（以下简称"地下室深度"）作为檐口高度。

2）地下室有地面建筑的部分，地下室深度大于其上的地面建筑檐高时，以地下室深度作为檐高。

3）以地下室深度作为檐高时，檐口高度大于 3.6m 时，垂直运输机械费按檐高不大于 20m（6 层）和檐高大于 20m（6 层）情况分别套用。

（9）建筑物的檐高是指设计室外地坪至檐口滴水的高度，突出主体建筑物屋顶的电梯机房、楼梯出口间、水箱间、瞭望塔、排烟机房等不计檐高和层数，但要计算面积；平顶屋面有天沟的算至天沟板底，无天沟的算至屋面板底，多跨厂房或仓库按主跨划分。屋顶上的特殊构筑物（如葡萄架等）、女儿墙不计算面积和高度。

（10）凡框架结构、框架－剪力墙结构、剪力墙结构、框支－剪力墙结构、框架－核心筒结构、筒中筒结构的建筑物中现浇主体墙柱占所有墙柱（含二次结构）总量 80% 以上，视该建筑物为全现浇结构，否则视为现浇结构。

（11）不能计算建筑面积的独立建筑物或独立构筑物的垂直运输执行台班定额项，具体施工天数根据现场签证确认，每 8h 为一天，人工费、管理费及合理利润按相关规定计取。

（二）《计价定额》计量规则

（1）建筑物垂直运输的面积均按 GB/T 50353—2013 计算建筑面积。

（2）二次装饰装修工程：

1）多层建筑垂直运输费分别以不同的垂直运输高度按定额人工费计算。

2）单层建筑垂直运输费分别以不同的檐高按定额人工费计算。

（三）计价说明

为了便于在实际工作中指导清单项目设置和综合单价计算，《计价定额》列出了每一项清单项目可对应的定额项目。垂直运输综合单价的组价定额参见《计价定额》。垂直运输的组价定额见表 19 - 6。

表 19 - 6　　垂直运输机械组价定额

项目编码	项目名称	计算单位	可组合的定额项目	对应的定额编号
011703001	垂直运输	m²	垂直运输	AS0115～AS0182

三、应用案例

【例 19 - 4】　　如图 19 - 2 某五层现浇框架结构建筑物，施工组织设计采用塔式起重机进行垂直运输，计算该建筑物垂直运输机械费。

解：檐高 19.8+0.3＝20.1(m)＞20m 时套《计价定额》AS0122；基价为 1760.74 元/100m²。

该建筑物垂直运输机械费为 1760.74×4000/100＝70429.6(元)

【例 19 - 5】　　某教学楼工程，层高均为 3m。有 1 层地下室，地下室深度 4.6m，建筑面积 1200m²，三类土、整板基础，上部现浇框架结构 5 层，每层建筑面积 1200m²，檐口高度 17.90m，使用泵送商品混凝土，配备 40t•m 塔式起重机、带塔卷扬机各一台，计算垂直运输机械费。

解：上部现浇框架结构檐高 17.9m＜20m。

（1）计算垂直运输机械费时套《计价定额》AS0116；基价为 1673.66/100m²。

该建筑物垂直运输机械费为 1673.66×6000/100＝100419.6(元)

（2）地下室深度 4.6m＜17.9m＜20m，因此套《计价定额》AS0116；基价为 1673.66/100m²。

该建筑物垂直运输机械费为

$$1673.66×1200/100＝20083.92(元)$$

综上：该项目的垂直运输机械费为

$$100419.6＋20083.92＝120503.52(元)$$

第四节　超高层施工增加

一、GB 50854—2013 相关规定

（一）工程量清单项目设置及工程量计算规则

超高施工增加工程量清单项目设置、项目特征描述的内容、计量单位、工程量计算规则应按表 19 - 7 的规定执行。

表 19 - 7　　超高施工增加（011705）

项目编码	项目名称	项目特征	计量单位	工程量计算规则	工作内容
011704001	超高施工增加	1. 建筑物建筑类型及结构形式 2. 建筑物檐口高度、层数 3. 单层建筑物檐口高度超过 20m，多层建筑物超过 6 层部分的建筑面积	m²	按建筑物超高部分的建筑面积计算	1. 建筑物超高引起的人工工效降低以及由于人工工效降低引起的机械降效 2. 高层施工用水加压水泵的安装、拆除及工作台班 3. 通信联络设备的使用及摊销

（二）相关释义及说明

（1）单层建筑物檐口高度超过 20m，多层建筑物超过 6 层时，可按超高部分的建筑面积计算超高施工增加。计算层数时，地下室不计入层数。

（2）同一建筑物有不同檐高时，可按不同高度的建筑面积分别计算建筑面积，以不同檐高分别编码列项。

二、《计价定额》相关规定及计价说明

（一）《计价定额》相关规定

（1）单层建筑物檐高大于 20m、高层建筑物大于 6 层，均应按超高部分的建筑面积计算超高施工增加费。

（2）建筑物超高施工增加费是指单层建筑物檐高大于 20m、多层建筑物大于 6 层的人工、机械降效、施工电梯使用费、安全措施增加费、通信联络、建筑垃圾清理及排污费、高层加压水泵的台班费。

（3）超高施工增加费的垂直运输机械的机型已综合考虑，不论实际采用何种机械均不得换算。

（4）同一建筑物的不同檐高应按不同高度的建筑面积分别计算超高施工增加费。

（5）连同土建一起施工的装饰工程超高施工增加费不得另行计算，二次装饰装修工程其超高施工增加费按表 19-8 和表 19-9 计算。取费基础为超高部分的定额人工费。

表 19-8 多层建筑物超高施工增加费

垂直运输高度（m）	≤40	≤60	≤80	≤100	≤120	≤150	≤180	≤200
系数（%）	3.92	8.78	13.43	16.26	18.34	21.82	26.18	30.11

表 19-9 单层建筑物超高施工增加费

檐高（m）	≤30	≤40	≤50
系数（%）	2.10	3.16	4.59

（二）《计价定额》计量规则

（1）建筑物超高施工增加的面积均按"建筑面积计算规则"计算。

（2）二次装饰装修工程按超过部分的定额综合单价（基价）乘以系数。

（三）计价说明

为了便于在实际工作中指导清单项目设置和综合单价计算，《计价定额》列出了每一项清单项目可对应的定额项目。超高施工增加综合单价的组价定额参见《计价定额》。

第五节 大型机械进出场及安拆

大型机械设备进出场包括施工机械整体或分体自停放场地运至施工现场，或由一个施工地点运至另一个施工地点，所发生的施工机械进出场运输及转移费用，由机械设备的装卸、运输及辅助材料费等构成。大型机械设备安拆费包括施工机械在施工现场进行安装、拆卸所需的人工费、材料费、机械费、试运转费和安装所需的辅助设施的费用。

一、GB 50854—2013 相关规定

大型机械设备进出场及安拆工程量清单项目设置、项目特征描述的内容、计量单位、工程量计算规则应按表 19-10 执行。

表 19-10 大型机械设备进出场及安拆

项目编码	项目名称	项目特征	计量单位	工程量计算规则	工作内容
011705001	大型机械设备进出场及安拆	1. 机械设备名称 2. 机械设备规格型号	台次	按使用机械设备的数量计算	1. 安拆费包括施工机械、设备在现场进行安装拆卸所需人工、材料、机械和试运转费用以及机械辅助设施的折旧、搭设、拆除等费用 2. 进出场费包括施工机械、设备整体或分体自停放地点运至施工现场或由已施工地点运至另一施工地点的运输、装卸、辅助材料等费用

二、《计价定额》相关规定及计价说明

（一）《计价定额》计量规则

（1）塔式起重机轨道式基础铺设按两轨中心线的实际铺设长度以米计算，固定式基础以座计算。

（2）大型机械一次安拆费，大型机械进场费均以台次计算。

（二）《计价定额》相关规定

1. 大型机械设备进出场

（1）大型机械进场费定额是按不大于 30km 编制的，进场或返回全程不大于 30km 者，按"大型机械进场费"的相应定额执行，全程超过 30km 者，大型机械进出场的台班数量按实计算，台班单价按施工机械台班费用定额计算。

（2）大型机械在施工完毕后，无后续工程使用，必须返回施工单位机械停放场（库）者，经建设单位签字认可，可计算大型机械回程费；但在施工中途，施工机械需回库（场、站）修理者，不得计算大型机械进、出场费。

（3）进场费定额内未包括回程费用，实际发生时按相应进场费项目执行。

（4）进场费未包括架线费、过路费、过桥费、过渡费等，发生时按实计算。

（5）松土机、除荆机、除根机、湿地推土机的场外运输费，按相应规格的履带式推土机计算。

（6）拖式铲运机的进场费按相应规格的履带式推土机乘以系数 1.1 计算。

（7）塔吊、施工电梯与建筑物之间的附着费用和预埋件费用未包含在定额中，在采用《计价定额》时，应根据批准的施工方案另计。

2. 大型机械一次安拆费

大型机械一次安拆费定额中已包括机械安装完毕后的试运转费用。

3. 塔式起重机基础及施工电梯基础

（1）塔式起重机轨道式基础包括铺设和拆除的费用，轨道铺设以直线为准，如铺设为弧线时，弧线部分定额人工、机械乘以系数 1.15。

（2）现浇基础如需打桩时，其打桩费用按"C 桩基工程"相应定额项目计算。

（3）本定额不包括轨道和枕木之间增加其他型钢或钢板的轨道、自升塔式起重机行走轨道和混凝土搅拌站的基础、不带配重的自升式起重机固定式基础、施工电梯基础等。

（4）自升式塔式起重机现浇基础不包含挖基础土方的费用；施工电梯现浇基础按设置在地下室结构顶板上考虑，不包含顶板加固和基础拆除费用。现浇基础材料耗量与实际不一致时允许换算。

（三）计价说明

为了便于在实际工作中指导清单项目设置和综合单价计算，《计价定额》列出了每一项清单项目可对应的定额项目。大型机械进出场及安拆的组价定额见表 19 - 11。

表 19 - 11   大型机械进出场及安拆的组价定额

项目编码	项目名称	计算单位	可组合的定额项目	对应的定额编号
011705001	大型机械进出场及安拆	台次	大型机械设备进出场费	AS0202～AS0229
			大型机械一次安拆费	AS0230～AS0244
			塔式起重机基础费用	AS0245～AS0247

习 题

1. 如图 19 - 4 所示，C20 钢筋混凝土独立基础共 30 个，一般土、C10 混凝土垫层施工需支模板，试计算垫层、独立基础的模板费。

2. 某住宅楼底层 C30 现浇碎石混凝土框架结构平面如图 19 - 5 所示。柱高 4.2m（板底标高 3.48m，梁底标高 3.0m），断面尺寸为 400mm×400mm，梁断面尺寸为 300mm×600mm，现浇板厚 120mm，试计算该框架的模板费。

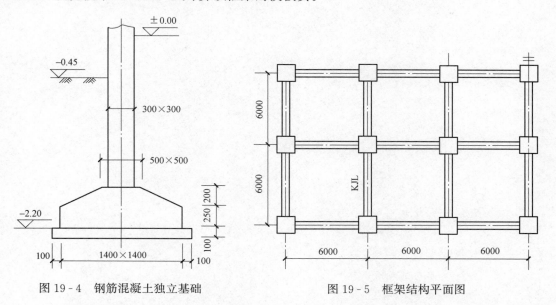

图 19 - 4   钢筋混凝土独立基础   图 19 - 5   框架结构平面图

3. 某两层砖混结构平面布置如图 19 - 6 所示，二层和首层的建筑面积相等，首层层高

3.9m，二层层高 3.0m，檐高 7.5m，墙厚 240mm，板厚 120mm，内外墙及天棚均做装饰，试计算该工程的脚手架费。

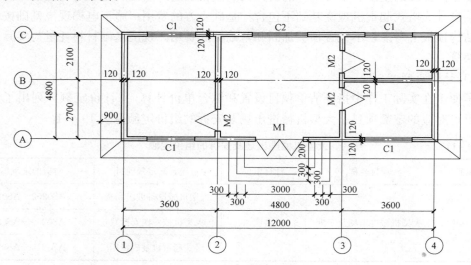

图 19 - 6　砖混结构平面布置图

4. 某 6 层住宅楼（地下室 1 层），檐口高度 18.4m，地下室建筑面积 620.73m²，地下室顶板从设计室外地坪算起高度为 1.2m，总建筑面积 4519.53m²，计算工程的垂直运输费。

参 考 文 献

[1] 规范编写组.2013 建设工程计价计量规范辅导.北京：中国计划出版社，2013.

[2] 曹小琳，景星蓉.建筑工程定额原理与概预算.2 版.北京：中国建筑工业出版社，2015.

[3] 张欣.建筑工程计量与计价.北京：中国电力出版社，2017.

[4] 四川省建设工程造价管理总站.2020 四川省建设工程工程量清单计价定额.成都：四川科学技术出版社，2020.

[5] 刘元芳.建筑工程计量与计价.北京：中国建材工业出版社，2009.

[6] 全国造价工程师执业资格考试培训教材编写组.工程造价计价与控制.北京：中国计划出版社，2009.

[7] 刑莉燕.工程量清单的编制与投标报价.济南：山东科学技术出版社，2004.

[8] 袁建新.建筑工程定额与预算.3 版成都：西南交通大学出版社，2018.

[9] 张晓梅.建筑工程计量与计价.武汉：武汉理工大学出版社，2014.

[10] 张国栋.图解建筑工程工程量清单计算手册.4 版.北京：机械工业出版社，2015.

[11] 全国造价工程师执业资格考试培训教材编审委员会.建设工程计价.北京：中国计划出版社，2021.

[12] 严玲，尹贻林.工程计价学.北京：机械工业出版社，2014.

[13] 张叶田.建筑工程计量与计价.北京：北京大学出版社，2013.